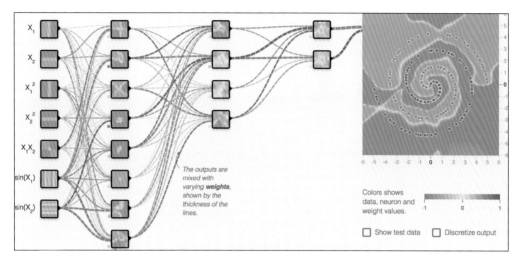

图 3-11　根据特征设置隐藏层效果

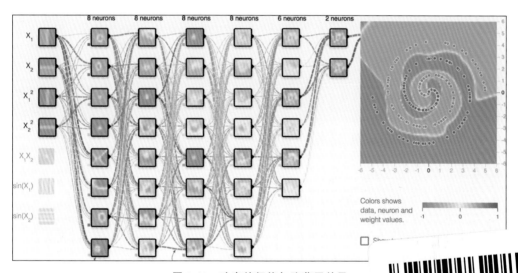

图 3-12　改变特征值与隐藏层效果

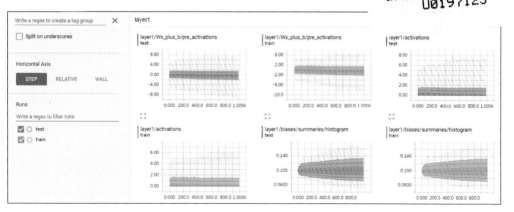

图 3-19　DISTRIBUTIONS 面板展示激活之前和激活之后的数据分布

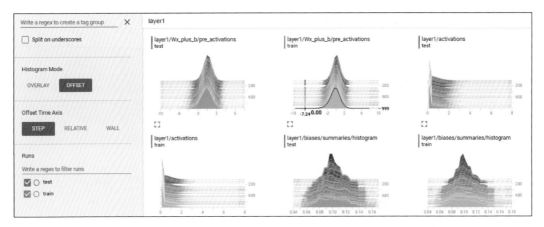

图 3-20　HISTOGRAMS 面板展示激活之前和激活之后的数据分布

图 4-5　原始图像与转变后的图像对比（向上翻转与向左翻转）

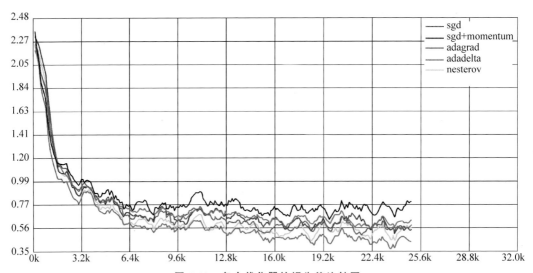

图 4-13　各个优化器的损失值比较图

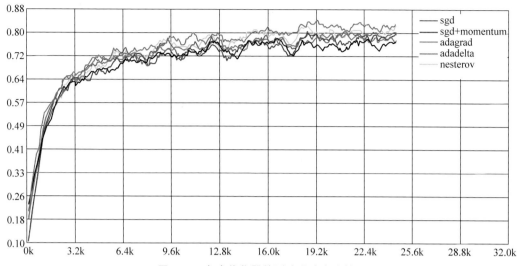

图 4-14　各个优化器的测试准确率比较图

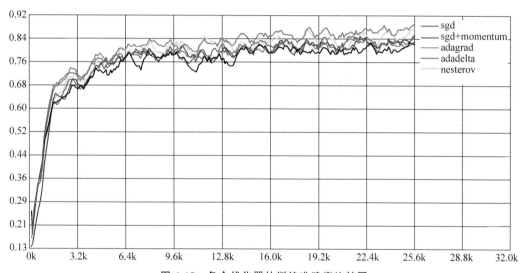

图 4-15　各个优化器的训练准确率比较图

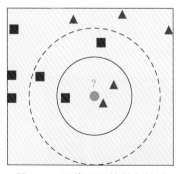

图 5-10　两类不同的样本数据

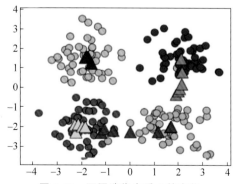

图 5-14　不同迭代中质心的变化

图 9-16　使用 Stylenet 算法训练图片的 Starry Night 风格

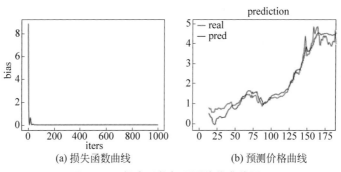

(a) 损失函数曲线　　　　　　(b) 预测价格曲线

图 10-23　损失函数与预测价格曲线图 1

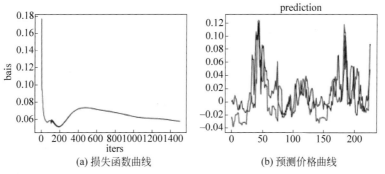

(a) 损失函数曲线　　　　　　(b) 预测价格曲线

图 10-24　损失函数与预测价格曲线图 2

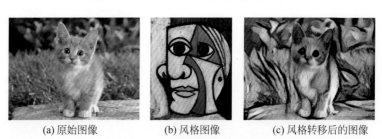

(a) 原始图像　　　　(b) 风格图像　　　　(c) 风格转移后的图像

图 11-10　风格转移效果图

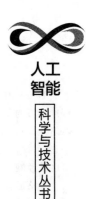

人工智能科学与技术丛书

DEEP LEARNING AND PRACTICE WITH TENSORFLOW

# TensorFlow 深度学习及实践

梁佩莹◎编著
Liang Peiying

清华大学出版社
北京

## 内 容 简 介

TensorFlow 是 2015 年年底开源的一套深度学习框架,也是目前最活跃的深度学习框架之一。本书从深度学习的基础讲起,深入 TensorFlow 的基本框架、原理、源代码和实现等各个方面,其目的在于降低学习门槛,为读者解决问题提供详细的方法和指导。本书主要内容包括:人工智能简介,TesnorFlow 的环境搭建、可视化、基础知识、聚类分析、回归分析、支持向量机、TensorFlow 实现卷积神经网络、循环神经网络、深度神经网络等。

本书适合作为对深度学习感兴趣的初学者的参考用书,也适合作为人工智能、计算机等相关专业深度学习课程的教材。

本书封面贴有清华大学出版社防伪标签,无标签者不得销售。
版权所有,侵权必究。举报: 010-62782989, beiqinquan@tup.tsinghua.edu.cn。

图书在版编目(CIP)数据

TensorFlow 深度学习及实践/梁佩莹编著. —北京:清华大学出版社,2020.6(2022.1重印)
(人工智能科学与技术丛书)
ISBN 978-7-302-54352-7

Ⅰ. ①T… Ⅱ. ①梁… Ⅲ. ①机器学习 Ⅳ. ①P181

中国版本图书馆 CIP 数据核字(2019)第 253999 号

责任编辑:刘 星
封面设计:李召霞
责任校对:李建庄
责任印制:杨 艳

出版发行:清华大学出版社
网　　址:http://www.tup.com.cn, http://www.wqbook.com
地　　址:北京清华大学学研大厦 A 座　　邮　编:100084
社 总 机:010-62770175　　邮　购:010-83470235
投稿与读者服务:010-62776969, c-service@tup.tsinghua.edu.cn
质量反馈:010-62772015, zhiliang@tup.tsinghua.edu.cn
课件下载:http://www.tup.com.cn, 010-83470236

印 装 者:涿州市京南印刷厂
经　　销:全国新华书店
开　　本:185mm×260mm　　印 张:22.5　　彩 插:2　　字　数:555 千字
版　　次:2020 年 6 月第 1 版　　印　次:2022 年 1 月第 3 次印刷
印　　数:2301～2800
定　　价:89.00 元

产品编号:084934-01

# 前言
## FOREWORD

深度神经网络(Deep Neural Network，DNN)，也称深度学习，是人工智能领域的重要分支，是目前许多 AI 应用的基础。自从深度学习在语音识别和图像识别任务中取得突破性成果后，使用深度学习的应用数量开始呈爆炸式增长。深度学习方法被大量应用在身份识别、无人驾驶、癌症检测、游戏 AI 等方面，甚至在许多领域，深度神经网络的准确度已经超过人类自身的操作。

从 2005 年到 2011 年，出现了多种廉价的数据捕获设备(具有集成 GPS、数百万像素相机和重力传感器的手机)和新型高维数据捕获装置(3D LIDAR 和光学系统，IoT 设备等)，它们使获得前所未有的大量信息成为可能。

此外，在硬件领域，摩尔定律的尽头已经近在咫尺，这促使了大量并行设备的开发，使其用于训练同一模型的数据成倍增长。

硬件和数据可用性方面的进步使研究人员能够重新审视先驱者基于视觉的神经网络架构(卷积神经网络等)的工作，将它们用于解决许多新的问题。

深度学习的数学原理并不复杂，但它的一些设计思想很巧妙。入门深度学习，在数学方面只要知道如何对函数求导以及知道与矩阵相乘相关的知识即可。深度学习的入门门槛甚至比传统机器学习算法还要低。

TensorFlow 在众多开源框架中，几乎一家独大，使用 TensorFlow 的人越多，社区就越活跃，遇到问题就越容易解决，相关的开源项目也会越多。

本书以 TensorFlow 作为使用工具，从简单的加法运算操作开始，介绍 TensorFlow 环境的搭建、基本使用方法，然后实现一个最简单的只有两个参数的模型，接着实现图像识别、语音识别、自然语言处理等一些高级应用。书中还用 4 章内容介绍深度神经网络的原理和应用。

**本书特点**
- 书中内容由浅入深，既有原理介绍，又有实战操作，使读者可以学以致用。
- 本书知识全面，介绍详尽，即使没有深度学习基础的读者，通过本书的学习也可以快速上手，掌握理论基础知识。
- 书中使用 TensorFlow 库实现各种模型，这样既可以降低读者的学习门槛，又可以为解决问题提供详细的方法。
- 本书具有超强的实用性，书中提供了从单个神经元到对抗神经网络，从有监督学习到半监督学习，从简单的数据分类到语音、图像分类等一系列前沿技术，让读者随时可以查阅和参考。

## 本书主要内容

第 1 章 人工智能简介，介绍什么是人工智能，什么是深度学习，以及深度学习有哪些方法等，让读者简单了解人工智能。

第 2 章 TensorFlow 环境搭建，介绍 TensorFlow 的安装环境、安装方法以及相关模块等内容，向读者展示 TensorFlow 的使用环境。

第 3 章 TensorFlow 可视化，从 PlayGround 和 TensorBoard 这两方面介绍可视化，带读者领略 TensorFlow 可视化功能。

第 4 章 TensorFlow 基础知识，从张量、数据流图、会话、变量、矩阵操作等内容介绍 TensorFlow 基础知识，让读者体会 TensorFlow 基本功能。

第 5 章 TensorFlow 聚类分析，从 $k$ 均值聚类算法、$k$ 最近邻算法等内容，向读者介绍聚类分析是什么，怎样定义相似性标准。

第 6 章 TensorFlow 回归分析，通过矩阵分析、线性回归、戴明回归、逻辑回归等内容介绍回归分析，帮助读者通过数学模型来解释不同的现象。

第 7 章 TensorFlow 支持向量机，从线性支持向量机、非线性支持向量机两大方面向读者详细地介绍怎样利用支持向量机方法寻求最优。

第 8 章 深度神经网络基础知识，通过神经元、简单神经网络、深度神经网络、前向传播、反射传播等内容向读者全面阐述神经网络的发展动向。

第 9 章 TensorFlow 实现卷积神经网络，通过卷积神经网络的概念、实现、相关函数以及反卷积神经网络等内容，向读者讲解卷积神经网络的功能和实际应用。

第 10 章 TensorFlow 实现循环神经网络，通过循环神经网络的结构、实现、长短时记忆网络、自然语言建模等内容，向读者详细地介绍这个对时序数据非常有用的框架。

第 11 章 TensorFlow 实现深度神经网络，通过深度神经网络的起源、模型、艺术风格、生成式对抗网络等内容，向读者介绍各种深度模型，并由简单神经元介绍到对抗神经网络。

## 配套资源

本书提供 PPT 课件、源代码、习题答案等资料，请扫描此处二维码或到清华大学出版社官方网站本书页面下载。

由于时间仓促，加之作者水平有限，错误和疏漏之处在所难免，诚恳期望得到各领域专家和广大读者的批评指正，请发送邮件到 workemail 6@163.com。

作　者

2020 年 4 月

# 目录 CONTENTS

## 第 1 章 人工智能简介 ... 1
- 1.1 什么是人工智能 ... 1
- 1.2 AlphaGo 的原理简介 ... 4
  - 1.2.1 MCTS 算法 ... 4
  - 1.2.2 AlphaGo 的基本原理 ... 5
- 1.3 什么是深度学习 ... 6
- 1.4 深度学习的方法 ... 8
- 1.5 TensorFlow 是什么 ... 10
  - 1.5.1 TensorFlow 的特点 ... 11
  - 1.5.2 TensorFlow 的使用公司和使用对象 ... 12
  - 1.5.3 为什么 Google 要开源这个神器 ... 12
- 1.6 其他深度学习框架 ... 12
- 1.7 小结 ... 14
- 1.8 习题 ... 15

## 第 2 章 TensorFlow 环境搭建 ... 16
- 2.1 安装环境介绍 ... 16
  - 2.1.1 CUDA 简介 ... 16
  - 2.1.2 cuDNN 简介 ... 16
  - 2.1.3 查看 GPU 信息 ... 17
- 2.2 安装 TensorFlow ... 17
  - 2.2.1 下载 TensorFlow ... 18
  - 2.2.2 基于 pip 的安装 ... 18
  - 2.2.3 基于 Java 的安装 ... 23
  - 2.2.4 从源代码安装 ... 23
- 2.3 其他模块 ... 25
  - 2.3.1 numpy 模块 ... 25
  - 2.3.2 matplotlib 模块 ... 26
  - 2.3.3 jupyter 模块 ... 26
  - 2.3.4 scikit-image 模块 ... 28
  - 2.3.5 librosa 模块 ... 29
  - 2.3.6 nltk 模块 ... 29
  - 2.3.7 keras 模块 ... 30
  - 2.3.8 tflearn 模块 ... 30

2.4 文本编辑器 ································································································ 30
    2.4.1 Geany ······························································································ 31
    2.4.2 Sublime Text ····················································································· 33
    2.4.3 IDLE ································································································ 34
    2.4.4 PyCharm ·························································································· 35
2.5 TensorFlow 测试样本 ···················································································· 39
2.6 小结 ··········································································································· 40
2.7 习题 ··········································································································· 40

# 第 3 章 TensorFlow 可视化

3.1 PlayGround ································································································· 41
    3.1.1 数据 ································································································· 42
    3.1.2 特征 ································································································· 43
    3.1.3 隐藏层 ····························································································· 44
    3.1.4 输出 ································································································· 45
3.2 TensorBoard ································································································ 46
3.3 TensorBoard 代码 ························································································· 51
3.4 小结 ··········································································································· 52
3.5 习题 ··········································································································· 52

# 第 4 章 TensorFlow 基础知识

4.1 张量 ··········································································································· 53
    4.1.1 张量的属性 ······················································································ 54
    4.1.2 张量的创建 ······················································································ 55
    4.1.3 TensorFlow 的交互式运行 ································································· 56
4.2 数据流图 ····································································································· 56
4.3 操作 ··········································································································· 60
4.4 会话 ··········································································································· 61
4.5 变量 ··········································································································· 66
    4.5.1 初始化 ····························································································· 66
    4.5.2 形变 ································································································· 67
    4.5.3 数据类型与维度 ··············································································· 67
    4.5.4 其他操作 ························································································· 68
    4.5.5 共享变量 ························································································· 72
4.6 矩阵的创建与操作 ······················································································· 76
4.7 模型的保存与读取 ······················································································· 82
    4.7.1 保存模型 ························································································· 82
    4.7.2 载入模型 ························································································· 83
    4.7.3 从磁盘读取信息 ··············································································· 84
4.8 批标准化 ····································································································· 86
4.9 使用 GPU ···································································································· 87
    4.9.1 指定 GPU 设备 ················································································ 87
    4.9.2 指定 GPU 的显存占用 ······································································ 89
4.10 神经元函数 ································································································ 89
    4.10.1 激活函数 ························································································ 89

|  |  | 4.10.2 卷积函数 | 92 |
|---|---|---|---|
|  |  | 4.10.3 分类函数 | 96 |
| 4.11 | 优化方法 |  | 97 |
| 4.12 | 队列与线程 |  | 100 |
|  |  | 4.12.1 队列 | 101 |
|  |  | 4.12.2 队列管理器 | 102 |
|  |  | 4.12.3 线程和协调器 | 107 |
| 4.13 | 读取数据源 |  | 108 |
|  |  | 4.13.1 placeholder 填充数据 | 108 |
|  |  | 4.13.2 文件读入数据 | 109 |
|  |  | 4.13.3 预先读入内存方式 | 114 |
| 4.14 | 创建分类器 |  | 115 |
| 4.15 | 小结 |  | 118 |
| 4.16 | 习题 |  | 118 |

## 第 5 章 TensorFlow 聚类分析 … 119

| 5.1 | 无监督学习 |  | 119 |
|---|---|---|---|
| 5.2 | 聚类的概念 |  | 120 |
| 5.3 | $k$ 均值聚类算法 |  | 121 |
|  |  | 5.3.1 $k$ 均值聚类算法迭代判据 | 121 |
|  |  | 5.3.2 $k$ 均值聚类算法的机制 | 122 |
|  |  | 5.3.3 $k$ 均值聚类算法的优缺点 | 123 |
|  |  | 5.3.4 $k$ 均值聚类算法的实现 | 123 |
| 5.4 | $k$ 最近邻算法 |  | 127 |
|  |  | 5.4.1 实例分析 | 127 |
|  |  | 5.4.2 $k$ 最近邻算法概述 | 128 |
|  |  | 5.4.3 模型和三要素 | 128 |
|  |  | 5.4.4 kNN 算法的不足 | 129 |
| 5.5 | $k$ 均值聚类算法的典型应用 |  | 129 |
|  |  | 5.5.1 实例：对人工数据集使用 $k$ 均值聚类算法 | 129 |
|  |  | 5.5.2 实例：对人工数据集使用 $k$ 最近邻算法 | 133 |
|  |  | 5.5.3 实例：对图像识别使用 $k$ 最近邻算法 | 135 |
| 5.6 | 小结 |  | 138 |
| 5.7 | 习题 |  | 138 |

## 第 6 章 TensorFlow 回归分析 … 139

| 6.1 | 求逆矩阵 |  | 139 |
|---|---|---|---|
| 6.2 | 矩阵分解 |  | 141 |
| 6.3 | 实例：TensorFlow 实现线性回归算法 |  | 142 |
| 6.4 | 选择损失函数 |  | 145 |
|  |  | 6.4.1 最小化损失函数 | 145 |
|  |  | 6.4.2 实例：TensorFlow 实现线性回归损失函数 | 146 |
| 6.5 | TensorFlow 的其他回归算法 |  | 148 |
|  |  | 6.5.1 戴明回归算法 | 148 |
|  |  | 6.5.2 岭回归与 lasso 回归算法 | 151 |

|       6.5.3  弹性网络回归算法 ……………………………………………………… 154
|   6.6  逻辑回归分析 ………………………………………………………………… 156
|       6.6.1  逻辑回归 …………………………………………………………………… 157
|       6.6.2  损失函数 …………………………………………………………………… 158
|       6.6.3  实例：TensorFlow 实现逻辑回归算法 ………………………………… 159
|   6.7  小结 ……………………………………………………………………………… 161
|   6.8  习题 ……………………………………………………………………………… 161

## 第 7 章  TensorFlow 支持向量机 ……………………………………………………… 162

7.1  支持向量机简介 ……………………………………………………………… 162
    7.1.1  几何间隔和函数间隔 …………………………………………………… 162
    7.1.2  最大化间隔 ……………………………………………………………… 163
    7.1.3  软间隔 …………………………………………………………………… 165
    7.1.4  SMO 算法 ………………………………………………………………… 165
    7.1.5  核函数 …………………………………………………………………… 167
    7.1.6  实例：TensorFlow 实现支持向量机 …………………………………… 169
7.2  非线性支持向量机 …………………………………………………………… 171
    7.2.1  风险最小化 ……………………………………………………………… 171
    7.2.2  VC 维 ……………………………………………………………………… 171
    7.2.3  结构风险最小化 ………………………………………………………… 172
    7.2.4  松弛变量 ………………………………………………………………… 173
    7.2.5  实例：TensorFlow 实现非线性支持向量机 …………………………… 174
7.3  实例：TensorFlow 实现多类支持向量机 …………………………………… 177
7.4  小结 ……………………………………………………………………………… 181
7.5  习题 ……………………………………………………………………………… 182

## 第 8 章  深度神经网络基础知识 ………………………………………………………… 183

8.1  神经元 ………………………………………………………………………… 183
    8.1.1  神经元的结构 …………………………………………………………… 183
    8.1.2  神经元的功能 …………………………………………………………… 184
8.2  简单神经网络 ………………………………………………………………… 184
8.3  深度神经网络 ………………………………………………………………… 186
8.4  梯度下降 ……………………………………………………………………… 188
    8.4.1  批量梯度下降法 ………………………………………………………… 188
    8.4.2  随机梯度下降法 ………………………………………………………… 189
    8.4.3  小批量梯度下降法 ……………………………………………………… 190
    8.4.4  实例：梯度下降法 ……………………………………………………… 190
8.5  前向传播 ……………………………………………………………………… 191
    8.5.1  前向传播算法数学原理 ………………………………………………… 191
    8.5.2  DNN 的前向传播算法 …………………………………………………… 192
8.6  后向传播 ……………………………………………………………………… 192
    8.6.1  求导链式法则 …………………………………………………………… 192
    8.6.2  后向传播算法思路 ……………………………………………………… 193
    8.6.3  后向传播算法的计算过程 ……………………………………………… 193
    8.6.4  实例：实现一个简单的二值分类算法 ………………………………… 195

8.7 优化函数 ································································································· 197
    8.7.1 随机梯度下降优化法 ············································································ 197
    8.7.2 动量优化法 ························································································ 198
    8.7.3 Adagrad 优化法 ················································································· 199
    8.7.4 Adadelta 优化法 ················································································· 199
    8.7.5 Adam 优化法 ····················································································· 200
8.8 实例：TensorFlow 实现简单深度神经网络 ························································· 201
8.9 小结 ····································································································· 204
8.10 习题 ··································································································· 204

## 第 9 章 TensorFlow 实现卷积神经网络 ································································· 206
9.1 卷积神经网络的概述 ················································································· 206
    9.1.1 什么是卷积神经网络 ············································································ 206
    9.1.2 为什么要用卷积神经网络 ······································································ 207
    9.1.3 卷积神经网络的结构 ············································································ 208
    9.1.4 实例：简单卷积神经网络的实现 ······························································ 219
9.2 卷积神经网络的函数 ················································································· 221
9.3 AlexNet ································································································· 227
9.4 TensorFlow 实现 ResNet ············································································ 232
    9.4.1 ResNet 的基本原理 ·············································································· 232
    9.4.2 实例：TensorFlow 实现 ResNet ······························································ 235
9.5 TesnorFlow 卷积神经网络的典型应用 ······························································ 241
9.6 反卷积神经网络 ······················································································· 246
    9.6.1 反卷积原理 ························································································ 246
    9.6.2 反卷积操作 ························································································ 247
    9.6.3 实例：TensorFlow 实现反卷积 ······························································· 248
    9.6.4 反池化原理 ························································································ 250
    9.6.5 实例：TensorFlow 实现反池化 ······························································· 251
    9.6.6 偏导计算 ··························································································· 253
    9.6.7 梯度停止 ··························································································· 254
9.7 深度学习的训练技巧 ················································································· 258
    9.7.1 优化卷积核技术 ·················································································· 258
    9.7.2 多通道卷积技术 ·················································································· 261
9.8 小结 ····································································································· 263
9.9 习题 ····································································································· 263

## 第 10 章 TensorFlow 实现循环神经网络 ······························································· 264
10.1 循环神经网络的概述 ················································································ 264
    10.1.1 循环神经网络的结构 ··········································································· 264
    10.1.2 实例：简单循环神经网络的实现 ···························································· 266
10.2 长短时记忆网络 ······················································································ 271
    10.2.1 LSTM 的网络结构 ·············································································· 271
    10.2.2 LSTM 的前向计算 ·············································································· 272
    10.2.3 实例：LSTM 的实现 ··········································································· 275
10.3 自然语言建模 ························································································ 282

10.4 实例：BiRNN实现语音识别 288
    10.4.1 语音识别背景 288
    10.4.2 获取并整理样本 288
    10.4.3 训练模型 296

10.5 Seq2Seq 任务 302
    10.5.1 Seq2Seq 任务介绍 302
    10.5.2 Encoder-Decoder 框架 302
    10.5.3 实例：TensorFlow 实现 Seq2Seq 翻译 304
    10.5.4 实例：比特币市场的分析与预测 310

10.6 小结 317

10.7 习题 317

# 第 11 章 TensorFlow 实现深度神经网络 319

11.1 深度神经网络的起源 319

11.2 模型介绍 320
    11.2.1 AlexNet 模型 320
    11.2.2 VGG 模型 321
    11.2.3 GoogleNet 模型 321
    11.2.4 残差网络 326
    11.2.5 Inception-ResNet-v2 结构 327
    11.2.6 其他的深度神经网络结构 327

11.3 实例：VGG 艺术风格转移 327

11.4 生成式对抗网络 337
    11.4.1 GAN 的理论知识 337
    11.4.2 生成式模型的应用 339
    11.4.3 discriminator 和 generator 损失计算 339
    11.4.4 基于深度卷积的 GAN 340
    11.4.5 指定类别生成模拟样本的 GAN 341

11.5 实例：构建 InfoGAN 生成 MNIST 模拟数据 342

11.6 小结 347

11.7 习题 347

**参考文献** 348

# 第1章 人工智能简介

CHAPTER 1

人工智能是对人的意识、思维的信息过程的模拟。人工智能不是人的智能,但能像人那样思考,也可能超过人的智能。

## 1.1 什么是人工智能

人工智能(Artificial Intelligence,AI),是一门综合了计算机科学、生理学、哲学的交叉学科。人工智能的研究课题涵盖面很广,从机器视觉到专家系统,包括了许多不同的领域。这其中共同的基本特点是让机器学会"思考"。为了区分机器是否会"思考"(thinking),有必要给出"智能"(intelligence)的定义。究竟"会思考"到什么程度才叫智能?比方说,能够解决复杂的问题,还是能够进行概括和发现关联?还有什么是"知觉"(perception),什么是"理解"(comprehension)等,对学习过程、语言和感官知觉的研究为科学家构建智能机器提供了帮助。现在,人工智能专家们面临的最大挑战之一是如何构造一个系统,可以模仿由上百亿个神经元组成的人脑的行为,去思考宇宙中最复杂的问题。或许衡量机器智能程度的最好的标准是英国计算机科学家艾伦·图灵的试验。他认为,如果一台计算机能骗过人,使人相信它是人而不是机器,那么它就应当被称作有智能。

要想透彻了解人工智能,首先来看看它的几个应用。

**1. 计算机科学**

人工智能(AI)产生了许多方法解决计算机科学最困难的问题。它们的许多发明已被主流计算机科学采用,而不被认为是 AI 的一部分。下面所有内容原本是在 AI 实验室发展:时间分配,界面演绎员,图解用户界面,计算机鼠标,快发展环境,联系表数据结构,自动存储管理,符号程序,功能程序,动态程序和客观指向程序。

**2. 金融**

银行用人工智能系统组织运作、金融投资和管理财产。2001 年 8 月在模拟金融贸易竞赛中机器人战胜了人。

金融机构已长久用人工神经网络系统去发觉变化或规范外的要求,银行使用协助顾客服务系统,帮助核对账目,发行信用卡和恢复密码等。

**3. 医院和医药**

医学临床可用人工智能系统组织病床计划,并提供医学信息。

人工神经网络用来做临床诊断决策支持系统。人工智能在医学方面还有下列潜在可能：

- 解析医学图像。计算机系统帮助扫描数据图像，从计算X光断层图发现疾病，典型应用是发现肿块。
- 心脏声音分析。

### 4．重工业

在工业中已普遍应用机器人。长期做重工业的工作会对人类产生危害，为了避免这种现象，很多重工业中都应用了机器人。日本是利用和生产机器人较早的国家；1999年世界范围内共使用了1 700 000台机器人。

### 5．顾客服务

人工智能是自动上线的好助手，可减少操作，使用的主要是自然语言加工系统。呼叫中心的回答机器也用类似技术，如语言识别软件可使顾客较好地操作系统。

### 6．运输

汽车的变速箱已使用模糊逻辑控制器。

### 7．运程通信

许多运程通信公司正研究管理劳动力的机器，如BT组正在研究可管理20 000名工程师的机器。

### 8．微软小冰

相信很多朋友的手机上都关注了"微软小冰"的公众号，这是微软（亚洲）互联网工程院的一款人工智能伴侣虚拟机器人，跟它聊天你会发现，小冰的回答有时非常切中你的心意，而有时逻辑表达上又有点儿对不上上下文，所以它时而回答得不错，像人，时而又能一眼看穿它是个机器人。这种判断对方空间是人还是机器人的思维实验，叫作图灵测试。

图灵测试是计算机科学之父艾伦·图灵提出的，这是一种测试机器人是否具备人类智能的方法。图灵设计了一种"模仿游戏"：远处的人在一段规定的时间内，根据两个实体——计算机和人类对他提出的各种问题的回答来判断对方是人类还是计算机。具体过程如图1-1所示。C向A和B提出问题，由C来判断对方是人类还是计算机。通过一系列这样的测试，从计算机被误判断为人的概率就可以测出计算机的智能程度，计算机被误判成人的概率越大，说明智能程度就越高。

这种情感对话能力就是人工智能的一个方向。而现在微软小冰更是可以通过文本、图像、视频和语音与人类展开交流，逐渐具备能看、能听和能说的各种人工智能感官，并且能够和人类进行双向同步交互。

### 9．音乐

技术常会影响音乐，科学家想用人工智能技术尽量模拟音乐家的活动。现正集中研究作曲、演奏、音乐理论、声加工等。

### 10．人脸识别

现在计算机开机密码、支付宝的刷脸支付、客流的闸机通行等都有采用人脸识别技术。目前市面上也有许多人脸识别考勤机。很多公司已经采用了人脸闸机打卡签到技术，当有

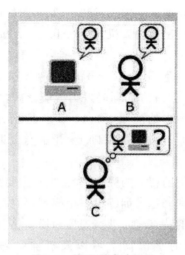

图 1-1　图灵测试过程图

人刷脸打卡签到时,识别出这个人的面部特征,考勤机会将其与公司的员工信息进行比对,完成身份识别,确认后,便可开闸放行。

人脸识别还可以识别出人物的年龄、性别、是否佩戴眼镜、是否有笑容、情绪欢乐或悲伤等。人脸识别技术识别眼睛、鼻子、嘴等关键部位,这就是人脸关键点检测,图 1-2 就是人脸关键点检测的一个实例。

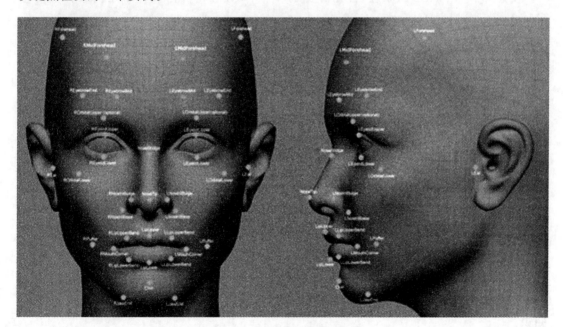

图 1-2　人脸识别关键点检测

国内有一些公司在人脸识别上已经达到了先进水平,如云从科技、旷视科技、商汤科技等。旷视科技的 Face++有目前世界一流的人脸追踪、识别、分析等服务应用,面向开发者的云平台及 API、SDK,已经可以直接调用。

简而言之,人工智能就是研究用计算机来实现人类的智能,如模仿人类的知觉、推理、学习能力等,从而让计算机能够像人一样思考和行动,如图像识别、人机对话(机器感知到人类的语义和情感,并给出反馈)、围棋的人机对弈(AlphaGo、Master等让机器自己思考去下棋)等。

国际上的谷歌、苹果、亚马逊、微软等公司都在"两条腿走路",一方面在做研发项目,如"谷歌大脑"(Google Brain),另一方面同时发力智能家居,如"Google Home 智能音箱",希望把设备当成人来交流。国内的阿里、腾讯、百度、搜狗、地平线等公司以及很多不同领域的创业公司也都在积累大量数据的基础上,开始尝试训练高效模型,不断优化业务指数。

那么,机器是如何具有人类的智力的呢? 其实,机器主要是通过大量的训练数据进行训练,程序不断地进行自我学习和修正来训练出一个模型,而模型的本质就是一堆参数,用上千万、上亿个参数来描述业务的特点,如人脸、房屋地段价格、用户画像的特点,从而接近人类智力。这个过程一般采用的是机器学习以及机器学习的子集——深度学习(deep learning),也就是结合深度神经网络的方法来训练。所以说,深度学习方法是迅速实现人工智能的有效工具。

## 1.2 AlphaGo 的原理简介

要想弄清 AlphaGo 的原理,首先需要了解一下 AI 在博弈游戏中常用的蒙特卡洛树(Monte Carlo)搜索算法——MCTS。

### 1.2.1 MCTS 算法

在一个博弈游戏中,如果所有参与者都采取最优策略,那么对于游戏中的任意一个局面 $s$,总有一个确定性的估值函数 $v^*(s)$ 可以直接计算出最终的博弈结果。理论上,我们可以通过构建一棵博弈树,递归地求解出 $v^*(s)$,这就是 Minimax 算法。然而在有些问题中,这棵搜索树往往十分巨大(如在围棋游戏中达到了 $250^{150}$ 的搜索空间),以至于穷举的算法并不可行。

以下两种策略可以有效地降低搜索空间的复杂度:

(1) 通过一个评估函数(evaluation function)对当前局面进行价值的评估以降低搜索的深度;

(2) 剪枝以降低搜索的宽度。

然而,这些策略都需要引入一些先验的知识。于是,人们提出了蒙特卡洛树搜索(MCTS)算法。MCTS 是一类通用博弈算法,理论上,它不需要任何有关博弈的先验知识。

想象一下,假如你站在一堆"老虎机"面前,每一台"老虎机"的奖励(reward)都服从一个随机的概率分布。然而,一开始,你对这些概率分布一无所知。你的目标是寻找一种玩"老虎机"的策略,使得在整个游戏过程中能获得尽可能多的奖励。很明显,你的策略需要在尝试尽可能多的"老虎机"(explore)与选择已知回报最多的"老虎机"(exploit)之间寻求一种平衡。一种叫作 UCB1 的策略可以满足这种需求。该策略为每台老虎机构造了一个关于奖励的置信区间：

$$x_i = \sqrt{\frac{2\ln n}{n_i}}$$

其中，$x_i$ 是对第 $i$ 台老虎机统计出来的平均回报；$n$ 是试验的总次数；$n_i$ 是在第 $i$ 台老虎机上试验的次数。你要做的就是在每一轮试验中，选择置信上限最大对应的那台老虎机。显然，这个策略平衡了 explore 与 exploit。你的每一次试验，都会使被选中的那台老虎机的置信区间变窄，而使其他未被选中的老虎机的置信区间变宽——变相提升了这些老虎机在下一轮试验中被选中的概率。

MCTS 就是在 UCB1 基础上发展起来的一种解决多轮序贯博弈问题的策略，它包含四个步骤。

（1）选择（selection）：从根节点状态出发，迭代地使用 UCB1 算法选择最优策略，直到碰到一个叶子节点。叶子节点是搜索树中至少一个子节点从未被访问过的状态节点。

（2）扩张（expansion）：对叶子节点进行扩展。选择其一个从未访问过的子节点加入当前的搜索树。

（3）模拟（simulation）：从步骤（2）中的新节点出发，进行 Monte Carlo 模拟，直到博弈结束。

（4）后向传播（back-propagation）：更新博弈树中所有节点的状态，进入下一轮的选择和模拟。

可以看出，通过 Selection 步骤，MCTS 算法降低了搜索宽度；而通过 Simulation 步骤，MCTS 算法又进一步降低了搜索的深度。因此，MCTS 算法是一种极为高效的解决复杂博弈问题的搜索策略。

## 1.2.2 AlphaGo 的基本原理

围棋是一类完全信息的博弈游戏。然而，其庞大的搜索空间以及局面棋势的复杂度，使得传统的剪枝搜索算法在围棋面前都望而却步。在 AlphaGo 出现之前，MCTS 算法算是一类比较有效的算法。它通过重复性地模拟两个 players 的对弈结果，给出对局面 $s$ 的一个估值 $v(s)$（Monte Carlo Rollouts）；并选择估值最高的子节点作为当前的策略（policy）。基于 MCTS 的围棋博弈程序已经达到了业余爱好者的水平。

然而，传统的 MCTS 算法的局限性在于，它的估值函数或是策略函数都是一些局面特征的浅层组合，往往很难对一个棋局有一个较为精准的判断。为此，AlphaGo 的作者训练了两个卷积神经网络来帮助 MCTS 算法制定策略：用于评估局面的评估网络（value network）和用于决策的策略网络（policy network）。

首先，Huang 等利用人类之间的博弈数据训练了两个有监督学习的策略网络：$p_\sigma$（SL policy network）和 $p_\pi$（fast rollout policy network）。后者用于在 MCTS 的 rollouts 中快速选择策略。接着，他们在 $p_\sigma$ 的基础上通过自我对弈训练了一个强化学习版本的策略网络。$p_\rho$ 策略网络与用于预测人类行为的 $p_\sigma$ 不同，$p_\rho$ 的训练目标被设定为最大化博弈收益（即赢棋）所对应的策略。最后，在自我对弈生成的数据集上，Huang 等又训练了一个评估网络：$v_\theta$，用于对当前棋局的赢家做一个快速的预估。

## 1.3 什么是深度学习

深度学习是机器学习研究中的一个新的领域,其动机在于建立模拟人脑进行分析学习的神经网络,它模仿人脑的机制来解释数据,如图像、声音和文本。深度学习是无监督学习的一种。深度学习的概念源于人工神经网络的研究。含多隐层的多层感知器就是一种深度学习结构。深度学习通过组合低层特征形成更加抽象的高层表示属性类别或特征,以发现数据的分布式特征表示。深度学习的概念由 Hinton 等于 2006 年提出,基于深度信念网络(DBN)提出非监督贪心逐层训练算法,为解决深层结构相关的优化难题带来希望,随后提出多层自动编码器深层结构。此外 Lecun 等提出的卷积神经网络是第一个真正的多层结构学习算法,它利用空间相对关系减少参数数目以提高训练性能。

**1. 深度**

深度学习的前身是人工神经网络(Artificial Neural Network,ANN),它的基本特点就是试图模仿人脑的神经元之间传递和处理信息的模式。神经网络这个词本身可以指生物神经网络和人工神经网络。在机器学习中,我们说的神经网络一般就是指人工神经网络。图 1-3 给出的是一个基本的人工神经网络的三层模型。

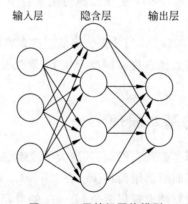

图 1-3 三层神经网络模型

人工神经网络由各个层组成,输入层(input layer)输入训练数据,在输出层(output layer)输出计算结果,中间有一个或多个隐藏层(hidden layer),使输入数据向前传播到输出层。"深度"一词没有具体的特指,一般就是要求隐藏层很多(一般指 5 层、10 层、几百层甚至几千层)。

人工神经网络的构想源自对人类大脑的理解——神经元的彼此联系。二者也有不同之处,人类大脑的神经元是按照特定的物理距离连接的,而人工神经网络有独立的层和连接,还有数据传播方向。

人工神经网络的每一层由大量的节点(神经元)组成,层与层之间有大量连接,但是层内部的神经元一般相互独立。深度学习的目的就是要利用已知的数据学习一套模型,使系统在遇见未知的数据时也能够做出预测。这个过程需要神经元具备以下两个特性。

(1)激活函数(activation function):这个函数一般是非线性函数,也就是每个神经元通过这个函数将原有的来自其他神经元的输入做一个非线性变化,输出给下一层神经元。激活函数实现的非线性能力是前向传播(forword propagation)很重要的一部分。

(2) 成本函数(cost function):用来定量评估在特定输入值下,计算出来的输出结果距离这个输入值的真实值有多远,然后不断调整每一层的权重参数,使评估后的损失值变小。这就是完成了一次后向传播(backward propagation)。损失值越小,结果就越可靠。

神经网络算法的核心就是计算、连接、评估、纠错和训练,而深度学习的深度就在于通过不断增加中间隐藏层数和神经元数量,让神经网络变得又深又宽,让系统运行大量数据训练它。

**2. 学习**

学习是人和动物在生活过程中,通过获得经验而产生的行为或行为潜能的相对持久的适应性变化。

目前比较被大多数学者所接受的说法是:学习是个体在特别情境下,由于练习或反复经验而产生的行为、能力或倾向上的比较持久的变化及其过程。

定义学习有两种方式,一种是广义定义,另一种是狭义定义。

(1) 广义定义。

用广义的概念去对学习进行分解,可分解为:

第一,学习表现为个体行为或行为潜能的变化(或内隐或外显);

第二,学习所引起的行为或行为潜能的变化是相对持久的;

第三,学习所引起的行为或行为潜能的变化是因经验的获得而产生的;

第四,学习是人和动物所共有的一种对环境的适应现象。

(2) 狭义定义。

狭义的学习,指在各类学校环境中,在教师的指导下,有目的、有计划、有组织地进行的学习,是在较短的时间内系统地接受前人积累的文化经验,以发展个人的知识技能,形成符合社会期望的道德品质的过程。

简单也普遍的一类机器学习算法就是分类(classification)。对于分类,输入的训练数据有特征(feature),有标记(label),在学习中就是找出特征和标记间的映射关系(mapping),通过标记来不断纠正学习中的偏差,使学习的预测率不断提高。这种训练数据都有标记的学习,称为有监督学习(supervised learning)。无监督学习(unsupervised learning)则看起来非常困难。无监督学习的目的是让计算机自己去学习怎样做一些事情。因此,所有数据只有特征而没有标记。

无监督学习一般有两种思路:一是在训练时不为其指定明确的分类,但是这些数据会呈现出聚群的结构,彼此相似的类型会聚集在一起。计算机把这些没有标记的数据分成一个个组合,就是聚类(clustering);二是在成功时采用某种形式的激励制度,即强化学习(Reinforcement Learning,RL)。对强化学习来说,它虽然没有标记,但有一个延迟奖赏与训练相关,通过学习过程中的激励函数获得某种从状态到行动的映射。强化学习一般用在游戏、下棋(如前面提到的AlphaGo)等需要连续决策的领域。

在有监督学习和无监督学习的中间地带还有半监督学习(semi-supervised learning)。对于半监督学习,其训练数据一部分有标记,另一部分没有标记,而没标记数据的数量常常远远大于有标记数据的数量(这也符合现实,大部分数据没有标记,标记数据的成本很大)。

它的基本规律是：数据的分布必然不是完全随机的，通过结合有标记数据的局部特征，以及大量没标记数据的整体分布，可以得到比较好的分类结果。因此，"学习"家族的整体构造如图1-4所示。

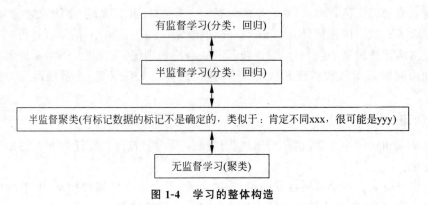

图1-4 学习的整体构造

### 3. 解决问题

我们需要利用深度学习解决如下问题：
- 深度不足会出现问题。
- 人脑具有一个深度结构。
- 认知过程逐层进行，逐步抽象。

我们可以将深度架构看作一种因子分解。大部分随机选择的函数无论是用深的还是浅的架构都不能被有效地表示。但是许多能够有效地被深度架构表示的却不能被浅的架构高效表示。一个紧的和深度的表示的存在意味着在潜在的可被表示的函数中存在某种结构。如果不存在任何结构，那将不可能很好地泛化。

例如，在视觉皮质的研究中显示出一系列的区域，在每一个区域中包含一个输入的表示和从一个信号到另一个信号的信号流。这个特征层次的每一层表示，在一个不同的抽象层上的输入和更上层的抽象特征，它们根据低层特征来定义。

需要注意的是大脑中的表示是在中间紧密分布并且纯局部，它们是稀疏的：1%的神经元是同时活动的。给定大量的神经元，仍然有一个非常高效的(指数级高效)表示。

## 1.4 深度学习的方法

要想入门深度学习，需要两个工具，即算法知识和大量的数据，外加一台计算机，如果有GPU就更好了，但是因为许多入门初学者的条件有限，没有GPU也可以。

深度学习的入门主要有如下7个步骤。

### 1. 学习或回忆某些数学知识

因为计算机能做的只是计算，所以人工智能更多地来说还是数学问题。我们的目标是训练出一个模型，用这个模型去进行一系列的预测。于是，我们将训练过程涉及的过程抽象成数学函数：首先，需要定义一个网络结构，相当于定义一种非线性函数；接着，设定一个优化目标，也就是定义一种损失函数(loss function)。

而训练的过程,就是求最优解及次优解的过程。在这个过程中,我们需要掌握基本的概率统计、高等数学、线性代数等知识,如果没学过也没关系,知道原理和过程即可,有兴趣的读者可以涉猎一些推导证明。

**2. 掌握经典机器学习理论**

这些基本算法包括支持向量机、逻辑回归、决策树、朴素贝叶斯分类器、随机森林、聚类算法、协同过滤、关联性分析、人工神经网络和 BP 算法、PCA、过拟合与正则化等。

**3. 掌握一种编程语言**

Python 语言是一种解释型、面向对象、动态数据类型的高级程序设计语言。Python 是很多新入门的程序员的入门编程语言,也是很多老程序员必须掌握的编程语言。我们需要重点掌握使用线性代数库和矩阵的操作,尤其是 NumPy、Pandas 第三方库,也要多试试机器学习的库,如 sklearn,做一些 SVM 及逻辑回归的练习。这对直接上手写 TensorFlow 程序大有裨益。有些工业及学术领域的读者还可能擅长 MATLAB 或 R,其实现算法的思想和 Python 也很类似。同时考虑到许多读者是使用 C++、Java、Go 语言的,TensorFlow 还提供了和 Python"平行语料库"的接口。虽然本书主要是基于 Python 讲解的,但其他语言的原理和应用 API 都非常类似,因此读者掌握基础后,只需花很短的时间就能使用自己擅长的语言进行开发。

**4. 关注最新动态和研究成果**

一些经典论文是必读的。例如,要做手写数字识别,若采用 LeNet,要先阅读一下 LeNet 的学术论文;要做物体目标检测的训练,若选定 MSCNN 框架,可以先读 MSCNN 相关的论文。那么,论文从哪里找呢?那么多论文应该读哪篇呢?例如,GoogleNet 的 TensorFlow 实现,在 GitHub 上,一般在开头的描述中就会说明这个模型所依据的论文。

很多做模式识别的工作者之所以厉害,是因为他们有过很多、很深的论文积累,对模型的设计有很独到的见解,而他们可能甚至一行代码也不会写,而工程(写代码)能力在工作中很容易训练。许多工程方向的软件工程师,工作模式常常在实现业务逻辑和设计架构系统上,编码能力很强,但却缺少论文积累。同时具有这两种能力的人,正是硅谷一些企业目前青睐的人才。

读者平时还可以阅读一些博客、笔记,以及微信公众号、微博新媒体资讯等,往往一些很流行的新训练方法和模型会在这些媒体上发表,其训练神经网络采用的一些方法可能有很大的启发性。

**5. 动手训练神经网络**

接着,就是要选择一个开源的深度学习框架。选择框架时主要考虑哪种框架用的人多。人气旺后,遇到问题就很容易找到答案;GitHub 上关于这个框架的项目和演示就会非常多;相关的论文也会层出不穷;在各个 QQ 群和微信群的活跃度也会比较高;杂志、公众号、微博关注的人也会很多;行业交流和技术峰会讨论的话题也多;也能同步知晓国内外最新研究信息成果。目前这个阶段,TensorFlow 因为背靠谷歌公司这座大山,再加上拥有庞大的开发者群体,而且采用了称为"可执行的伪代码"的 Python 语言,更新和发版速度非常快。每个版本都在性能方面有大幅度提高,而且新出现的 Debugger、Serving、XLA 特性也是其他框架所不及的。此外,一些外围的第三方库(如 Keras、TFLearn)也基于它实现了很多成果，并且 Keras 还得到 TensorFlow 的官方支持。TensorFlow 支持的上层语言也在逐渐增多，对于不同工程背景的人转入的门槛正在降低。在 GitHub 上有一个关于各种框架的比较，从建模能力、接口、模型部署、性能、架构、生态系统、跨平台这 7 个方面进行比较，TensorFlow 很占综合优势。

因此，从目前来看，投身 TensorFlow 是一个非常好的选择，掌握 TensorFlow 在找工作时是一个非常大的加分项。

接下来就是找一个深度神经网络，目前的研究方向主要集中在视觉和语音两个领域。初学者可以从计算机视觉入手，因为它不像语音等领域需要那么多的专业知识，结果也比较直观。例如，用各种网络模型来训练手写数字（MNIST）及图像分类（CIFAR）的数据集。

### 6. 深入感兴趣的相关领域

人工智能目前的应用领域很多，主要是计算机视觉、自然语言处理以及各种预测等。对于计算机视觉，可以做图像分类、目标检测、视频中的目标检测等；对于自然语言处理，可以做语音识别、语音合成、对话系统、机器翻译、文章摘要、情感分析等，还可以结合图像、视频和语音，一起开发。

人工智能还可以还深入某一个行业领域。例如，深入医学行业领域，做医学影像的识别；深入淘宝的穿衣领域，做衣服搭配或衣服款型的识别；深入保险业、通信业的客服领域，做对话机器人的智能问答系统；深入智能家居领域，做人机的自然语言交互。

### 7. 在工作中遇到问题，重复第 4～6 步

在训练中，准确率、坏实例（bad case）、识别速度等都是可能遇到的瓶颈。训练好的模型也不是一成不变的，需要不断优化，也需要结合具体行业领域和业务进行创新，这时候就要结合新的科研成果，调整模型，更改模型参数，一步步更好地贴近业务需求。

## 1.5 TensorFlow 是什么

TensorFlow 是谷歌基于 DistBelief 进行研发的第二代人工智能学习系统，其命名来源于本身的运行原理。Tensor（张量）意味着 N 维数组，Flow（流）意味着基于数据流图的计算，TensorFlow 是张量从流图的一端流动到另一端的计算过程。TensorFlow 是将复杂的数据结构传输至人工智能神经网络中进行分析和处理。

TensorFlow 可被用于语音识别或图像识别等多项机器深度学习领域，对 2011 年开发的深度学习基础架构 DistBelief 进行了各方面的改进，它可在小到一部智能手机、大到数千台数据中心服务器的各种设备上运行。TensorFlow 完全开源，任何人都可以用。

概括来说，TensorFlow 可以理解为一个尝试学习框架，里面有完整的数据流向和处理机制，同时还封装了大量高效可用的算法及神经网络搭建方面的函数，可以在此基础上进行深度学习的开发与研究。

TensorFlow 是当今深度学习领域中最火的框架之一。

选择 TensorFlow 进行学习的优势是，在深度学习道路上不会孤单，会有几倍于同等框架的资料可供学习，以及更多的爱好者可以相互学习、交流。更重要的是，目前越来越多的学术论文都更加倾向于在 TensorFlow 上开发自己的实例原型。这一得天独厚的优势，可

以让学习者在同步当今最新技术的过程中,省去不少时间。

### 1.5.1 TensorFlow 的特点

TensorFlow 相对其他框架而言,具有如下特点。

(1) 高度的灵活性。TensorFlow 是一个采用数据流图(data flow graph),用于数值计算的开源软件库。只要计算可以表示为一个数据流图,就可以使用 TensorFlow,只需要构建图,书写计算的内部循环即可。因此,它并不是一个严格的"神经网络库"。用户也可以在 TensorFlow 上封装自己的"上层库",如果发现没有自己想要的底层操作,用户也可以自己写 C++代码来丰富。关于封装的"上层库",TensorFlow 现在有很多开源的上层库工具,极大地减少了重复代码量。

(2) 真正的可移植性。TensorFlow 可以在 CPU 和 GPU 上运行,还可以在台式机、服务器、移动端、云端服务器、Docker 容器等各个终端运行。因此,当用户有一个新点子时,就可以立即在笔记本上进行尝试。

(3) 多语言支持。TensorFlow 采用非常易用的 Python 来构建和执行计算图,同时也支持 C++、Java、Go 语言。我们可以直接写 Python 和 C++程序来执行 TensorFlow,也可以采用交互式的 IPython 来方便地尝试我们的想法。当然,这只是一个开始,后续会支持更多流行的语言,如 Lua、JavaScript 或 R 语言。

(4) 丰富的算法库。TensorFlow 提供了所有开源深度学习框架里最全的算法库,并且还在不断添加新的算法库。这些算法库基本上已经满足了大部分需求,对于普通的应用,基本上不用自己再去自定义基本的算法库了。

(5) 自动求微分。求微分是基于梯度的机器学习算法的重要一步。使用 TensorFlow 后,只需要定义预测模型的结构和目标函数,将两者结合在一起后,添加相应的数据,TensorFlow 就会自动完成计算微分操作。

(6) 完善的文档。TensorFlow 官方网站提供了非常详细的文档介绍,既包括各种 API 的介绍和各种基础应用的例子,也包括一部分深度学习的基础理论,不过这些都是英文的。

(7) 大量的开源项目。TensorFlow 在 GitHub 上的主项目下还有类似 models 这样的项目,里面包含了许多应用领域的最新研究算法的代码实现,如图像识别领域效果最好的 Inception 网络和残差网络,能够让机器自动用文字描述一张图片的应用 im2txt 项目;自然语言某些处理领域达到人类专家水平的 syntaxnet 项目等。对于 TensorFlow 的使用者,可以很方便地借鉴这些已经实现的高质量的项目,快速构建自己的深度学习应用。

(8) 将科研产品联系在一起。过去如果要将科研中的机器学习想法用到产品中,需要大量的代码重写工作。在 Google,科学家用 TensorFlow 尝试新的算法,产品团队则用 TensorFlow 来训练和使用计算模型,并直接提供给在线用户。使用 TensorFlow 可以让应用型研究者将想法迅速运用到产品中,也可以让学术性研究者更直接地彼此分享代码,从而提高科研产出率。

(9) 最优化性能。假如用户有一台 32 个 CPU 内核、4 个 GPU 显卡的机器,如何将计算机的所有硬件计算资源全部发挥出来呢? TensorFlow 给予线程、队列、分布式计算等支持,可以让用户将 TensorFlow 的数据流图上的不同计算元素分配到不同的设备上,最大化地利用硬件资源。

### 1.5.2 TensorFlow 的使用公司和使用对象

除了谷歌在自己的产品线上使用 TensorFlow 外,国内的京东、小米等公司,以及国外的 Uber、eBay、Dropbox、Airbnd 等公司,都在尝试使用 TensorFlow。

用户还可以使用谷歌公司的 PaaS TensorFlow 产品 Cloud Machine Learning 来做分布训练。现在也已经有了完整的 TensorFlow Model Zool。

另外,TensorFlow 出色的版本管理和细致的官方文档手册,以及很容易找到解答的繁荣的社区,应该能让用户用起来相当得心应手。

任何人都可以用 TensorFlow,学生、研究员、爱好者、极客、工程师、开发者、发明家、创业者等都可以在 Apache 2.0 开源协议下使用 TensorFlow。

TensorFlow 还没竣工,它需要被进一步扩展和上层建构。我们刚发布了源代码的最初版本,并且将持续完善它。我们希望大家通过直接向源代码贡献,或者提供反馈,来建立一个活跃的开源社区,以推动这个代码库的未来发展。

### 1.5.3 为什么 Google 要开源这个神器

既然 TensorFlow 这么好,为啥不藏起来而是要开源呢?答案很简单:机器学习是未来新产品和新技术的一个关键部分,这一领域的研究是全球性的,并且发展很快,但缺少一个标准化的工具。通过分享这个机器学习工具库,能够创造一个开放的标准,来促进交流研究想法和将机器学习算法产品化。Google 的工程师们确实在用它来提供用户直接可以用的产品和服务,而 Google 的研究团队也将在他们的许多科研文章中分享他们对 TensorFlow 的使用心得。

## 1.6 其他深度学习框架

除了 TensorFlow,还有很多其他的深度学习框架,各个框架都有各自的优缺点,这里做简单介绍。

**1. Caffe**

Caffe 的全称是 Convolution Architecture For Feature Extraction,它是第一个在工业上得到广泛应用的开源深度学习框架,也是第一代深度学习框架中最受欢迎的框架。

Caffe 是 C++/CUDA 框架,支持命令行、Python 和 MATLAB 接口,支持 CPU/GPU,其优势如下。

- 上手快。模型与相应优化都是以文本形式而非代码形式给出的。Caffe 给出了模型的定义、最优化设置以及预训练的权重,方便立即上手。
- 速度快。能够运行最棒的模型与海量的数据。Caffe 与 cuDNN 结合使用,执行速度快。
- 模块化。方便扩展到新的任务和设置上。可以使用 Caffe 提供的各层类型来定义自己的模型。

- 社区好。很长一段时间都是最欢迎的深度学习框架，有大批的用户在讨论和为此做贡献，在平时的一些论文中也会看到很多实现是基于 Caffe 框架的，并且 Caffe 的设计也影响了它之后的很多框架。

但是随着深度学习的不断发展，深度学习模型也变得越来越复杂，用户对框架的灵活性要求越来越高，Caffe 的作者贾杨清目前在 Facebook 开发出了 Caffe2，以适应不断发展的需求。

#### 2. MxNet

MxNet 主要继承于 DMLC 的 CXXNet 和 Minerva 这两个项目，其名字来自 Minerva 的 M 和 CXXNet 的 XNet。MXNet 是深度学习开源世界非常优秀的项目，它借鉴了 Torch、Theano 等众多平台的设计思想，并且加入了更多新的功能。它采用 C++ 开发，支持的接口语言多达 7 种，包括 Python、R、Julia、Scala、JavaScript、MATLAB 和 Go。

MxNet 的优势如下。

- 吸收它之前的各个开源框架的精华，设计更加合理。
- 支持分布式，支持多机多 GPU。
- 资源利用率高，对深度学习的计算做了专门的优化，GPU 显存和计算效率都比较高，其单机和分布式性能都非常好。
- 支持众多的语言接口，使用灵活方便。
- MXNet 的代码量小、灵活高效，专注于核心深度学习领域。

最近，亚马逊宣布将 MXNet 作为亚马逊 AWS 最主要的深度学习框架，并且还会为 MXNet 的开发提供软件代码和投资。我们相信在亚马逊的支持下，MXNet 将迎来更大的发展空间。

#### 3. Torch

Torch 已经诞生了 10 年之久，一直以来主要用于在研究机构中进行机器学习算法相关的科学计算。它并没有跟随 Python 的潮流，它的操作语言是 Lua 语言。Torch 被 Facebook 的人工智能实验室和之前英国的 DeepMind 团队广泛应用。

Torch 的封装少，简单直接，前期学习和开发时的思维难度都比较低，具有比较好的灵活性和速度。

由于封装少和 Lua 本身的限制，其工程性不是很好，所以 Torch 更加适合于探索性研究开发，而不适合做大项目。但是 Torch 拥有大量的用户，有很多新的算法或者论文都是用 Torch 实现的。Torch 采用的是不太流行的 Lua 语言来操作，不熟悉的用户需要一点时间来学习。

Facebook 开源了基于 Torch7 的深度学习框架 TorchNet，Torch 在以后应该会有更好的发展和更多的应用。

Facebook 的人工智能研究团队在 Torch7 之后又开发了 PyTorch 深度学习框架。作为 NumPy 的替代品，它支持强大的 GPU 计算；另一方面，作为深度学习平台，PyTorch 的最大特点是完全支持动态定义计算图，提供强大的灵活性和速度，可以快速实现简单的实验性代码，快速验证自己的想法是否可靠。

### 4. Theano

Theano 本来和深度学习没有什么关系,是一群研究者想用 Python 来做一些科学计算,但是只用 NumPy 和 SciPy 效率太低,于是想只调用一下库就可以对各种符号表达式进行自动求导,就造了一些轮子,让这些轮子可以和数值计算无缝对接,这样就有了 Theano 的原型。

Theano 是一个强大的数值计算库,几乎能在任何情况下使用,从简单的逻辑回归到建模,从生成音乐和弦序列到使用长短期记忆人工神经网络对电影收视率进行分类,都可以使用 Theano。

Theano 的大部分代码是使用 Cython 编写的。Cython 是一个可编译为本地可执行代码的 Python 语言,与仅仅使用解释性 Python 语言相比,它能够使运行速度快速提升。

最重要的是,很多优化程序已经集成到 Theano 库中,它能够优化计算量并让运行时间保持最低。Theano 派生出了大量的深度学习 Python 软件包,非常灵活,适合做学术研究实验,可以仅使用 Python 语言来创建几乎任何类型的神经网络结构。不足之处是,Theano 程序的编译过程比较慢,在导入 Theano 的时候也比较慢。

### 5. CNTK

CNTK 的全称是 Microsoft Cognitive Toolkit,来源于微软开源的深度学习框架,是基于 C++ 开发的多个平台的深度学习框架。它支持分布式和多机多步,使用方式和 Caffe 类似,通过配置文件来运行,最近也开始支持 Python 的操作接口。

CNTK 通过一个有向图将神经网络描述为一系列运算操作,这个有向图中的子节点代表输入或网络参数,其他节点代表各种矩阵运算。CNTK 支持各种前馈网络,包括 MLP、CNN、RNN、LSTM、Sequence-to-Sequence 模型等,也支持自动求解梯度。CNTK 有丰富的细粒度的神经网络组件,这样用户不需要写底层的 C++ 或 CUDA,就能通过组合这些组件设计新的复杂的网络层(layer)。CNTK 拥有产品级的代码质量,支持多机、多 GPU 的分布式训练。

CNTK 设计是性能导向的,在 CPU、单 GPU、多 GPU,以及 GPU 集群上都有非常优异的表现。同时,微软最近推出的 1-bit compression 技术大大降低了通信代价,让大规模并行训练拥有很高的效率。CNTK 同时宣称拥有很高的灵活度,它和 Caffe 一样通过配置文件定义网络结构,再通过命令行程序执行训练,支持构建任意的计算图,支持 Adagrad、RMSprop 等优化方法。它的另一个重要特性就是拓展性,CNTK 除了内置的大量运算核外,还允许用户定义自己的计算节点,支持高度的定制化。

CNTK 原生支持多 GPU 和分布式,从官网公布的对比评测来看,性能非常不错。在多 GPU 方面,CNTK 比其他深度学习库表现更突出。

## 1.7 小结

本章主要介绍了人工智能的概念、AlphaGo 的原理、深度学习的定义以及学习方法,分析了 TensorFlow 是什么、有什么特点、使用对象是谁、发展的对象是谁以及为什么 Google 要开源 TensorFlow,最后介绍了其他深度学习的框架。

## 1.8　习题

1. 什么是人工智能？
2. 机器是如何实现人类的智力的？
3. 什么是深度学习？
4. 入门深度学习的 7 个步骤是什么？
5. TensorFlow 主要有哪些特点？

# 第 2 章 TensorFlow 环境搭建

CHAPTER 2

本章主要介绍如何在 Ubuntu 平台、Mac OS 平台、Windows 平台以及从源代码上安装 TensorFlow。

## 2.1 安装环境介绍

目前，TensorFlow 社区推荐的安装和运行环境是 Ubuntu，它同时也支持在 Mac OS 和 Windows 上安装部署。

因为在深度学习的计算过程中，会有大量操作向量和矩阵的计算，而 GPU 在向量和矩阵计算速度方面比 CPU 有一个数量级的提升，并且深度学习在 GPU 上的运算效率更高，所以推荐在配有 GPU 的机器上运行 TensorFlow 程序。

### 2.1.1 CUDA 简介

CUDA(Compute Unified Device Architecture)是显卡厂商 NVIDIA 推出的运算平台。CUDA 是一种由 NVIDIA 推出的通用并行计算架构，该架构使 GPU 能够解决复杂的计算问题。它包含了 CUDA 指令集架构(ISA)以及 GPU 内部的并行计算引擎。开发人员现在可以使用 C 语言来为 CUDA 架构编写程序，C 语言是应用最广泛的一种高级编程语言，所编写出的程序可以在支持 CUDA 的处理器上以超高性能运行。CUDA 3.0 已经开始支持 C++ 和 FORTRAN。

### 2.1.2 cuDNN 简介

cuDNN 的全称为 CUDA Deep Neural Network library，它是专门针对深度学习框架设计的一套 GPU 计算加速方案，其最新版本提供了对深度神经网络中向前向后的卷积池化以及 RNN 的性能优化。

目前，包括 TensorFlow 在内的大部分深度学习框架都支持 CUDA。所以，为了让深度神经网络程序在 TensorFlow 上运行得更好，推荐配置至少一块支持 GUDA 和 cuDNN 的 NVIDIA 的显卡。

## 2.1.3　查看 GPU 信息

下面在 Windows 系统上查看机器的 GPU 信息。

在桌面中同时按下"开始+R"组合键,弹出"运行"对话框,在对话框中输入 dxdiag,如图 2-1 所示,然后单击"确定"按钮,此时会打开"DirectX 诊断工具"窗口。单击其中的"显示"标签页,可以查看机器的显卡信息,如图 2-2 所示。

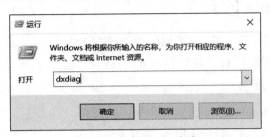

图 2-1　输入 dxdiag 命令

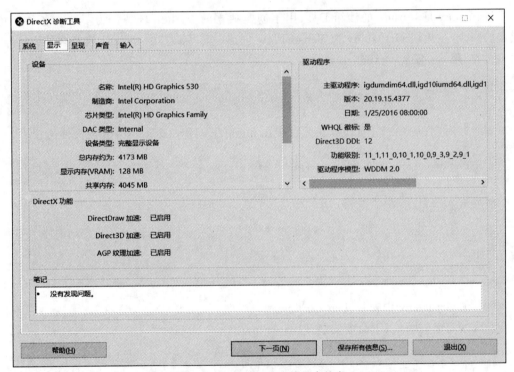

图 2-2　查看 Windows 的显卡信息

可以看到,这个机器上的显卡是 Intel(R)+HD Graphics Family。

## 2.2　安装 TensorFlow

首先,介绍如何下载 TensorFlow 代码仓库,然后介绍基于 pip 的安装方式、基于 Java 安装方式以及使用 Bazel 的源代码安装方式。

### 2.2.1 下载 TensorFlow

下面使用 1.7.0 版本来介绍 TensorFlow 的环境准备过程。

从 GitHub 代码仓库中下载 1.7.0 版本的 TensorFlow 源代码,在 Tags 中选择 1.7.0 版本将跳转到 1.7.0 版本的代码仓库。解压源代码,将其保存在本地目录中。

### 2.2.2 基于 pip 的安装

pip 是 Python 的包管理工具,主要用于 PyPI(Python Packet Index)上的包,命令简洁方便,包种类丰富,社区完善,并且拥有轻松升级包的功能。

**1. Mac OS 环境准备**

首先需要依赖 Python 环境,以及 pip 命令。这在 Mac 和 Linux 系统中一般都有。这里使用的 Python 版本是 3.6.5,TensorFlow 版本是 1.7.0。

(1) 安装 virtualenv。

virtualenv 是 Python 的沙箱工具,用于创建独立的 Python 环境。为了减少各种环境变量的修改,这里用 virtualenv 为 TensorFlow 创建一套"隔离"的 Python 运行环境。

首先,用 pip 安装 virtualenv:

```
$ pip instll virtualenv - upgrade
```

安装好后创建一个工作目录,在此直接在 home 下创建一个 tensorflow 文件夹:

```
$ virtualenv - system - site - packages ~/tensorflow
```

然后进入该目录,激活沙箱:

```
$ cd ~/tensorflow
$ source bin/activate
(tentsorflow) $
```

(2) 在 virtualenv 中安装 TensorFlow。

进入沙箱后,执行以下命令安装 TensorFlow:

```
(tentsorflow) $ pip install tensorflow == 1.7.0
```

默认安装所需的依赖,直到安装成功。

(3) 运行 TensorFlow。

参照官方文档录入一个简单例子:

```
>>>
>>> import tensorflow as tf
>>> hello = tf.constant('Hello,TensorFlow!')
```

```
>>> sess = tf.Session()
>>> printf sess.run(hello)
Hello,TensorFlow!
```

至此，TensorFlow 环境已经安装成功了。

**注意**：每次需要运行 TensorFlow 程序时，都需要进入 tensorflow 目录，然后执行 source bin/activate 命令来激活沙箱。

### 2. Ubuntu/Linux 环境准备

使用 Ubuntu/Linux 的读者可以参照 Mac OS 的环境准备，先安装 virtualenv 的沙箱环境，再用 pip 安装 TensorFlow 软件包。

TensorFlow 的 Ubuntu/Linux 安装分为 CPU 版本和 GPU 版本，下面分别进行介绍。

（1）安装仅支持 CPU 的版本，直接安装如下：

```
$ pip install ensorflow==1.7.0
```

（2）安装支持 GPU 的版本的前提是已经安装了 CUDA SDK，直接使用以下命令：

```
$ pip install tensorflow-gpu=1.7.0
```

### 3. Windows 环境准备

TensorFlow 1.7.0 版本支持 Windows 7、Windows 10 和 Server 2017。因为使用 Windows PowerShell 代替 CMD，所以下面的命令均在 PowerShell 下执行，如图 2-3 所示。

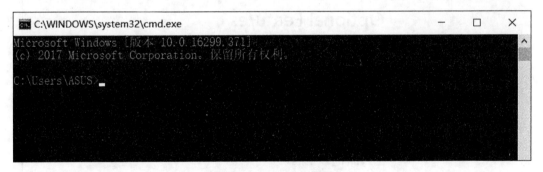

图 2-3　PowerShell 界面

1）安装 Python

TensorFlow 在 Windows 上只支持 64 位 Python 3.6.x，可以通过 Python Releases for Windows 或 Python 3.6 from Anaconda 下载并安装 Python 3.6.5（注意选择正确的操作系统）。下载后，安装界面如图 2-4 所示。

在图 2-4 中选择 Modify，进入下一步。如图 2-5 所示，可以看出 Python 包自带 pip 命令。单击 Next 按钮，即选择安装项，并可选择安装的路径，如图 2-6 所示。

选择所需要的安装项以及所存放的路径后，单击 Install 按钮，即可进行安装，安装完成界面如图 2-7 所示。

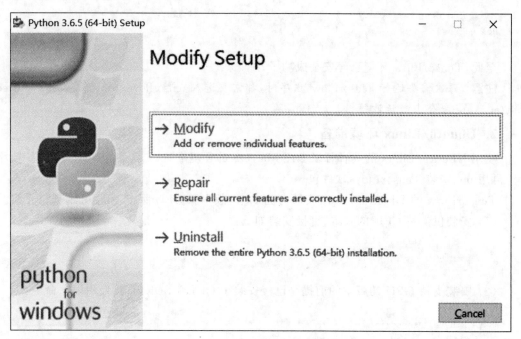

图 2-4　Modify Setup 界面

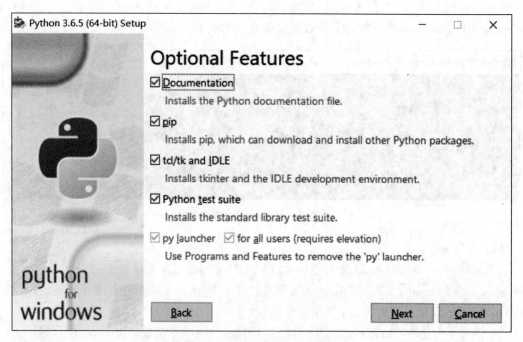

图 2-5　Optional Features 界面

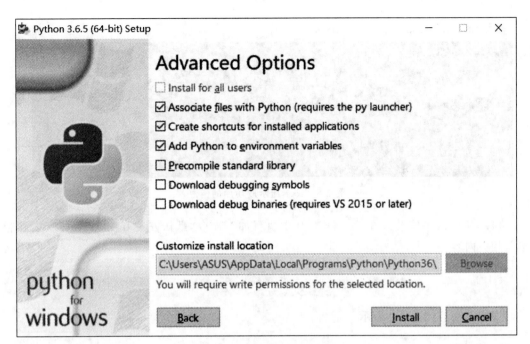

图 2-6　安装项及路径选择

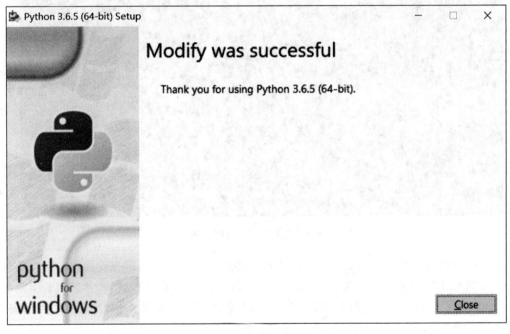

图 2-7　安装完成界面

安装 Python 后,再到 PowerShell 中输入 python,看到进入终端的命令提示则代表 Python 安装成功。终端显示成功后的信息如图 2-8 所示。

2) 安装 TensorFlow

TensorFlow 的 Windows 安装也分为 CPU 版本和 GUP 版本,下面分别进行介绍。

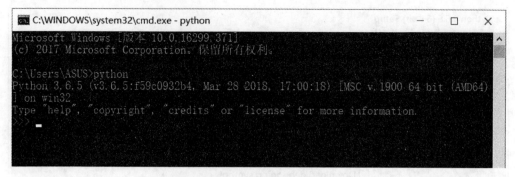

图 2-8　终端显示成功后的信息

（1）CPU 版本安装。在 PowerShell 中执行如下命令，默认安装 TensorFlow 1.7.0 版本及相关内容。

```
C:\Users\ASUS> pip install tensorflow == 1.7.0
```

安装完成后如图 2-9 所示。

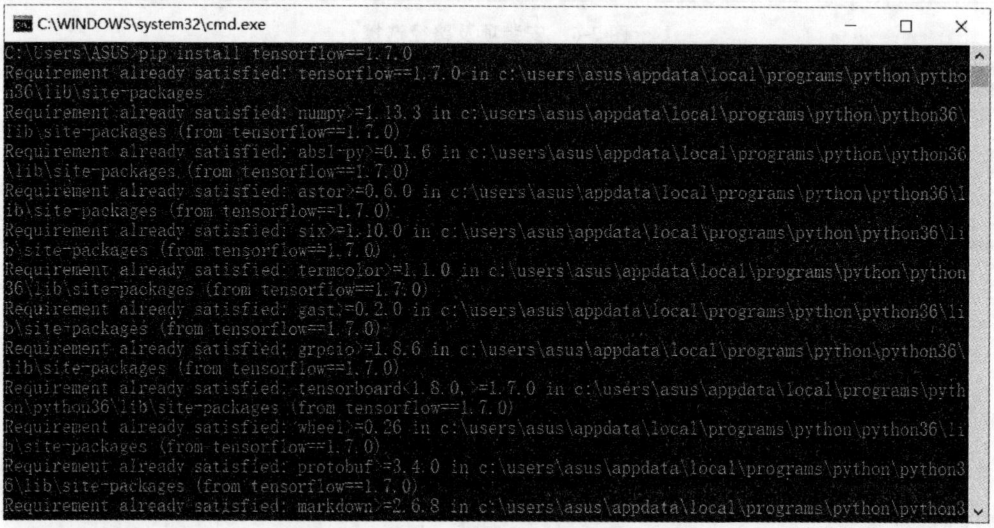

图 2-9　安装完成后的信息

（2）GPU 版本安装。如果读者的计算机支持安装 GPU 版本，请先安装如下两个驱动：CUDA 和 CuDNN（后者需要注册 NVIDIA 用户，并加入 CuDNN 开发组，然后填若干问卷，才可以下载）。选择下载版本时要注意与 CUDA 版本匹配。解压后保存至 CUDA 的安装目录下。然后，安装 GPU 版本，如下：

```
C:\> pip install tensorflow - gpu = 1.7.0
```

3）运行 TensorFlow

在 PowerShell 中搜索 python，直接模糊匹配，调出命令窗口，输入测试代码：

```
>>> import tensorflow as tf
>>> sess = tf.Session()
>>> a = tf.constant(10)
>>> b = tf.constant(22)
>>> printf(sess.run(a + b))
32
```

正确输出结果 32，则表示安装完毕。

### 2.2.3 基于 Java 的安装

基于 Java 的安装方式，可以参考 TensorFlow 官方 GitHub 的安装方法。

首先，需要下载 JAR（Java ARchive）libtensorflow-1.7.0-rc2.jar 和运行 TensorFlow 需要的本地库。这些都可以直接从官方 GitHub 上下载。

在此用 Mac OS X 系统，下载后的文件如下：

- libtensorflow-1.7.0-rc2.jar。
- libtensorflow_jni-cpu-darwin-x86_64-1.1.0-rc2.tar.gz。

对 libtensorflow_jni-cpu-darwin-x86_64-1.1.0-rc2.tar.gz 进行解压，解压到当前目录 jni。

```
tar zxvf libtensorflow_jni-cpu-darwin-x86_64-1.1.0-rc2.tar.gz -C ./jni
```

这样就完成了 TensorFlow 的 Java 安装。

### 2.2.4 从源代码安装

从源代码编译安装，需要使用 Bazel 编译工具。先安装 Bazel 工具。在需要依赖的 JDK8 配好之后，在 Mac 笔记本上直接执行下面命令，安装版本为 0.4.4：

```
brew install bazel
```

其他操作系统（如 Ubuntu）的计算机对 Bazel 的安装，可以采用 apt-get 等方式。

先进入 tensorflow-1.7.0 的源代码目录，运行 ./configure 脚本会出现所采用的 Python 路径、是否用 HDFS、是否用 Google Cloud Platform 等选项。

源代码树的根目录中包含了一个名为 configure 的 bash 脚本。此脚本会要求确定所有相关 TensorFlow 依赖项的路径名，并指定其他构建配置选项，如编译器标记。必须先运行此脚本，然后才能创建 pip 软件包并安装 TensorFlow。

如果希望构建支持 GPU 的 TensorFlow，configure 会要求指定 CUDA 和 cuDNN 的版本号。如果系统中安装了多个版本的 CUDA 或 cuDNN，请明确选择所需的版本，而不要依赖于默认的版本。

configure 会提出若干问题，其中一个问题如下：

```
Please specify optimization flags to use during compilation when bazel option "--config=opt" is specified [Default is -march=native]
```

这个问题涉及后续阶段的操作，在该阶段中将使用 bazel 来构建 pip 软件包。建议接受默认值(-march=native)，这样将会针对本地计算机的 CPU 类型优化所生成的代码。但是，如果当前是在某一种类型的 CPU 上构建 TensorFlow，而将来会在不同类型的 CPU 上运行 TensorFlow，那么请考虑指定一个更加具体的优化标记，如 gcc 文档中所述。

以下是 configure 脚本的一个执行示例。请注意，用户输入的内容可以与我们的输入示例不同：

```
$ cd tensorflow # cd to the top-level directory created
$ ./configure
Please specify the location of python. [Default is /usr/bin/python]: /usr/bin/python2.7
Found possible Python library paths:
  /usr/local/lib/python2.7/dist-packages
  /usr/lib/python2.7/dist-packages
Please input the desired Python library path to use. Default is [/usr/lib/python2.7/dist-packages]
Using python library path: /usr/local/lib/python2.7/dist-packages
Please specify optimization flags to use during compilation when bazel option "--config=opt" is specified [Default is -march=native]:
Do you wish to use jemalloc as the malloc implementation? [Y/n]
jemalloc enabled
Do you wish to build TensorFlow with Google Cloud Platform support? [y/N]
No Google Cloud Platform support will be enabled for TensorFlow
Do you wish to build TensorFlow with Hadoop File System support? [y/N]
No Hadoop File System support will be enabled for TensorFlow
Do you wish to build TensorFlow with the XLA just-in-time compiler (experimental)? [y/N]
No XLA support will be enabled for TensorFlow
Do you wish to build TensorFlow with VERBS support? [y/N]
No VERBS support will be enabled for TensorFlow
Do you wish to build TensorFlow with OpenCL support? [y/N]
No OpenCL support will be enabled for TensorFlow
Do you wish to build TensorFlow with CUDA support? [y/N] Y
CUDA support will be enabled for TensorFlow
Do you want to use clang as CUDA compiler? [y/N]
nvcc will be used as CUDA compiler
Please specify the Cuda SDK version you want to use, e.g. 7.0. [Leave empty to default to CUDA 9.0]: 9.0
Please specify the location where CUDA 9.0 toolkit is installed. Refer to README.md for more details. [Default is /usr/local/cuda]:
Please specify which gcc should be used by nvcc as the host compiler. [Default is /usr/bin/gcc]:
Please specify the cuDNN version you want to use. [Leave empty to default to cuDNN 7.0]: 7
Please specify the location where cuDNN 7 library is installed. Refer to README.md for more details. [Default is /usr/local/cuda]:
Please specify a list of comma-separated Cuda compute capabilities you want to build with.
You can find the compute capability of your device at: https://developer.nvidia.com/cuda-gpus.
Please note that each additional compute capability significantly increases your build time and binary size.
[Default is: "3.5,5.2"]: 3.0
Do you wish to build TensorFlow with MPI support? [y/N]
MPI support will not be enabled for TensorFlow
Configuration finished
```

如果已指示 configure 构建支持 GPU 的 TensorFlow,那么 configure 将为系统中的 CUDA 库创建一组规范化的符号链接。因此,每次更改 CUDA 库路径时,都必须先重新运行 configure 脚本,然后才能再次调用 bazel build 命令。

请注意以下几点:

- 尽管可以在同一个源代码树下同时构建 CUDA 和非 CUDA 配置,但我们建议在同一个源代码树中的这两种配置之间进行切换时运行 bazel clean。
- 如果在运行 bazel build 命令之前没有运行 configure 脚本,则 bazel build 命令将执行失败。

## 2.3 其他模块

TensorFlow 在运行中需要做一些矩阵运算,时常会用到一些第三方模块,此外,在处理音频、自然语言时也需要用到一些模块,所以建议一并安装好。下面就简单介绍 TensorFlow 依赖的一些模块。

### 2.3.1 numpy 模块

NumPy(Numeric Python)系统是 Python 的一种开源的数值计算扩展。这种工具可用来存储和处理大型矩阵,比 Python 自身的嵌套列表(nested list structure)结构要高效得多(该结构也可以用来表示矩阵(matrix))。可以说 NumPy 将 Python 变成了一个免费的更强大的 MATLAB 系统。

NumPy 提供了许多高级的数值编程工具,包括:

- 一个强大的 N 维数组对象 Array;
- 比较成熟的函数库;
- 用于整合 C/C++ 和 Fortran 代码的工具包;
- 实用的线性代数、傅里叶变换和随机数生成函数。

numpy 模块的安装方法如下:

```
pip install numpy -upgrade
```

安装成功效果如图 2-10 所示。

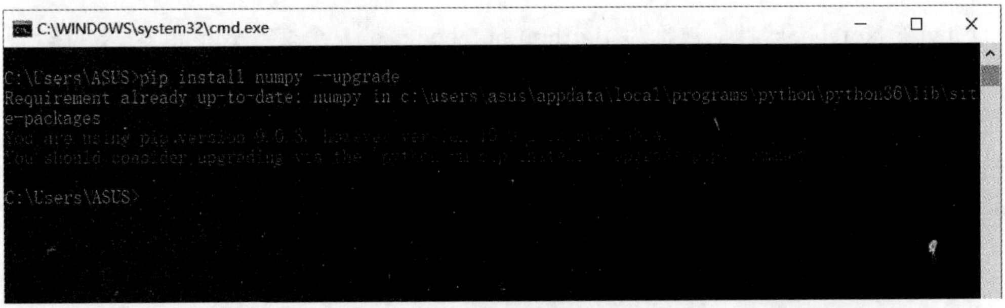

图 2-10 NumPy 模块安装成功信息

## 2.3.2 matplotlib 模块

matplotlib 是一个 Python 的 2D 绘图库,它以各种硬拷贝格式和跨平台的交互式环境生成出版质量级别的图形。通过 matplotlib,仅需要几行代码,便可以生成绘图、直方图、功率谱、条形图、错误图、散点图等,而且还可以方便地将它作为绘图控件,嵌入 GUI 应用程序中。

matplotlib 模块的安装方法如下:

```
pip install matplotlib –upgrade
```

安装成功效果如图 2-11 所示。

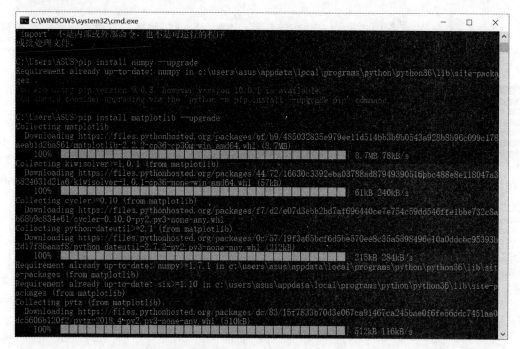

图 2-11　matplotlib 模块安装成功信息

## 2.3.3 jupyter 模块

Jupyter Notebook(此前被称为 IPython notebook)是一个交互式笔记本,支持运行 40 多种编程语言。

Jupyter Notebook 的本质是一个 Web 应用程序,便于创建和共享程序文档,支持实时代码、数学方程、可视化和 markdown。其用途包括数据清理和转换、数值模拟、统计建模、机器学习等。

jupyter 模块的安装方法如下:

```
pip install jupyter –upgrade
```

安装成功效果如图 2-12 所示。

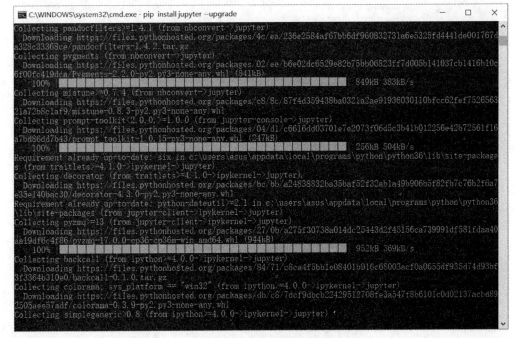

图 2-12　Jupyter 模块安装成功信息

打开 Jupyter Notebook：

```
jupyter notebook
```

出现如下信息：

```
C:\Users\ASUS > jupyter notebook
[I 20:24:22.878 NotebookApp] Writing notebook server cookie secret to C:\Users\ASUS\AppData\Roaming\jupyter\runtime\notebook_cookie_secret
[I 20:24:23.394 NotebookApp] Serving notebooks from local directory: C:\Users\ASUS
[I 20:24:23.395 NotebookApp] 0 active kernels
[I 20:24:23.398 NotebookApp] The Jupyter Notebook is running at:
[I 20:24:23.398 NotebookApp] http://localhost:8888/?token = a8904da90d55c3f9a5542ede81cc9b311f3dfa5f38b58938
[I 20:24:23.399 NotebookApp] Use Control - C to stop this server and shut down all kernels (twice to skip confirmation).
[C 20:24:23.401 NotebookApp]

    Copy/paste this URL into your browser when you connect for the first time,
    to login with a token:http://localhost:8888/?token = a8904da90d55c3f9a5542ede81cc9b311f3dfa5f38b58938
[I 20:24:24.431 NotebookApp] Accepting one - time - token - authenticated connection from ::1
```

浏览器自动打开，启动成功，界面如图 2-13 所示。其中，在 tensorflow-1.7.0/tensorflow/examples/udacity 下有许多扩展名为 .ipynb 的示例文件，读者可以自行在浏览器打开和学习。

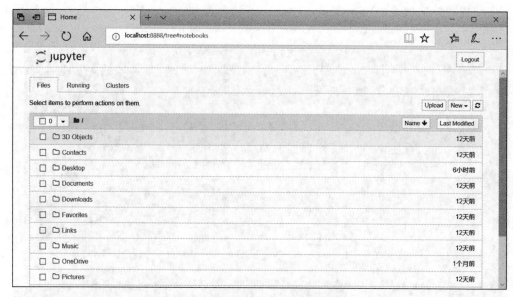

图 2-13　扩展名为 .ipynb 的示例文件

### 2.3.4　scikit-image 模块

scikit-image 有一组图像处理的算法，可以使过滤一张图片变得很简单，非常适合用于对图像的预处理。

scikit-image 模块的安装方法如下：

```
pip install scikit-image --upgrade
```

安装成功效果如图 2-14 所示。

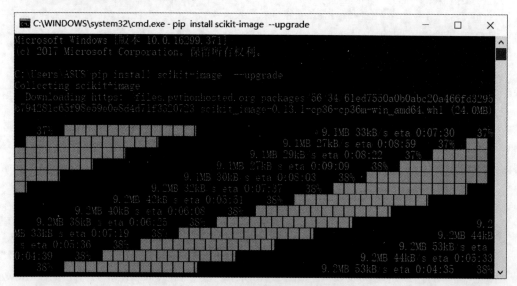

图 2-14　scikit-image 模块安装成功信息

## 2.3.5 librosa 模块

librosa 是用 Python 进行音频处理特征提取的第三方库,有很多方式可以提取音频特征。librosa 模块的安装方法如下:

```
pip install librosa -- pugrade
```

安装成功效果如图 2-15 所示。

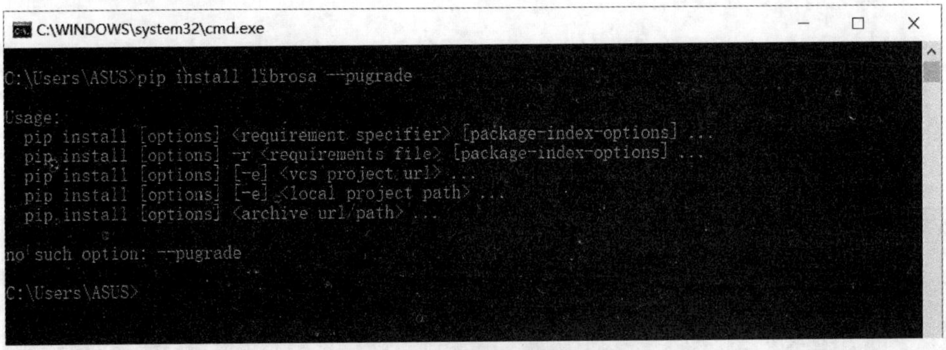

图 2-15 librosa 安装成功信息

## 2.3.6 nltk 模块

nltk 是一个开源的项目,包含 Python 模块、数据集和教程,用于 NLP 的研究和开发。nltk 由 Steven Bird 和 Edward Loper 在宾夕法尼亚大学计算机和信息科学系开发,包括图形演示和示例数据,提供的教程解释了工具包支持的语言处理任务背后的基本概念。

nltk 模块的安装方法如下:

```
pip install nltk -- upgrade
```

安装成功效果如图 2-16 所示。

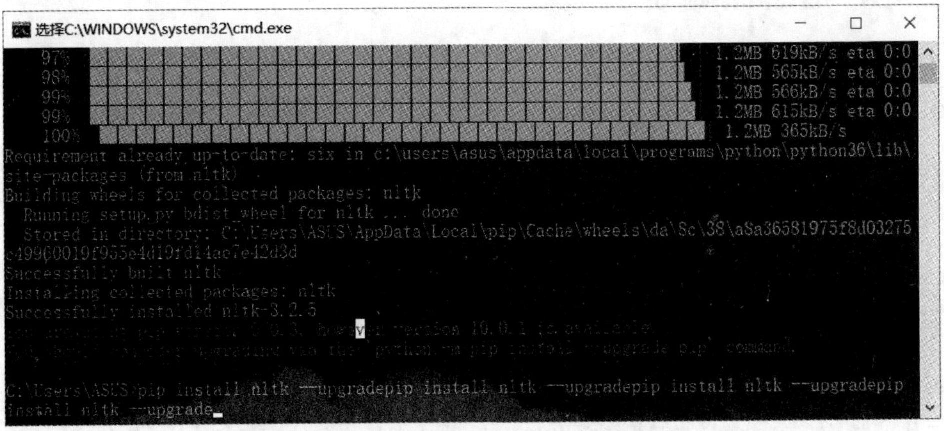

图 2-16 nltk 的安装成功信息

安装完成后，需要导入 nltk 工具包，下载 nltk 数据源，如下：

```
>> import nltk
>> nltk.download()
```

### 2.3.7　keras 模块

keras 是第一个被添加到 TensorFlow 核心中的高级别框架，成为 TensorFlow 的默认 API。keras 模块的安装方法如下：

```
pip install keras -- upgrade
```

安装成功效果如图 2-17 所示。

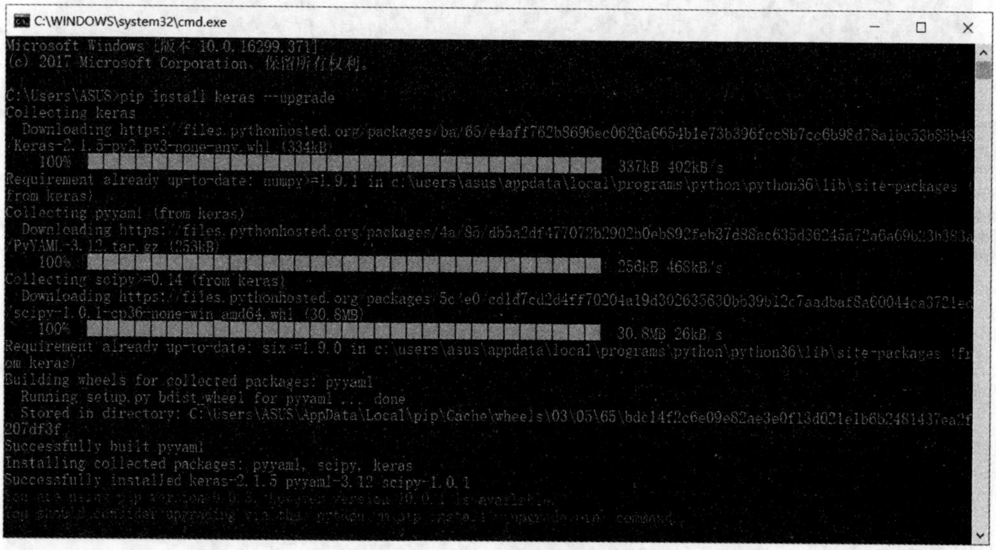

图 2-17　keras 的安装成功信息

### 2.3.8　tflearn 模块

tflearn 是另一个支持 TensorFlow 的第三方框架。
tflearn 模块的安装方法如下：

```
pip install git+https://github.com/tflearn/tflearn.git
```

## 2.4　文本编辑器

程序员花大量时间来编写、阅读和编辑代码，因此使用的文本编辑器必须能够提高完成这种工作的效率。高效的编辑器应突出代码的结构，这样在编写代码时就能够发现常见的

bug。它还应包含自动缩进功能、显示代码长度的标志以及用于执行常见操作的快捷键。

如果是新手，应使用具备上述功能但学习起来又不难的编辑器。另外，最好对更高级的编辑器有所了解，这样就知道何时该考虑升级编辑器了。

我们将针对主要的操作系统介绍符合上述条件的编辑器：使用 Linux 或 Windows 系统的初学者可使用 Geany；使用 Mac OS X 的初学者可使用 Sublime Text（它在 Linux 和 Windows 系统中的效果也很好）；还将介绍 Python 自带的编辑器 IDLE；最后，将介绍几款高级编辑器。

## 2.4.1　Geany

Geany 是一个小巧的使用 GTK+2 开发的跨平台的开源集成开发环境，以 GPL 许可证分发源代码，是免费的自由软件。它支持基本的语法高亮、代码自动完成、调用提示、插件扩展。支持文件类型有 C、CPP、Java、Python、PHP、HTML、DocBook、Perl、LateX 和 Bash 脚本。该软件小巧、启动迅速，主要缺点是界面简陋、运行速度慢、功能简单。

### 1. 在 Linux 系统中安装 Geany

在大多数 Linux 系统中，安装 Geany 只需一个命令：

```
$ sudo apt-get install geany
```

如果系统安装了多个版本的 Python，就必须配置 Geany，使其使用正确的版本。启动 Geany，选择"文件"|"另存为"，将当前的空文件保存为 hello_world.py，再在编辑窗口中输入代码：

```
print("hello world!")
```

选择菜单"生成"|"设置生成命令"，将看到文字 Compile 和 Execute，它们旁边都有一个命令。默认情况下，这两个命令都是 python，要让 Geany 使用命令 python3，必须做相应的修改。将编译命令修改为：

```
python3 -m py_compile "%f"
```

必须完全按此处显示的这样输出这个命令，确保空格和大小写都完全相同。

将执行命令修改成：

```
python3 "%f"
```

同样，务必确保空格和大小写都完全与显示的相同。

### 2. 在 Windows 系统中安装 Geany

要下载 Windows Greany 安装程序，可访问 http://geany.org/，单击 Download 下的 Releases，找到安装程序 geany-1.25_setup.exe 或类似的文件。下载安装程序后，运行它并接受所有的默认设置。

启动 Geany，选择"文件"|"另存为"，将当前的空文件保存为 hello_world.py，再在编辑窗口中输入代码：

```
print("hello world!")
```

效果如图 2-18 所示。

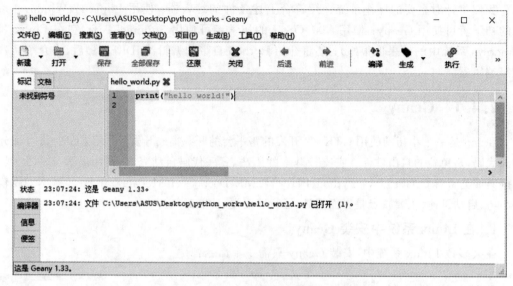

图 2-18　Windows 系统下的 Geany 编辑器

选择菜单"生成"|"设置生成命令",将看到文字 Compile 和 Execute,它们旁边都有一个命令。默认情况下,这两个命令都是 python(全部小写),但 Geany 不知道这个命令位于系统的什么地方。需要添加启动终端会话时使用的路径。在编译命令和执行中,添加命令 python 所在的驱动器和文件夹。编译命令效果如图 2-19 所示。

图 2-19　编译命令效果

**注意**：务必确保空格和大小都与图 2-19 中显示的完全相同。正确地设置这些命令后，单击"确定"按钮，即可成功运行程序。

在 Geany 中运行程序的方式有 3 种：选择菜单"生成"|Execute、单击 按钮或按 F5。运行 hello_world.py 时，将弹出一个终端窗口，效果如图 2-20 所示。

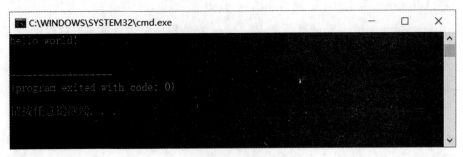

图 2-20　运行效果

### 2.4.2　Sublime Text

Sublime Text 支持多种编程语言的语法高亮，拥有优秀的代码自动完成功能，还拥有代码片段（Snippet）的功能，可以将常用的代码片段保存起来，在需要时随时调用。它支持 Vim 模式，可以使用 Vim 模式下的多数命令。它支持宏，简单地说就是把操作录制下来或者自己编写命令，然后播放刚才录制的操作或命令。

Sublime Text 还具有良好的扩展能力和完全开放的用户自定义配置与神奇实用的编辑状态恢复功能。它支持强大的多行选择和多行编辑。它具有强大的快捷命令，可以实时搜索到相应的命令、选项、snippet 和 syntex，按下回车就可以直接执行，减少了查找的麻烦。它可以进行文件的即时切换，可随心所欲地跳转到任意文件的任意位置。其多重选择功能允许在页面中同时存在多个光标。

该编辑器支持多种布局和代码缩略图，右侧的文件缩略图滑动条，可方便地观察当前窗口在文件的位置。其也提供了 F11 和 Shift＋F11 快捷键，可进入全屏免打扰模式，更加专心于编辑。其代码缩略图、多标签页和多种布局设置，可在大屏幕或需同时编辑多文件时使用。Sublime Text 2 支持文件夹浏览，可以打开文件夹，在左侧会有导航栏，方便同时处理多个文件。按住 Ctrl 键，用鼠标选择多个位置，可以同时在对应位置进行相同操作。

Sublime Text 还有编辑状态恢复的能力，即如果修改了一个文件，但没有保存，这时若退出软件，软件不询问用户是否需要保存，因为无论是用户自发退出还是意外崩溃退出，下次启动软件后，之前的编辑状态都会被完整恢复，就像退出前一样。

**1. 在 Mac OS X 系统中安装 Sublime Text**

要下载 Sublime Text 安装程序，可访问 http://sublimetext.com/3，单击链接 Download，并查找 Mac OS X 安装程序。下载安装程序后，打开它，再将 Sublime Text 图标拖放到文件夹 Applications 中。

**2. 在 Linux 系统中安装 Sublime Text**

在大多数 Linux 系统中，安装 Sublime Text 最简单的方式是通过终端会话，如下所示：

```
$ sudo add-apt-repository ppa:webupd8team/sublime-text-3
$ sudo apt-getup date
$ sudo apt-get install sublime-text-installer
```

### 3. 在 Windows 系统中安装 Sublime Text

从 http://sublimetext.com/3 下载 Windows 安装程序。运行这个安装程序,将在开始菜单中看到 Sublime Text。

如果使用的是系统自带的 Python 版本,无须调整任何设置就能运行程序。要运行程序,可选择"工具"|"生成"或用 Ctrl+B 组合键。运行 hello_world.py 时,将在 Sublime Text 窗口的底部看到一个终端屏幕,其中包含:

```
Hello Python world!
[Finished in 0.18]
```

### 4. 配置 Sublime Text

如果安装了多个 Python 版本或 Sublime Text 而不能自动运行程序,这时需要设置一个配置文件。首先需要知道 Python 解释器的完整路径,为此,在 Linux 或 Mac OS X 系统中执行命令:

```
$ type -a python3
python3 is /usr/local/bin/python3
```

请将 python3 替换为启动终端会话时使用的命令。如果使用的是 Windows 系统,要获悉 Python 解释器的路径。

启动 Sublime Text,并选择菜单"工具"|"生成系统"|"新建生成系统",这将打开一个新的配置文件。删除其中的所有内容,再输入如下内容:

```
Python3.sublime-build
{
  "cmd":["/usr/local/bin/python3","-u","$file"],
}
```

这些代码让 Sublime Text 使用命令 Python3 来运行当前打开的文件。请确保其中的路径为在前一步获悉的路径(在 Windows 系统中,该路径类似于 C/Python3/python)。将这个配置文件命名为 Python3.sublime-build,并将其保存到默认目录——选择菜单"保存"时 Sublime Text 打开的目录。

打开 hello_world.py,选择菜单"工具"|"生成系统"|Python3,再选择菜单"工具"|"生成",将在内嵌在 Sublime Text 窗口底部的终端中看到输出。

### 2.4.3 IDLE

IDLE 是 Python 的默认编辑器,相比 Geany 和 Sublime Text,它不是那么直观,但它适合初学者使用。

## 1. 在 Linux 系统中安装 IDLE

如果使用的是 Python 3,可这样安装 IDLE3 包:

```
$ sudo apt-get install idle3
```

如果使用的是 Python 2,可这样安装 IDLE3 包:

```
$ sudo apt-get install idle
```

## 2. 在 Mac OS X 系统中安装 IDLE

如果 Python 是使用 Homebrew 安装的,那么可能已经安装了 IDLE。在终端中,执行命令 brew linkapps,它告诉 IDLE 如何在系统中查找正确的 Python 解释器。随后,会在文件夹 Applications 中看到 IDLE。

如果 Python 不是使用 Homebrew 安装的,可访问 https://www.python.org/download/mac/tclkt/,并按照说明,安装 IDLE 依赖的一些图形包。

## 3. 在 Windows 系统中安装 IDLE

在 Windows 系统中安装 Python 时,应该自动安装了 IDLE,因此它应该包含在开始菜单中。

### 2.4.4　PyCharm

PyCharm 是由 JetBrains 打造的一款 Python IDE,VS2010 的重构插件 Resharper 就是出自 JetBrains 之手。同时支持 Google App Engine、PyCharm 及 IronPython。这些功能在先进代码分析程序的支持下,使 PyCharm 成为 Python 专业开发人员使用的有力工具。

TensorFlow 支持很多编辑器,读者可以随便选择。这里以 PyCharm IDE 为编辑器进行配置讲解。

首先,根据需要在 https://www.jetbrains.com/pycharm/官网上下载 PyCharm,下载界面如图 2-21 所示,单击 DOWNLOAD 按钮,即可进行下载。

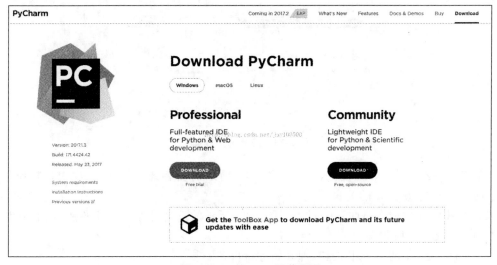

图 2-21　PyCharm 下载界面

下载完成双击 PyCharm 进入安装界面，如图 2-22 所示。

图 2-22　PyCharm 安装界面

单击图 2-22 中的 Next 按钮，进入路径选择界面，如图 2-23 所示。

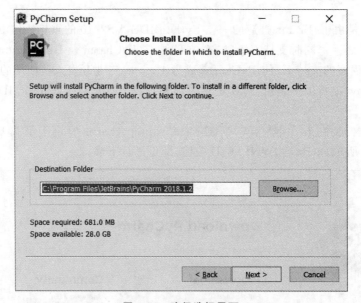

图 2-23　路径选择界面

单击图 2-23 中的 Next 按钮，进入如图 2-24 所示的安装选项界面，选项中包括所创建的桌面快捷方式、所创建的关联。

单击图 2-24 中的 Next 按钮，进入如图 2-25 所示的选择开始菜单文件夹界面，在该界面中列出了文件夹所包含的工具。

单击图 2-25 中的 Install 按钮，即开始进行自动安装。

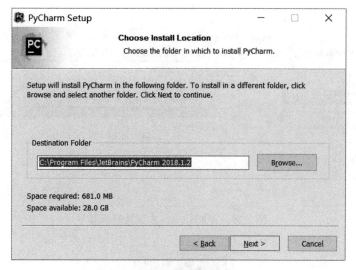

图 2-24　安装选项界面

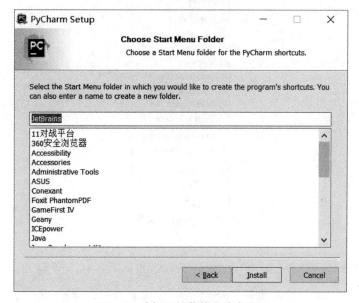

图 2-25　选择开始菜单文件夹界面

打开安装完成的 PyCharm 软件，选择菜单项 File | Default Settings | Project Interpreter，在 PyCharm 中设置解释器，即 Project Interpreter(将 Python 的 python.exe 路径加载进来)，效果如图 2-26 所示。

至此即完成了 PyCharm 的安装，TensorFlow 的代码可在 PyCharm 中编译与运行。

【例 2-1】　在 PyCharm 中编写代码，实现输出"Hello TensorFlow!"字样。

其实现步骤为：

(1) 打开 PyCharm 编辑器，选择 File|New，即弹出如图 2-27 所示的 New 选项菜单，在菜单中可以选择所需要创建的文件类型。

(2) 在图 2-27 中选择 Python File 即可建立一个 .py 类型的文件，编写实现输出"Hello TensorFlow!"的代码，运行效果如图 2-28 所示。

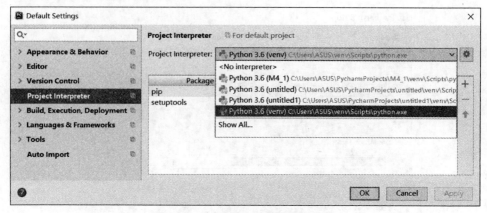

图 2-26  在 PyCharm 中设置解释器

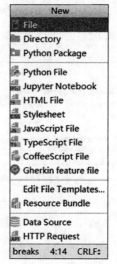

图 2-27  New 选项菜单

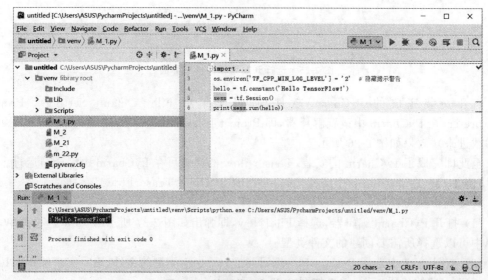

图 2-28  编译代码与结果的输出

**注意**：书中大部分代码都是在 PyCharm 中完成的，只有一小部分代码是在 Geany 中完成的。

## 2.5 TensorFlow 测试样本

通过前面介绍的方法安装好 TensorFlow 后，这一节中将给出一个简单的 TensorFlow 样例程序来实现两个向量求和。TensorFlow 支持 C、C++ 和 Python 三种语言，但是它对 Python 的支持是最全面的，所以本书中所有的样例都会使用 Python 语言。通过本节给出的简单样例，读者可以测试安装好的 TensorFlow 环境，同时也可以对 TensorFlow 有一个直观的认识。这一节将直接使用 Python 自带的交互界面来演示这个简单样例，图 2-29 为加载好的 Python。

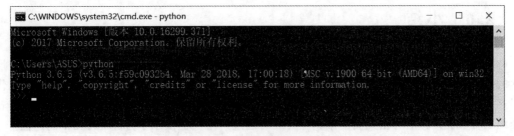

图 2-29 已加载的 Python

在进入 Python 交互界面后，先通过 import 操作加载 TensorFlow，如图 2-30 所示。

图 2-30 通过 import 加载 TensorFlow

图 2-30 显示 TensorFlow 已经成功加载了。Python 可以通过重命名使引用更加方便，在本书中都会将 TensorFlow 简写为 tf，然后定义两个向量 a 和 b，如图 2-31 所示。

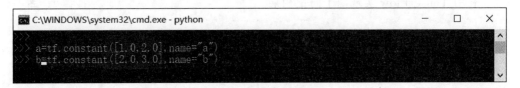

图 2-31 定义两个向量

在此将 a 和 b 定义为了两个常量（tf.constant），一个为 [1.0,2.0]，另一个为 [2.0,3.0]。在两个加数定义好后，将这两个向量加起来，如图 2-32 所示。

图 2-32 两个向量相加

熟悉 NumPy 的读者会发现，在 TensorFlow 之中，向量的加法也是可以直接通过加号"+"来完成的。最后输出相加得到的结果如图 2-33 所示。

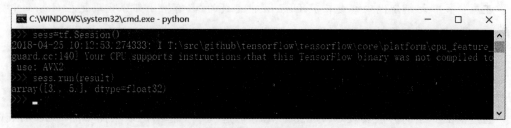

图 2-33　相加的结果

要想输出相加得到的结果，不能简单地直接输出 result，而需要先生成一个会话（Session），并通过这个会话来计算结果。至此，就实现了一个非常简单的 TensorFlow 模型。

## 2.6　小结

本章首先介绍了两个安装包 CUDA 和 cuDNN，其中 cuDNN 是针对深度学习框架设计的一套 GPU 计算加速方案；然后介绍了 TensorFlow 的安装，主要使用 pip、Java 及源代码这 3 种安装方式；随后介绍了 TensorFlow 相关的模块库，主要介绍了 8 个模块库；接着介绍了 TensorFlow 的相关文本编辑器；最后通过一个实例演示了 TensorFlow 的用法。

## 2.7　习题

1. CUDA 与 cuDNN 的定义是什么？
2. 在 Windows 中怎样查看机器的 GPU 信息？
3. 了解在 pip 中安装 TensorFlow 的过程，并了解怎样利用 pip 安装其他相关库。
4. 在 Geany 中编程实现在 TensorFlow 中输出"Hello Python！"。
5. 利用 TensorFlow 实现两个向量相乘。

# 第 3 章　TensorFlow 可视化

CHAPTER 3

可视化是认识程序的最直观方式。在做数据分析时,可视化一般是数据分析最后一步的结果呈现。把可视化在此介绍,是为了让读者在安装完成后,就能先看一下 TensorFlow 到底有哪些功能,直观感受深度学习的学习成果,让学习目标一目了然。

## 3.1　PlayGround

PlayGround 是一个用于教学目的的简单神经网络的在线演示、实验的图形化平台,非常强大地可视化了神经网络的训练过程。使用它可以在浏览器中训练神经网络,对 TensorFlow 有一个感性的认识。

PlayGround 界面从左到右由数据(DATA)、特征(FEATURES)、神经网络的隐藏层(HIDDEN LAYERS)和层中的连接线和输出(OUTPUT)几个部分组成,如图 3-1 所示(http://playground.tensorflow.org/)。

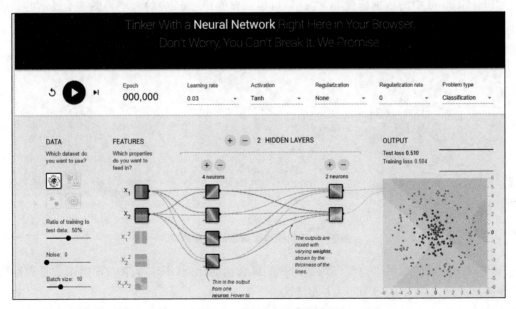

图 3-1　PlayGround 界面

### 3.1.1 数据

在二维平面内,点被标记成两种颜色。深色(计算机屏幕显示为蓝色)代表正值,浅色(计算机屏幕显示为黄色)代表负值。这两种颜色表示想要区分的两类,如图 3-2 所示。

图 3-2 Data 数据

网站提供了 4 种不同形状的数据,分别是圆形、异或、高斯和螺旋,如图 3-3 所示。神经网络会根据给的数据进行训练,再分类规律相同的点。

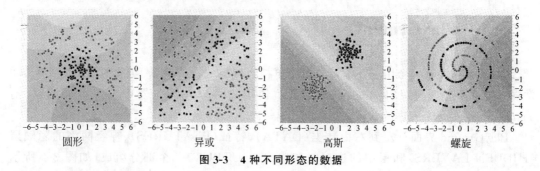

图 3-3 4 种不同形态的数据

PlayGround 中的数据配置非常灵活,可以调整噪声(noise)的大小。图 3-4 展示的是噪声为 0、25 和 50 时的数据分布。

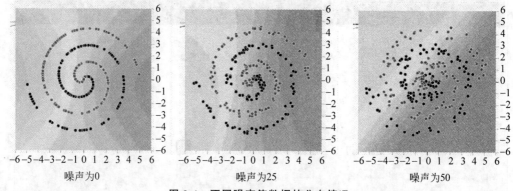

图 3-4 不同噪声值数据的分布情况

PlayGround 中也可以改变训练数据和测试数据的比例(data)。图 3-5 展示的是训练数据和测试数据比例为 1∶9 和 9∶1 的情况。

此外,PlayGround 中还可以调整输入的每批(batch)数据的多少,调整范围可以是 1~30,也就是说每批进入神经网络的数据点可以是 1~30 个,如图 3-6 所示。

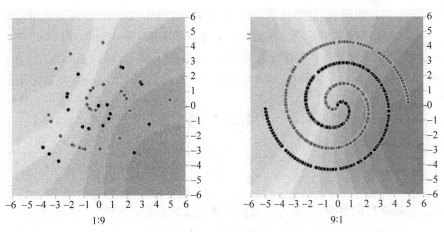

图 3-5　不同数据比例的比较效果

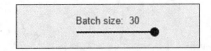

图 3-6　控制输入神经网络的批量数据点

## 3.1.2　特征

接着需要做特征提取(feature extraction)，每一个点都有 $x_1$ 和 $x_2$ 两个特征，由这两个特征还可以衍生出许多其他特征，如 $x_1^2$、$x_2^2$、$x_1 x_2$、$\sin(x_1)$、$\sin(x_2)$ 等，如图 3-7 所示。

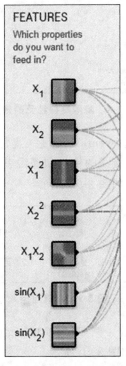

图 3-7　特征及衍生的特征

从颜色上，$x_1$ 左边浅色（计算机屏幕显示为黄色）是负，右边深色（计算机屏幕显示为蓝色）是正，$x_1$ 表示此点的横坐标值。同理，$x_2$ 上边深色是正，下边浅色是负，$x_2$ 表示此点的纵坐标值。$x_1^2$ 是关于横坐标的"抛物线"信息，$x_2^2$ 是关于纵坐标的"抛物线"信息，$x_1 x_2$ 是"双曲抛物面"的信息，$\sin(x_1)$ 是关于横坐标的"正弦函数"信息，$\sin(x_2)$ 是关于纵坐标的"正弦函数"信息。

因此，我们学习的分类器（classifier）就是要结合上述一种或多种特征，绘制一条或多条线，把原始的蓝色和黄色数据分开。

### 3.1.3 隐藏层

可以设置隐藏层的多少，以及每个隐藏层神经元的数量，如图 3-8 所示。

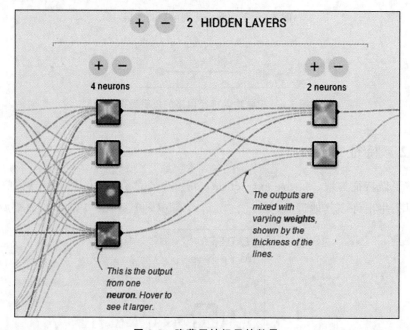

图 3-8　隐藏层神经元的数量

隐藏层之间的连接线表示权重（weight），深色（蓝色）表示用神经元的原始输出，浅色（黄色）表示用神经元的负输出。连接线的粗细和深浅表示权重的绝对值大小。鼠标放在线上可以看到具体值，也可以修改值，如图 3-9 所示。

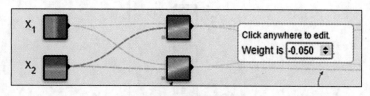

图 3-9　权值连接

修改值时，同时要考虑激活函数。例如，当换成 sigmoid 时，会发现没有负向的黄色区域，因为 sigmoid 的值域为 $(0,1)$，如图 3-10 所示。

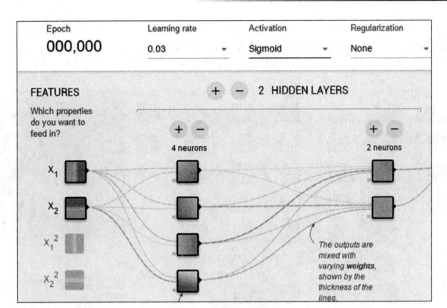

图 3-10 激活函数的替换

下一层神经网络的神经元会对这一层的输出再进行组合。组合时,根据上一次预测的准确性,通过后向传播给每个组合不同的权重。组合时连接线的粗细和深浅会发生变化,连接线的颜色越深、越粗,表示权重越大。

### 3.1.4 输出

输出的目的是使黄色点都归于黄色背景,蓝色点都归于蓝色背景,背景颜色的深浅代表可能性的强弱。

我们选定螺旋形数据,7 个特征全部输入,进行实验。选择只有 3 个隐藏层时,第一个隐藏层设置 8 个神经元,第二个隐藏层设置 4 个神经元,第三个隐藏层设置 2 个神经元。训练大概 2min,测试损失(test loss)和训练损失(training loss)就不再下降了。训练完成时可以看出,我们的神经网络已经完美地分离出了黄色点和蓝色点(颜色以实际屏幕上显示为准),如图 3-11 所示。

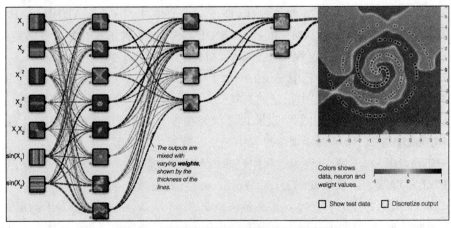

图 3-11 根据特征设置隐藏层效果(见彩插)

假设只输入最基本的前 4 个特征，给足多个隐藏层，看看神经网络的表现。假设加入 6 个隐藏层，前 4 个每层有 8 个神经元，第五层有 6 个神经元，第六层有 2 个神经元，结果如图 3-12 所示。

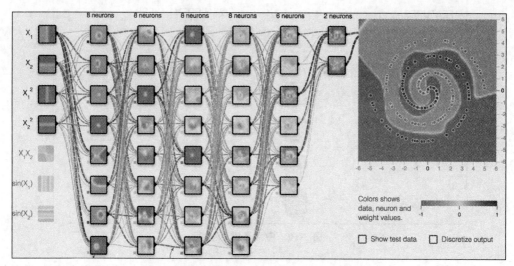

图 3-12　改变特征值与隐藏层效果（见彩插）

通过以上分析可发现，通过增加神经元的个数和神经网络的隐藏层数，即使没有输入许多特征，神经网络也能正确地分类。但是，假如要分类的物体是猫猫狗狗的图片，而不是肉眼能够直接识别出特征的黄点和蓝点呢？这时怎样去提取那些真正有效的特征呢？

有了神经网络，我们的系统自己就能学习到哪些特征是有效的，哪些是无效的，通过自己学习的这些特征，就可以做到自己分类，这就大大提高了我们解决语音、图像这种复杂抽象问题的能力。

## 3.2　TensorBoard

TensorBoard 是 TensorFlow 自带的一个强大的可视化工具，也是一个 Web 应用程序套件。TensorBoard 目前支持 7 种可视化，即 SCALARS、IMAGES、AUDIO、GRAPHS、DISTRIBUTIONS、HISTOGRAMS 和 EMBEDDINGS。这 7 种可视化的主要功能如下。

- SCALARS：展示训练过程中的准确率、损失值、权重/偏置的变化情况。
- IMAGES：展示训练过程中记录的图像。
- AUDIO：展示训练过程中记录的音频。
- GRAPHS：展示模型的数据流图，以及训练在各个设备上消耗的内存和时间。
- DISTRIBUTIONS：展示训练过程中记录的数据的分布图。
- HISTOGRAMS：展示训练过程中记录的数据的柱状图。
- EMBEDDINGS：展示此向量（如 Word2vec）后的投影分布。

TensorBoard 通过运行一个本地服务器来监听 6006 端口。在浏览器发出请求时，分析训练时记录的数据，绘制训练过程中的图像。TensorBoard 的可视化界面如图 3-13 所示。

第3章 TensorFlow可视化

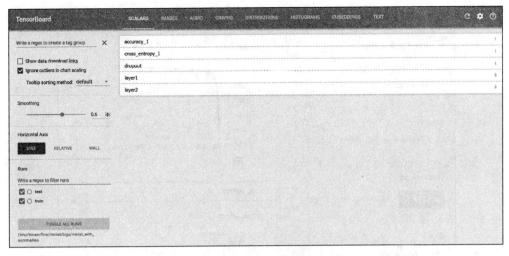

图 3-13　TensorBoard 可视化界面

从图 3-13 中可看出,在标题处有上述几个可视化面板,下面通过一个实例,分别介绍这些可视化面板的功能。

在此,运行手写数字识别的入门例子,如下:

```
python tensorflow-1.7.0/tensorflow/examples/tutorials/mnist/mnist_with_summaries.py
```

然后,打开 TensorBoard 面板:

```
tensorboard --logdir=/tmp/tensorflow/mnist/logs/mnist_with_summaries
```

输出为:

```
2018-04-24 19:52:52.755734: I T:\src\github\tensorflow\tensorflow\core\platform\cpu_feature_guard.cc:140] Your CPU supports instructions that this TensorFlow binary was not compiled to use: AVX2
TensorBoard 1.7.0 at http://DESKTOP-3SOJDIK:6006 (Press CTRL+C to quit)
```

我们就可以在浏览器中打开 http://DESKTOP-3SOJDIK:6006,查看面板的各项功能。

**1. SCALARS 面板**

SCALARS 面板的左边是一些选项,包括 Split on undercores(用下画线分开显示)、Data downloadlinks(数据下载链接)、Smoothing(图像的曲线平滑程度)以及 Horizontal Axis(水平轴)的表示,其中水平轴的表示分 3 种(STEP 代表按照迭代次数,RELATIVE 代表按照训练集和测试集的相对值,WALL 代表按照时间),如图 3-14 左边所示。图 3-14 右边给出了准确率和交叉熵损失函数值的变化曲线(迭代次数是 1000 次)。

SCALARS 面板中还绘制了每一层的偏置(biases)和权重(weights)的变化曲线。例如,偏置的变化曲线包括每次迭代中的最大值、最小值、平均值和标准差,如图 3-15 所示。

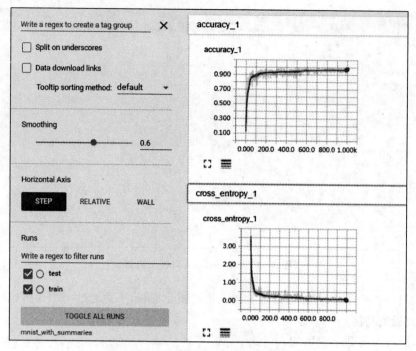

图 3-14 交叉熵损失函数值的变化曲线

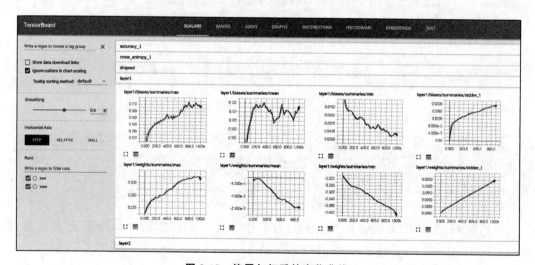

图 3-15 偏置与权重的变化曲线

### 2. IMAGES 面板

图 3-16 展示了训练数据集和测度数据集经过预处理后图片的样子。

### 3. GRAPHS 面板

GRAPHS 面板是对理解神经网络结构最有帮助的一个面板,它直观地展示了数据流图。图 3-17 所示界面中节点之间的连线即为数据流,连线越粗,说明在两个节点之间流动的张量(tensor)越多。

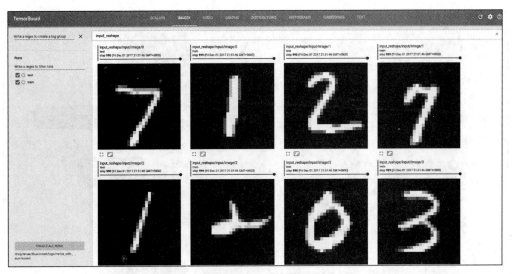

图 3-16　训练数据与测试数据预处理效果

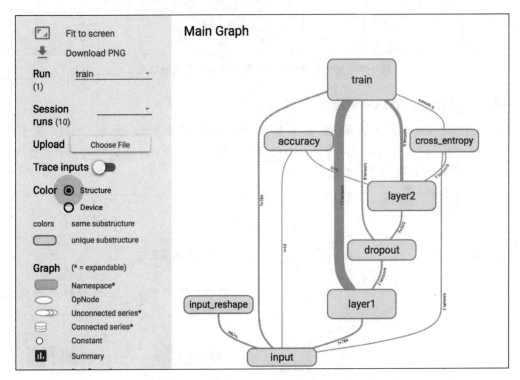

图 3-17　GRAPHS 面板

在 GRAPHS 面板的左侧，可以选择迭代步骤。可以用不同 Color（颜色）来表示不同的 Structure（整个数据流图的结构），或用不同 Color 来表示不同 Device（设备）。例如，当使用多个 GPU 时，各个节点分别使用的 GPU 不同。

当我们选择特定的某次迭代时，可以显示出各个节点的 Compute time（计算时间）以及 Memory（内存消耗），如图 3-18 所示。

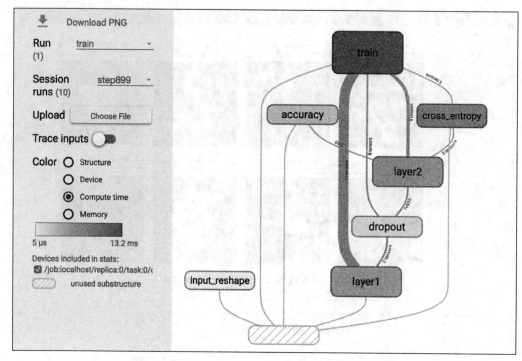

图 3-18　899 次各节点的计算时间与内存消耗结果

### 4. DISTRIBUTIONS 面板

　　DISTRIBUTIONS 面板和接下来要讲的 HISTOGRAMS 面板类似，只不过 DISTRIBUTIONS 面板是用平面来表示来自特定层的激活前后权重和偏置的分布。图 3-19 展示的是激活之前和激活之后的数据分布。

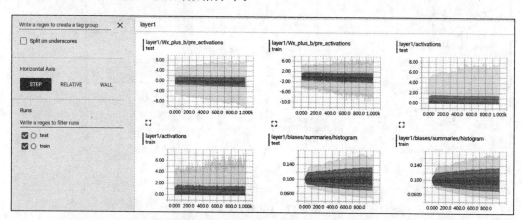

图 3-19　DISTRIBUTIONS 面板展示激活之前和激活之后的数据分布（见彩插）

### 5. HISTOGRAMS 面板

　　HISTOGRAMS 主要立体地展现来自特定层的激活前后权重和偏置的分布。图 3-20 展示的是激活前与激活后的数据分布。

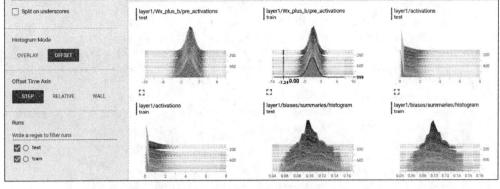

图 3-20　HISTOGRAMS 面板展示激活之前和激活之后的数据分布（见彩插）

#### 6. EMBEDDINGS 面板

EMBEDDINGS 面板在 MNIST 这个实例中无法展示，在此不再展开介绍。

## 3.3　TensorBoard 代码

TensorBoard 为 TensorFlow 自带的可视化工具，因此，实现 TensorBoard 的源代码为：

```
import tensorflow as tf
import numpy as np
def add_layer(inputs,in_size,out_size,n_layer,activation_function = None):
# activation_function = None 线性函数
    layer_name = "layer % s" % n_layer
    with tf.name_scope(layer_name):
        with tf.name_scope('weights'):
    Weights = tf.Variable(tf.random_normal([in_size,out_size])) #Weight 中都是随机变量
            tf.histogram_summary(layer_name + "/weights",Weights) #可视化观看变量
        with tf.name_scope('biases'):
            biases = tf.Variable(tf.zeros([1,out_size]) + 0.1) #biases 推荐初始值不为 0
            tf.histogram_summary(layer_name + "/biases",biases) #可视化观看变量
        with tf.name_scope('Wx_plus_b'):
            Wx_plus_b = tf.matmul(inputs,Weights) + biases #inputs * Weight + biases
    tf.histogram_summary(layer_name + "/Wx_plus_b",Wx_plus_b) #可视化观看变量
        if activation_function is None:
            outputs = Wx_plus_b
        else:
            outputs = activation_function(Wx_plus_b)
        tf.histogram_summary(layer_name + "/outputs",outputs) #可视化观看变量
        return outputs
# 创建数据 x_data,y_data
x_data = np.linspace(-1,1,300)[:,np.newaxis] #[-1,1]区间,300 个单位,np.newaxis 增加维度
noise = np.random.normal(0,0.05,x_data.shape) #噪点
y_data = np.square(x_data) - 0.5 + noise
```

```
with tf.name_scope('inputs'): #结构化
    xs = tf.placeholder(tf.float32,[None,1],name = 'x_input')
    ys = tf.placeholder(tf.float32,[None,1],name = 'y_input')
#三层神经,输入层(1个神经元),隐藏层(10神经元),输出层(1个神经元)
l1 = add_layer(xs,1,10,n_layer = 1,activation_function = tf.nn.relu) #隐藏层
prediction = add_layer(l1,10,1,n_layer = 2,activation_function = None) #输出层
#predition值与y_data差别
with tf.name_scope('loss'):
    loss = tf.reduce_mean(tf.reduce_sum(tf.square(ys - prediction),reduction_indices = [1])) #square()平方,sum()求和,mean()平均值
    tf.scalar_summary('loss',loss) #可视化观看常量
with tf.name_scope('train'):
#0.1学习效率,minimize(loss)减小loss误差
train_step = tf.train.GradientDescentOptimizer(0.1).minimize(loss)
init = tf.initialize_all_variables()
sess = tf.Session()
#合并到Summary中
merged = tf.merge_all_summaries()
#选定可视化存储目录
writer = tf.train.SummaryWriter("Desktop/",sess.graph)
sess.run(init) #先执行init
#训练1000次
for i in range(1000):
    sess.run(train_step,feed_dict = {xs:x_data,ys:y_data})
    if i%50 == 0:
        result = sess.run(merged,feed_dict = {xs:x_data,ys:y_data}) #merged也是需要run的
writer.add_summary(result,i) #result是summary类型的,需要放入writer中,i步数(x轴)
```

## 3.4 小结

可视化是研究深度学习的一个重要方向,有利于我们直观地探究训练过程中的每一步发生的变化。TensorFlow自身提供了强大的可视化工具TensorBoard,其不仅有完善的API接口,而且提供的面板也非常丰富、完整。本章主要介绍TensorBoard面板下的几个子面板,通过几个子面板的显示,让读者直观地了解到TensorBoard的可视化功能。

## 3.5 习题

1. 什么是PlayGround?
2. 网站提供了_____种不同形状的数据,分别是_____、_____、_____和_____。神经网络会根据给的_____进行训练,再分类_____的点。
3. PlayGround界面的组成成分有哪些?
4. 隐藏层之间的_____表示权重,_____表示用神经元的原始输出,_____表示用神经元的负输出。_____的粗细和深浅表示权重的绝对值大小。_____放在线上可以看到具体值,也可以修改值。
5. TensorBoard目前支持多少种可视化?它们各自的功能分别是什么?

# 第 4 章 TensorFlow 基础知识

CHAPTER 4

TensorFlow 是一个开源软件库，用于使用数据流图进行数值计算。图中的节点表示数学运算，而图的边表示在它们之间传递的多维数据数组，即张量。

该库包括各种功能，能够实现和探索用于图像和文本处理的前沿卷积神经网络（CNN）和循环神经网络（RNN）架构。由于复杂计算以图形的形式表示，所以 TensorFlow 可以用作一个框架，能够轻松开发自己的模型，并在机器学习领域中使用它们。

它还能够在各种不同的环境中运行，从 CPU 到移动处理器，包括高度并行的 GPU 计算，并且新的服务架构能够运行所有命名选项的非常复杂的混合。

## 4.1 张量

现在从 TensorFlow 的名字开始介绍。Tensor 的意思是"张量"，Flow 的意思是"流或流动"。任意维度的数据都可以称作"张量"，如一维数组、二维数组、$N$ 维数组。如果 TensorFlow 这个单词直接翻译成中文，那就是"张量流"，它最初想要表达的含义是保持计算节点不变，让数据在不同的计算设备上传输并计算。

TensorFlow 采用张量的数据结构来表示它内部的所有数据，也只有张量形式的数据才可以在不同计算设备和计算操作之间传递。每个张量都有自己的静态类型以及形状（各个维度的长度）。

TensorFlow 的核心是一套用非 Python 实现的科学计算或深度学习库，它内部运行的变量就是自己封装的 Tensor，在用 CUDA 进行 GPU 计算时（如二维矩阵计算或多维数据计算），都是基于 Tensor 的操作。

因为 TensorFlow 主要用于深度学习方面，在深度学习的计算过程中有前向计算和后向传播的过程，所以深度学习中间的每个节点基本上都要执行前向的数值计算，以及后向的残差传播和参数更新。TensorFlow 把内部的数据都包装成 Tensor 的类型，并且在 Tensor 中包含了前向计算和后向传播时的残差计算，让所有的计算过程都连了起来。

TensorFlow 通过一个叫数据流图的方式来组织它的数据和运算。在使用 TensorFlow 实现深度学习算法时，先将所有操作（operation）表达成一张图。张量从算法的开始走向结束完成一次向前计算，而残差从后往前就完成一次后向的传播来更新要训练的参数。

## 4.1.1 张量的属性

TensorFlow 使用张量数据结构来表征所有的数据,所有的张量都有一个静态的类型和动态的维数,所以可实时地改变一个张量的内部结构。

张量的另一个属性就是只有张量类型的对象才能在计算图的节点中传递。

我们开始来讨论张量的其他属性(在书中,我们所说的张量都是 TensorFlow 中的张量对象)。

**1. 张量的阶**

张量的阶表征了张量的维度,但是跟矩阵的秩不一样,它表示张量的维度的质量。

阶为 1 的张量等价于向量,阶为 2 的张量等价于矩阵。对于一个阶为 2 的张量,通过 $t[i,j]$ 就能获取它的每个元素。对于一个阶为 3 的张量,需要通过 $t[i,j,k]$ 进行寻址,以此类推,如表 4-1 所示。

表 4-1 张量的阶

| 阶 | 数学实体 | 实 例 |
|---|---|---|
| 0 | Scalar | scalar=999 |
| 1 | Vector | vector=[3,6,9] |
| 2 | Matrix | matrix=[[1,4,7],[2,5,8],[3,6,9]] |
| 3 | 3-tensor | tensor=[[[5],[1],[3]],[[99],[9],[100]],[[0],[8],[2]]] |
| n | n-tensor | … |

在下面的例子中,可创建一个张量,获取其结果:

```
>>> import tensorflow as tf
>>> tens1 = tf.constant([[[1,2],[3,6]],[[-1,7],[9,12]]])
>>> sess = tf.Session()
```

这个张量的阶是 3,因为该张量包含的矩阵中的每个元素都是一个向量。

**2. 张量的维度**

TensorFlow 文档使用三个术语来描述张量的维度:阶(rank)、形状(shape)和维数(dimension number)。表 4-2 展示了它们彼此之间的关系。

表 4-2 阶、形状、维数三者之间的关系

| 阶 | 形 状 | 维 数 | 实 例 |
|---|---|---|---|
| 0 | [] | 0-D | 5 |
| 1 | [D0] | 1-D | [4] |
| 2 | [D0,D1] | 2-D | [3,9] |
| 3 | [D0,D1,D2] | 3-D | [1,4,0] |
| n | [D0,D1,…,Dn-1] | n-D | 形为[D0,D1,…,Dn-1]的张量 |

如下代码创建了一个三阶张量,并打印出它的形状。

```
>>> import tensorflow as tf
>>> tens1 = tf.constant([[[1,2],[3,6]],[[-1,7],[9,12]]])
>>> tens1
<tf.Tensor 'Const:0' shape = (2,2,2) dtype = int32>
>>> printf sess.run(tens1)[1,1,0]
```

### 3. 张量的数据类型

除了维度,张量还有一个确定的数据类型。可以把表 4-3 中的任意一个类型指派给张量。

表 4-3 张量数据类型

| 数据类型 | Python 类型 | 描述 |
| --- | --- | --- |
| DT_FLOAT | tf.float32 | 32 位浮点数 |
| DT_DOUBLE | tf.float64 | 64 位浮点数 |
| DT_INT8 | tf.int8 | 8 位有符号整型 |
| DT_INT16 | tf.int16 | 16 位有符号整型 |
| DT_INT32 | tf.int32 | 32 位有符号整型 |
| DT_INT64 | tf.int64 | 64 位有符号整型 |
| DT_UINT8 | tf.uint8 | 8 位无符号整型 |
| DT_STRING | tf.string | 可变长度的字节数组,每一个张量元素都是一个字节数组 |
| DT_BOOL | tf.bool | 布尔型 |

## 4.1.2 张量的创建

我们既可以创建自己的张量,也可以从著名的 Python 库 numpy 中继承。下面的例子中,我们创建一些 numpy 数组,并对它们进行简单的数学操作。

```
>>> import tensorflow as tf
>>> import numpy as np
>>> x = tf.constant(np.random.rand(32).astype(np.float32))
>>> y = tf.constant([1,4,7])
```

### 1. numpy 数组与 TensorFlow 的互操

TensorFlow 与 numpy 是可相互操作的,通常调用 eval() 函数会返回 numpy 对象。该函数可以用作标准数值工具。

**注意**:一定要注意张量对象只是一个操作结果的符号化句柄,所以它并不持有该操作的结果。因此,必须使用 eval() 方法来获得实际的值。该方法等价于 Session.run(tensor_to_eval)。

以下实例创建了两个 numpy 数组,并将它们转化成张量。

```
>>> import tensorflow as tf  # we import tensorflow
>>> import numpy as np  # we import numpy
>>> sess = tf.Session()  # 开始会话
```

```
>>> x_data = np.array([[4.,5.,6.],[3.,2.,7.]]) #2*3 矩阵
>>> x = tf.convert_to_tensor(x_data,dtype = tf.float32) #Finally,we create the tensor,
# starting from the fload 3x matrix
>>>
```

**2. 方法**

tf.convert_to_tensor：该方法将 Python 对象转化为 tensor 对象。它的输入可以是 tensor 对象、numpy 数组、Python 列表和 Python 标量。

### 4.1.3 TensorFlow 的交互式运行

与大多数 Python 的模块一样，TensorFlow 允许使用 Python 的交互式控制台。

在图 4-1 中，调用 Python 解释器（在终端对话框输入 Python 调用），并创建一个常量类型的张量。然后再次调用它，Python 解释器显示张量的形状和类型。

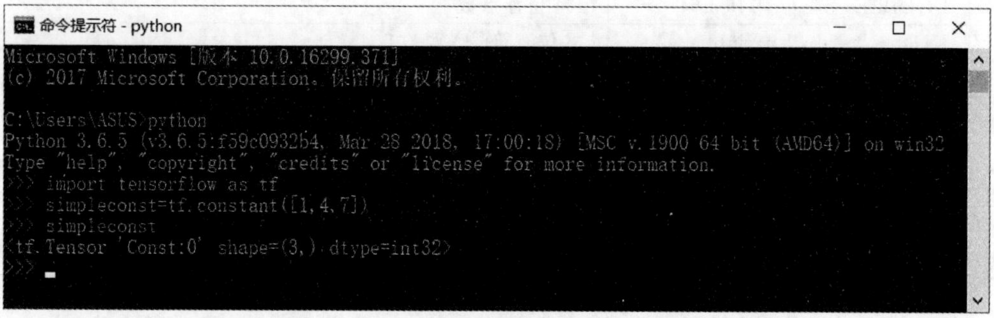

图 4-1 在 Python 解释器中运行 TensorFlow

以交互式运行 TensorFlow 会话时，最好使用 InteractiveSession 对象。

与正常的 tf.Session 类不同，tf.InteractiveSession 类将其自身设置为构建时的默认会话。因此，当尝试评估张量或运行一个操作时，不必传递一个 Session 对象来指示它所引用的会话。

## 4.2 数据流图

首先，我们要搞清楚深度学习框架所谓的"动态计算图"和"静态计算图"的含义，支持动态计算图的叫动态框架，支持静态计算图的叫静态框架，当然也有二者都支持的框架。

在静态框架中使用的是静态声明策略，计算图的声明和执行是分开的，就好比现在要建造一栋大楼，需要设计图纸和施工队施工，当设计师设计图纸时，施工队什么也不干，等所有图纸设计完成后，施工队才开始施工，当这两个阶段完全分开进行时，这种模式就是深度学习静态框架模式。在静态框架运行方式下，先定义计算执行顺序和内存空间分配策略，然后执行过程按照规定的计算执行顺序和当前需求进行计算，数据就在这张实体计算图中计算和传递。常见的静态框架有 TensorFlow、MXNet、Theano 等。

而动态框架中使用的是动态声明策略，其声明和执行是一起进行的，就好比设计师和施

工队是一起工作的,设计师说"先打地基",就会马上设计出打地基的方案并交给施工队去实施,然后设计师又设计出"铺地板"的方案,再交给施工队按照图纸去实施。这样虚拟计算图和实体计算图的构建就是同步进行的了,这类似于我们平时写程序的方式。因为动态框架可以根据实时需求构建对应的计算图,在灵活性上,动态框架会更胜一筹。Torch、DyNet、Chainer等是动态框架。

在现在流行的程序中,静态框架占比更重。静态框架将声明和执行分开有什么好处呢?最大的好处就在于执行前就已经知道了所有需要进行的操作,所以可以对图中各节点的计算顺序和内存分配进行合理规划,这样就可以较快地执行所需的计算。但是动态框架在每次规划、分配内存、执行的时候,都只能看到局部需求,所以并不能做出全局最优的规划和内存分配。

TensorFlow在1.0版本之前只支持静态框架,在1.0版本后推出TensorFlow Fold方式以支持动态图计算,所以目前它可以支持静态和动态两种方式。

TensorFlow的程序,通常被分为两个阶段,一个是图的构建阶段,一个是图的执行阶段。在图的构建阶段,定义了程序有哪些操作,操作的执行顺序是什么。只有在图的构建阶段结束之后,才能开始图的执行阶段,并且图的执行必须要在会话(session)中完成。以下代码给出了计算定义阶段的样例:

```python
import tensorflow as tf
a = tf.constant([1.0,4.0],name = "a")
b = tf.constant([2.0,6.0],name = "b")
result = a + b
```

在这个过程中,TensorFlow会自动将定义的计算转化为计算图上的节点。在TensorFlow程序中,系统会自动维护一个默认的计算图,通过tf.get_default_graph函数可以获取当前默认的计算图。以下代码示意了如何获取默认计算图以及如何查看一个运算所属的计算图。

```python
#通过a.graph可以查看张量所属的计算图.因为没有特意指定,所以这个计算图应该
#等于当前默认的计算图.下面这个操作输出值为True
print(a.graph is tf.get_default_graph())
```

除了使用默认的计算图,TensorFlow还支持通过tf.Graph函数来生成新的计算图。不同计算图上的张量和运算不会共享。以下代码示意了如何在不同计算图上定义和使用变量。

```python
import tensorflow as tf
g1 = tf.Graph()
with g1.as_default():
    #在计算图g1中定义变量"v",并设置初始值为0
    v = tf.get_variable("v",initializer = tf.zeros_initializer(shape = [1]))

g2 = tf.Graph()
with g2.as_default():
```

```
# 在计算图 g2 中定义变量"v",并设置初始值为 1.
v = tf.get_variable("v", initializer = tf.ones_initializer(shape = [1]))

# 在计算图 g1 中读取变量"v"的取值
with tf.Session(graph = g1) as sess:
    tf.global_variables_initializer().run()
    with tf.variable_scope("", reuse = True):
        # 在计算图 g1 中,变量"v"的取值应该为 0,所以下面这行会输出[0.]
        print(sess.run(tf.get_variable("v")))

# 在计算图 g2 中读取变量"v"的取值
whith tf.Session(graph = g2) as sess:
    tf.global_variables_initializer().run()
    with tf.variable_scope("", reuse = True):
        # 在计算图 g2 中,变量"v"的取值应该为 0,所以下面这行会输出[1.]
        print(sess.run(tf.get_variable("v")))
```

以上代码产生了两个计算图,每个计算图中定义了一个名字为"v"的变量。在计算图 g1 中,将 v 初始化为 0;在计算图 g2 中,将 v 初始化为 1。可以看到当运行不同的计算图时,变量 v 的值也是不一样的。TensorFlow 中的计算图不仅可以用来隔离张量和计算,它还提供了管理张量和计算的机制。计算图可以通过 tf.Graph.device 函数来指定运行计算的设备。这为 TensorFlow 使用 GPU 提供了机制。以下程序可以让加法计算在 GPU 上运行。

```
g = tf.Graph()
# 指定计算运行的设备.
with g.device('/gpu:0'):
    result = a + b
```

在一个计算图中,可以通过集合(collection)来管理不同类别的资源。比如,通过 tf.add_to_collection 函数可以将资源加入一个或多个集合中,然后通过 tf.get_collection 获取一个集合中的所有资源。这里的资源可以是张量、变量或运行 TensorFlow 程序所需要的队列资源等。为了方便使用,TensorFlow 也自动管理了一些最常用的集合,表 4-4 总结了最常用的几个自动维护的集合。

表 4-4  TensorFlow 中维护的集合列表

| 集合名称 | 集合内容 | 使用场景 |
| --- | --- | --- |
| tf.GraphKeys.VARIABLES | 所有变量 | 持久化 TensorFlow 模型 |
| tf.GraphKeys._VARIABLES_VARIABLES | 可学习的变量(一般指神经网络中的参数) | 模型训练、生成模型可视化内容 |
| tf.GraphKeys.SUMMARIES | 日志生成相关的张量 | TensorFlow 计算可视化 |
| tf.GraphKeys.QUEUE_RUNNERS | 处理输入的 QueueRunner | 输入处理 |
| tf.GraphKeys.MOVING_AVERAGE_VARIABLES | 所有计算了滑动平均值的变量 | 计算变量的滑动平均值 |

**【例 4-1】** 构建一个非常简单的数据流图,并观察生成的 protobuffer 文件。

```
import tensorflow as tf
g = tf.Graph()
with g.as_default():
    import tensorflow as tf
    sess = tf.Session()
    W_m = tf.Variable(tf.zeros([10,5]))
    x_v = tf.placeholder(tf.float32,[None,10])
    result = tf.matmul(x_v,W_m)
    print(g.as_graph_def())
```

运行程序,输出如下:

```
node {
  name: "zeros/shape_as_tensor"
  op: "Const"
  attr {
    key: "dtype"
    value {
      type: DT_INT32
    }
  }
  attr {
    key: "value"
    value {
      tensor {
        dtype: DT_INT32
        tensor_shape {
          dim {
            size: 2
          }
        }
        tensor_content: "\n\000\000\000\005\000\000\000"
      }
    }
  }
}
...
node {
  name: "MatMul"
  op: "MatMul"
  input: "Placeholder"
  input: "Variable/read"
  attr {
    key: "T"
    value {
      type: DT_FLOAT
    }
```

```
    }
    attr {
      key: "transpose_a"
      value {
        b: false
      }
    }
    attr {
      key: "transpose_b"
      value {
        b: false
      }
    }
}
versions {
  producer: 26
}
Process finished with exit code 0
```

## 4.3 操作

如前面所述,在图中描述计算顺序,图中的节点就是操作(operation)。比如,一次加法是一个操作,一次乘法是一个操作,构建一些变量的初始值也是一个操作。

每个运算操作都有属性,它在构建图的时候就需要确定下来。操作可以和计算设备绑定,我们可以指定操作在某个设备上执行(计算设备指的是本机的 CPU、GPU,或者同一个集群的其他机器上的 CPU、GPU)。

操作之间存在顺序关系,有的操作在其他操作执行完成后才能执行,这些操作之间的依赖就是"边"。这些操作之间的顺序关系的定义很简单,在代码编程上表现出来的就是操作 A 的输入是操作 B 执行的结果,那么这个操作 A 就依赖操作 B。

以下代码实现:操作 b 依赖操作 a,操作 c 依赖操作 b,操作 d 依赖操作 b,操作 c 和 d 之间没有依赖关系。

```
#定义变量 a
a = tf.Variable(1.0, name = "a")
#定义操作 b 为 a + 1
b = tf.add(a, 1, name = "b")
#定义操作 c 为 b + 1
c = tf.add(b, 1, name = "c")
#定义操作 d 为 b + 10
d = tf.add(b, 10, , name = "d")
```

操作之间的依赖关系如图 4-2 所示。

TensorFlow 可以使用 Python 或者 C/C++ 来构

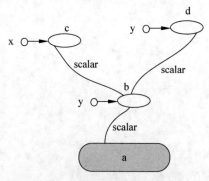

图 4-2  操作之间的依赖关系

建图的结构,在此推荐使用 Python 语言来构建计算图,因为 TensorFlow 中很多有用的函数只实现了 Python 版本。

## 4.4 会话

客户端程序通过创建会话(Session)与 TensorFlow 系统交互。Session 对象是运行环境的表示。Session 对象开始为空,当程序员创建不同的操作和张量时,它们被自动添加到 Session,直到 Run 方法被调用才开始运算。

Run 方法的输入是需要计算的操作以及一组可选的张量,用来代替图中某些节点的输出。

如果我们调用这个方法,并且有命名操作所依赖的操作,Session 对象将执行所有这些操作,然后继续执行命名操作。

用以下简单的代码可以创建一个会话:

```
a = tf.Session()
```

### 1. 会话中执行计算

例如,我们要构建的是计算 1+1 这个最简单的加法的功能,相关代码如例 4-2 所示。

【例 4-2】 计算 1+1 的 Python 代码。

```
>>> # 导入 TensorFlow
>>> import tensorflow as tf
>>> # 构建图,定义两个常量和加法操作
>>> v1 = tf.constant(1, name = "value1")
>>> v2 = tf.constant(1, name = "value2")
>>> add_op = tf.add(v1, v2, name = "add_op_name")
>>> # 在会话中的执行操作
>>> with tf.Session() as sess:
...     result = sess.run(add_op)
```

在代码中,通过语句 import tensorflow as tf 导入 TensorFlow,即 TensorFlow 可以开始管理很多状态了,此外,它还会初始化一个默认的图,这个默认图存在_default_graph_stack 中,但我们不能直接使用,需要通过 tf.get_default_graph()来得到。

接着,开始构建计算图,在构建的图中共有 3 个运算操作,分别命名为 v1、v2 和 add_op。默认情况下,会将这 3 个运算自动添加到默认图中。v1 和 v2 分别定义了两个值为 1 的常量操作,add_op 定义了把两个值相加起来的加法操作。但是,此处没有进行实际的计算操作,所有和 TensorFlow 相关的计算都必须在会话中完成。

如何证明上面这三个操作在构建时并没有执行实际的赋值呢?可以通过以下实例来验证。

【例 4-3】 测试打印"操作"的 Python 代码。

```
import tensorflow as tf
v1 = tf.constant(1, name = "value1")
print(v1)
```

运行程序，输出如下：

```
Tensor("value1:0", shape = (), dtype = int32)
```

这个结果指明了 v1 只有一个 tf.Tensor 的数据，里面的数据 dtype 是 int32 类型，但没有说明 v1 的值是多少。

那么，如何知道图中到底添加了多少个运算操作呢？可以通过 graph.get_operations() 来得到图中所有的运算操作，实现代码为：

```
import tensorflow as tf
v1 = tf.constant(1, name = "value1")
v2 = tf.constant(1, name = "value2")
add_op = tf.add(v1, v2, name = "add_op_name")
graph = tf.get_default_graph()
operations = graph.get_operations()
print("number of operations: % d" % len(operations))
print("operations:")
for op in operations:
    print(op)
```

运行程序，输出如下：

```
C:\Users\ASUS\PycharmProjects\untitled\venv\Scripts\python.exe
C:/Users/ASUS/PycharmProjects/untitled/venv/m_22.py
number of operations:3
operations:
name: "value1"
op: "Const"
attr {
  key: "dtype"
  value {
    type: DT_INT32
  }
}
attr {
  key: "value"
  value {
    tensor {
      dtype: DT_INT32
      tensor_shape {
      }
      int_val: 1
    }
  }
}
name: "value2"
op: "Const"
```

```
  attr {
    key: "dtype"
    value {
      type: DT_INT32
    }
  }
  attr {
    key: "value"
    value {
      tensor {
        dtype: DT_INT32
        tensor_shape {
        }
        int_val: 1
      }
    }
  }
}
name: "add_op_name"
op: "Add"
input: "value1"
input: "value2"
attr {
  key: "T"
  value {
    type: DT_INT32
  }
}
Process finished with exit code 0
```

从结果中可看出,在这个默认图中添加的操作有 3 个,分别是 value1、value2 和 add_op_name。在实际应用的过程中,不必按这种方式去查看一个图中到底有哪些运算操作,这样查看太烦琐。可以借助 TensorBoard 工具来可视化这些运算操作以及运算操作之间的依赖,工具的介绍可参考后面内容。

定义好运算操作并将操作添加到图中后,就可以接着开始构建会话了,并且在会话中执行操作,实现代码为:

```
with tf.Session() as sess:
    result = sess.run(add_op)
    print("1 + 1 = %.0f" % result)
```

采用 with 语句包装,可以在结束 with 语句块的时候,自动销毁会话的资源。在会话中首先执行加法计算操作,加法计算的结果返回给 result 变量,然后打印出计算结果。其中在 sess.run 中运行的所有操作都是在 TensorFlow 内部进行的计算,这些计算可能在 GPU 上计算,也可能在 CPU 上计算,还可能在一个分布式集群中的另外一个节点上计算,计算完成后,结果从 TensorFlow 内部赋值给 Python 的 result 变量。

可能读者会有疑惑,为什么 TensorFlow 非得构建一个会话,并且让一些内部的 Tensor

必须在会话中才能执行,而不是直接使用 Python 的对象执行呢?这有点类似我们平时用到的 NumPy 库。我们经常使用 NumPy 包来进行一些复杂的计算,如矩阵乘法。这些计算的内部实现可能是 NumPy 采用非 Python 语言写的,从而使得运行效率更高。TensorFlow 也类似。因为深度学习的计算很大部分是矩阵和向量的运行,采用 GPU 的计算速度比 CPU 会有一个数量级上的差别。如果直接使用 Python 的对象执行,因为 Python 的变量是在 CPU 上的,所以数据就会频繁地在 GPU 的显存和 CPU 的内存之间传送,效率会大大降低。这对于本来计算量就很大的训练任务简直就无法承受了,所以 TensorFlow 为了更好地避免这些开销,就让会话中的实际计算在 Python 之外独立运行。

**2. 会话中计算的依赖**

为了优化计算,在会话中执行图的运算时,并不一定要把整个图都计算一遍,TensorFlow 会自动根据当前要执行的操作,只计算这个操作所依赖的操作,其他不依赖的操作不会执行。下面通过一个简单实例来说明。

【例 4-4】 演示操作之间的依赖关系。

```python
import tensorflow as tf
# 定义变量 x
x = tf.Variable(0.0, name = "x")
# 定义 x + 1 的操作
x_plus_1 = tf.assign_add(x, 1, name = "x_plus")
# with 语句中的操作,依赖 x_plus_1
with tf.control_dependencies([x_plus_1]):
    y = x
    # 初始化所有变量的操作
    init = tf.global_variables_initializer()
    with tf.Session() as sess:
        sess.run(init)
        for i in range(5):
            print(y.eval())
            # 将图的结构保存,后面可以通过 TensorBoard 查看
            summary_writer = tf.summary.FileWriter('./calc_graph')
            graph = tf.get_default_graph()
            summary_writer.add_graph(graph)
            summary_writer.flush()
```

运行程序,输出如下:

```
1.0
1.0
1.0
1.0
1.0
Process finished with exit code 0
```

以上代码大致包含的逻辑是:先定义变量 x,在运行开始的时候会调用变量内部的初

始化操作，将值初始化为 0，然后定义 x_plus_1 操作将 x 的值加 1 之后赋值给 x。with tf.control_dependencies() 的作用是在其作用域之内的操作依赖于参数中指定的操作，此处的 y 依赖于 x_plus_1 操作，最后在会话中连续执行 5 次 y 的操作，并且将 y 的值打印出来。

一般的理解是计算会执行 5 次自加 1 的操作，结果可能是输出 1.0,2.0,3.0,4.0,5.0，但实际运行的结果却是 1.0,1.0,1.0,1.0,1.0。这是为什么呢？首先来看操作依赖的顺序，x_plus_1 依赖 x，但是 y=x，y 并没有新建另外一个操作出来，所以 y 的操作就是 x 的操作，在会话中执行 y，实际上是执行操作 x，最终只是把 x 重复执行了 5 次，而 x_plus_1 没有任何依赖它的操作，所以它实际上不会被执行。

修改一下代码：

```python
x = tf.Variable(0.0, name = "x")
#定义 x + 1 的操作
x_plus_1 = tf.assign_add(x, 1, name = "x_plus")
#with 语句中的操作，依赖 x_plus_1
with tf.control_dependencies([x_plus_1]):
    #此处新建一个 y 的操作
    y = tf.identity(x, name = "y")
init = tf.global_variables_initializer()
with tf.Session() as sess:
    sess.run(init)
    for i in range(5):
        assert isinstance(y.eval, object)
        print(y.eval())
    #将图的结构保存，后面可以通过 TensorBoard 查看
    summary_writer = tf.summary.FileWriter('./calc_graph')
    graph = tf.get_default_graph()
    summary_writer.add_graph(graph)
    summary_writer.flush()
```

运行程序，输出如下：

```
2.0
3.0
4.0
5.0
6.0
Process finished with exit code 0
```

在代码中，将 y=x 修改为 y=tf.identity(x, name="y")，其中 tf.identity() 这个调用唯一的作用是返回一个和 x 具有相同的值、相同形状的 Tensor。

在修改后的程序中，因为 y 是一个实际操作，并且操作 y 依赖于 x_plus_1，x_plus_1 又依赖于 x，所以在会话中执行 y 时，x_plus_1 的操作就会被执行，x 的值就会加 1。又因为 y 和 x 的值相同，所以 y 的值也加 1，因此最后输出的结果为：2.0,3.0,4.0,5.0,6.0。

## 4.5 变量

本节主要介绍 TensorFlow 中变量的定义、变量的类型和维度,以及在执行相同函数的过程中,如何使用共享变量。

### 4.5.1 初始化

变量是 TensorFlow 中一个很重要的概念,前面的例子已经使用过 tf.constant()常量和 tf.Variable()变量。常量的值在执行过程中不会发生改变,变量的值在执行过程中可以修改。

变量 tf.Variable()的构建需要一个初始化的值,这个初始值可以是任意类型、任意维度大小的张量。

如果要在一个变量初始化的时候,借用另外一个变量的初始化的值,可以通过 initialized_value()获取其他变量的值,这在很多参数都和一个值有关的时候,使用起来更加方便。

【例 4-5】 变量的初始化演示实例。

```
import tensorflow as tf
# 定义变量 weight1
weight1 = tf.Variable(0.002)
# weight2 的初始化值是 weight1 的 3 倍
weight2 = tf.Variable(weight1.initialized_value() * 3)
init = tf.global_variables_initializer()
with tf.Session() as sess:
  sess.run(init)
  print("weight1 is:")
  print(sess.run(weight1))
  print("weight2 is:")
  print(sess.run(weight2))
```

运行程序,输出如下:

```
weight1 is:
0.002
weight2 is:
0.006
Process finished with exit code 0
```

默认情况下,对于构建的所有变量,TensorFlow 都会自动把它们加入到图收集器的 GraphKeys.GLOBAL_VARIABLES 中。通过 global_variables_initializer()函数,可以获取所有变量的集合。

**注意**:在变量初始化的时候有一个 name 参数,它不是必须设置的参数,但是建议在构建变量时给它赋一个有意义的值,这在以后通过可视化的 TensorBoard 查看图的结构时,可以更加方便。如果在运行中出现问题,也可以从错误日志中更快定位出相关的变量。

## 4.5.2 形变

在构建完变量后,变量的类型和维度大小就固定了。之后如果要强制改变变量的维度大小,可以采用 reshape 操作。

【例 4-6】 改变 TensorFlow 维度大小。

```
import tensorflow as tf
#定义一个长度为12的变量/向量
v = tf.Variable([1,2,3,4,5,6,7,8,9,10,11,12])
#将变量变形为3*4的矩阵
reshaped_v = tf.reshape(v,[3,4])
init = tf.global_variables_initializer()
with tf.Session() as sess:
    sess.run(init)
    print("v's value is:")
    print(sess.run(v))
    print("reshaped value is:")
    print(sess.run(reshaped_v))
```

运行程序,输出如下:

```
v's value is:
[ 1  2  3  4  5  6  7  8  9 10 11 12]
reshaped value is:
[[ 1  2  3  4]
 [ 5  6  7  8]
 [ 9 10 11 12]]
Process finished with exit code 0
```

## 4.5.3 数据类型与维度

在 TensorFlow 中,变量会有对应的数据类型和维度大小,TensorFlow 支持的数据类型和 Python 内置的数据类型的对应关系如表 4-5 所示。

表 4-5 TensorFlow 支持的数据类型和 Python 内置的数据类型的对应关系

| TensorFlow 数据类型 | Python 中的表示 | 说明 |
| --- | --- | --- |
| DT_FLOAT | tf.float32 | 32 位浮点数 |
| DT_DOUBLE | tf.float64 | 64 位浮点数 |
| DT_INT8 | tf.int8 | 8 位有符号整数 |
| DT_INT16 | tf.int16 | 16 位有符号整数 |
| DT_INT32 | tf.int32 | 32 位有符号整数 |
| DT_INT64 | tf.int64 | 64 位有符号整数 |
| DT_UINT8 | tf.uint8 | 8 位无符号整数 |
| DT_UINT16 | tf.uint16 | 16 位无符号整数 |
| DT_SIGING | tf.string | byte 类型数组 |

续表

| TensorFlow 数据类型 | Python 中的表示 | 说　　明 |
| --- | --- | --- |
| DT_BOOL | tf.bool | 布尔型 |
| DT_COMPLEX64 | tf.complex64 | 复数类型,由 64 位浮点数的实部和虚部组成 |
| DT_COMPLEX128 | tf.complex128 | 复数类型,由 128 位浮点数的实部和虚部组成 |
| DT_QINT8 | tf.qint8 | 量化操作的 8 位有符号整数 |
| DT_QINT32 | tf.qint32 | 量化操作的 32 位有符号整数 |
| DT_QUINT8 | tf.quint8 | 量化操作的 8 位无符号整数 |

定义变量时,需要指定变量的维度(表示变量是一维向量还是二维矩阵,或是多维张量),以及每个维度的大小是多少。

**【例 4-7】** 定义变量的维度。

```
import tensorflow as tf
value_shape0 = tf.Variable(9876)
value_shape1 = tf.Variable([1.2,2.3,3.4])
value_shape2 = tf.Variable([[4,7],[5,8],[3,9]])
value_shape3 = tf.Variable([[[3],[4],[7]],[[5],[8],[9]]])
print(value_shape0.get_shape())
print(value_shape1.get_shape())
print(value_shape2.get_shape())
print(value_shape3.get_shape())
```

运行程序,输出如下:

```
()
(3)
(3,2)
(2,3,1)
Process finished with exit code 0
```

其中,value_shape3 变量的第一维的维度是 2,第二维的维度是 3,第三维的维度是 1,其他变量的维度以此类推。

### 4.5.4　其他操作

除了前面的一些操作外,TensorFlow 的变量还有其他一些相关操作。

**1. 区别**

tf.Variable()与 tf.get-variable()的用法是有区别的。使用 tf.Variable()时,如果系统检测到重命名,会做自动处理,不会报错,如:

```
import tensorflow as tf
w_1 = tf.Variable(3,name = "w")
w_2 = tf.Variable(1,name = "w")
print(w_1.name)
print(w_2.name)
```

运行程序,输出如下:

```
w:0
w_1:0
Process finished with exit code 0
```

而使用 tf.get-variable() 时会报错,如:

```
import tensorflow as tf
w_1 = tf.get_variable(name = 'w',initializer = 1)
w_2 = tf.get_variable(name = 'w',initializer = 2)
print(w_1.name)
print(w_2.name)
```

运行程序,出现报错,如图 4-3 所示。

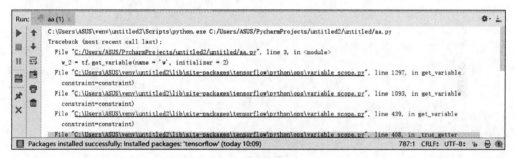

图 4-3　报错显示

### 2. 赋值操作

如果需要给 TensorFlow 的变量赋值,可以使用 tf.assign(),格式为:

```
tf.assign(ref,value,validate_shape = None,use_locking = None,name = None)
```

并将值赋给 ref 后再返回 ref。如:

```
import tensorflow as tf
A = tf.Variable(tf.constant(0.0),dtype = tf.float32)
with tf.Session() as sess:
    sess.run(tf.global_variables_initializer())
    print(sess.run(A))
    sess.run(tf.assign(A,10))
    print(sess.run(A))
```

运行程序,输出如下:

```
0.0
10.0
Process finished with exit code 0
```

执行 Session 会话后，A 的值一开始为 0.0，随后执行 assign 操作，变成 10。

### 3. 创建变量

在 TensorFlow 中变量是怎样创建的呢？可以直接通过代码来体现：

```
import tensorflow as tf
weights = tf.Variable(tf.random_normal([784,200],stddev = 0.35),name = 'weights')
bias = tf.Variable(tf.zeros([200]),name = 'biase')
with tf.Session() as sess:
    sess.run(tf.global_variables_initializer())
    print(sess.run(bias))
    print(weights.eval())
```

运行程序，输出如下：

```
[0. 0. 0. 0. 0. 0. 0. 0. 0. 0. 0. 0. 0. 0. 0. 0. 0. 0. 0. 0. 0. 0. 0. 0. 0. 0.
 0. 0. 0. 0. 0. 0. 0. 0. 0. 0. 0. 0. 0. 0. 0. 0. 0. 0. 0. 0. 0. 0. 0. 0. 0.
 0. 0. 0. 0. 0. 0. 0. 0. 0. 0. 0. 0. 0. 0. 0. 0. 0. 0. 0. 0. 0. 0. 0. 0. 0.
 0. 0. 0. 0. 0. 0. 0. 0. 0. 0. 0. 0. 0. 0. 0. 0. 0. 0. 0. 0. 0. 0. 0. 0. 0.
 0. 0. 0. 0. 0. 0. 0. 0. 0. 0. 0. 0. 0. 0. 0. 0. 0. 0. 0. 0. 0. 0. 0. 0. 0.
 0. 0. 0. 0. 0. 0. 0. 0. 0. 0. 0. 0. 0. 0. 0. 0. 0. 0. 0. 0. 0. 0. 0. 0. 0.
 0. 0. 0. 0. 0. 0. 0. 0. 0. 0. 0. 0. 0. 0. 0. 0. 0. 0. 0. 0. 0. 0. 0. 0. 0.
 0. 0. 0. 0. 0. 0. 0. 0. 0. 0. 0. 0. 0. 0. 0. 0. 0. 0. 0. 0. 0. 0. 0. 0. 0.
 0. 0. 0. 0. 0. 0. 0. 0.]
[[-0.48362425   0.05092184   0.48791704 ... -0.22569352   0.12016299   0.5279687 ]
 [-0.07468519   0.08052655   0.21930905 ...  0.05504811  -0.01715287   0.3292156 ]
 [-0.17354256  -0.32443744  -0.33261105 ...  0.592299     0.3847568   0.19551453]
 ...
 [-0.5627887   -0.04702476  -0.10775498 ... -0.45832625  -0.39749563  -0.23277992]
 [ 0.4792189    0.04918365   0.10300241 ...  0.23477721   0.3249728    0.45981166]
 [-0.04932496   0.07562368   0.2866788  ...  0.06364141  -0.27212942   0.40685868]]
Process finished with exit code 0
```

上面的代码中 sess.run(bias) 与 bias.eval() 是一样的。如果直接用 print(weights)，则打印的结果是 weight 的 shape，输出如下：

```
< tf.Variable 'weights:0' shape = (784,200) dtype = float32_ref >
Process finished with exit code 0
```

### 4. tf.placeholder()用法

tf.placeholder()只是一个占位符，占位符并没有初始值，只是在必要时分配内存。在 TensorFlow 中，数据并不会保存为 integer、float 或 string，这些值都封装在 tensor 对象中，因此不能直接定义并使用一个变量，如 x，因为设计的模型可能需要接收不同的数据集与不同的参数。所以使用 placeholder()来传递一个 tensor 到 session.run()中，并与 feed_dict{}结合一起使用。

feed_dict{}是一个字典，在字典中需要给每一个用到的占位符取值。在训练神经网络时，需要大批量的训练样本，如果每一次迭代选取的数据都需要用常量表示，那么 TensorFlow

的计算图会非常大。因为每计算一个常量,TensorFlow就会增加一个节点,所以说,拥有几百万次迭代的神经网络会拥有庞大的计算图,如果使用占位符的话,就可以很好地解决这个问题,因为它只会拥有占位符这一个节点。

下面通过两段代码来做对比。

代码1：

```python
import tensorflow as tf
import numpy as np
x = tf.placeholder(tf.string)
init = tf.global_variables_initializer()
with tf.Session() as sess:
    sess.run(init)
    output = sess.run(x, feed_dict = {x: 'Hello World'})
    print(output)
```

运行程序,输出如下：

```
Hello World
Process finished with exit code 0
```

代码2：

```python
import tensorflow as tf
import numpy as np
w1 = tf.Variable(tf.random_normal([1,2], stddev = 1, seed = 1))
#因为需要重复输入x,而每创建一个x就会生成一个节点,计算图的效率会降低,所以使用占位符
x = tf.placeholder(tf.float32, shape = (1,2))
x1 = tf.constant([[0.7, 0.9]])
a = x + w1
b = x1 + w1
sess = tf.Session()
sess.run(tf.global_variables_initializer())
#运行y时将占位符填上,feed_dict为字典,变量名不可变
y_1 = sess.run(a, feed_dict = {x:[[0.7, 0.9]]})
y_2 = sess.run(b)
print(sess.run(w1))
print(y_1)
print(y_2)
sess.close
```

运行程序,输出如下：

```
[[-0.8113182 1.4845988]]
[[-0.11131823 2.3845987 ]]
[[-0.11131823 2.3845987 ]]
Process finished with exit code 0
```

### 4.5.5 共享变量

TensorFlow 中的变量一般就是模型的参数。当模型复杂的时候共享变量就会变得无比复杂。

**1. 举例说明**

官网给了一个实例:当创建两层卷积的过滤器时,每输入一次图片就会创建一次过滤器对应的变量,但是我们希望所有图片都共享同一过滤器变量,一共有 4 个变量:conv1_weights,conv1_biases,conv2_weights 和 conv2_biases。

通常的做法是将这些变量设置为全局变量,但是这样做存在的问题是打破了封装性,这些变量必须文档化被其他代码文件引用,一旦代码变化,调用方也可能需要变化。还有一种保证封装性的方式是将模型封装成类。

不过 TensorFlow 提供了 Variable Scope 这种独特的机制来共享变量。这个机制涉及以下两个主要函数:

```
tf.get_variable(<name>,<shape>,<initializer>) #创建或返回给定名称的变量
tf.variable_scope(<scope_name>) #管理传给 get_variable()的变量名称的作用域
```

在下面的代码中,通过 tf.get_variable()创建了名称分别为 weights 和 biases 的两个变量。

```
def conv_relu(input,kernel_shape,bias_shape):
    #创建名为 "weights"的变量
    weights = tf.get_variable("weights",kernel_shape,
        initializer = tf.random_normal_initializer())
    #创建名为 "biases"的变量
    biases = tf.get_variable("biases",bias_shape,
        initializer = tf.constant_initializer(0.0))
    conv = tf.nn.conv2d(input,weights,
        strides = [1,1,1,1],padding = 'SAME')
    return tf.nn.relu(conv + biases)
```

但是我们需要两个卷积层,这时可以通过 tf.variable_scope()指定作用域进行区分,如 with tf.variable_scope("conv1")这行代码指定了第一个卷积层作用域为 conv1,在这个作用域下有两个变量 weights 和 biases。

```
def my_image_filter(input_images):
    with tf.variable_scope("conv1"):
        #这里创建的变量将被命名为"conv1 / weights","conv1 / biases"
        relu1 = conv_relu(input_images,[5,5,32,32],[32])
    with tf.variable_scope("conv2"):
        #这里创建的变量将被命名为 "conv2/weights","conv2/biases"
        return conv_relu(relu1,[5,5,32,32],[32])
```

最后在 image_filters 这个作用域重复使用第一张图片输入时创建的变量,调用函数

reuse_variables(),代码如下：

```
with tf.variable_scope("image_filters") as scope:
    result1 = my_image_filter(image1)
    scope.reuse_variables()
    result2 = my_image_filter(image2)
```

### 2. tf.get_variable()工作机制

tf.get_variable()工作机制是这样的：

(1) 当 tf.get_variable_scope().reuse == False 时，调用该函数会创建新的变量。

```
with tf.variable_scope("foo"):
    v = tf.get_variable("v",[1])
assert v.name == "foo/v:0"
```

(2) 当 tf.get_variable_scope().reuse == True 时，调用该函数会重用已经创建的变量。

```
with tf.variable_scope("foo"):
    v = tf.get_variable("v",[1])
with tf.variable_scope("foo",reuse = True):
    v1 = tf.get_variable("v",[1])
assert v1 is v
```

变量都是通过作用域/变量名来标识的，后面会看到作用域可以像文件路径一样嵌套。

### 3. tf.variable_scope 用法

tf.variable_scope()用来指定变量的作用域，作为变量名的前缀，支持嵌套，如下：

```
with tf.variable_scope("foo"):
    with tf.variable_scope("bar"):
        v = tf.get_variable("v",[1])
assert v.name == "foo/bar/v:0"
```

当前环境的作用域可以通过函数 tf.get_variable_scope()获取，并且 reuse 标志可以通过调用 reuse_variables()设置为 True，这个非常有用，如下：

```
with tf.variable_scope("foo"):
    v = tf.get_variable("v",[1])
    tf.get_variable_scope().reuse_variables()
    v1 = tf.get_variable("v",[1])
assert v1 is v
```

作用域中的 reuse 默认是 False，调用函数 reuse_variables()可设置为 True，一旦设置为 True，就不能返回到 False，并且该作用域的子空间 reuse 都是 True。如果不想重用变量，那么可以退回到上层作用域，相当于 exit 当前作用域，如下：

```
with tf.variable_scope("root"):
    # 在开始时,范围不会重复使用
    assert tf.get_variable_scope().reuse == False
    with tf.variable_scope("foo"):
        # 打开了一个子范围,但仍未重用
        assert tf.get_variable_scope().reuse == False
    with tf.variable_scope("foo", reuse = True):
        # 显式地打开一个重用范围
        assert tf.get_variable_scope().reuse == True
        with tf.variable_scope("bar"):
            # 现在子范围继承重用标志
            assert tf.get_variable_scope().reuse == True
    # 退出重用范围,回到不重用的范围
    assert tf.get_variable_scope().reuse == False
```

一个作用域可以作为另一个新的作用域的参数,如:

```
with tf.variable_scope("foo") as foo_scope:
    v = tf.get_variable("v",[1])
with tf.variable_scope(foo_scope):
    w = tf.get_variable("w",[1])
with tf.variable_scope(foo_scope, reuse = True):
    v1 = tf.get_variable("v",[1])
    w1 = tf.get_variable("w",[1])
assert v1 is v
assert w1 is w
```

不管作用域如何嵌套,当使用 with tf.variable_scope()打开一个已经存在的作用域时,就会跳转到这个作用域。

```
with tf.variable_scope("foo") as foo_scope:
    assert foo_scope.name == "foo"
with tf.variable_scope("bar"):
    with tf.variable_scope("baz") as other_scope:
        assert other_scope.name == "bar/baz"
        with tf.variable_scope(foo_scope) as foo_scope2:
            assert foo_scope2.name == "foo" # 没有改变
```

variable scope 的 Initializers 可以传递给子空间和 tf.get_variable()函数,除非中间有函数改变,否则不变。

```
with tf.variable_scope("foo", initializer = tf.constant_initializer(0.4)):
    v = tf.get_variable("v",[1])
    assert v.eval() == 0.4 # 默认初始化器如上所设置
    w = tf.get_variable("w",[1], initializer = tf.constant_initializer(0.3)):
    assert w.eval() == 0.3 # 特定的初始化器覆盖默认值
    with tf.variable_scope("bar"):
        v = tf.get_variable("v",[1])
```

```
    assert v.eval() == 0.4  # 继承的默认初始值设定项
    with tf.variable_scope("baz",initializer = tf.constant_initializer(0.2)):
        v = tf.get_variable("v",[1])
        assert v.eval() == 0.2  # 更改了默认初始值设定项
```

算子(ops)会受变量作用域(variable scope)影响,相当于隐式地打开了同名的名称作用域(name scope),如 x 这个算子的名称为 foo/add:

```
with tf.variable_scope("foo"):
    x = 1.0 + tf.get_variable("v",[1])
assert x.op.name == "foo/add"
```

除了变量作用域(variable scope),还可以显式打开名称作用域(name scope),名称作用域仅仅影响算子的名称,不影响变量的名称。另外如果 tf.variable_scope()传入字符参数,创建变量作用域的同时会隐式创建同名的名称作用域。如下面的例子,变量 v 的作用域是 foo,而算子 x 的名称变为 foo/bar,因为有隐式创建的名称作用域 foo:

```
with tf.variable_scope("foo"):
    with tf.name_scope("bar"):
        v = tf.get_variable("v",[1])
        x = 1.0 + v
assert v.name == "foo/v:0"
assert x.op.name == "foo/bar/add"
```

**注意**:如果 tf.variable_scope()传入的不是字符串而是 scope 对象,则不会隐式创建同名的名称作用域。

下面直接通过一个实例来演示共享变量的应用。

【**例 4-8**】 采用共享变量的方式训练 Y=weight×X+bias。

```
import numpy as np
import tensorflow as tf
# 获取训练数据和测试数据
def get_data(number):
    list_x = []
    list_label = []
    for i in range(number):
        x = np.random.rand(1)
        # 构建数据的分布满足 y = 2 * x + 12
        label = 2 * x + np.random.rand(1) * 0.01 + 12
        list_x.append(x)
        list_label.append(label)
    return list_x,list_label
def inference(x):
    weight = tf.get_variable("weight",[1])
    bias = tf.get_variable("bias",[1])
    y = x * weight + bias
    return y
```

```
            train_x = tf.placeholder(tf.float32)
            train_label = tf.placeholder(tf.float32)
            test_x = tf.placeholder(tf.float32)
            test_label = tf.placeholder(tf.float32)
            with tf.variable_scope("inference"):
                train_y = inference(train_x)
                #在此处定义相同名字的变量是共享变量
  #此句之后的 tf.get_variable 获取的变量需要根据变量的名字共享前面已经定义的变量
                #如果之前没有相同名字的变量,则会报错
                tf.get_variable_scope().reuse_variables()
                test_y = inference(test_x)
            train_loss = tf.square(train_y - train_label)
            test_loss = tf.square(test_y - test_label)
            opt = tf.train.GradientDescentOptimizer(0.002)
            train_op = opt.minimize(train_loss)
            init = tf.global_variables_initializer()
            train_data_x,train_data_label = get_data(1000)  #读取训练数据的函数
            test_data_x,test_data_label = get_data(1)

            with tf.Session() as sess:
                sess:run(init)
                for i in range(1000):
                    sess.run(train_op,feed_dict = {train_x:train_data_x[i],
train_label:train_data_label[i]})
                    if i % 10 == 0:
                        train_loss_value = sess.run(test_loss,
                                    feed_dict = {test_x:test_data_x[0],
                            test_label:test_data_label[0]})
                        print("step % d eval loss is %.3f" % (i,test_loss_value))
```

运行程序,输出如下:

```
step 0 eval loss is 248.378
step 10 eval loss is 224.228
step 20 eval loss is 214.981
⋮
step 980 eval loss is 0.069
step 990 eval loss is 0.067
```

可以看到,测试的损失值越来越接近于 0,这说明两个 inference()函数中的传递操作和变量可以共享了。

## 4.6 矩阵的创建与操作

本节从创建矩阵、维度变换、矩阵运算、随机数、索引等方面来演示矩阵的相关操作。脚本首先运行:

```
import numpy as np
```

## 1. 创建矩阵

利用脚本命令提示窗口,创建不同类型的矩阵:

```
>>> np.array([1,2,3])
```

输出如下:

```
array([1,2,3])
>>> np.array([(1,2,3),(4,5,6)],dtype = np.int32)
```

指定类型 int32,输出如下:

```
array([[1,2,3],
       [4,5,6]])
```

创建全 0 矩阵、全 1 矩阵以及单位矩阵:

```
>>> np.zeros((2,3))
array([[0.,0.,0.],
       [0.,0.,0.]])
>>> np.ones((2,3),dtype = int)
array([[1,1,1],
       [1,1,1]])
>>> np.eye(3)
array([[1.,0.,0.],
       [0.,1.,0.],
       [0.,0.,1.]])
```

创建等差数列:

```
>>> np.arange(12)
```

差值默认为 1,输出为:

```
array([0,1,2,3,4,5,6,7,8,9,10,11])
>>> np.arange(1,2,0.3)
```

以 1 开头,差值为 0.3 的等差数列,直到小于 2,输出为:

```
array([1. ,1.3,1.6,1.9])
```

利用 linspace 创建列向量:

```
>>> np.linspace(1,2,11)
```

以 1 开头,2 结束,中间数字差值默认为 0.1 的数列,输出为:

```
array([1. ,1.1,1.2,1.3,1.4,1.5,1.6,1.7,1.8,1.9,2. ])
```

**2. 维度变换**

根据需要,首先定义 A、B 两个矩阵:

```
>>> A = np.array([[1,2,3]
...              ,[4,5,6]])
>>> B = np.array([[2,1,0]
...              ,[1,1,1]])
```

(1) shape 重定义。

```
A = np.arange(1,7).reshape(2,3)
```

上述矩阵 A 还可以通过 reshape 改变一维数组为 2 行 3 列:

```
[[1 2 3]
 [4 5 6]]
```

(2) 矩阵转置。

```
C = A.T
C = A.transpose()
```

原先 2 行 3 列的矩阵变成了 3 行 2 列:

```
[[1 4]
 [2 5]
 [3 6]]
```

(3) 逆矩阵(必须是方阵,即行、列的维度相等,同时 det(D) !=0)。

```
>>> D.I
matrix([[-0.27777778, 0.05555556, 0.38888889],
        [ 0.05555556, 0.38888889,-0.27777778],
        [ 0.38888889,-0.27777778, 0.05555556]])
>>> np.dot(D.I,D)
matrix([[ 1.00000000e+00, 5.55111512e-17,-1.11022302e-16],
        [ 1.66533454e-16, 1.00000000e+00, 1.11022302e-16],
        [-6.24500451e-17,-7.63278329e-17, 1.00000000e+00]])
>>> np.dot(D,D.I)
matrix([[ 1.00000000e+00,-1.66533454e-16, 4.85722573e-17],
        [ 0.00000000e+00, 1.00000000e+00, 3.46944695e-17],
        [ 1.11022302e-16, 0.00000000e+00, 1.00000000e+00]])
```

即有 np.dot(D.I,D)=np.dot(D,D.I)=I。

(4) 水平组合。

矩阵的水平组合,要求横轴即一维上的数量相同。

```
>>> np.hstack((A,B))
array([[1,2,3,2,1,0],
       [4,5,6,1,1,1]])
```

(5) 垂直组合。

矩阵的垂直组合,要求纵轴即零维上的数量相同:

```
>>> np.vstack((A,B))
array([[1,2,3],
       [4,5,6],
       [2,1,0],
       [1,1,1]])
```

(6) 水平拆分。

在 NumPy 中,提供了 hsplit 函数用于实现矩阵的水平拆分:

```
>>> np.hsplit(A,3)
[array([[1],
       [4]]),array([[2],
       [5]]),array([[3],
       [6]])]
```

(7) 垂直拆分。

在 NumPy 中,提供了 vsplit 函数用于实现矩阵的垂直拆分:

```
>>> np.vsplit(A,2)
[array([[1,2,3]]),array([[4,5,6]])]
```

**3. 矩阵运算**

与其他高维语言一样,NumPy 中的矩阵也可以实现相关运算。

(1) 矩阵与标量的加减乘除等于矩阵内各元素与标量的加减乘除:

```
>>> A + 1 #矩阵与标量相加
array([[2,3,4],
       [5,6,7]])
>>> A * 2 #矩阵与标量相乘
array([[ 2,4,6],
       [ 8,10,12]])
```

(2) 矩阵与矩阵相加,各维度必须一致,相同位置的元素相加,否则报错:

```
>>> A + B
array([[3,3,3],
       [5,6,7]])
```

(3) 用 dot 方法相乘,表示线性代数里的向量内积(也叫点积、数量积)或矩阵乘法。要注意向量内积满足交换律但不满足结合律,相乘的结果是一个数。而矩阵乘法满足结合律但不满足交换律,相乘的结果还是一个矩阵。

```
>>> np.dot(A,C)
array([[14,32],
       [32,77]])
```

(4) 用 multiply 相乘,维度也必须一致,相同位置的元素相乘:

```
>>> np.multiply(A,B)
array([[2,2,0],
       [4,5,6]])
```

A、B 创建后的类型是 type(A) = 'numpy.ndarray',如果显式转换成 matrix 类型,那么 * 跟 dot 含义一致,否则跟 multiply 一致。通过 np.mat(A) 转换为 'numpy.matrixlib.defmatrix.matrix'。

```
>>> A * B
array([[2,2,0],
       [4,5,6]])
>>> np.mat(A) * np.mat(C)
matrix([[14,32],
        [32,77]])
```

除了矩阵外,也可以用向量点积运算:

```
>>> M = np.array([1,2,3])
>>> N = np.array([1,0,2])
>>> print('\nM = %s    N = %s    type(M) = %s' % (M,N,type(M)))
M = [1 2 3] N = [1 0 2] type(M) = <class 'numpy.ndarray'>
>>> DOT_MN = np.dot(M,N)
>>> print('dot(M,N) = %s type = %s' % (DOT_MN,type(DOT_MN)))
dot(M,N) = 7 type = <class 'numpy.int32'>
>>> DOT_MAT_MN = np.dot(np.mat(M),np.mat(N).T)
>>> print('dot(mat(M),mat(N).T) = %s type = %s' % (DOT_MAT_MN,type(DOT_MAT_MN)))
dot(mat(M),mat(N).T) = [[7]] type = <class 'numpy.matrixlib.defmatrix.matrix'>
```

由上可总结:multiply 始终是数乘,相同位置元素相乘;dot 始终是向量内积或者矩阵乘法,经试验 A⊙C 结果等同于 dot;而 * 根据数据类型决定如何乘。

### 4. 随机数

在 NumPy 中也提供了相关内建函数用于创建随机数:

```
>>> np.random.random((2,3))
```

生成[0,1]之间的浮点数,输出为:

```
array([[0.67445895,0.58360442,0.71880469],
       [0.03889035,0.66028369,0.05835765]])
>>> np.random.rand(2,4)
```

同样生成[0,1]之间的浮点数,与 random 的具体区别不大,输出为:

```
array([[0.53318472,0.46936002,0.26322439,0.26912217],
       [0.26526027,0.98758039,0.23517289,0.0828305]])
>>> np.random.randn(2,4)
```

生成均值为 0、标准差为 1 的标准正态分布样本 $N(0,1)$,输出为:

```
array([[-1.67917058,-1.43139543,-0.01903627,-1.07968898],
       [ 0.51765482,-0.88747583,-0.00302402,-0.21450896]])
>>> np.random.normal(10,1,(2,6))
```

生成均值为 loc,标准差为 scale 的正态分布矩阵,输出为:

```
array([[ 8.56146502,9.5352856 ,10.14108919,9.37096269,10.03290414,
         8.74922525],
       [11.5023781 ,9.66292788,10.73697464,6.90524404,11.91902307,
         9.50490235]])
>>> np.random.randint(10,20,size=(2,5))
```

生成[10,20)之间的随机整数,输出为:

```
array([[12,16,18,17,11],
       [13,14,13,19,19]])
>>> np.random.choice(10,5,False)
```

从[0,10)选 5 个不重复的数,输出为:

```
array([3,9,2,6,5])
>>> list = ['a','b','c','d','e']
>>> np.random.choice(list,size=(3,4),replace=True)
```

从另一个数组中选择可重复值,输出为:

```
array([['a','e','c','a'],
       ['c','d','b','b'],
       ['c','e','a','e']],dtype='<U1')
```

## 5. 索引与切片

对于多维矩阵,每个维度之间用",",分隔开,单独用类似于一维数组的方式指定索引:

```
>>> print('A[1] = %s\n' % A[1])
A[1] = [4 5 6]
```

```
>>> print('A[1,:] = %s\n' % A[1,:])
A[1,:] = [4 5 6]
>>> print('A[:,1] = %s\n' % A[:,1])
A[:,1] = [2 5]
>>> print('A[1:3,1:3] = %s\n' % A[1:3,1:3])
A[1:3,1:3] = [[5 6]]
```

### 6. 其他操作

在 NumPy 中也提供了相关函数用于求矩阵和、矩阵最大值、矩阵最小值、矩阵平均值、矩阵方差、矩阵标准差等，如：

```
A.sum(),A.min(),A.max(),A.mean(),A.var(),A.std()
>>> A.sum(),A.min(),A.max(),A.mean(),A.var(),A.std()
(21,1,6,3.5,2.9166666666666665,1.707825127659933)
```

还可以提取矩阵对角。如果原来是一维矩阵则转为对角矩阵，否则提取对角线返回一维矩阵，如：

```
>>> np.diag(A)
array([1,5])
>>> np.diag(np.diag(A))
array([[1,0],
       [0,5]])
```

### 7. 其他功能函数

NumPy 有很强大的矩阵操作库，还有大量功能函数，如 concatenate、dstack、column_stack、split、sina、sqrt、cumsum、fromfunction、floor、resize、where 等，还可以通过 save、load、savetxt、loadtxt 等进行文件读写。

## 4.7 模型的保存与读取

训练完的模型若想下一次再用，就需要在训练完成时把训练参数保存起来。下次使用时，重新把参数加载进 TensorFlow 就可以了。

### 4.7.1 保存模型

模型的保存实际上就是 TensorFlow 中变量的保存。
TensorFlow 提供了 tf.train.Saver 类的 save() 方法来保存变量。
【例 4-9】 使用 save() 方法保存模型。

```
import tensorflow as tf
#定义变量
v1 = tf.Variable(...,name = "v1")
v2 = tf.Variable(...,name = "v2")
```

```
step = 0
init_op = tf.global_variables_initializer()
#定义保存参数的 saver
saver = tf.train.Saver()

with tf.Session() as sess:
    sess.run(init_op)
    while True:
        step += 1
        #接着去做模型的训练过程
        ...
        if step % 10000 == 0:
            #保存模型参数
            save_path = saver.save(sess,"./model/model.ckpt",global_step = step)
            print("Model saved in file: %s" % save_path)
```

tf.train.Saver()默认是对所有变量进行操作,也可以通过传入变量作为参数,指定只对一部分变量进行保存。

在 save 操作中如果传入 global_step 参数的值,会在保存文件名后添加一个 global_step 值的数字,这样可以区分是训练到第几步时保存的模型。

### 4.7.2 载入模型

模型的装载就是将在 save 操作中保存的文件重新装载到 TensorFlow 中。TensorFlow 提供了 tf.train.Saver 类的 restore()方法来将变量的值重新载入模型。

在 TensorFlow 中,模型文件中保存的变量必须和要被装载的变量一致,也就是说之前保存了什么变量,在重新载入时就要载入什么变量,否则会提示在模型文件中缺少对应的变量。

【例 4-10】 利用 restore()方法来载入模型。

```
import tensorflow as tf
#定义变量
#变量的名字需要和从模型中装载的变量的名字相同
v1 = tf.Variable(...,name = "v1")
v2 = tf.Variable(...,name = "v2")

init_op = tf.global_variables_initializer()
#处理保存和装载参数的 saver
saver = tf.train.Saver()

with tf.Session() as sess:
    #载入模型
    #载入模型会将之前保存到文件模型中的参数重新读入对应的变量中
    #需要确保之前保存模型中定义的参数的名字和目前要装载的参数的名字相同
    saver.restore(sess,"/tmp/model.ckpt")
```

### 4.7.3 从磁盘读取信息

TensorFlow 可以读取许多常用的标准格式,包括列表格式(csv)、图像文件(jpg、png 格式)和标准 TensorFlow 格式。

**1. 读取列表格式**

为了读列表格式(csv),TensorFlow 构建了自己的方法。与其他库(如 pandas)相比,TensorFlow 读取一个简单的 csv 文件的过程有点复杂。

读取 csv 文件需要几个准备步骤。首先,必须创建一个文件名队列对象与将使用的文件列表,然后创建一个 TextLineReader。使用此行读取器,接着解码 csv 列,并将其保存到张量中。如果想将同质数据混合在一起,可以使用 pack 方法。

```python
import tensorflow as tf
#将文件名列表传入
filename_queue = tf.train.string_input_producer(["file0.csv","file1.csv"],shuffle = True,
num_epochs = 2)
# 采用读文本的 reader
reader = tf.TextLineReader()
key,value = reader.read(filename_queue)
#默认值是 1.0,这里也默认指定了要读入数据的类型是 float
record_defaults = [[1.0],[1.0]]
v1,v2 = tf.decode_csv(
    value,record_defaults = record_defaults)
v_mul = tf.multiply(v1,v2)
init_op = tf.global_variables_initializer()
local_init_op = tf.local_variables_initializer()
#创建会话
sess = tf.Session()
#初始化变量
sess.run(init_op)
sess.run(local_init_op)
#输入数据进入队列
coord = tf.train.Coordinator()
threads = tf.train.start_queue_runners(sess = sess,coord = coord)
try:
    while not coord.should_stop():
        value1,value2,mul_result = sess.run([v1,v2,v_mul])
        print(" % f\t % f\t % f" % (value1,value2,mul_result))
except tf.errors.OutOfRangeError:
    print('Done training -- epoch limit reached')
finally:
    coord.request_stop()
#等待线程结束
coord.join(threads)
sess.close()
```

运行程序,输出如下:

```
2.000000    2.000000    4.000000
2.000000    3.000000    6.000000
3.000000    4.000000    12.000000
1.000000    2.000000    2.000000
1.000000    3.000000    3.000000
1.000000    4.000000    4.000000
1.000000    2.000000    2.000000
1.000000    3.000000    3.000000
1.000000    4.000000    4.000000
2.000000    2.000000    4.000000
2.000000    3.000000    6.000000
3.000000    4.000000    12.000000
Done training -- epoch limit reached
Process finished with exit code 0
```

### 2. 读取图像数据

TensorFlow 能够以图像格式导入数据，这对于面向图像的模型非常有用，因为这些模型的输入往往是图像。TensorFlow 支持的图像格式有 jpg 和 png 两种，程序内部以 uint8 张量表示，每个图像的通道是一个二维张量，如图 4-4 所示。

**图 4-4　原始图像**

加载一个原始图像，并对其进行一些处理，最后保存，实现代码为：

```
import tensorflow as tf

sess = tf.Session()
filename_queue = tf.train.string_input_producer(tf.train.match_filenames_once("./xiaoniao.jpg"))
reader = tf.WholeFileReader()
key,value = reader.read(filename_queue)
image = tf.image.decode_jpeg(value)
flipImageUpDown = tf.image.encode_jpeg(tf.image.flip_up_down(image))
flipImageLeftRight = tf.image.encode_jpeg(tf.image.flip_left_right(image))
tf.initialize_all_variables().run(session = sess)
coord = tf.train.Coordinator()
threads = tf.train.start_queue_runners(coord = coord, sess = sess)
example = sess.run(flipImageLeftRight)
```

```
print example
file = open("flipImageUpDown.jpg","wb + ")
file.write(flipImageUpDown.eval(session = sess))
file.close()
file.open(flipImageLeftRight.eval(session = sess))
file.close()
```

运行程序,效果如图 4-5 所示。

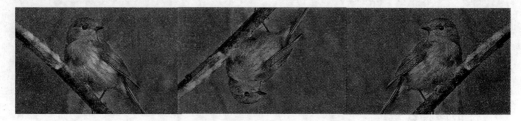

图 4-5 原始图像与转变后的图像对比(向上翻转与向左翻转)(见彩插)

## 4.8 批标准化

批标准化(Batch Normalization,BN)是为了克服因神经网络层数加深导致难以训练的问题而诞生的。我们知道,深度神经网络随着网络深度加深,训练起来会越来越困难,收敛速度会很慢,常常会有梯度消失问题(vanishing gradient problem)。

统计机器学习中有一个 ICS(Internal Covariate Shift)理论,这是一个经典假设:源域(source domain)和目标域(target domain)的数据分布是一致的。也就是说,训练数据和测试数据是满足相同分布的。这是通过训练数据获得的模型能够在测试集获得好的效果的一个基本保障。

Covariate Shift 是指训练集的样本数据和目标样本集分布不一致时,训练得到的模型无法很好地泛化(generalization)。它是分布不一致假设之下的一个分支问题,也就是说源域和目标域的条件概率是一致的,但是其边缘概率不同。的确,对于神经网络的各层输出,在经过了层内操作后,各层输出分布就会与对应的输入信号分布不同,而且差异会随着网络深度增大而加大,但是每一层所指向的样本标记(label)仍然是不变的。

解决思路一般是根据训练样本和目标样本的比例对训练样本做一个矫正。因此,通过引入批标准化来规范化某些层或所有层的输入,从而固定每层输入信号的均值与方差。

**1. 方法**

批标准化一般用在非线性映射(激活函数)之前,对 $x=Wu+b$ 做规范化,使结果(输出信号各个维度)的均值为 0,方差为 1。让每一层的输入有一个稳定的分布会有利于网络的训练。

**2. 优点**

批标准化通过规范化让激活函数分布在线性区间,加大了梯度,让模型更加大胆地进行梯度下降,其有如下优点:

- 加大了探索的步长,加快了收敛的速度;
- 更容易跳出局部最小值;
- 破坏原来的数据分布,一定程度上缓解过拟合。

因此,当遇到神经网络收敛速度很慢或梯度爆炸(gradient explode)等无法训练的情况时,都可以尝试用批标准化来解决。

### 3. 实例分析

我们对每层的 Wx_plus_b 进行批标准化,这个步骤放在激活函数前:

```
# 计算 Wx_plus_b 的均值和方差,其中 axes = [0]表示想要标准化的维度
fc_mean,fc_var = tf.nn.noments(Wx_plus_b,axes = [0],)
scale = tf.Variable(tf.ones([out_size]))
shitf = tf.Variable(tf.zeros([out_size]))
epsilon = 0.001
Wx_plus-b = tf.nn.batch_normalization(Wx_plus_b,fc_mean,fc_var,shitf,scale,epsilon)
# 也就是在做:
# Wx_plus_b = (Wx_plus_b - fc_mean)/tf.sqrt(fc_var + 0.001)
# Wx_plus_b = Wx_plus_b * scale + shitf
```

更多关于批标准化的理论可查看 Sergey Ioffe 和 Christian Szegedy 的论文 *Batch Normalization：Accelerating Deep Network Training by Reducing Internal Covariate Shift*。

## 4.9 使用 GPU

在使用 TensorFlow 进行计算时,既可以将计算放到本机的 CPU 上,也可以放到本机的任意一个 GPU 上。在分布式计算的时候,可以将计算放到同属一个集群的另外一台计算机的 GPU 上。本节主要介绍如何将计算放到不同的计算设备上,以及如何自由分配 TensorFlow 对 GPU 显存的占有率。

### 4.9.1 指定 GPU 设备

默认情况下,TensorFlow 在启动时,会占用这台计算机上的所有可见的 GPU。比如,计算机上有 4 个 GPU,默认情况下会将 GPU 显存的 95% 提前分配,在没有显式指定计算设备的情况下,默认只在第一个 GPU 上计算。但是有时我们想让不同的计算分布到不同的设备上,如有的计算想让它在 CPU 上运行,有的计算想让它在第一块 GPU 上运行,有的计算想让它在第二块 GPU 上运行,那么,怎样让不同的操作分配到特定的设备上去呢?

TensorFlow 通过 with tf.device()语句将包含在自己作用域下的变量和操作指派到特定的 CPU 或 GPU 上,如:

```
with tf.device("/cpu:0"):
# 这个 with 语句下的变量和操作会分配到 CPU 上
v1 = tf.constant(1)
v2.tf.constant(2)


with tf.device("/gpu:0"):
```

```
#这个with语句下的变量和操作会分配到第一个GPU上
v3 = tf.constant(3)
v4.tf.constant(4)


with tf.device("/gpu:1"):
#这个with语句下的变量和操作会分配到第二个GPU上
v5 = tf.constant(5)
```

那么,怎么知道哪个变量分配到哪个设备上呢?可以通过设置Session的配置参数log_device_placement为True来显示变量的分配情况:

```
with tf.Seesion(config = tf.ConfigProto(log_device_placement = True)) as sess:
    print(sess.run(v5))
```

在此会在会话启动后,打印各个变量被分配到了哪个设备上。如果机器上有两个以上的GPU,那么显示的信息如下:

```
Const_4:(Const):/job:localhost/replica:0/task:0/gpu:1
I tensorflow/core/common_runtime/simple_placer.cc:841] Const_4:
(Const)/job:localhost/replica:0/task:0/gpu:1
Const_3:(Const):/job:localhost/replica:0/task:0/gpu:0
I tensorflow/core/common_runtime/simple_placer.cc:841] Const_3:
(Const)/job:localhost/replica:0/task:0/gpu:0
Const_2:(Const):/job:localhost/replica:0/task:0/gpu:0
I tensorflow/core/common_runtime/simple_placer.cc:841] Const_2:
(Const)/job:localhost/replica:0/task:0/gpu:0
Const_1:(Const):/job:localhost/replica:0/task:0/gpu:0
I tensorflow/core/common_runtime/simple_placer.cc:841] Const_1:
(Const)/job:localhost/replica:0/task:0/gpu:0
Const:(Const):/job:localhost/replica:0/task:0/gpu:0
I tensorflow/core/common_runtime/simple_placer.cc:841] Const:
(Const)/job:localhost/replica:0/task:0/gpu:0
```

当我们指定的设备不存在时,TensorFlow会报错。比如,当我们在一台具有4个GPU的计算机上给第四个GPU分配某个操作,但是把程序迁移到了只有一个GPU的机器上运行时,就会报错。为了方便处理这种情况,可以将Session的配置参数allow_soft_placement设置成True,这就告诉TensorFlow,当分配的设备不存在时,允许TensorFlow自动分配到其他存在的设备上。实例代码如下:

```
with tf.Session(config = tf.ConfigProto(log_device_placement = True,
            allow_soft_placement = True)) as sess:
```

通过with tf.device()语句,在一个具有多个GPU的机器上,就可以将操作根据需求分配到各个GPU上,再加以灵活运用就可以实现单机多GPU的训练。

## 4.9.2 指定 GPU 的显存占用

默认情况下,不管程序实际运行会占用多少显存,为了在后续计算中提高显存的使用效率,TensorFlow 在 Session 一启动,就会预先将实际显存的 95% 分配完,这在参数规模小的时候非常浪费。当程序用不完那么多显存,我们又不想一次性占用 95% 的显存时,可以通过配置 Session 的参数 gpu_options.per_process_gpu_memory_fraction 来指定分配显存的百分比。如以下代码所示,通过指定参数只占用 50% 的显存:

```
config = tf.ConfigProto()
config.gpu_options.per_process_gpu_memory_fraction = 0.5
with tf.Session(config = config) as sess:
    ...
```

如果我们不想提前分配好显存,而是想实际使用多少就分配多少显存,可以通过指定 Session 的配置参数 gpu_options.allow_growth 的值为 True 来实现,代码为:

```
config = tf.ConfigProto()
config.gpu_options.allow_growth = True
with tf.Session(config = config) as sess:
    ...
```

## 4.10 神经元函数

本节主要介绍 TensorFlow 中构建神经网络所需的神经元函数,包括各种激活函数、卷积函数、池化函数、损失函数等。

### 4.10.1 激活函数

激活函数(activation function)运行时激活神经网络中的某一部分神经元,将激活信息向后传入下一层的神经网络。当不用激活函数时,权重和偏差只会进行线性变换。线性方程很简单,但解决复杂问题的能力有限。没有激活函数的神经网络实质上只是一个线性回归模型。激活函数对输入进行非线性变换,使其能够学习和执行更复杂的任务。我们希望神经网络能够处理复杂任务,如语言翻译和图像分类等,但线性变换永远无法执行这样的任务。

激活函数使后向传播成为可能,因为激活函数的误差梯度可以用来调整权重和偏差,如果没有可微的非线性函数,这就不可能实现。

总之,激活函数的作用是能够给神经网络加入一些非线性因素,使得神经网络可以更好地解决较为复杂的问题。

TensorFlow 中的激活函数定义在 tensorflow/python/ops/nn.py 文件中,包括平滑非

线性激活函数,如 sigmoid、tanh、elu、softplus 和 softsign,也包括连续但不是处处可微的函数 relu、relu6、crelu 和 relu_x,以及随机正则化函数 droppout:

```
tf.nn.relu()
tf.nn.sigmoid()
tf.nn.tanh()
tf.nn.elu()
tf.nn.bias_add()
tf.nn.crelu()
tf.nn.relu6()
tf.nn.softplus()
tf.nn.softsign()
tf.nn.dropout()  #防止过拟合,用来舍弃某些神经元
```

上述激活函数的输入均为要计算的 $x$(一个张量),输出均为与 $x$ 数据类型相同的张量。下面介绍 sigmoid、tanh、relu 这 3 种常见的激活函数。

### 1. sigmoid 函数

sigmoid 函数的作用是计算 $x$ 的 sigmoid 函数。具体计算公式为:

$$y = \frac{1}{1 + e^{-x}}$$

将值映射到[0.0,1.0]区间。当输入值较大时,sigmoid 将返回一个接近于 1.0 的值,而当输入值较小时,返回值将接近于 0.0。

函数的优点:对在真实输出位于[0.0,1.0]的样本上训练的神经网络,sigmoid 函数可将输出保持在[0.0,1.0]内。

函数的缺点:当输出接近于饱和或者剧烈变化时,对输出返回的这种缩减会带来一些不利影响。

当输入为 0 时,sigmoid 函数的输出为 0.5,即 sigmoid 函数值域的中间点。函数图像如图 4-6 所示。

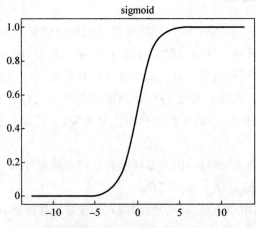

图 4-6　sigmoid 函数图像

## 2. tanh 函数

tanh 也是传统神经网络中比较常用的激活函数,公式如下所示:

$$\tanh(x) = \frac{\sinh x}{\cosh x} = \frac{e^x - e^{-x}}{e^x + e^{-x}} = \frac{1 - e^{-2x}}{1 + e^{-2x}}$$

函数图像如图 4-7 所示。

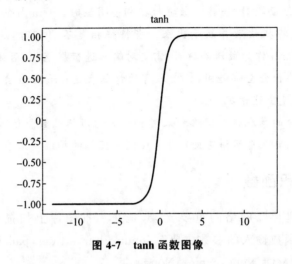

图 4-7 tanh 函数图像

tanh 函数也具有软饱和性。它的输出是以 0 为中心的,收敛速度比 sigmoid 函数要快,但是它仍然无法解决梯度消失问题。

## 3. relu 函数

relu 函数是目前用得最多也是最受欢迎的激活函数。函数的公式为:

$$f(x) = \max(x, 0)$$

函数图像如图 4-8 所示。

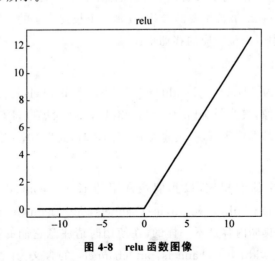

图 4-8 relu 函数图像

由图 4-8 的函数图像可知,relu 在 $x<0$ 时是硬饱和。由于 $x>0$ 时一阶导数为 1,所以 relu 函数在 $x>0$ 时可以保持梯度不衰减,从而缓解梯度消失问题,还可以更快收敛。但是,随着训练的进行,部分输入会落到硬饱和区,导致对应的权重无法更新,我们称之为"神经元死亡"。

除了 relu 本身外,TensorFlow 还定义了 relu6,也就是定义在 min(max(features,0),6) 的 tf.nn.relu6(features,name=None),以及 crelu,也就是 tf.nn.crelu(features,name=None)。

**注意**:在选择激活函数时,当输入数据特征相差明显时,用 tanh 的效果会很好,且在循环过程中会不断扩大特征效果并显示出来。当特征相差不明显时,sigmoid 效果比较好。同时,用 sigmoid 和 tanh 作为激活函数时,需要对输入进行规范化,否则激活后的值全部都进入平坦区,隐层的输出会全部趋同,丧失原有的特征表达;而 relu 会好很多,有时可以不需要输入规范化来避免上述情况。

因此,现在大部分的卷积神经网络都采用 relu 作为激活函数。估计有 85%~90% 的神经网络会采用 relu,尤其在自然语言处理上;10%~15% 的神经网络会采用 tanh。

### 4.10.2 卷积函数

卷积函数是构建神经网络的重要支架,是在一批图像上扫描的二维过滤器。在 TensorFlow 中卷积函数输入的参数主要有 input,filter,strides,padding,use_cudnn_on_gpu=None,data_format=None,name=None。

其中,
- input:为输入,是一个张量,数据类型必须为 float32 或者 float64。
- filter:为卷积核,输入类型必须与 input 一样。
- padding:为一个字符串取值,当 padding=SAME 时,使用补零法使输入输出的图像大小相同;当 padding=VALID 时,允许输入输出的图像大小不一致。
- name:可选,字符串,用于可视化中,为该操作起一个名字。
- strides:是另外一个极其重要的参数,其是一个长度为 4 的一维整数类型数组,每一位对应 input 中每一位对应的移动步长。

**1. input**

input 的张量维度为[batch,in_height,in_width,in_channels]。例如,mnist 的输入图像为 28×28 的黑白图像,其张量为[batch,28,28,1],1 代表黑白,RGB 彩色图像的通道则为 3,而 batch 则为输入的图像数量,一次输入 10 张图片时,其为 10,一次输入 20 张时则为 20。

**2. filter**

filter 即为 CNN 中的卷积核,以我们最常用的 tf.nn.conv2d 为例,它要求是一个 Tensor,具有[filter_height,filter_width,in_channels,out_channels]这样的 shape(其他的卷积函数其 Tensor 的具体内容是不一样的,在使用时请注意它们的不同)。tf.nn.conv2d 中[filter_height,filter_width,in_channels,out_channels]的含义为[卷积核的高度,卷积核的宽度,图像通道数,卷积核个数],要求类型与参数 input 相同,有一个地方需要注意,第三维 in_channels 就是参数 input 的第四维。

在使用中，因为一般不对 input 的第一维和第四维进行卷积操作，所以 strides 一般为 [1,X,X,1]。

**3. strides**

strides 是另外一个极其重要的参数，其是一个长度为 4 的一维整数类型数组，每一位对应 input 中每一位对应的移动步长。

步长为一的卷积操作，不补零，如图 4-9 所示。

INPUT IMAGE

| | | | | | |
|---|---|---|---|---|---|
| 18 | 54 | 51 | 239 | 244 | 188 |
| 55 | 121 | 75 | 78 | 95 | 88 |
| 35 | 24 | 204 | 113 | 109 | 221 |
| 3 | 154 | 104 | 235 | 25 | 130 |
| 15 | 253 | 225 | 159 | 78 | 233 |
| 68 | 85 | 180 | 214 | 245 | 0 |

WEIGHT

| | | |
|---|---|---|
| 1 | 0 | 1 |
| 0 | 1 | 0 |
| 1 | 0 | 1 |

| | | | |
|---|---|---|---|
| 429 | 505 | 686 | 856 |
| 261 | 792 | 412 | 640 |
| 633 | 653 | 851 | 751 |
| 608 | 913 | 713 | 657 |

图 4-9　步长为一不补零的卷积操作

步长为二的卷积操作，不补零，如图 4-10 所示。

INPUT IMAGE

| | | | | |
|---|---|---|---|---|
| 18 | 54 | 51 | 239 | 244 |
| 55 | 121 | 75 | 78 | 95 |
| 35 | 24 | 204 | 113 | 109 |
| 3 | 154 | 104 | 235 | 25 |
| 15 | 253 | 225 | 159 | 78 |

WEIGHT

| | | |
|---|---|---|
| 1 | 0 | 1 |
| 0 | 1 | 0 |
| 1 | 0 | 1 |

| | |
|---|---|
| 429 | 686 |
| 633 | 412 |

图 4-10　步长为二不补零的卷积操作

**4. padding**

padding= 'SAME'时，TensorFlow 会自动对原图像进行补零，从而使输入输出的图像大小一致，效果如图 4-11 所示。

| | | | | | | | |
|---|---|---|---|---|---|---|---|
| 0 | 0 | 0 | 0 | 0 | 0 | 0 | 0 |
| 0 | 18 | 54 | 51 | 239 | 244 | 188 | 0 |
| 0 | 55 | 121 | 75 | 78 | 95 | 88 | 0 |
| 0 | 35 | 24 | 204 | 113 | 109 | 221 | 0 |
| 0 | 3 | 154 | 104 | 235 | 25 | 130 | 0 |
| 0 | 15 | 253 | 225 | 159 | 78 | 233 | 0 |
| 0 | 68 | 85 | 180 | 214 | 245 | 0 | 0 |
| 0 | 0 | 0 | 0 | 0 | 0 | 0 | 0 |

WEIGHT

| | | |
|---|---|---|
| 1 | 0 | 1 |
| 0 | 1 | 0 |
| 1 | 0 | 1 |

| | | | | | |
|---|---|---|---|---|---|
| 139 | 184 | 250 | 409 | 410 | 283 |
| 133 | 429 | 505 | 686 | 856 | 441 |
| 310 | 261 | 792 | 412 | 640 | 341 |
| 280 | 633 | 653 | 851 | 751 | 317 |
| 254 | 608 | 913 | 713 | 657 | 503 |
| 321 | 325 | 592 | 517 | 637 | 78 |

图 4-11　对原图像进行补零

padding= 'VALLD'时，则会缩小原图像的大小，如图 4-12 所示。

**5. 常用的卷积函数**

下面介绍 TensorFlow 中常用的几种卷积函数。

| INPUT IMAGE | | | | | | | WEIGHT | | | | | | | |
|---|---|---|---|---|---|---|---|---|---|---|---|---|---|---|
| 18 | 54 | 51 | 239 | 244 | 188 | | 1 | 0 | 1 | | 429 | 505 | 686 | 856 |
| 55 | 121 | 75 | 78 | 95 | 88 | | 0 | 1 | 0 | | 261 | 792 | 412 | 640 |
| 35 | 24 | 204 | 113 | 109 | 221 | | 1 | 0 | 1 | | 633 | 653 | 851 | 751 |
| 3 | 154 | 104 | 235 | 25 | 130 | | | | | | 608 | 913 | 713 | 657 |
| 15 | 253 | 225 | 159 | 78 | 233 | | | | | | | | | |
| 68 | 85 | 180 | 214 | 245 | 0 | | | | | | | | | |

图 4-12 缩小原图像的大小

1) tf.nn.conv2d

tf.nn.conv2d：对一个四维的输入数据 input 和四维的卷积核 filter 进行操作，然后对输入的数据进行二维的卷积操作，得到卷积之后的结果。这是我们最常用的卷积函数。

示例代码为：

```
input_data = tf.Variable(np.random.rand(10, 9, 9, 3), dtype = np.float32)
filter_data = tf.Variable(np.random.rand(2, 2, 3, 2), dtype = np.float32)
y = tf.nn.conv2d(input_data, filter_data, strides = [1, 1, 1, 1], padding = 'SAME')
print('tf.nn.conv2d : ', y)
# tf.nn.conv2d : Tensor("Conv2D:0", shape = (10, 9, 9, 2), dtype = float32)
# 在 padding = 'SAME'时输入输出的图像大小是一致的
```

2) tf.nn.depthwise_conv2d

tf.nn.depthwise_conv2d 函数的含义为：

- input 的数据维度是[batch, in_height, in_wight, in_channels]；
- 卷积核的维度是[filter_height, filter_height, in_channel, channel_multiplier]；
- 卷积核独立应用在 in_channels 的每一个通道上（从通道 1 到通道 channel_multiplier），然后将所有结果进行汇总，输出通道的总数是 in_channel × channel_multiplier。

示例代码为：

```
input_data = tf.Variable(np.random.rand(10, 9, 9, 3), dtype = np.float32)
filter_data = tf.Variable(np.random.rand(2, 2, 3, 2), dtype = np.float32)
y = tf.nn.depthwise_conv2d(input_data, filter_data, strides = [1, 1, 1, 1], padding = 'SAME')
print('tf.nn.depthwise_conv2d : ', y)
# tf.nn.depthwise_conv2d : Tensor("depthwise:0", shape = (10, 9, 9, 6), dtype = float32)
# 输出的通道数增加了
```

其效果类似于多个卷积核运算都是在一个通道上张量维度增加，不同之处在于通道数的增加是卷积核在不同通道上运算的结果。

【例 4-11】通过一个完整的实例来演示卷积函数的用法。

```
import tensorflow as tf
import os
import numpy as np
```

```python
os.environ['TF_CPP_MIN_LOG_LEVEL'] = '2'
# tf.nn.convolution
# 计算N维卷积的和
input_data = tf.Variable(np.random.rand(10, 9, 9, 3), dtype=np.float32)
filter_data = tf.Variable(np.random.rand(2, 2, 3, 2), dtype=np.float32)
y = tf.nn.convolution(input_data, filter_data, strides=[1, 1], padding='SAME')
print('1. tf.nn.convolution : ', y)
# 1. tf.nn.convolution : Tensor("convolution:0", shape=(10, 9, 9, 2), dtype=float32)
# tf.nn.conv2d
# 对一个四维的输入数据 input 和四维的卷积核 filter 进行操作,然后对输入的数据进行二维的
# 卷积操作,得到卷积之后的结果
input_data = tf.Variable(np.random.rand(10, 9, 9, 3), dtype=np.float32)
filter_data = tf.Variable(np.random.rand(2, 2, 3, 2), dtype=np.float32)
y = tf.nn.conv2d(input_data, filter_data, strides=[1, 1, 1, 1], padding='SAME')
print('2. tf.nn.conv2d : ', y)
# 2. tf.nn.conv2d : Tensor("Conv2D:0", shape=(10, 9, 9, 2), dtype=float32)
# tf.nn.depthwise_conv2d
# input 的数据维度是[batch, in_height, in_wight, in_channels]
# 卷积核的维度是 [filter_height, filter_height, in_channel, channel_multiplier]
# 卷积核独立应用在 in_channels 的每一个通道上(从通道1到通道channel_multiplier),然后将
# 所有结果进行汇总,输出通道的总数是 in_channel * channel_multiplier
input_data = tf.Variable(np.random.rand(10, 9, 9, 3), dtype=np.float32)
filter_data = tf.Variable(np.random.rand(2, 2, 3, 2), dtype=np.float32)
y = tf.nn.depthwise_conv2d(input_data, filter_data, strides=[1, 1, 1, 1], padding='SAME')
print('3. tf.nn.depthwise_conv2d : ', y)
# tf.nn.separable_conv2d
# 利用几个分离的卷积核去做卷积,在该函数中,将应用一个二维的卷积核,在每个通道上,以深度
# channel_multiplier 进行卷积
input_data = tf.Variable(np.random.rand(10, 9, 9, 3), dtype=np.float32)
depthwise_filter = tf.Variable(np.random.rand(2, 2, 3, 5), dtype=np.float32)
poinwise_filter = tf.Variable(np.random.rand(1, 1, 15, 20), dtype=np.float32)
# out_channels >= channel_multiplier * in_channels
y = tf.nn.separable_conv2d(input_data, depthwise_filter=depthwise_filter, pointwise_
filter=poinwise_filter, strides=[1, 1, 1, 1], padding='SAME')
print('4. tf.nn.separable_conv2d : ', y)
# 计算 Atrous 卷积,又称孔卷积或者扩张卷积
input_data = tf.Variable(np.random.rand(1, 5, 5, 1), dtype=np.float32)
filters = tf.Variable(np.random.rand(3, 3, 1, 1), dtype=np.float32)
y = tf.nn.atrous_conv2d(input_data, filters, 2, padding='SAME')
print('5. tf.nn.atrous_conv2d : ', y)
# 在解卷积网络(deconvolutional network)中有时被称为"反卷积",但实际上是conv2d的转置,
# 而不是实际的反卷积
x = tf.random_normal(shape=[1, 3, 3, 1])
kernal = tf.random_normal(shape=[2, 2, 3, 1])
y = tf.nn.conv2d_transpose(x, kernal, output_shape=[1, 5, 5, 3], strides=[1, 2, 2, 1],
padding='SAME')
print('6. tf.nn.conv2d_transpose : ', y)
# 与二维卷积类似,用来计算给定三维输入和过滤器的情况下的一维卷积
# 不同的是,它的输入维度为 5,[batch, in_width, in_channels]
```

```python
# 卷积核的维度也是 5,[filter_height, in_channel, channel_multiplier]
# stride 是一个正整数,代表每一步的步长
input_data = tf.Variable(np.random.rand(1, 5, 1), dtype = np.float32)
filters = tf.Variable(np.random.rand(3, 1, 3), dtype = np.float32)
y = tf.nn.conv1d(input_data, filters, stride = 2, padding = 'SAME')
print('7. tf.nn.conv1d : ', y)
# 与二维卷积类似,用来计算给定五维输入和过滤器的情况下的三维卷积
# 不同的是,它的输入维度为 5,[batch, in_depth, in_height, in_width, in_channels]
# 卷积核的维度也是 5,[filter_depth, filter_height, in_channel, channel_multiplier]
# stride 相较二维卷积多了一维,变为[strides_batch, strides_depth, strides_height, strides_
width, strides_channel],必须保证 strides[0] = strides[4] = 1
input_data = tf.Variable(np.random.rand(1, 2, 5, 5, 1), dtype = np.float32)
filters = tf.Variable(np.random.rand(2, 3, 3, 1, 3), dtype = np.float32)
y = tf.nn.conv3d(input_data, filters, strides = [1, 2, 2, 1, 1], padding = 'SAME')
print('8. tf.nn.conv3d : ', y)
# 与 conv2d_transpose 二维反卷积类似
# 在解卷积网络(deconvolutional network) 中有时被称为"反卷积",但实际上是 conv3d 的转置,
# 而不是实际的反卷积
x = tf.random_normal(shape = [2, 1, 3, 3, 1])
kernal = tf.random_normal(shape = [2, 2, 2, 3, 1])
y = tf.nn.conv3d_transpose(x, kernal, output_shape = [2, 1, 5, 5, 3], strides = [1, 2, 2, 2,
1], padding = 'SAME')
print('9. tf.nn.conv3d_transpose : ', y)
```

运行程序,输出如下:

```
1. tf.nn.convolution : Tensor("convolution:0", shape = (10, 9, 9, 2), dtype = float32)
2. tf.nn.conv2d : Tensor("Conv2D:0", shape = (10, 9, 9, 2), dtype = float32)
3. tf.nn.depthwise_conv2d : Tensor("depthwise:0", shape = (10, 9, 9, 6), dtype = float32)
4. tf.nn.separable_conv2d : Tensor("separable_conv2d:0", shape = (10, 9, 9, 20), dtype =
float32)
5. tf.nn.atrous_conv2d : Tensor("convolution_1/BatchToSpaceND:0", shape = (1, 5, 5, 1), dtype =
float32)
6. tf.nn.conv2d_transpose : Tensor("conv2d_transpose:0", shape = (1, 5, 5, 3), dtype =
float32)
7. tf.nn.conv1d : Tensor("conv1d/Squeeze:0", shape = (1, 3, 3), dtype = float32)
8. tf.nn.conv3d : Tensor("Conv3D:0", shape = (1, 1, 3, 5, 3), dtype = float32)
9. tf.nn.conv3d_transpose : Tensor("conv3d_transpose:0", shape = (2, 1, 5, 5, 3), dtype =
float32)
Process finished with exit code 0
```

### 4.10.3 分类函数

TensorFlow 中常见的分类函数主要有 sigmoid_cross_entropy_with_logits、softmax、log_softmax、softmax_cross_entropy_with_logits 等,定义为:

```
tf.nn.sigmoid_cross_entropy_with_logits(logits, targets, name = None)
tf.nn.softmax(logits, dim = -1, name = None)
```

```
tf.nn.log_softmax(logits,dim = -1,name = None)
tf.nn.softmax_cross_entropy_with_logits(logits,labels,dim = -1,name = None)
tf.nn.sparse_softmax_cross_entropy_with_logits(logits,labels,name = None)
```

其中：

(1) tf.nn.sigmoid_cross_entropy_with_logits(logits,targets,name＝None)：

```
tf.nn.sigmoid_cross_entropy_with_logits(logits,targets,name = None)
#输入:logits:[batch_size,num_classes],targets:[batch_size,size].logits用最后一层的输入即可
#最后一层不需要进行sigmoid运算,此函数内部进行了sigmoid操作
#输出:loss[batch_size,num_classes]
```

这个函数的输入要格外注意，如果采用此函数作为损失函数，在神经网络的最后一层不需要进行 sigmoid 运算。

(2) tf.nn.softmax(logits,dim = -1,name = None)：计算 softmax 激活，也就是 softmax＝exp(logits)/reduce_sum(exp(logits),dim)。

(3) tf.nn.log_softmax(logits,dim＝-1,name＝None)：计算 log softmax 激活，也就是 logsoftmax＝logits-log(reduce_sum(exp(logits),dim))。

(4) tf.nn.softmax_cross_entropy_with_logits(logits,labels,dim＝-1,name＝None)

```
def softmax_cross_entropy_with_logits(logits,labels,dim = -1,name = None):
#输入:logits and labels 均为[batch_size,num_classes]
#输出:loss:[batch_size],里面保存的是batch中每个样本的交叉熵
```

(5) tf.nn.sparse_softmax_cross_entropy_with_logits(logits,labels,name＝None)

```
def sparse_softmax_cross_entropy_with_logits(logits,labels,name = None):
#logits 为神经网络最后一层的结果。
#输入:logits:[batch_size,num_classes] labels:[batch_size],必须在[0,num_classes]
#输出:loss[batch_size],里面保存是batch中每个样本的交叉熵
```

## 4.11 优化方法

如何加速神经网络的训练呢？目前加速训练的优化方法基本都是基于梯度下降的，只是细节上有些差异。梯度下降是求函数极值的一种方法，学习最后就是求损失函数的极值问题。

TensorFlow 提供很多优化器(optimizer)，下面主要介绍这 8 个：

class tf.train.GradientDescentOptimizer

class tf.train.AdadeltaOptimizer

class tf.train.AdagradOptimizer

class tf.train.AdagradDAOptimizer

class tf.train.MomentumOptimizer

class tf.train.AdamOptimizer

class tf.train.FtrlOptimizer

class tf.train.RMSPropOptimizer

这 8 个优化器对应 8 种优化方法，分别为批梯度下降法（BGD）、随机梯度下降法（SGD）、Adadelta 法、Adagrad 法（Adagrad 和 AdagradDAO）、Momentum 法（Momentum 和 Nesterov Momentum）、Adam 法、Ftrl 法和 RMSProp 法，其中 BGD、SGD、Momentum 和 Nesterov Momentum 是手动指定学习率的，其余算法能够自动调节学习率。

下面介绍其中几种优化方法。

### 1. BGD 法

BGD 的全称是 batch gradient descent，即批梯度下降。这种方法是利用现有参数对训练集中的每一个输入生成一个估计输出 $y_i$，然后跟实际输出 $y_i$ 比较，统计所有误差，求平均后得到平均误差，以此作为更新参数的依据。它的迭代过程为：

（1）提取训练集中的所有内容 $\{x_1, x_2, \cdots, x_n\}$，以及相关的输出 $y_i$；

（2）计算梯度和误差并更新参数。

这种方法的优点是，使用所有训练数据计算，能够保证收敛，并且不需要逐渐减少学习率；缺点是，每一步都需要使用所有的训练数据，随着训练的进行，速度会越来越慢。

那么，如果将训练数据拆分成一个个批次（batch），每次抽取一批数据来更新参数，是不是会加快训练速度呢？这就是最常用的 SGD。

### 2. SGD 法

SGD 的全称是 stochastic gradient descent，即随机梯度下降。因为这种方法的主要思想是将数据集拆分成一个个批次（batch），随机抽取一个批次来计算并更新参数，所以也称为 MBGD（minibatch gradient descent）。

SGD 在每一次迭代时计算 mini-batch 的梯度，然后对参数进行更新。与 BGD 相比，SGD 在训练数据集很大时，仍能以较快的速度收敛。但是，它仍有下面两个缺点。

（1）由于提取不可避免地会有梯度误差，所以需要手动指定学习率（learning rate），但是选择合适的学习率又比较困难。尤其在训练时，我们希望常出现的特征更新速度快一些，不常出现的特征更新速度慢一些，而 SGD 在更新参数时对所有参数采用一样的学习率，因此无法满足要求。

（2）SGD 容易收敛到局部最优，并且在某些情况下可能被困在鞍点。

为了解决学习率固定的问题，又引入了 Momentum 法。

### 3. Momentum 法

Momentum 是模拟物理学中动量的概念，更新时在一定程度上保留之前的更新方向，利用当前的批次再微调本次的更新参数，因此引入了一个新的变量 $v$（速度），作为前几次梯度的累加。因此，Momentum 能够更新学习率，在下降初期，前后梯度方向一致时，能够加速学习；在下降的中后期，在局部最小值的附近来回振荡时，能够抑制振荡，加快收敛。

### 4. Adagrad 法

Adagrad 法能够自适应地为各个参数分配不同的学习率,能够控制每个维度的梯度方向。这种方法的优点是能够实现学习率的自动更新;如果本次更新时梯度大,学习率就衰减得快一些;如果本次更新时梯度小,学习率就衰减得慢一些。

### 5. Adadelta 法

Adagrad 法仍然存在一些问题:其学习率单调递减,在训练的后期学习率非常小,并且需要手动设置一个全局的初始学习率。Adadelta 法用一阶的方法,近似模拟二阶牛顿法,解决了这些问题。

### 6. RMSProp 法

RMSProp 法与 Momentum 法类似,通过引入一个衰减系数,使每一回合都衰减一定比例。在实践中,其对循环神经网络(RNN)效果很好。

### 7. Adam 法

Adam 法的名称来源于自适应矩估计(adaptive moment estimation)。Adam 法根据损失函数针对每个参数的梯度的一阶矩估计和二阶矩估计动态调整每个参数的学习率。

**注意**:矩估计就是利用样本矩来估计总体中相应的参数。如果一个随机变量 $X$ 服从某种分布,$X$ 的一阶矩是 $E(X)$,也就是样本平均值,$X$ 的二阶矩是 $E(X^2)$,也就是样本平方的平均值。

### 8. 各种方法的比较

Karpathy 在 MNIST 数据集上用上述几个优化器做了一些性能比较,发现如下规律:在不怎么调整参数的情况下,Adagrad 法比 SGD 法和 Momentum 法更稳定,性能更优;精调参数的情况下,精调的 SGD 法和 Momentum 法在收敛速度和准确性上要优于 Adagrad 法。

各个优化器的损失值比较如图 4-13 所示。

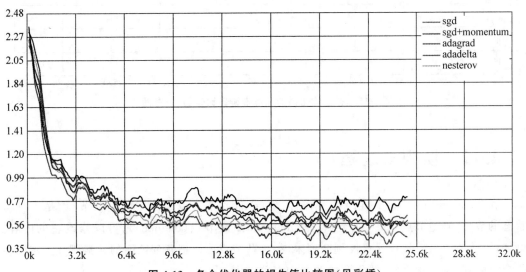

图 4-13 各个优化器的损失值比较图(见彩插)

各个优化器的测试准确率比较如图 4-14 所示。

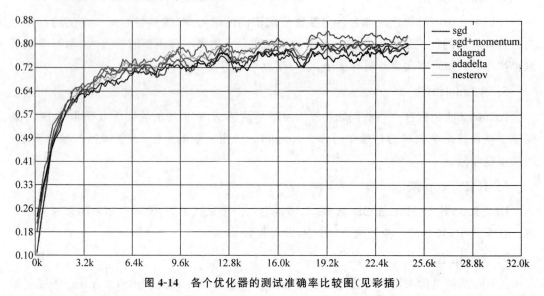

图 4-14　各个优化器的测试准确率比较图（见彩插）

各个优化器的训练准确率比较如图 4-15 所示。

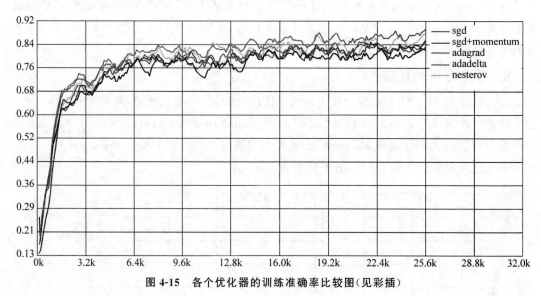

图 4-15　各个优化器的训练准确率比较图（见彩插）

## 4.12　队列与线程

和 TensorFlow 中的其他组件一样，队列（queue）本身也是图中的一个节点，是一种有状态的节点，其他节点，如入队节点（enqueue）和出队节点（dequeue），可以修改它的内容。例如，入队节点可以把新元素插到队列末尾，出队节点可以把队列前面的元素删除。本节主要介绍队列、队列管理器、线程和协调器的有关知识。

### 4.12.1 队列

TensorFlow 中主要有两种队列,即 FIFOQueue 和 RandomShuffleQueue。

**1. FIFOQueue**

FIFOQueue 创建一个先入先出队列。例如,我们在训练一些语音、文字样本时,使用循环神经网络的网络结构,希望读入的训练样本是有序的,就要用 FIFOQueue。我们先创建一个含有队列的图:

```
import tensorflow as tf
#创建一个先入先出队列,初始化队列插入 0.11、0.22、0.33 三个数字
q = tf.FIFOQueue(3,"float")
init = q.enqueue_many(([0.11,0.22,0.33],))
#定义出队、+1,入队操作
x = q.dequeue() #出队是从队首出,返回值为队首的元素
y = x + 1
q_inc = q.enqueue([y]) #入队是队尾
#开启一个会话
with tf.Session() as sess:
    sess.run(init)
    for i in range(2):
        sess.run(q_inc) #执行 2 次操作,队列中的值改变
    quelen = sess.run(q.size())
    for i in range(quelen):
        print(sess.run(q.dequeue())) #输出队列的值
```

运行程序,输出如下:

```
0.33
1.11
1.22
Process finished with exit code 0
```

**2. RandomShuffleQueue**

RandomShuffleQueue 创建一个随机队列,在出队列时,是以随机的顺序产生元素的。例如,我们在训练一些图像样本时,使用 CNN 的网络结构,希望可以无序地读入训练样本,就要用 RandomShuffleQueue,每次随机产生一个训练样本。

RandomShuffleQueue 在 TensorFlow 使用异步计算时非常重要。因为 TensorFlow 的会话是支持多线程的,我们可以在主线程里执行训练操作,使用 RandomShuffleQueue 作为训练输入,开多个线程来准备训练样本,将样本压入队列后主线程会从队列中每次取出 mini-batch 的样本进行训练。

下面创建一个随机队列,队列最大长度为 10,出队后最小长度为 2:

```
import tensorflow as tf
#创建一个随机队列,队列最大长度为 10,出队后最小长度为 2
```

```
q = tf.RandomShuffleQueue(capacity = 10,min_after_dequeue = 2,dtypes = "float")
#开启一个会话
sess = tf.Session()
for i in range(0,10):
    sess.run(q.enqueue(i))
for i in range(0,8):
    print(sess.run(q.dequeue()))
```

运行程序,输出如下:

```
3.0
8.0
1.0
0.0
4.0
2.0
6.0
5.0
Process finished with exit code 0
```

多次执行以上代码,发现每一次执行的结果都不一样,说明确实是随机乱序的。

我们尝试修改入队次数为 12 次,再运行,发现程序阻断不动,或者我们尝试修改出队次数为 10 次,即不保留队列最小长度,发现队列输出 8 次结果后,在终端仍然阻断了,结果如图 4-16 所示。

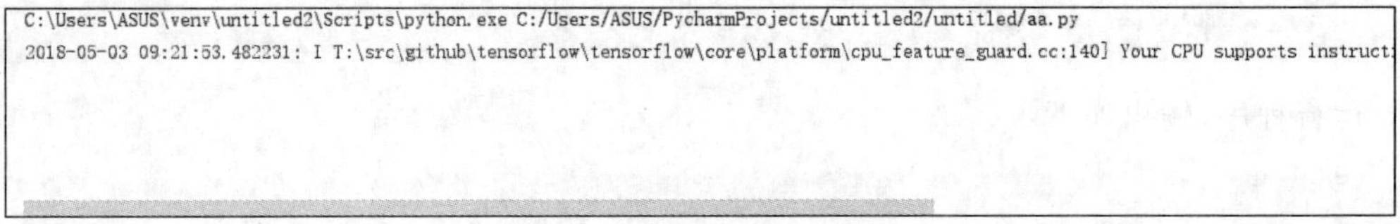

```
C:\Users\ASUS\venv\untitled2\Scripts\python.exe C:/Users/ASUS/PycharmProjects/untitled2/untitled/aa.py
2018-05-03 09:21:53.482231: I T:\src\github\tensorflow\tensorflow\core\platform\cpu_feature_guard.cc:140] Your CPU supports instruct
```

图 4-16 结果阻断

阻断一般发生在:
- 队列长度等于最小值,执行出队操作时;
- 队列长度等于最大值,执行入队操作时。

可以通过设置会话在运行时的等待时间来解除阻断:

```
run_options = tf.RunOptions(timeout_in_ms = 10000) #等待 10s
try:
    sess.run(q.dequeue(), options = run_options)
except tf.errors.DeadlineExceededError:
    print('out of range')
```

### 4.12.2 队列管理器

上面的例子都是在会话的主线程中进行入队操作。当数据量很大时,入队操作从硬盘中读取数据放入内存中,则主线程需要等待入队操作完成才能进行训练操作。会话中可以运行多个线程，我们可以使用线程管理器 QueueRunner 创建一系列的新线程进行入队操作，让主线程继续使用数据，即训练网络和读取数据是异步的，主线程在训练网络，另一个线程在将数据从硬盘读入内存。

**【例 4-12】** 下面来创建一个含有队列的图。

```
import tensorflow as tf
#创建一个含有队列的图
q = tf.FIFOQueue(1000,"float") #创建一个长度为1000的队列
counter = tf.Variable(0.0) #计数器
increment_op = tf.assign_add(counter,tf.constant(1.5)) #操作：给计数器加1.5
enqueue_op = q.enqueue(counter) #操作：计数器值加入队列
#创建一个队列管理器 QueueRunner，用这两个操作向队列 q 中添加元素，启动一个线程
qr = tf.train.QueueRunner(q,enqueue_ops = [increment_op,enqueue_op] * 1)
#启动一个会话，从队列管理器 qr 中创建线程
#主线程
with tf.Session() as sess:
    sess.run(tf.global_variables_initializer())
    enqueue_threads = qr.create_threads(sess,start = True) #启动入队线程
    #主线程
    for i in range(10):
        print(sess.run(q.dequeue()))
```

运行程序，输出如下：

```
T:\src\github\tensorflow\tensorflow\core\platform\cpu_feature_guard.cc:140] Your CPU
supports instructions that this TensorFlow binary was not compiled to use: AVX2
6.0
2532.0
2673.0
2674.5
2680.5
3480.0
3487.5
3931.5
ERROR:tensorflow:Exception in QueueRunner: Run call was cancelled
3943.5
ERROR:tensorflow:Exception in QueueRunner: Run call was cancelled
3954.0
Exception in thread QueueRunnerThread-fifo_queue-fifo_queue_enqueue:
Traceback (most recent call last):
  File "C:\Users\ASUS\AppData\Local\Programs\Python\Python36\lib\threading.py", line 916,
in _bootstrap_inner
    self.run()
  File "C:\Users\ASUS\AppData\Local\Programs\Python\Python36\lib\threading.py", line 864,
in run
    self._target( * self._args, * * self._kwargs)
  File "C:\Users\ASUS\venv\untitled2\lib\site-packages\tensorflow\python\training\
queue_runner_impl.py", line 252, in _run
```

```
        enqueue_callable()
    File "C:\Users\ASUS\venv\untitled2\lib\site-packages\tensorflow\python
\client\session.py", line 1249, in _single_operation_run
        self._call_tf_sessionrun(None, {}, [], target_list, None)
    File "C:\Users\ASUS\venv\untitled2\lib\site-packages\tensorflow\python
\client\session.py", line 1420, in _call_tf_sessionrun status, run_metadata)
    File "C:\Users\ASUS\venv\untitled2\lib\site-packages\tensorflow\python
\framework\errors_impl.py", line 516, in __exit__ c_api.TF_GetCode(self.status.status))
tensorflow.python.framework.errors_impl.CancelledError: Run call was cancelled
Exception in thread QueueRunnerThread-fifo_queue-AssignAdd:0:
Traceback (most recent call last):
    File "C:\Users\ASUS\AppData\Local\Programs\Python\Python36
\lib\threading.py", line 916, in _bootstrap_inner
        self.run()
    File "C:\Users\ASUS\AppData\Local\Programs\Python\Python36
\lib\threading.py", line 864, in run
        self._target(*self._args, **self._kwargs)
    File "C:\Users\ASUS\venv\untitled2\lib\site-packages\tensorflow\python
\training\queue_runner_impl.py", line 252, in _run
        enqueue_callable()
    File "C:\Users\ASUS\venv\untitled2\lib\site-packages\tensorflow\python\client
\session.py", line 1259, in _single_tensor_run
        results = self._call_tf_sessionrun(None, {}, fetch_list, [], None)
    File "C:\Users\ASUS\venv\untitled2\lib\site-packages\tensorflow\python
\client\session.py", line 1420, in _call_tf_sessionrun
        status, run_metadata)
    File "C:\Users\ASUS\venv\untitled2\lib\site-packages\tensorflow\python\framework
\errors_impl.py", line 516, in __exit__
        c_api.TF_GetCode(self.status.status))
tensorflow.python.framework.errors_impl.CancelledError: Run call was cancelled
Process finished with exit code 0
```

能输出结果,但最后会异常：

```
ERROR:tensorflow:Exception in QueueRunner: Run call was cancelled
ERROR:tensorflow:Exception in QueueRunner: Session has been closed.
```

我们知道,使用 with tf.Session,会话执行结束后会自动关闭,相当于 main 函数已经结束,故也就有 Session has been closed. 的错误。

将以上代码稍作修改：

```
import tensorflow as tf
#创建一个含有队列的图
q = tf.FIFOQueue(1000,"float") #创建一个长度为 1000 的队列
counter = tf.Variable(0.0) #计数器
increment_op = tf.assign_add(counter,tf.constant(1.5)) #操作：给计数器加 1.5
enqueue_op = q.enqueue(counter) #操作：计数器值加入队列
#创建一个队列管理器 QueueRunner,用这两个操作向队列 q 中添加元素,启动一个线程
```

```
qr = tf.train.QueueRunner(q,enqueue_ops = [increment_op,enqueue_op] * 1)
#启动一个会话,从队列管理器 qr 中创建线程
#主线程
sess = tf.Session()
sess.run(tf.global_variables_initializer())
enqueue_threads = qr.create_threads(sess,start = True)
#主线程
for i in range(10):
    print(sess.run(q.dequeue()))
```

运行程序,输出如下:

```
4.5
10.5
12.0
15.0
19.5
1422.0
1425.0
1426.5
1428.0
1429.5
```

使用 Session 就不会自动关闭了,也就没有了上面例子中的异常了,虽然没有了异常,但也和我们设想的打印顺序不一样,这是为什么呢?

这是因为加 1.5 操作和入队操作是异步的,也就是说如果加 1.5 操作执行了很多次之后才执行一次入队的话,就会出现入队不是按我们预想的顺序的情况;反过来,当我执行几次入队之后才执行一次加 1.5 操作,就会出现一个数重复入队的情况。

下面是几种解决这个问题的方法。

(1) 方法一。

将代码修改为:

```
import tensorflow as tf
q = tf.FIFOQueue(1000,"float")
counter = tf.Variable(0.0)
increment_op = tf.assign_add(counter,tf.constant(1.5))
#原 enqueue_op = q.enqueue(counter)
#把加1操作变成入队操作的依赖
with tf.control_dependencies([increment_op]):
    enqueue_op = q.enqueue(counter)
#由于将加1变成了入队的依赖,所以入队操作只需要传入 enqueue_op 就行了
qr = tf.train.QueueRunner(q,enqueue_ops = [enqueue_op] * 1)
sess = tf.Session()
sess.run(tf.global_variables_initializer())
enqueue_threads = qr.create_threads(sess,start = True)
for i in range(10):
    print(sess.run(q.dequeue()))
```

运行程序,输出如下:

```
3.0
6.0
7.5
9.0
10.5
13.5
15.0
42.0
45.0
49.5
```

(2) 方法二。

```
import tensorflow as tf
q = tf.FIFOQueue(1000,"float")
counter = tf.Variable(0.0)
increment_op = tf.assign_add(counter,tf.constant(1.5))
enqueue_op = q.enqueue(counter)
#把两个操作变成空操作的依赖
with tf.control_dependencies([increment_op,enqueue_op]):
    void_op = tf.no_op()
#由于将两个操作变成了空操作的依赖,所以入队操作只需要传入 void_op 就行了
qr = tf.train.QueueRunner(q,enqueue_ops = [void_op] * 1)
sess = tf.Session()
sess.run(tf.global_variables_initializer())
enqueue_threads = qr.create_threads(sess,start = True)
for i in range(10):
    print(sess.run(q.dequeue()))
```

运行程序,输出如下:

```
324.0
327.0
1506.0
1507.5
1507.5
1509.0
1510.5
1512.0
1513.5
1515.0
```

(3) 方法三。

```
import tensorflow as tf
q = tf.FIFOQueue(1000,"float")
counter = tf.Variable(0.0)
```

```
increment_op = tf.assign_add(counter,tf.constant(1.5))
enqueue_op = q.enqueue(counter)
#原:qr = tf.train.QueueRunner(q,enqueue_ops = [increment_op,enqueue_op] * 1)
#用 tf.group()把两个操作组合起来
qr = tf.train.QueueRunner(q,enqueue_ops = [tf.group(increment_op,enqueue_op)] * 1)
sess = tf.Session()
sess.run(tf.global_variables_initializer())
enqueue_threads = qr.create_threads(sess,start = True)
for i in range(10):
    print(sess.run(q.dequeue()))
```

运行程序,输出如下:

```
307.5
309.0
312.0
313.5
315.0
318.0
319.5
321.0
322.5
322.5
```

### 4.12.3 线程和协调器

QueueRunner 有一个问题:入队线程自顾自地执行,在需要的出队操作完成之后,程序没法结束。这样就要使用 tf.train.Coordinator 来实现线程间的同步,终止其他线程。

下面使用协调器(coordinator)管理线程。

```
#主线程
sess = tf.Session()
sess.run(tf.global_variables_initializer())
#coordinator:协调器,协调线程间的关系可以被当作一种信号量,起同步作用
coord = tf.train.Coordinator()
# 启动入队线程,协调器是线程的参数
enqueue_threads = qr.create_threads(sess,coord = coord,start = True)
# 主线程
for i in range(0,10):
    print(sess.run(q.dequeue()))
coord.request_stop() #通知其他线程关闭
# join 操作等待其他线程结束,其他所有的线程关闭后,这个函数才能返回
coord.join(enqueue_threads)
```

运行后,发现上述代码能正确运行,返回结果并结束。但我们发现,在关闭队列线程后,再执行出队操作,就会抛出 tf.errors.OutOfRange 错误。把 coord.request_stop()和主线

程的出队操作 q.dequeue() 调换位置，如下：

```
coord.request_stop()
#主线程
for i in range(0,10):
    print(sess.run(q.dequeue()))
coord.join(enqueue_threads)
```

这种情况就需要使用 tf.errors.OutOfRangeError 来捕捉错误，终止循环：

```
coord.request_stop()
#主线程
for i in range(0,10):
    try:
        print(sess.run(q.dequeue()))
    except tf.errors.OutOfRangeError:
        break
coord.join(enqueue_threads)
```

所有队列管理器被默认加在 tf.GraphKeys.OUEUE_RUNNERS 集合中。

## 4.13 读取数据源

TensorFlow 的实际计算在会话中完成，那么在会话的执行过程中如何读取数据呢？此处读取数据的方式和普通程序有些不同，其主要方式有以下 3 种。

- 使用 placeholder 填充读入数据；
- 从文件读入数据；
- 预先读入数据到内存。

### 4.13.1 placeholder 填充数据

placeholder 填充方式的用法就像它的名字一样，在构建计算图时，在要输入数据的变量的位置采用占位的方式先保留一个 placeholder 的张量，表示在构建图的时候并不知道这里实际的值是什么，需要在图执行时填充进来。

如果构建了一个包含 placeholder 的操作图，当在 Session 中调用 run 方法时，placeholder 占用的变量必须通过 feed_dict 参数传递进去，否则执行会报错。

以下代码采用 placeholder 功能，用于计算一个乘法结果，通过命令行输入乘数和被乘数的值。

```
import tensorflow as tf
v1 = tf.placeholder(tf.float32)
v2 = tf.placeholder(tf.float32)
v_mul = tf.multiply(v1,v2)
with tf.Session() as sess:
```

```
while True:
    #接收命令行的输入数据来填充
    #也可以自由地通过任何方式获取值来填充
    value1 = input("value1: ")
    value2 = input("value2: ")
    #将输入的数据通过 feed_dict 参数传给会话的 run 函数
    mul_result = sess.run(v_mul,feed_dict = {v1:value1,v2:value2})
    print(mul_result)
```

实例中,接收命令行输入数据的部分可以替换成其他任何得到数据的方式,然后将得到的数据传入 feed_dict,此时就可以实现使用 placeholder 方式读取数据并运行代码了。

### 4.13.2 文件读入数据

采用 placeholder 方式,可以手动读取文件的内容。但是在整个计算过程中,每次需要先将数据从文件读入内存,然后根据变量定义在 CPU 还是 GPU 上,再将内容传到内存中的变量或显存中的变量。在计算过程中,有一部分时间 GPU 并没有在计算,而是等待从硬盘读入数据。从硬盘中读取数据在整个过程中的效率是最低的,所以在追求计算高效率的大批量数据训练中,需要更加高效的数据读取方式。

**1. 读取 csv 格式的文件数据**

对于 csv 格式的文件数据读取在 4.7.3 节已经介绍过,在此不再对它展开介绍,而对其他几种文件格式的读取进行介绍。

**2. 读取二进制格式的文件数据**

除了可以按行的方式读取文本数据以外,TensorFlow 还可以读取二进制文件数据。读取二进制文件数据的读取器是 tf.FixedLengthRecordReader(),它每次从文件中读取固定长度的数据,所以要求在文件中保存的每个样本所占的空间一样。读取完数据后,采用 tf.decode_raw 进行解码,将数据转换成指定的张量格式(如 tf.int32 和 tf.float32)。

【例 4-13】以乘法计算为例,通过以下代码读取二进制文件。

```
import tensorflow as tf
#将文件名列表传入
filename_queue = tf.train.string_input_producer(["file0.bin", "file1.bin"],shuffle = True,
num_epochs = 2)
#采用读取固定长度二进制数据的 reader,一次读入 2 个 float 数
reader = tf.FixedLengthRecordReader(record_bytes = 2 * 4)
key, value = reader.read(filename_queue)
#将读入的数据按照 float32 的大小解码
decode_value = tf.decode_raw(value, tf.float32)
v1 = decode_value[0]
v2 = decode_value[1]
v_mul = tf.multiply(v1,v2)
init_op = tf.global_variables_initializer()
local_init_op = tf.local_variables_initializer()
```

```python
# 创建会话
sess = tf.Session()
# 初始化变量
sess.run(init_op)
sess.run(local_init_op)
# 输入数据进入队列
coord = tf.train.Coordinator()
threads = tf.train.start_queue_runners(sess = sess, coord = coord)
try:
    while not coord.should_stop():
        value1, value2, mul_result = sess.run([v1,v2,v_mul])
        print("%f\t%f\t%f" %(value1, value2, mul_result))
except tf.errors.OutOfRangeError:
    print('Done training -- epoch limit reached')
finally:
    coord.request_stop()
# 等待线程结束
coord.join(threads)
sess.close()
```

运行程序,输出如下:

```
10.000000   11.000000   110.000000
12.000000   13.000000   156.000000
14.000000   15.000000   210.000000
16.000000   17.000000   272.000000
18.000000   19.000000   342.000000
0.000000    1.000000    0.000000
2.000000    3.000000    6.000000
4.000000    5.000000    20.000000
6.000000    7.000000    42.000000
8.000000    9.000000    72.000000
10.000000   11.000000   110.000000
12.000000   13.000000   156.000000
14.000000   15.000000   210.000000
16.000000   17.000000   272.000000
18.000000   19.000000   342.000000
0.000000    1.000000    0.000000
2.000000    3.000000    6.000000
4.000000    5.000000    20.000000
6.000000    7.000000    42.000000
8.000000    9.000000    72.000000
Done training -- epoch limit reached
Process finished with exit code 0
```

### 3. 读取 TFRecord 格式的文件数据

另外一种更加结构化的数据格式是 TensorFlow 标准格式,即 TFRecord 格式。使用 TFRecord 格式的数据时,需要先使用 tf.python_io.TFRecordWriter 将数据序列化成

tf.train.Example 类型的 protocol buffer 数据，然后在程序运行计算时，通过 tf.TFRecordReader 读取文件，再用 tf.parse_single_example 进行解码。

【例 4-14】 依然以乘法计算为例，通过以下代码读取 TFRecord 格式的文件。

```
import tensorflow as tf
def _int64_feature(value):
    return tf.train.Feature(int64_list = tf.train.Int64List(value = [value]))
def _bytes_feature(value):
    return tf.train.Feature(bytes_list = tf.train.BytesList(value = [value]))
if __name__ == "__main__":
    filename0 = "file0.tfrecords"
    print('Writing', filename0)
    writer = tf.python_io.TFRecordWriter(filename0)
    for index in range(10):
        example = tf.train.Example(features = tf.train.Features(feature = {
            'v1': _int64_feature(index),
            'v2': _int64_feature(index + 1)}))
        writer.write(example.SerializeToString())
    writer.close()
    filename1 = "file1.tfrecords"
    writer = tf.python_io.TFRecordWriter(filename1)
    for index in range(10, 20):
        example = tf.train.Example(features = tf.train.Features(feature = {
            'v1': _int64_feature(index),
            'v2': _int64_feature(index + 1)}))
        writer.write(example.SerializeToString())
    writer.close()
```

运行程序，输出如下：

```
Writing file0.tfrecords
Process finished with exit code 0
```

【例 4-15】 演示读取 TFRecord 格式数据并且进行计算。

```
import tensorflow as tf
#将文件名列表传入
filename_queue = tf.train.string_input_producer(["file0.tfrecords", "file1.tfrecords"],
shuffle = True, num_epochs = 2)
#使用 TFRecorder 来读取
reader = tf.TFRecordReader()
_, serialized_example = reader.read(filename_queue)
features = tf.parse_single_example(
    serialized_example,
    features = {
        'v1': tf.FixedLenFeature([], tf.int64),
        'v2': tf.FixedLenFeature([], tf.int64),
    })
v1 = tf.cast(features['v1'], tf.int32)
```

```
v2 = tf.cast(features['v2'], tf.int32)
v_mul = tf.multiply(v1,v2)
print(v1.get_shape())
batch_v1, batch_v2 = tf.train.shuffle_batch([v1,v2],
                                batch_size = 10, #batch 的大小
                                num_threads = 16, #处理线程数
                                capacity = 100, #队列大小
                            min_after_dequeue = 20 #出队后队列最少保留样本数)
print(batch_v1.get_shape())
init_op = tf.global_variables_initializer()
local_init_op = tf.local_variables_initializer()
#创建会话
sess = tf.Session()
#初始化变量
sess.run(init_op)
sess.run(local_init_op)
#输入数据进入队列
coord = tf.train.Coordinator()
threads = tf.train.start_queue_runners(sess = sess, coord = coord)
try:
    while not coord.should_stop():
        value1, value2, mul_result = sess.run([v1,v2,v_mul])
        print("%f\t%f\t%f"%(value1, value2, mul_result))
except tf.errors.OutOfRangeError:
    print('Done training -- epoch limit reached')
finally:
    coord.request_stop()
#等待线程结束
coord.join(threads)
sess.close()
```

运行程序,输出如下:

```
10.000000   11.000000   110.000000
Done training -- epoch limit reached
Process finished with exit code 0
```

根据以上代码,可总结出将数据写入 TFRecord 文件的过程如下。

(1) 在 TFRecord 中保存的数据也是按照样本一个一个保存的。首先,得清楚一个样本中包含哪些数据。比如,在实例中,一个样本就包含 v1 和 v2 两个值。

(2) 根据样本中各个数据的类型,采用不同的数据组合方式,构建 tf.train.Feature。protocol buffer 结构的定义如下:

```
syntax = "proto3"
option cc_enable_arenas = true;
option java_outer_classname = "FeatureProtos";
option java_multiple_files = true;
option java_package = "org.tensorflow.example";
```

```
package tensorflow
//repeated 类型表示存放相同类型的元素的容器,类似 list
message BytesList{
    repeated bytes value = 1;
}
message FloatList{
    repeated float value = 1[packed = true];
}
message Int64List{
    repeated int64 value = 1[packed = true];
}
//保存的不是有序的数据
message Feature{
    //可以使用其中任何一种类型
    oneof kind{
        BytesList bytes_list = 1;
        FloatList float_list = 1;
        Int64List int64_list = 3;
    }
};
message Features{
    //feature 的名字到 feature 的 map
    map < string, Feature > feature = 1;
};
message FeatureList{
    //类型 feature 的 list
    repeated Feature feature = 1;
};
message FeatureLists{
    //featurelist 的名字到 featurelist 的 map
    map < string, FeatureList > feature_list = 1;
};
```

(3) 在例 4-15 中,因为 v1 和 v2 都是 int 类型的。根据上面 protocol 中 Int64List 的结构定义,先构造 Int64List 类型的数据,然后再根据 Feature 结构的定义,构造 tf.train.Feature,定义如下:

```
def _int64_feature(value):
    return tf.train.Feature(int64_list = tf.train.Int64List(value = [value]))
```

(4) 因为有两个值 v1 和 v2,所以构建 tf.train.Feature 的代码为:

```
features = tf.train.Features(feature = {
    'v1': _int64_feature(index),
    'v2': _int64_feature(index + 1)})
```

(5) 有 Features 的结构 Example,将 Example 序列化后,写入文件,代码为:

```
writer.write(example.SerializeToString())
```

Example 类的结构的内容为:

```
message Example {
 Features features = 1;
};
message SequenceExample{
 Features context = 1;
 FeatureList feature_lists = 2;
};
```

普通的单个样本的 Example 构造采用 Example 类,序列化的样本数据采用 SequenceExample 类。

**4. 数据打包**

在深度学习训练中,通常会将多个样本放到一起进行,这样做可以加快训练速度和让梯度下降更加平稳。在此介绍在 TensorFlow 中从文件中读取数据时,如何方便地将样本打包并且随机打乱。

通过如下方法,就可以方便地将例 4-13 读取的 v1 和例 4-15 读取的 v2 打包成 batch_size 大小的数据,并且将数据随机打乱。代码为:

```
batch_v1,batch_v2 = tf.train.shuffle_batch([v1,v2],
                    batch_size = 10, #batch 的大小
                    num_threads = 16, #处理线程数
                    capacity = 100, #队列大小
                    min_after_dequeue = 20 #出队后队列最少保留样本数
)
```

通过 v1.get_shape()和 batch_v1.get_shape()查看各个变量的形状,可以看到 batch_v1.get_shape()的形状比 v1 的形状多了一个维度,并且这个维度的大小为 10(batch_size 的大小)。打开代码为:

```
print(v1.get_shape())
print(batch_v1.get_shape())
```

### 4.13.3 预先读入内存方式

如果训练数据的数据量比较小,此时可以采用一次性将数据载入内存的方式。
一次性将数据载入内存,共有两种方式:
- 将数据载入常量 Tensor 中;
- 将数据载入变量 Tensor 中。

**1. 数据载入常量**

将数据载入常量类型的 Tensor 中非常简单,代码为:

```
# read_train_data()是自定义读取数据的函数,读出一个列表或多维数据
train_data = read_train_data()
with tf.Session() as sess:
# 如果数据作为常量处理的话,直接用 tf.constant()函数将数据转换成常量类型的张量
input_data = tf.constant(train_data)
# 后面进行其他计算
...
```

**2. 数据载入变量**

此外,也可以将数据载入变量中,这和将数据载入常量有一点区别,就是必须经过变量初始化才能使用。代码为:

```
# 自定义读取数据的函数,读出一个列表或多维数据
train_data = read_train_data()
with tf.Session() as sess:
    train_data_initializer = tf.placeholder(dtype = train_data.dtype, shape = train_data.shape)
    input_data = tf.Variable(train_data_initializer, trainable = False, collection = [])
    ...
sess.run(input_data.initializer, feed_dict = {train_data_initializer:train_data})
```

因为训练数据不需要改变,也不需要保存到模型,所以在对输入训练数据进行处理时,设置 tf.Variable()的参数 trainable=False,这样数据的值在训练过程中就不会被更新。

**3. 打乱预读入数据**

将数据读入常量或变量中后,如何使用呢？使用方式有点类似于读文件的流程,可以采用 tf.train.slice_input_producer()方法一次取出一个样本数据,因为所有的数据都已经载入了内存,默认情况下这个方法会预先对整个数据集做打乱处理。如果读取一个 batch 大小的数据,可以使用 tf.train.batch()方法读取 batch_size 大小的数据,代码为:

```
# 自定义读取数据的函数,读出一个列表或多维数据
train_data = read_train_data()
with tf.Session() as sess:
# 先以常量的方式将数据变成常量的张量
input_data = tf.constant(train_data)
input_data_slice = tf.train.slice_input_producer([input_data], num_epochs = 10)
# 将输入数据打包成 batch_size 大小的样本集合
input_batch_data = tf.train.batch([input_data_slice], batch_size = 32)
```

## 4.14 创建分类器

结合前面的知识,创建一个 iris 数据集的分类器。

**【例 4-16】** 加载样本数据集,实现一个简单的二值分类器来预测一朵花是否为山鸢尾。iris 数据集有三类花,但这里仅预测是否是山鸢尾。导入 iris 数据集和工具库,相应地

对原数据集进行转换。

实现分类器创建的步骤如下。

(1) 导入相应的工具库,初始化计算图。注意,这里导入 matplotlib 模块是为了后续绘制结果:

```
import matplotlib.pyplot as plt
import numpy as np
from sklearn import datasets
import tensorflow as tf
from tensorflow.python.framework import ops
ops.reset_default_graph()
```

(2) 导入 iris 数据集,根据目标数据是否为山鸢尾将其转换成 1 或 0。由于 iris 数据集将山鸢尾标记为 0,我们将其从 0 置 1,同时把其物种标记为 0。本次训练只使用两种特征:花瓣长度和花瓣宽度,这两个特征在 x-value 的第三列和第四列:

```
iris = datasets.load_iris()
binary_target = np.array([1. if x==0 else 0. for x in iris.target])
iris_2d = np.array([[x[2], x[3]] for x in iris.data])
```

(3) 声明批量训练大小、数据占位符和模型变量。注意,数据占位符的第一维度设为 None:

```
batch_size = 20
x1_data = tf.placeholder(shape=[None, 1], dtype=tf.float32)
x2_data = tf.placeholder(shape=[None, 1], dtype=tf.float32)
y_target = tf.placeholder(shape=[None, 1], dtype=tf.float32)
```

**注意**:通过指定 dtype=tf.float32 降低 float 的字节数,可以提高算法的性能。

(4) 定义线性模型。线性模型的表达式为:x2=x1*A+b。如果找到的数据点在直线以上,则将数据点代入 x2−x1*A−b 计算出的结果大于 0;同理如果找到的数据点在直线以下,则将数据点代入 x2−x1*A−b 计算出的结果小于 0。将公式 x2−x1*A−b 传入 sigmoid 函数,然后预测结果 1 或 0。TensorFlow 有内建的 sigmoid 损失函数,所以此处仅仅需要定义模型输出即可,代码为:

```
my_mult = tf.matmul(x2_data, A)
my_add = tf.add(my_mult, b)
my_output = tf.subtract(x1_data, my_add)
```

(5) 增加 TensorFlow 的 sigmoid 交叉熵损失函数 sigmoid_cross_entropy_with_logits(),代码为:

```
my_opt = tf.train.GradientDescentOptimizer(0.05)
train_step = my_opt.minimize(xentropy)
```

(6) 声明优化器方法,最小化交叉熵损失。选择学习率为 0.05,代码为:

```
my_opt = tf.train.GradientDescentOptimizer(0.05)
train_step = my_opt.minimize(xentropy)
```

(7) 创建一个变量初始化操作,然后让 TensorFlow 执行,代码为:

```
init = tf.global_variables_initializer()
sess.run(init)
```

(8) 迭代 100 次训练线性模型。传入三种数据:花瓣长度、花瓣宽度和目标变量。每 200 次迭代打印出变量值,代码为:

```
for i in range(1000):
    rand_index = np.random.choice(len(iris_2d), size = batch_size)
    rand_x = iris_2d[rand_index]
    rand_x1 = np.array([[x[0] for x in rand_x]])
    rand_x2 = np.array([[x[1] for x in rand_x]])
    rand_y = np.array([[y for y in binary_target[rand_index]]])
    sess.run(train_step, feed_dict = {x1_data: rand_x1, x2_data: rand_x2, y_target: rand_y})
    if (i + 1) % 200 == 0:
        print('Step #' + str(i+1) + 'A = ' + str(sess.run(A)) + ', b = ' + str(sess.run(b)))
```

输出如下:

```
Step #200 A = [[ 8.70572948]], b = [[ -3.46638322]]
Step #400 A = [[ 10.21302414]], b = [[ -4.720438]]
Step #600 A = [[ 11.11844635]], b = [[ -5.53361702]]
Step #800 A = [[ 11.86427212]], b = [[ -6.0110755]]
Step #1000 A = [[ 12.49524498]], b = [[ -6.29990339]]
```

(9) 抽取模型变量并绘图,代码为:

```
[[slope]] = sess.run(A)
[[intercept]] = sess.run(b)
# 创建拟合线
x = np.linspace(0, 3, num = 50)
ablineValues = []
for i in x:
    ablineValues.append(slope * i + intercept)
# 绘制拟合曲线
setosa_x = [a[1] for i,a in enumerate(iris_2d) if binary_target[i] == 1]
setosa_y = [a[0] for i,a in enumerate(iris_2d) if binary_target[i] == 1]
non_setosa_x = [a[1] for i,a in enumerate(iris_2d) if binary_target[i] == 0]
non_setosa_y = [a[0] for i,a in enumerate(iris_2d) if binary_target[i] == 0]
plt.plot(setosa_x, setosa_y, 'rx', ms = 10, mew = 2, label = 'setosa')
plt.plot(non_setosa_x, non_setosa_y, 'ro', label = 'Non-setosa')
plt.plot(x, ablineValues, 'b-')
plt.xlim([0.0, 2.7])
```

```
plt.ylim([0.0, 7.1])
plt.suptitle('Linear Separator For I.setosa', fontsize = 20)
plt.xlabel('Petal Length')
plt.ylabel('Petal Width')
plt.legend(loc = 'lower right')
plt.show()
```

以上代码的目的是利用花瓣长度和花瓣宽度的特征在山鸢尾与其他物种间拟合一条直线,绘制所有的数据点和拟合结果,效果如图 4-17 所示。

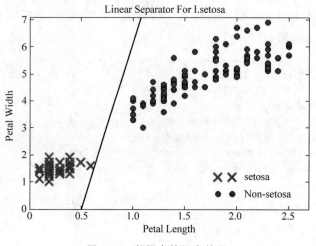

图 4-17　数据点的拟合效果

## 4.15　小结

本章主要讲解 TensorFlow 的基础知识,主要包括张量的属性、张量的创建、数据流图、操作、会话、变量、矩阵的创建与操作等内容,最后还介绍了模型的保存与读取、GPU 的使用、神经元函数、优化方法、队列与线程等内容。

## 4.16　习题

1. 创建一个张量,并获取其元素。
2. 利用 shape()创建获取张量形状 Op(Operation, Op, Tensor 对象运算节点)。
3. 卷积函数是构建神经网络的_____,是在一批图像上扫描的_____。在 TensorFlow 中卷积函数的输入参数主要有_____、_____、_____、_____、_____、_____、_____。
4. 在神经网络中,共有几种优化器?分别是什么?
5. TensorFlow 读取数据源有几种方法?分别是什么?
6. 在 TensorFlow 中一次性将数据载入内存有多少种方式?分别是什么?

# 第 5 章　TensorFlow 聚类分析

本章使用第 4 章学习的数据转化操作及聚类(clustering)技术从给定的数据中发掘有趣的模式,将数据分组。

在处理过程中,会用到两个新的工具——scikit-learn 和 matplotlib 库。其中 scikit-learn 能够生成特定结构的数据集,而 matplotlib 库可以对数据和模型作图。

## 5.1　无监督学习

我们把使用带有标记的训练样本进行学习的算法称为监督学习(supervised learning)。监督学习的训练样本可以统一成如下形式,其中 $x$ 为变量,$y$ 为标记:

$$\text{Training set}:\{(x^{(1)},y^{(1)}),(x^{(2)},y^{(2)}),\cdots,(x^{(m)},y^{(m)})\}$$

显然,现实生活中不是所有数据都带有标记(或者说标记是未知的),所以我们需要对无标记的训练样本进行学习来揭示数据的内在性质及规律,我们把这种学习称为无监督学习(unsupervised learning)。所以,无监督学习的训练样本具有如下形式,它仅包含特征量:

$$\text{Training set}:\{x^{(1)},x^{(2)},\cdots,x^{(m)}\}$$

图 5-1 形象地表示了监督学习与无监督学习的区别。图 5-1(a)表示给带标记的样本进行分类,分界线两边为不同的类(一类为圈,另一类为叉);图 5-1(b)是基于变量 $x_1$ 和 $x_2$ 对无标记的样本(表面上看起来都是圈)进行聚类(clustering)。

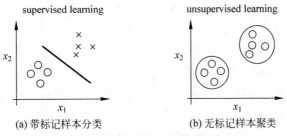

图 5-1　无监督学习与有监督学习的区别

无监督学习有很多应用,一个聚类的例子是对于收集到的论文,根据每个论文的特征量如词频、句子长、页数等进行分组。聚类还有许多其他应用,如图 5-2 所示。一个非聚类的例子是鸡尾酒会算法,即从带有噪声的数据中找到有效数据(信息),如在嘈杂的鸡尾酒会你仍然可以注意到有人叫你，所以鸡尾酒会算法可以用于语音识别。

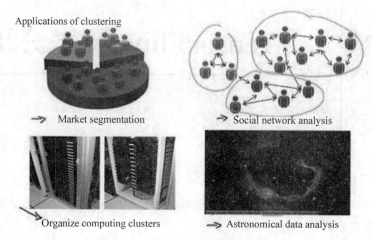

图 5-2　一些聚类的应用

## 5.2　聚类的概念

对于没有标签（unlabeled）的数据，我们首先能做的，就是寻找具有相同特征的数据，将它们分配到相同的组。

为此，数据集可以分成任意数量的段（segment），其中每个段都可以用它的成员的质量中心（质心，centroid）来替代表示。

为了将不同的成员分配到相同的组中，需要定义一下，怎样表示不同元素之间的距离（distance）。在定义距离后，可以说，相对于其他的质心，每个类成员都更靠近自己所在类的质心。

数据可实现聚类需要以下几个典型要求。

（1）可伸缩性：许多聚类算法在小于 200 个数据对象的小数据集合上工作得很好；但是，一个大规模数据库可能包含几百万个对象，在这样的大数据集合样本上进行聚类可能会导致有偏的结果。我们需要具有高度可伸缩性的聚类算法。

（2）处理不同类型数据的能力：许多算法被设计用来聚类数值类型的数据，但应用可能要求聚类其他类型的数据，如二元类型（binary）、分类/标称类型（categorical/nominal）、序数型（ordinal）数据，或者这些数据类型的混合。

（3）发现任意形状的聚类：许多聚类算法基于欧几里得或者曼哈顿距离度量来决定聚类。基于这样的距离度量的算法趋向于发现具有相近尺度和密度的球状簇。但是，一个簇可能是任意形状的，所以开发能发现任意形状簇的算法是很重要的。

（4）决定输入参数的领域知识大小：许多聚类算法在聚类分析中要求用户输入一定的参数，如希望产生的簇的数目。聚类结果对于输入参数十分敏感。参数通常很难确定，特别是对于包含高维对象的数据集来说。这样不仅加重了用户的负担，也使得聚类的质量难以控制。

（5）处理"噪声"数据的能力：绝大多数现实中的数据库都包含了孤立点、缺失或者错误的数据。一些聚类算法对于这样的数据敏感,可能导致低质量的聚类结果。

（6）对于输入记录的顺序不敏感：一些聚类算法对于输入数据的顺序是敏感的。例如,同一个数据集合,当以不同的顺序交给同一个算法时,可能生成差别很大的聚类结果。所以开发对数据输入顺序不敏感的算法具有重要的意义。

（7）高维度（high dimensionality）：一个数据库或者数据仓库可能包含若干。许多聚类算法擅长处理低维的数据,可能只涉及二维或三维。人类的眼睛在最多三维的情况下能够很好地判断聚类的质量。在高维空间中聚类数据对象是非常有挑战性的,特别是考虑到这样的数据可能分布非常稀疏,而且高度偏斜。

（8）基于约束的聚类：现实世界的应用可能需要在各种约束条件下进行聚类。假设你的工作是在一个城市中为给定数目的自动提款机选择安放位置,为了作出决定,可以对住宅区进行聚类,同时考虑如城市的河流和公路网、每个地区的客户要求等情况。要找到既满足特定的约束,又具有良好聚类特性的数据分组是一项具有挑战性的任务。

（9）可解释性和可用性：用户希望聚类结果是可解释的、可理解和可用的。也就是说,聚类可能需要和特定的语义解释及应用相联系。应用目标如何影响聚类方法的选择也是一个重要的研究课题。

在图 5-3 中,可以看到简单的聚类算法的输出结果。

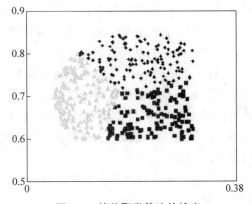

图 5-3　简单聚类算法的输出

## 5.3　$k$ 均值聚类算法

$k$ 均值聚类算法是典型的基于距离的聚类算法,采用距离作为相似性的评价指标,即认为两个对象的距离越近,其相似度就越大。该算法认为簇是由距离靠近的对象组成的,因此把得到紧凑且独立的簇作为最终目标。

$k$ 个初始聚类中心点的选取对聚类结果具有较大的影响,因为在该算法第一步中是随机地选取任意 $k$ 个对象作为初始聚类中心,代表一个簇。该算法在每次迭代中对数据集中剩余的每个对象,根据其与各个簇中心的距离赋给最近的簇。当考查完所有数据对象后,一次迭代运算完成,新的聚类中心被计算出来。

### 5.3.1　$k$ 均值聚类算法迭代判据

此方法的判据和目标是最小化簇成员到包含该成员的簇的实际质心的距离的平方的总和,这也称为惯性最小化。$k$ 均值聚类算法的损失函数为：

$$\sum_{i=0}^{n} \lim_{\mu,j \in C}(\parallel x_j - \mu_i \parallel^2)$$

## 5.3.2　$k$ 均值聚类算法的机制

$k$ 均值聚类算法的机制可以由图 5-4 所示的流程图表示。

$k$ 均值聚类算法流程可以简化如下。

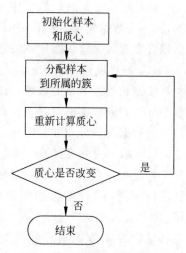

（1）对于未分类的样本，首先随机以 $k$ 个元素作为起始质心。为了简洁，也可以简化该算法，取元素列表中的前 $k$ 个元素作为质心。

（2）计算每个样本与质心的距离，并将该样本分配给距离它最近的质心所属的簇，重新计算分配好后的质心。

（3）在质心改变后，它们的位移将引起各个距离改变，因此需要重新分配各个样本。

（4）在停止条件满足前，不断重复步骤（2）和（3）。

我们可以使用不同类型的停止条件。

图 5-4　$k$ 均值聚类算法简单流程图

（1）可以选择一个比较大的迭代次数 $N$，这样我们可能会遭遇到一些冗余的计算。也可以让 $N$ 小一些，但是在这种情况下，如果本身质点不稳定，收敛过程慢，那么得到的结果就不能让人信服。这种停止条件也可以用作最后的手段，以防有一些非常漫长的迭代过程。

（2）另外还有一种停止条件。如果已经没有元素从一个类转移到另一个类，意味着迭代的结束。

$k$ 均值聚类算法示意图如图 5-5 所示。

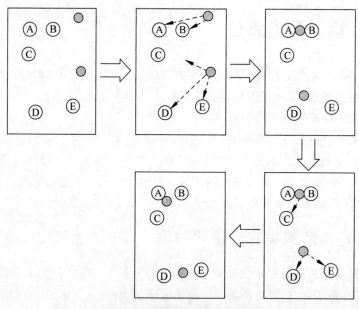

图 5-5　$k$ 均值聚类算法示意图

## 5.3.3 $k$ 均值聚类算法的优缺点

$k$ 均值聚类算法的优点主要表现在：
- 扩展性很好（大部分的计算都可以并行计算）；
- 应用范围广。

但是简单是有成本的，其缺点表现在：
- 它需要先验知识（可能的聚类的数量应该预先知道）；
- 异常值影响质心的结果，因为算法并没有办法剔除异常值；
- 由于我们假设该图是凸的和各向图性的，所以对非圆状的簇，该算法表现不是很好。

## 5.3.4 $k$ 均值聚类算法的实现

本节在实现过程中采用数据集 4k2_far.txt，聚类算法实现过程中默认的类别数量为 4。
（1）辅助函数 myUtil.py。

```python
from numpy import *
# 数据文件转矩阵
# path: 数据文件路径
# delimiter: 行内字段分隔符
def file2matrix(path, delimiter):
    fp = open(path, "rb") # 读取文件内容
    content = fp.read()
    fp.close()
    rowlist = content.splitlines() # 按行转换为一维表
    # 逐行遍历,结果按分隔符分隔为行向量
    recordlist = [map(eval, row.split(delimiter)) for row in rowlist if row.strip()]
    # 返回转换后的矩阵形式
    return mat(recordlist)
# 随机生成聚类中心
def randCenters(dataSet, k):
    n = shape(dataSet)[1] # 列数
    clustercents = mat(zeros((k, n))) # 初始化聚类中心矩阵: k * n
    for col in xrange(n):
        mincol = min(dataSet[:, col])
        maxcol = max(dataSet[:, col])
    # random.rand(k, 1):产生一个 0~1 的随机数向量,(k,1)表示产生 k 行 1 列的随机数
    clustercents[:, col] = mat(mincol + float(maxcol - mincol) * random.rand(k, 1)) # 按列赋值
    return clustercents
# 欧式距离计算公式
def distEclud(vecA, vecB):
    return linalg.norm(vecA - vecB)
# 绘制散点图
def drawScatter(plt, mydata, size = 20, color = 'blue', mrkr = 'o'):
    plt.scatter(mydata.T[0], mydata.T[1], s = size, c = color, marker = mrkr)
# 以不同颜色绘制数据集里的点
def color_cluster(dataindx, dataSet, plt):
```

```
            datalen = len(dataindx)
            for indx in xrange(datalen):
                if int(dataindx[indx]) == 0:
                    plt.scatter(dataSet[indx, 0], dataSet[indx, 1], c = 'blue', marker = 'o')
                elif int(dataindx[indx]) == 1:
                    plt.scatter(dataSet[indx, 0], dataSet[indx, 1], c = 'green', marker = 'o')
                elif int(dataindx[indx]) == 2:
                    plt.scatter(dataSet[indx, 0], dataSet[indx, 1], c = 'red', marker = 'o')
                elif int(dataindx[indx]) == 3:
                    plt.scatter(dataSet[indx, 0], dataSet[indx, 1], c = 'cyan', marker = 'o')
```

(2) $k$ 均值聚类算法实现核心函数 kmeans.py。

```
from myUtil import *
def kMeans(dataSet, k):
    m = shape(dataSet)[0] #返回矩阵的行数
    #本算法核心数据结构:行数与数据集相同
    #列1: 数据集对应的聚类中心; 列2:数据集行向量到聚类中心的距离
    ClustDist = mat(zeros((m, 2)))
    #随机生成一个数据集的聚类中心:本例为4*2的矩阵
    #确保该聚类中心位于 min(dataSet[:,j]), max(dataSet[:,j]) 之间
    clustercents = randCenters(dataSet, k) #随机生成聚类中心
    flag = True #初始化标志位,迭代开始
    counter = [] #计数器
    #循环迭代直至终止条件为 False
    #算法停止的条件:dataSet 的所有向量都能找到某个聚类中心,到此中心的距离均小于
    #其他 k-1 个中心的距离
    while flag:
        flag = False #预置标志位为 False
    #1.构建 ClustDist:遍历 DataSet 数据集,计算 DataSet 每行与聚类的最小欧式距离
    #将此结果赋值 ClustDist = [minIndex, minDist]
        for i in xrange(m):
            #遍历 k 个聚类中心,获取最短距离
            distlist = [distEclud(clustercents[j, :], dataSet[i, :]) for j in range(k)]
            minDist = min(distlist)
            minIndex = distlist.index(minDist)
            if ClustDist[i, 0] != minIndex: #找到了一个新聚类中心
                flag = True #重置标志位为 True,继续迭代
            #将 minIndex 和 minDist**2 赋予 ClustDist 第 i 行
            #含义是数据集 i 行对应的聚类中心为 minIndex,最短距离为 minDist
            ClustDist[i, :] = minIndex, minDist
    #2.如果执行到此处,说明还需要更改 clustercent 的值:循环变量为 cent(0~k-1)
    #用聚类中心 cent 切分为 ClustDist,返回 dataSet 的行索引
    #并以此从 dataSet 中提取对应的行向量构成新的 ptsInClust
    #计算分隔后 ptsInClust 各列的均值,以此更新聚类中心 clustercents 的各项值
        for cent in xrange(k):
            #从 ClustDist 的第一列中筛选出等于 cent 值的行下标
            dInx = nonzero(ClustDist[:, 0].A == cent)[0]
            #从 dataSet 中提取行下标==dInx 构成一个新数据集
            ptsInClust = dataSet[dInx]
            #计算 ptsInClust 各列的均值: mean(ptsInClust, axis=0):axis=0 按列计算
            clustercents[cent, :] = mean(ptsInClust, axis=0)
    return clustercents, ClustDist
```

(3) $k$ 均值聚类算法运行主函数 kmeans_test.py。

```
from kmeans import *
import matplotlib.pyplot as plt
dataMat = file2matrix("testData/4k2_far.txt", "\t") #从文件构建的数据集
dataSet = dataMat[:, 1:]    # 提取数据集中的特征列
k = 4    #外部指定1,2,3...通过观察数据集有4个聚类中心
clustercents, ClustDist = kMeans(dataSet, k)
# 返回计算完成的聚类中心
print "clustercents:\n", clustercents
#输出生成的 ClustDist: 对应的聚类中心(列1),到聚类中心的距离(列2),行与 dataSet 一一对应
color_cluster(ClustDist[:, 0:1], dataSet, plt)
#绘制聚类中心
drawScatter(plt, clustercents, size = 60, color = 'red', mrkr = 'D')
plt.show()
```

在以上程序中,输出有以下几种结果。

(1) 正确的分类输出。

$k$ 均值聚类算法输出如下,效果如图 5-6 所示。

```
clustercents:
[[ 6.99438039 5.05456275]
 [ 8.08169456 7.97506735]
 [ 3.02211698 6.00770189]
 [ 2.95832148 2.98598456]]
```

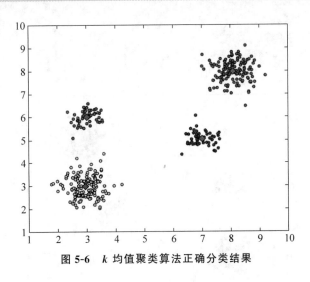

图 5-6 $k$ 均值聚类算法正确分类结果

(2) 错误输出。

因为聚类中心是随机初始化的,$k$ 均值聚类算法并不是总能够找到正确的聚类,下面是不能找到正确分类的情况。

情况一,局部最优收敛,输出如下,效果如图 5-7 所示。

```
clustercents:
[[ 2.9750599  3.77881139]
 [ 7.311725   5.00685   ]
 [ 6.7122963  5.09697407]
 [ 8.08169456 7.97506735]]
```

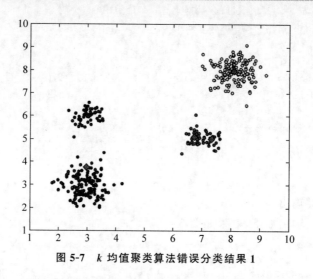

图 5-7　$k$ 均值聚类算法错误分类结果 1

情况二，只收敛到三个聚类中心，输出如下，效果如图 5-8 所示。

```
clustercents:
[[ 6.99438039  5.05456275]
 [ 2.9750599   3.77881139]
 [ 8.08169456  7.97506735]
 [      nan         nan]]
```

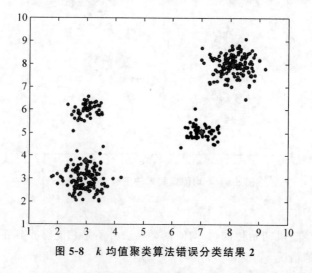

图 5-8　$k$ 均值聚类算法错误分类结果 2

## 5.4 k 最近邻算法

k 最近邻(k-Nearest Neighbor,kNN)算法是一个理论上比较成熟的方法,也是最简单的机器学习算法之一。该方法的思路是:如果一个样本在特征空间中的 k 个最相似(即特征空间中最邻近)的样本中的大多数属于某一个类别,则该样本也属于这个类别。其流程图如图 5-9 所示。

### 5.4.1 实例分析

如图 5-10 所示,有两类不同的样本数据,分别用蓝色的小正方形和红色的小三角形表示,而图中正中间的那个绿色的圆所表示的数据则是待分类的数据。也就是说,现在我们不知道中间那个绿色的数据是从属于哪一类,下面我们就要解决这个问题:给这个绿色的圆分类。

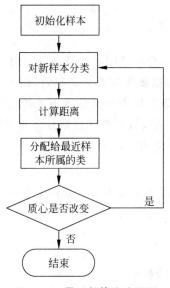

图 5-9  k 最近邻算法流程图

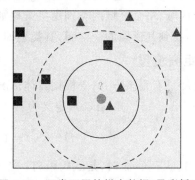

图 5-10  两类不同的样本数据(见彩插)

人们常说,物以类聚,人以群分,判别一个人是一个什么样品质特征的人,常常可以从他/她身边的朋友入手,所谓观其友而识其人。我们要判别上图中那个绿色的圆是属于哪一类数据,即要从它的邻居下手。但一次性看多少个邻居呢?从图 5-10 中还能看到:

(1) 如果 $k=3$,绿色圆点的最近的 3 个邻居是 2 个红色小三角形和 1 个蓝色小正方形,少数从属于多数,基于统计的方法,判定绿色的这个待分类点属于红色的三角形一类。

(2) 如果 $k=5$,绿色圆点的最近的 5 个邻居是 2 个红色三角形和 3 个蓝色的正方形,还是少数从属于多数,基于统计的方法,判定绿色的这个待分类点属于蓝色的正方形一类。

于此我们看到,当无法判定当前待分类点是从属于已知分类中的哪一类时,我们可以依据统计学的理论看它所处的位置特征,衡量它周围邻居的权重,而把它归(或分配)到权重更大的那一类。这就是 k 最近邻算法的核心思想。

### 5.4.2 $k$ 最近邻算法概述

kNN 是一种基本的分类和回归方法。kNN 的输入是测试数据和训练样本的数据集，输出是测试样本的类别。kNN 没有显式的训练过程，在测试时，计算测试样本和所有训练样本的距离，根据最近的 $k$ 个训练样本的类别，通过多数投票的方式进行预测。算法描述如下。

输入：训练数据集 $T = \{(x_1, y_1), (x_2, y_2), \cdots, (x_n, y_n)\}$ 和测试数据 $x$。其中 $x_i = R^n$，$y_i = \{c_1, c_2, \cdots, c_K\}$。

输出：实例 $x$ 所属的类别。

（1）根据给定的距离度量，在训练集 $T$ 中找到与 $x$ 距离最近的 $k$ 个样本，涵盖这 $k$ 个点的 $x$ 邻域记作 $N_k(x)$。

（2）在 $N_k(x)$ 中根据分类规则（如多数表决）确定 $x$ 的类别 $y$：

$$y = \mathrm{argmax}_j \sum_{x_i \in N_k(k)} I\{(y_i = c_j), i = 1, 2, \cdots, n; j = 1, 2, \cdots, k\}$$

### 5.4.3 模型和三要素

从 kNN 的算法描述中可以发现，有三个元素很重要，分别是距离度量、$k$ 的大小和分类规则，这便是 kNN 模型的三要素。在 kNN 中，当训练数据集和三要素确定后，相当于将特征空间划分成一些子空间，对于每个训练实例 $x_i$，距离该点比距离其他点更近的所有点组成了一个区域，每个区域的类别由决策规则确定且唯一，从而将整个区域划分。对于任何一个测试点，找到其所属的子空间，其类别即为该子空间的类别。

**1. 距离度量**

距离度量有很多方式，要根据具体情况选择合适的距离度量方式。常用的是闵可夫斯基距离（Minkowski Distance），定义为：

$$D(x, y) = \left(\sum_{i=1}^{m} |x_i - y_i|^p\right)^{\frac{1}{p}}$$

其中，$p \geqslant 1$。当 $p = 2$ 时，是欧氏距离；当 $p = 1$ 时，是曼哈顿距离。

**2. $k$ 的选择**

$k$ 的选择会对算法的结果产生重大影响。

如果 $k$ 值较小，就相当于用较小邻域中的训练实例进行预测，极端情况下 $k = 1$，测试实例只和最接近的一个样本有关，训练误差很小（0），但是如果这个样本恰好是噪声，预测就会出错，测试误差很大。也就是说，当 $k$ 值较小的，会产生过拟合的现象。

如果 $k$ 值较大，就相当于用很大邻域中的训练实例进行预测，极端情况是 $k = n$，测试实例的结果是训练数据集中实例最多的类，这样会产生欠拟合。

在应用中，一般选择较小的 $k$ 值且 $k$ 是奇数。通常采用交叉验证的方法来选取合适的 $k$ 值。

**3. 分类规则**

kNN 的分类决策规则通常是多数表决，即由测试样本的 $k$ 个临近样本的多数类决定测试样本的类别。多数表决规则有如下解释：给定测试样本 $x$，其最邻近的 $k$ 个训练实例构成集合 $N_k(x)$，分类损失函数为 0-1 损失。如果涵盖 $N_k(x)$ 区域的类别为 $c_j$，则分类误差率为：

$$\frac{1}{k} \sum_{x_i \in N_k(x)} I\{y_i \neq c_j\} = 1 - \frac{1}{k} \sum_{x_i \in N_k(x)} I\{y_i = c_j\}$$

分类误差率小即经验风险小，所以多数表决等价于经验风险最小化。而 kNN 的模型相当于对任意的 $x$ 得到 $N_k(x)$，损失函数是 0-1 损失，优化策略是经验风险最小。总的来说就是对 $N_k(x)$ 中的样本应用多数表决。

### 5.4.4　kNN 算法的不足

kNN 算法不仅可以用于分类，还可以用于回归。通过找出一个样本的 $k$ 个最近邻居，将这些邻居的属性的平均值赋给该样本，就可以得到该样本的属性。更有用的方法是将不同距离的邻居对该样本产生的影响给予不同的权值（weight），如权值与距离成反比。

该算法在分类时的一个主要的不足就是，当样本不平衡时，如一个类的样本容量很大，而其他类样本容量很小时，有可能导致当输入一个新样本时，该样本的 $k$ 个邻居中大容量类的样本占多数。该算法只计算"最近的"邻居样本，某一类的样本数量很大，那么或者这类样本并不接近目标样本，或者这类样本很靠近目标样本。无论怎样，数量并不能影响运行结果。这时可以采用权值的方法（和该样本距离小的邻居权值大）来改进。

该方法的另一个不足之处是计算量较大，因为对每一个待分类的文本都要计算它到全体已知样本的距离，才能求得它的 $k$ 个最近邻点。目前常用的解决方法是事先对已知样本点进行剪辑，事先去除对分类作用不大的样本。该算法比较适用于样本容量比较大的类域的自动分类，而那些样本容量较小的类域采用这种算法比较容易产生误分。

实现 $k$ 近邻算法时，主要考虑的问题是如何对训练数据进行快速 $k$ 近邻搜索，这在特征空间维数大及训练数据容量大时非常必要。

## 5.5　$k$ 均值聚类算法的典型应用

前面章节对 $k$ 均值聚类算法与 $k$ 最近邻算法进行了介绍，下面通过实例来演示这两种方法的典型应用。

### 5.5.1　实例：对人工数据集使用 $k$ 均值聚类算法

**1. 数据集加载**

实例中使用的是人工数据集，它的生成方式为：

```
centers = [(-2, -2), (-2, 1.5), (1.5, -2), (2, 1.5)]
data, features = make_blobs (n_samples = 200, centers = centers, n_features = 2, cluster_std
 = 0.8, shuffle = False, random_state = 42)
```

通过 matplotlib 绘制该数据集：

```
ax.scatter(np.asarray(centers).transpose()[0], np.asarray(centers).transpose()[1], marker =
'o', s = 250)
plt.plot()
```

得到的最终结果如图 5-11 所示。

**2. 模型架构**

Points 变量用来存放数据集的点的坐标，centroids 变量用于存放每个组质心的坐标，clustering_assignments 变量用来存放为每个数据元素分配的类的索引。

例如，clustering_assignments[2]＝1 表示数据 data[2] 的数据点被分配到 1 类，而 1 类的质心坐标通过访问 centroids[1] 得到。

```
points = tf.Variable(data)
cluster_assignments = tf.Variable(tf.zeros([N], dtype = tf.int64))
centroids = tf.Variable(tf.slice(points.initialized_value(), [0,0], [K,2]))
```

然后，可以通过 matplotlib() 库绘制出质心的位置：

```
fig, ax = plt.subplots()
ax.scatter(sess.run(points).transpose()[0], sess.run(points).transpose()[1], marker = 'o',
s = 200, c = assignments, cmap = plt.cm.coolwarm)
plt.show()
```

最终得到如图 5-12 所示的结果。

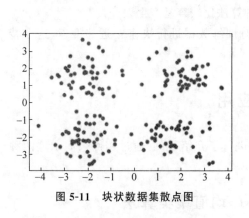

图 5-11 块状数据集散点图

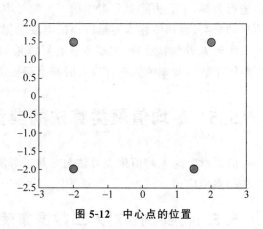

图 5-12 中心点的位置

**3. 损失函数与优化循环**

接着，对所有的质心做 N 次复制，对每个样本点做 K 次复制，这样样本点和质心的形状都是 $N \times K \times 2$，就可以计算每一个样本到每一个质心点之间在所有维度上的距离。

```
rep_centroids = tf.reshape(tf.tile(centroids, [N, 1]), [N, K, 2])
rep_points = tf.reshape(tf.tile(points, [1, K]), [N, K, 2])
sum_squares = tf.reduce_sum(tf.square(rep_points - rep_centroids), reduction_indices = 2)
```

然后,对所有维度求和,得到和最小的那个索引(这个索引就是每个点所属的新的类):

```
best_centroids = tf.argmin(sum_squares, 1)
```

centroids 也会在每个迭代之后由 bucket_mean 函数更新,具体可查看完整的源代码。

#### 4. 停止条件

实例的停止条件是所有的质心不再变化:

```
did_assignments_change = tf.reduce_any(tf.not_equal(best_centroids, cluster_assignments))
```

此处,使用 control_dependencies 来控制是否更新质心:

```
with tf.control_dependencies([did_assignments_change]):
    do_updates = tf.group(
    centroids.assign(means),
    cluster_assignments.assign(best_centroids))
```

运行程序,得到如图 5-13 所示的输出。

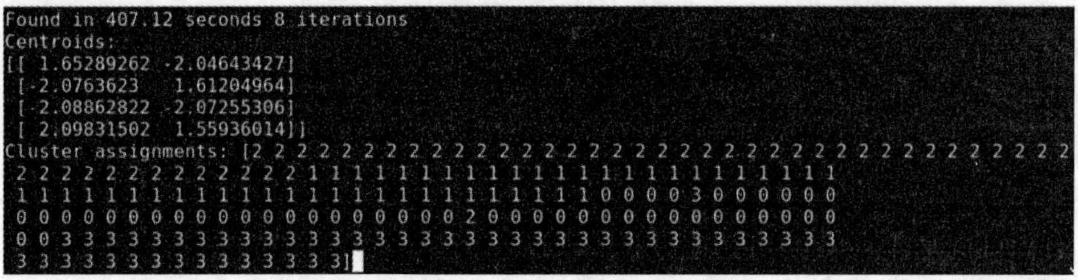

Found in 407.12 seconds 8 iterations
Centroids:
[[ 1.65289262 -2.04643427]
 [-2.0763623   1.61204964]
 [-2.08862822 -2.07255306]
 [ 2.09831502  1.55936014]]
Cluster assignments: [2 2 2 2 2 2 2 2 2 2 2 2 2 2 2 2 2 2 2 2 2 2 2 2 2 2 2 2 2 2 2 2 2 2 2 2 2
 2 2 2 2 2 2 2 2 2 2 2 2 2 1 1 1 1 1 1 1 1 1 1 1 1 1 1 1 1 1 1 1 1 1 1 1 1
 1 1 1 1 1 1 1 1 1 1 1 1 1 1 1 1 1 1 1 1 1 1 1 1 1 1 0 0 0 0 3 0 0 0 0 0 0
 0 0 0 0 0 0 0 0 0 0 0 0 0 0 0 0 0 0 0 0 2 0 0 0 0 0 0 0 0 0 0 0 0 0 0 0 0
 0 0 3 3 3 3 3 3 3 3 3 3 3 3 3 3 3 3 3 3 3 3 3 3 3 3 3 3 3 3 3 3 3 3 3 3 3
 3 3 3 3 3 3 3 3 3 3 3 3 3 3 3]

图 5-13　$k$ 均值聚类算法运行结果

图 5-14 是不同迭代中质心的变化。

4
3
2
1
0
−1
−2
−3
−4
−3
−2
−1
0
1
2
3
4

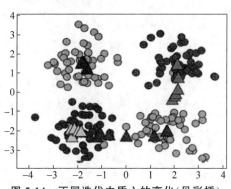

图 5-14　不同迭代中质心的变化(见彩插)

#### 5. 完整的源代码

实现对人工数据集使用 $k$ 均值聚类算法的完整源代码为:

```
import tensorflow as tf
import numpy as np
```

```python
import time
import matplotlib
import matplotlib.pyplot as plt
from sklearn.datasets.samples_generator import make_blobs
from sklearn.datasets.samples_generator import make_circles

DATA_TYPE = 'blobs'
N = 200
# 集群的数量,如果我们选择圆圈,只有 2 个就足够了
if (DATA_TYPE == 'circle'):
    K = 2
else:
    K = 4
# 判断条件是否满足最大迭代次数
MAX_ITERS = 1000
start = time.time()
centers = [(-2, -2), (-2, 1.5), (1.5, -2), (2, 1.5)]
if (DATA_TYPE == 'circle'):
    data, features = make_circles(n_samples=200, shuffle=True, noise=0.01, factor=0.4)
else:
    data, features = make_blobs(n_samples=200, centers=centers, n_features=2, cluster_std=0.8, shuffle=False, random_state=42)
fig, ax = plt.subplots()
ax.scatter(np.asarray(centers).transpose()[0], np.asarray(centers).transpose()[1], marker='o', s=250)
plt.show()
fig, ax = plt.subplots()
if (DATA_TYPE == 'blobs'):
    ax.scatter(np.asarray(centers).transpose()[0], np.asarray(centers).transpose()[1], marker='o', s=250)
    ax.scatter(data.transpose()[0], data.transpose()[1], marker='o', s=100, c=features, cmap=plt.cm.coolwarm)
    plt.show()
points = tf.Variable(data)
cluster_assignments = tf.Variable(tf.zeros([N], dtype=tf.int64))
centroids = tf.Variable(tf.slice(points.initialized_value(), [0,0], [K,2]))
sess = tf.Session()
sess.run(tf.initialize_all_variables())
sess.run(centroids)
rep_centroids = tf.reshape(tf.tile(centroids, [N, 1]), [N, K, 2])
rep_points = tf.reshape(tf.tile(points, [1, K]), [N, K, 2])
sum_squares = tf.reduce_sum(tf.square(rep_points - rep_centroids), reduction_indices=2)
best_centroids = tf.argmin(sum_squares, 1)
did_assignments_change = tf.reduce_any(tf.not_equal(best_centroids, cluster_assignments))
def bucket_mean(data, bucket_ids, num_buckets):
    total = tf.unsorted_segment_sum(data, bucket_ids, num_buckets)
    count = tf.unsorted_segment_sum(tf.ones_like(data), bucket_ids, num_buckets)
    return total / count
means = bucket_mean(points, best_centroids, K)
with tf.control_dependencies([did_assignments_change]):
    do_updates = tf.group(
```

```
        centroids.assign(means),
        cluster_assignments.assign(best_centroids))
changed = True
iters = 0
fig, ax = plt.subplots()
if (DATA_TYPE == 'blobs'):
    colourindexes = [2,1,4,3]
else:
    colourindexes = [2,1]
while changed and iters < MAX_ITERS:
    fig, ax = plt.subplots()
    iters += 1
    [changed, _] = sess.run([did_assignments_change, do_updates])
    [centers, assignments] = sess.run([centroids, cluster_assignments])
    ax.scatter(sess.run(points).transpose()[0], sess.run(points).transpose()[1],
marker = 'o', s = 200, c = assignments, cmap = plt.cm.coolwarm)
    ax.scatter(centers[:,0],centers[:,1], marker = '^', s = 550,
        c = colourindexes, cmap = plt.cm.plasma)
    ax.set_title('Iteration ' + str(iters))
    plt.savefig("kmeans" + str(iters) + ".png")
ax.scatter(sess.run(points).transpose()[0], sess.run(points).transpose()[1],
marker = 'o', s = 200, c = assignments, cmap = plt.cm.coolwarm)
plt.show()
end = time.time()
print("Found in %.2f seconds" % (end-start)), iters, "iterations"
print("Centroids:")
print(centers)
print("Cluster assignments:", assignments)
```

## 5.5.2 实例：对人工数据集使用 $k$ 最近邻算法

本实例使用的数据集是 $k$ 均值聚类算法不能正确分类的数据集。

### 1. 数据集生成

实例中的数据集与 5.5.1 节一样，还是两类，但这次会加大数据的噪声（从 0.0 到 0.12）：

```
data, features = make_circles(n_samples = N, shuffle = True, noise = 0.12, factor = 0.4)
```

训练数据集的数据绘制如图 5-15 所示。

### 2. 模型结构

此处的变量除了存放原始数据外，还有一个列表，用来存放为每个测试数据预测的测试结果。

### 3. 损失函数

在聚类问题中，使用的距离描述跟前面一样，都是欧几里得距离。在每一个聚类的循环中，计算测试点与每个存在的训练点之

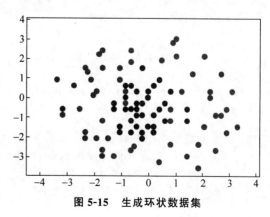

图 5-15 生成环状数据集

间的距离，找到最接近那个训练点的索引，使用该索引寻找最近邻的点的类：

```
distances = tf.reduce_sum(tf.square(tf.sub(i , tr_data)),reduction_indices = 1)
neighbor = tf.arg_min(distances,0)
```

#### 4. 停止条件

实例中，当处理完测试集中所有的样本后，整个过程结束。

图 5-16 为 kNN 算法的结果。从图中可以看出，至少有限数据集的范围内，该算法比无重叠、块状优化、$k$ 均值聚类算法的效果好。

#### 5. 完整的源代码

实现对人工数据集使用 $k$ 最近邻算法的完整源代码为：

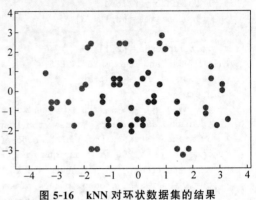

图 5-16　kNN 对环状数据集的结果

```
import tensorflow as tf
import numpy as np
import time
import matplotlib
import matplotlib.pyplot as plt
from sklearn.datasets.samples_generator import make_circles

N = 210
K = 2
# 判断条件是否满足最大迭代次数
MAX_ITERS = 1000
cut = int(N * 0.7)
start = time.time()
data, features = make_circles(n_samples = N, shuffle = True, noise = 0.12, factor = 0.4)
tr_data, tr_features = data[:cut], features[:cut]
te_data, te_features = data[cut:], features[cut:]
fig, ax = plt.subplots()
ax.scatter(tr_data.transpose()[0], tr_data.transpose()[1], marker = 'o',
           s = 100, c = tr_features, cmap = plt.cm.coolwarm)
plt.plot()
points = tf.Variable(data)
cluster_assignments = tf.Variable(tf.zeros([N], dtype = tf.int64))
sess = tf.Session()
sess.run(tf.initialize_all_variables())
test = []

for i, j in zip(te_data, te_features):
    distances = tf.reduce_sum(tf.square(tf.sub(i , tr_data)),reduction_indices = 1)
    neighbor = tf.arg_min(distances,0)
    # print tr_features[sess.run(neighbor)]
```

```
    #print j
    test.append(tr_features[sess.run(neighbor)])
print test
fig, ax = plt.subplots()
ax.scatter(te_data.transpose()[0], te_data.transpose()[1], marker = 'o',
        s = 100, c = test, cmap = plt.cm.coolwarm)
plt.plot()
#rep_points_v = tf.reshape(points, [1, N, 2])
#rep_points_h = tf.reshape(points, [N, 2])
#sum_squares = tf.reduce_sum(tf.square(rep_points - rep_points), reduction_indices = 2)
#print(sess.run(tf.square(rep_points_v - rep_points_h)))
end = time.time()
print("Found in %.2f seconds" % (end - start))
print("Cluster assignments:", test)
```

### 5.5.3 实例：对图像识别使用 $k$ 最近邻算法

$k$ 最近邻算法也常用于图像识别。图像识别的"Hello World"数据集是 MNIST 手写数字样本数据集。MNIST 手写数字样本数据集由上万张 $28 \times 28$ 像素、已标注的图片组成。虽然该数据集不大，但是其包含有 784 个特征可供最近邻算法训练。我们将计算这类分类问题的最近邻预测，选用最近 $k$ 邻域（实例中，$k=4$）模型。

**1. 导入库**

要实现图像识别，首先要导入必要的编程库。注意，导入 PIL（Python Image Library）模块绘制预测输出结果。TensorFlow 中有内建的函数加载 MNIST 手写数字样本数据集，实现代码为：

```
import random
import numpy as np
import tensorflow as tf
import matplotlib.pyplot as plt
from PIL import Image
from tensorflow.examples.tutorials.mnist import input_data
from tensorflow.python.framework import ops
ops.reset_default_graph()
```

**2. 创建图会话**

接着，创建一个计算图会话，加载 MNIST 手写数字样本数据集，并指定 one-hot 编码，实现代码为：

```
sess = tf.Session()
mnist = input_data.read_data_sets("MNIST_data/", one_hot = True)
```

**注意**：one-hot 编码是分类类别的数值化，这样更利于后续的数值计算。实例包含 10 个类别（数字 0 到 9），采用长度为 10 的 0-1 向量表示。例如，类别"0"表示为向量：1,0,0,0,0,0,

0,0,0,0,类别"1"表示为向量:0,1,0,0,0,0,0,0,0,0。

### 3. 抽样处理

由于 MNIST 手写数字样本数据集较大,直接计算成千上万个输入的 784 个特征之间的距离是比较困难的,所以实例会抽样成小数据集进行训练。对测试集也进行抽样处理,为了后续绘图方便,选择测试集量可以被 6 整除。将绘制最后批次的 6 张图片来查看效果。代码为:

```
train_size = 1000
test_size = 102
rand_train_indices = np.random.choice(len(mnist.train.images), train_size, replace = False)
rand_test_indices = np.random.choice(len(mnist.test.images), test_size, replace = False)
x_vals_train = mnist.train.images[rand_train_indices]
x_vals_test = mnist.test.images[rand_test_indices]
y_vals_train = mnist.train.labels[rand_train_indices]
y_vals_test = mnist.test.labels[rand_test_indices]
```

### 4. 声明 $k$ 值与批量

根据需要,声明 $k$ 的值和批量的大小,代码为:

```
k = 4
batch_size = 6
```

### 5. 初始化定位符

根据需要,在计算图中开始初始化占位符,并赋值,实现代码为:

```
x_data_train = tf.placeholder(shape = [None, 784], dtype = tf.float32)
x_data_test = tf.placeholder(shape = [None, 784], dtype = tf.float32)
y_target_train = tf.placeholder(shape = [None, 10], dtype = tf.float32)
y_target_test = tf.placeholder(shape = [None, 10], dtype = tf.float32)
```

### 6. 声明距离度量

根据需要,声明距离度量函数。实例中使用 L1 范数(即绝对值)作为距离函数,实现代码为:

```
distance = tf.reduce_sum(tf.abs(tf.subtract(x_data_train, tf.expand_dims(x_data_test, 1))), axis = 2)
```

也可以把距离函数定义为 L2 范数。对应的代码为:

```
distance = tf.sqrt(tf.reduce_sum(tf.square(tf.subtract(x_data_train, tf.expand_dims(x_data_test,1))), reduction_indices = 1))
```

### 7. 预测模型

根据需要,找到最接近的 top k 图片和预测模型。在数据集的 one-hot 编码索引上进行

预测模型计算,然后统计发生的数量,实现代码为:

```
top_k_xvals, top_k_indices = tf.nn.top_k(tf.negative(distance), k = k)
prediction_indices = tf.gather(y_target_train, top_k_indices)
# 预测模式类别
count_of_predictions = tf.reduce_sum(prediction_indices, axis = 1)
prediction = tf.argmax(count_of_predictions, axis = 1)
```

### 8. 计算预测值

在测试集上遍历迭代运行,计算预测值,并将结果存储,实现代码为:

```
num_loops = int(np.ceil(len(x_vals_test)/batch_size))
test_output = []
actual_vals = []
for i in range(num_loops):
    min_index = i * batch_size
    max_index = min((i + 1) * batch_size, len(x_vals_train))
    x_batch = x_vals_test[min_index:max_index]
    y_batch = y_vals_test[min_index:max_index]
    predictions = sess.run(prediction, feed_dict = {x_data_train: x_vals_train,
x_data_test: x_batch, y_target_train: y_vals_train, y_target_test: y_batch})
    test_output.extend(predictions)
    actual_vals.extend(np.argmax(y_batch, axis = 1))
```

### 9. 计算模型训练准确度

现在已经保存了实际值和预测返回值,下面计算模型训练准确度。不过该结果会因为测试数据集和训练数据集的随机抽样而变化,但是其准确度为 80%~90%。实现代码为:

```
accuracy = sum([1./test_size for i in range(test_size) if test_output[i] == actual_vals[i]])
print('Accuracy on test set: ' + str(accuracy))
```

### 10. 绘制结果

绘制最后批次的计算结果,效果如图 5-17 所示,实现代码为:

```
actuals = np.argmax(y_batch, axis = 1)
Nrows = 2
Ncols = 3
for i in range(len(actuals)):
    plt.subplot(Nrows, Ncols, i + 1)
    plt.imshow(np.reshape(x_batch[i], [28,28]), cmap = 'Greys_r')
    plt.title('Actual: ' + str(actuals[i]) + ' Pred: ' + str(predictions[i]),
                                        fontsize = 10)
    frame = plt.gca()
    frame.axes.get_xaxis().set_visible(False)
    frame.axes.get_yaxis().set_visible(False)
plt.show()
```

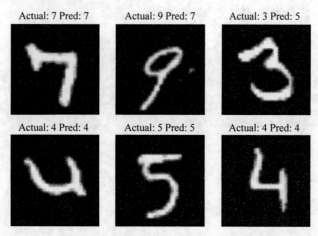

图 5-17 最近邻算法预测的最后批次的 6 张图片

## 5.6 小结

聚类就是对大量未知标注的数据集,按数据的内在相似性将数据集划分为多个类别,使类别内的数据相似度较大而类别间的数据相似度较小。本章主要介绍了无监督学习、聚类的概念、$k$ 均值聚类算法、$k$ 最近邻算法等内容,让读者全面了解聚类,并且利用 TensorFlow 实现相应聚类。最后,5.5 节介绍 $k$ 均值聚类算法的典型应用,总结性地介绍聚类在人工智能中的应用。

## 5.7 习题

1. 什么是无监督学习?
2. 数据实现聚类需要哪几个典型要求?
3. $k$ 均值聚类算法的优缺点主要表现在哪些方面?
4. kNN 模型的三要素是什么?
5. kNN 算法的不足主要表现在哪些方面?

# 第6章 TensorFlow 回归分析

CHAPTER 6

线性回归算法是统计分析、机器学习和科学计算中最重要的算法之一,也是最常使用的算法之一,所以需要理解其是怎样实现的,以及线性回归算法的各种优点。相对于许多其他算法来讲,线性回归算法是最易解释的。以每个特征的数值直接代表该特征对目标值或因变量的影响。

## 6.1 求逆矩阵

线性回归算法能表示为矩阵计算,$Ax=b$。这里要解决的是用矩阵 $x$ 来求解系数。注意,如果观测矩阵不是方阵,那求解出的矩阵为 $x=(A^TA)^{-1}A^Tb$。为了更直观地展示这种情况,我们先生成二维数据,用 TensorFlow 来求解,然后绘制最终结果。其实现步骤如下。

(1) 导入必要的编程库,初始化计算图,并生成数据。实现代码为:

```
import matplotlib.pyplot as plt
import numpy as np
import tensorflow as tf
sess = tf.Session()
x_vals = np.linspace(0,10,100)
y_vals = x_vals + np.random.normal(0,1,100)
```

(2) 创建后续求逆方法所需的矩阵。创建 $A$ 矩阵,其为矩阵 x_vals_column 和 ones_column 的合并,然后以矩阵 y_vals 创建 $b$ 矩阵。实现代码为:

```
x_vals_column = np.transpose(np.matrix(x_vals))
ones_column = np.transpose(np.matrix(np.repeat(1,100)))
A = np.column_stack((x_vals_column,ones_column))
b = np.transpose(np.matrix(y_vals))
```

(3) 将 $A$ 和 $b$ 矩阵转换成张量,实现代码为:

```
A_tensor = tf.constant(A)
b_tensor = tf.constant(b)
```

(4）使用 tf.matrix_inverse()方法求逆,实现代码为:

```
tA_A = tf.matmul(tf.transpose(A_tensor), A_tensor)
tA_A_inv = tf.matrix_inverse(tA_A)
product = tf.matmul(tA_A_inv, tf.transpose(A_tensor))
solution = tf.matmul(product, b_tensor)
solution_eval = sess.run(solution)
```

（5）从解中抽取系数、斜率和 $y$ 截距,实现代码为:

```
slope = solution_eval[0][0]
y_intercept = solution_eval[1][0]
print('slope:' + str(slope))
print('y_intercept:' + str(y_intercept))
best_fit = []
for i in x_vals:
    best_fit.append(slope * i + y_intercept)
# 绘制结果
plt.plot(x_vals, y_vals, 's', label = 'Data')
plt.plot(x_vals, best_fit, 'r-', label = 'Best fit line', linewidth = 2.5)
plt.legend(loc = 'upper left')
plt.show()
```

运行程序,输出如下,效果如图 6-1 所示。

```
slope: 0.9355617767003103
y_intercept: 0.36650825469386245
Process finished with exit code 0
```

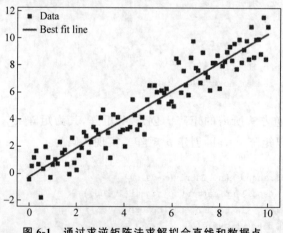

图 6-1  通过求逆矩阵法求解拟合直线和数据点

这里的解决方法是通过矩阵操作直接求解结果。大部分 TensorFlow 算法是通过迭代训练实现的,利用后向传播自动更新模型变量。这里通过实现数据直接求解的方法拟合模型,仅仅是为了说明 TensorFlow 的灵活用法。

## 6.2 矩阵分解

在 6.1 节中实现的求逆矩阵的方法在大部分情况下是低效率的，当矩阵非常大时效率更低。另外一种实现方法是矩阵分解，此方法使用 TensorFlow 内建的 Cholesky 矩阵分解法。用户对分解一个矩阵为多个矩阵的方法感兴趣的原因是，结果矩阵的特性使得其在应用中更高效。Cholesky 矩阵分解法把一个矩阵分解为上三角矩阵和下三角矩阵，$L$ 和 $L'$（$L'$ 和 $L$ 互为转置矩阵）。求解 $Ax=b$，改写成 $LL'x=b$。首先求解 $Ly=b$，然后求解 $L'x=y$ 得到系数矩阵 $x$。

其实现的 TensorFlow 代码为：

```python
#线性回归：矩阵分解法
#通过分解矩阵的方法求解有时更高效并且数值稳定
import matplotlib.pyplot as plt
import numpy as np
import tensorflow as tf
from tensorflow.python.framework import ops
ops.reset_default_graph()
# 创建会话
sess = tf.Session()
# 创建数据
x_vals = np.linspace(0, 10, 120)
y_vals = x_vals + np.random.normal(0, 1, 120)
# 创建设计矩阵
x_vals_column = np.transpose(np.matrix(x_vals))
ones_column = np.transpose(np.matrix(np.repeat(1, 120)))
A = np.column_stack((x_vals_column, ones_column))
# 创建矩阵 b
b = np.transpose(np.matrix(y_vals))
# 创建张量
A_tensor = tf.constant(A)
b_tensor = tf.constant(b)
# 找到方阵的 Cholesky 矩阵分解
tA_A = tf.matmul(tf.transpose(A_tensor), A_tensor)
# TensorFlow 的 cholesky()函数仅仅返回矩阵分解的下三角矩阵
# 因为上三角矩阵是下三角矩阵的转置矩阵
L = tf.cholesky(tA_A)
# Solve L * y = t(A) * b
tA_b = tf.matmul(tf.transpose(A_tensor), b)
sol1 = tf.matrix_solve(L, tA_b)
# Solve L' * y = sol1
sol2 = tf.matrix_solve(tf.transpose(L), sol1)
solution_eval = sess.run(sol2)
# 抽取系数
slope = solution_eval[0][0]
y_intercept = solution_eval[1][0]
print('slope: ' + str(slope))
```

```
print('y_intercept: ' + str(y_intercept))
# 获得最适合的线
best_fit = []
for i in x_vals:
    best_fit.append(slope * i + y_intercept)
# 绘制结果
plt.plot(x_vals, y_vals, 'rs', label = 'Data')
plt.plot(x_vals, best_fit, 'k-', label = 'Best fit line', linewidth = 2.5)
plt.legend(loc = 'upper left')
plt.show()
```

运行程序，输出如下，效果如图 6-2 所示。

```
slope: 1.0113294054806314
y_intercept: -0.2574189806231867
Process finished with exit code 0
```

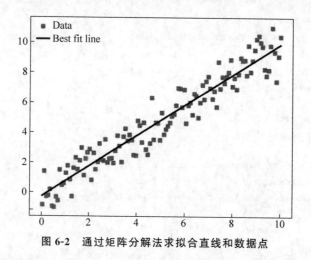

图 6-2　通过矩阵分解法求拟合直线和数据点

**注意**：TensorFlow 的 cholesky() 函数仅仅返回矩阵分解的下三角矩阵，因为上三角矩阵是下三角矩阵的转置矩阵。

## 6.3　实例：TensorFlow 实现线性回归算法

本节将遍历批量数据点并让 TensorFlow 更新斜率和 $y$ 截距，这次将使用 Scikit Learn 的内建数据集 iris，将用数据点（$x$ 值代表花瓣宽度，$y$ 值代表花瓣长度）找到最优直线。选择花瓣宽度和花瓣长度这两种特征是因为它们具有线性关系。

利用 TensorFlow 实现线性回归算法（单变量）的代码为：

```
# 导入必要的编程库，创建计算图，加载数据集
import matplotlib.pyplot as plt
import tensorflow as tf
```

```python
import numpy as np
from sklearn import datasets
from tensorflow.python.framework import ops
ops.get_default_graph()
sess = tf.Session()
iris = datasets.load_iris()
x_vals = np.array([x[3] for x in iris.data])
y_vals = np.array([y[0] for y in iris.data])

# 声明学习率、批量大小、占位符和模型变量
learning_rate = 0.05
batch_size = 25
x_data = tf.placeholder(shape = [None, 1], dtype = tf.float32)
y_target = tf.placeholder(shape = [None, 1], dtype = tf.float32)
A = tf.Variable(tf.random_normal(shape = [1, 1]))
b = tf.Variable(tf.random_normal(shape = [1, 1]))

# 增加线性模型,y = Ax + b.
model_output = tf.add(tf.matmul(x_data, A), b)

# 声明L2损失函数,其为批量损失的平均值,初始化变量,声明优化器
loss = tf.reduce_mean(tf.square(y_target - model_output))
init = tf.global_variables_initializer()
sess.run(init)
my_opt = tf.train.GradientDescentOptimizer(learning_rate)
train_step = my_opt.minimize(loss)

# 现在遍历迭代,并在随机选择的数据上进行模型训练,迭代100次,每25次迭代输出变量值和
# 损失值,将其用于之后的可视化
loss_vec = []
for i in range(100):
    rand_index = np.random.choice(len(x_vals), size = batch_size)
    rand_x = np.transpose([x_vals[rand_index]])
    rand_y = np.transpose([y_vals[rand_index]])
    sess.run(train_step, feed_dict = {x_data: rand_x, y_target: rand_y})
    temp_loss = sess.run(loss, feed_dict = {x_data: rand_x, y_target: rand_y})
    loss_vec.append(temp_loss)
    if (i + 1) % 25 == 0:
        print('Step#' + str(i + 1) + 'A = ' + str(sess.run(A)) + 'b = ' + str(sess.run(b)))
        print('Loss = ' + str(temp_loss))

# 抽取系数,创建最佳拟合直线
[slope] = sess.run(A)
[y_intercept] = sess.run(b)
best_fit = []
for i in x_vals:
    best_fit.append(slope * i + y_intercept)
# 这里绘制两幅图,第一幅是拟合的直线,第二幅是迭代100次的L2正则损失函数
plt.plot(x_vals, y_vals, 'o', label = 'Data Points')
plt.plot(x_vals, best_fit, 'r--', label = 'Best fit line', linewidth = 3)
```

```
plt.legend(loc = 'upper left')
plt.title('Sepal Length vs Pedal Width')
plt.xlabel('Pedal Width')
plt.ylabel('Sepal Width')
plt.show()
plt.plot(loss_vec, 'k--')
plt.title('L2 Loss per Generation')
plt.xlabel('Generation')
plt.ylabel('L2 Loss')
plt.show()
```

运行程序,得到如图 6-3 所示的拟合直线。图 6-4 是迭代 100 次的 L2 正则损失函数。

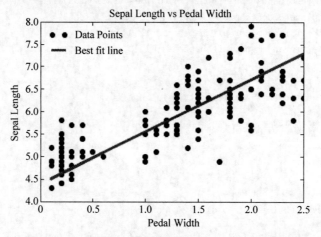

图 6-3　iris 数据集中的数据点与 TensorFlow 拟合直线

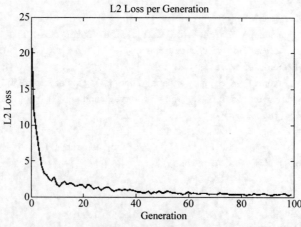

图 6-4　L2 正则损失函数

由图 6-4 可知,损失函数中的抖动与批量大小的关系为:批量越大,抖动越小;批量越小,抖动越大。

**注意**:在此很容易看出,算法模型是过拟合还是欠拟合。将数据集分割成测试数据集和训练数据集,如果训练数据集的准确度更高,而测试数据集准确度更低,那么该拟合为过拟合；如果测试数据集和训练数据集上的准确度都一直在增加，那么该拟合是欠拟合，需继续训练。

## 6.4 选择损失函数

跟其他的机器学习方法一样，线性回归要首先选择一个误差函数（error function），又称为损失函数（cost function）。该函数的值，表征模型对于问题的适合程度。

在线性回归中最常用的损失函数是最小方差（least squares）。

要想计算最小方差，首先要做的一件事就是怎样计算这个"差"，也就是点到建模直线的距离。所以我们首先定义一个函数来计算每对 $x_n$、$y_n$ 与建模直线之间的距离。

对于二维回归，我们已知的是 $(X_0,Y_0),(X_1,Y_1),\cdots,(X_n,Y_n)$，需要做的就是通过最小化以下函数，找到 $a$ 和 $b$ 的值。

$$J(a,b) = \sum_{i=0}^{n}(y_i - b - ax_i)^2$$

简单来说，这个求和表示的是预测值和真实值之间欧几里得距离的和。

使用这个操作的原因是，平方差的求和能够给我们一个唯一且简单的全局数值。

### 6.4.1 最小化损失函数

本节内容就是选择一个办法最小化损失函数。在微积分中，我们学过，想要获得局部最小值，可以对参数求偏导，并让偏导等于 0。这个方法有两个要求，第一是偏导存在，第二最好是凸函数。可以证明最小方差函数满足这两个条件。这对避免局部最小值的问题非常有帮助。最小方差损失函数如图 6-5 所示。

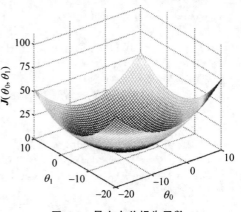

图 6-5　最小方差损失函数

**1. 最小方差的全局最小值**

我们可通过矩阵的形式来计算最小方差的解：

$$J(\boldsymbol{\theta}) = \frac{1}{2m}(\boldsymbol{X\theta} - \boldsymbol{y})^{\mathrm{T}}(\boldsymbol{X\theta} - \boldsymbol{y})$$

此处，$J$ 为损失函数，参数的解为：

$$\boldsymbol{\theta} = (\boldsymbol{X}^{\mathrm{T}}\boldsymbol{X})^{-1}\boldsymbol{X}^{\mathrm{T}}\boldsymbol{y}$$

**2. 梯度下降**

梯度下降方法是在机器学习领域使用得最多的优化方法，该方法沿着梯度的反方向寻找损失函数的局部最小值。

对于二维的线性回归，我们先随机定义一个权值 $\theta$，作为线性方程的系数，然后使用如下方程，循环迭代更新 $\theta$ 的值：

$$\theta_{j+1} := \theta_j - \alpha \frac{\partial}{\partial \theta_j} J(\theta_j)$$

式子是从一个初始值开始，沿着方程改变最大方向的反方向移动。$\alpha$ 被称作步长（step），会影响每次迭代移动的大小。

最后一步是跳出迭代的测试。以下两种情况满足其中之一就跳出循环：两次迭代之间的差值大于一个 epsilon 或者迭代次数达到。

如果方程是非凸的，建议多找几个初始值运用梯度下降法，最后选择损失函数值最低的那个参数作为结果。因为，非凸函数的最小值，可能是局部最小值，最终的结果依赖于初始值。

### 6.4.2 实例：TensorFlow 实现线性回归损失函数

首先通过 MumPy 生成一些模拟数据并有意随机偏移点$(x_i, y_i)$，把生成的随机点当作数据集，并把数据集按照 8∶2 的比例分成训练集与测试集，然后通过代码去读取训练集并更新欲求参数 $k$、$b$，使得 $k$、$b$ 越来越接近真实值，使得 $f(x_i) \approx y_i$，从而使得方差最小。

方差对应了欧几里得距离，最小二乘法就是试图找到一条直线，使所有样本到直线上的欧氏距离之和最小。

利用 TensorFlow 实现损失函数的代码为：

```python
import tensorflow as tf
import numpy as np
from tensorflow.python.framework import ops
import matplotlib.pyplot as plt
## 准备数据
ops.reset_default_graph()
sess = tf.Session()
data_amount = 101 # 数据数量
batch_size = 25 # 批量大小
# 造数据 y = Kx + 3 (K = 5)
x_vals = np.linspace(20, 200, data_amount)
y_vals = np.multiply(x_vals, 5)
y_vals = np.add(y_vals, 3)
# 生成一个 N(0,15) 的正态分布一维数组
y_offset_vals = np.random.normal(0, 15, data_amount)
y_vals = np.add(y_vals, y_offset_vals) # 使 y 值有所偏差
## 模型训练
# 创建占位符
x_data = tf.placeholder(shape = [None, 1], dtype = tf.float32)
y_target = tf.placeholder(shape = [None, 1], dtype = tf.float32)
# 构造 K 就是要训练得到的值
K = tf.Variable(tf.random_normal(mean = 0, shape = [1, 1]))
calcY = tf.add(tf.matmul(x_data, K), 3)
# 真实值与模型估算的差值
loss = tf.reduce_mean(tf.square(y_target - calcY))
init = tf.global_variables_initializer()
sess.run(init)
my_opt = tf.train.GradientDescentOptimizer(0.0000005)
train_step = my_opt.minimize(loss) # 目的就是使损失值最小
```

```
loss_vec = []  # 保存每次迭代的损失值,为了图形化
for i in range(1000):
    rand_index = np.random.choice(data_amount, size = batch_size)
    x = np.transpose([x_vals[rand_index]])
    y = np.transpose([y_vals[rand_index]])
    sess.run(train_step, feed_dict = {x_data: x, y_target: y})
    tmp_loss = sess.run(loss, feed_dict = {x_data: x, y_target: y})
    loss_vec.append(tmp_loss)
# 控制台以 25 的倍数输出当前训练进度
    if (i + 1) % 25 == 0:
        print('Step #' + str(i + 1) + 'K = ' + str(sess.run(K)))
        print('Loss = ' + str(sess.run(loss, feed_dict = {x_data: x, y_target: y})))

# 当训练完成后,k 的值就是当前得到的结果,可以通过 sess.run(K)取得
sess.close()
## 展示结果
best_fit = []
for i in x_vals:
    best_fit.append(5 * i + 3)
plt.plot(x_vals, y_vals, 'o', label = 'Data')
plt.plot(x_vals, best_fit, 'r-', label = 'Base fit line')
# plt.plot(loss_vec, 'k-')  # 显示损失值收敛情况
plt.title('Batch Look Loss')
plt.xlabel('Generation')
plt.ylabel('Loss')
plt.show()
```

运行程序后,得到两张图:一张图表示本次训练最后的拟合直线,如图 6-6 所示;另一张图表示每次训练损失值的收敛情况,如图 6-7 所示,但结果不是唯一的。

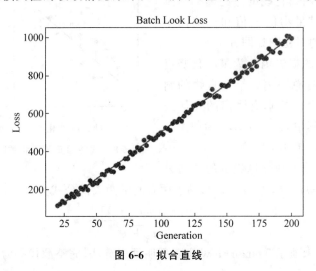

图 6-6  拟合直线

由结果可以看出:随着训练的进行,预测损失整体越来越小,改变学习率或者批量大小则会使训练损失收敛速度发生显著变化,甚至无法收敛,总体上批量数值越大效果越好。

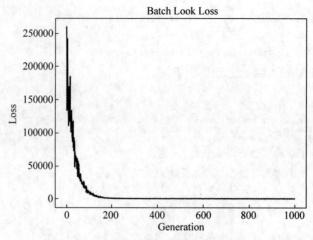

图 6-7　每次训练损失值的收敛情况

综上可知,学习框架会使用梯度下降法去寻找一个最优解,使得方差最小。学习率是个很重要的参数,如果过小,算法收敛耗时很长;如果过大,可能结果不收敛或者直接无法得到结果。

## 6.5　TensorFlow 的其他回归算法

除了线性回归算法,还有其他几种回归算法,下面分别进行介绍。

### 6.5.1　戴明回归算法

如果最小二乘线性回归算法最小化到回归直线的竖直距离(即,平行于 $y$ 轴方向),则戴明回归最小化到回归直线的总距离(即,垂直于回归直线)。其最小化 $x$ 值和 $y$ 值两个方向的误差,具体的对比图如图 6-8 所示。

线性回归算法的损失函数为最小化竖直距离,此处为最小化总距离。给定直线的斜率和截距,求解一个点的垂直距离的几何公式为 $y=mx+b$(其中 $m$ 为斜率,$b$ 为截距),从而使 TensorFlow 最小化距离。

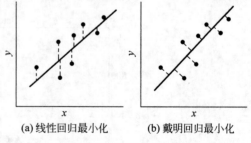

(a) 线性回归最小化　　(b) 戴明回归最小化

图 6-8　线性回归算法和戴明回归算法的区别

损失函数是由分子和分母组成的几何公式。给定直线 $y=mx+b$,点 $(x_0,y_0)$,则求两者间的距离的公式为:

$$d=\frac{|y_0-(mx_0+b)|}{\sqrt{m^2+1}}$$

下面通过实例来演示 TensorFlow 实现戴明回归算法,完整源代码为:

```
#戴明回归算法
import matplotlib.pyplot as plt
```

```python
import numpy as np
import tensorflow as tf
from sklearn import datasets
from tensorflow.python.framework import ops
ops.reset_default_graph()
# 创建会话
sess = tf.Session()
# 载入数据
# iris.data = [(Sepal Length, Sepal Width, Petal Length, Petal Width)]
iris = datasets.load_iris()
x_vals = np.array([x[3] for x in iris.data])
y_vals = np.array([y[0] for y in iris.data])
# 声明批量大小
batch_size = 50
# 初始化占位符
x_data = tf.placeholder(shape=[None, 1], dtype=tf.float32)
y_target = tf.placeholder(shape=[None, 1], dtype=tf.float32)
# 为线性回归创建变量
A = tf.Variable(tf.random_normal(shape=[1, 1]))
b = tf.Variable(tf.random_normal(shape=[1, 1]))
# 声明模型操作
model_output = tf.add(tf.matmul(x_data, A), b)
# 声明损失函数
demming_numerator = tf.abs(tf.subtract(y_target, tf.add(tf.matmul(x_data, A), b)))
demming_denominator = tf.sqrt(tf.add(tf.square(A), 1))
loss = tf.reduce_mean(tf.truediv(demming_numerator, demming_denominator))
# 声明优化器
my_opt = tf.train.GradientDescentOptimizer(0.1)
train_step = my_opt.minimize(loss)
# 初始化变量
init = tf.global_variables_initializer()
sess.run(init)
# 训练循环
loss_vec = []
for i in range(250):
    rand_index = np.random.choice(len(x_vals), size=batch_size)
    rand_x = np.transpose([x_vals[rand_index]])
    rand_y = np.transpose([y_vals[rand_index]])
    sess.run(train_step, feed_dict={x_data: rand_x, y_target: rand_y})
    temp_loss = sess.run(loss, feed_dict={x_data: rand_x, y_target: rand_y})
    loss_vec.append(temp_loss)
    if (i + 1) % 50 == 0:
        print('Step #' + str(i + 1) + ' A = ' + str(sess.run(A)) + ' b = ' + str(sess.run(b)))
        print('Loss = ' + str(temp_loss))
# 获得最佳系数
[slope] = sess.run(A)
[y_intercept] = sess.run(b)
# 获得最适合的线
best_fit = []
for i in x_vals:
```

```
        best_fit.append(slope * i + y_intercept)
# 绘制显示结果
plt.plot(x_vals, y_vals, 'o', label = 'Data Points')
plt.plot(x_vals, best_fit, 'r-', label = 'Best fit line', linewidth = 3)
plt.legend(loc = 'upper left')
plt.title('Sepal Length vs Pedal Width')
plt.xlabel('Pedal Width')
plt.ylabel('Sepal Length')
plt.show()
# 绘制随时间变化的损失值
plt.plot(loss_vec, 'k-')
plt.title('L2 Loss per Generation')
plt.xlabel('Generation')
plt.ylabel('L2 Loss')
plt.show()
```

运行程序，效果如图 6-9 和图 6-10 所示。

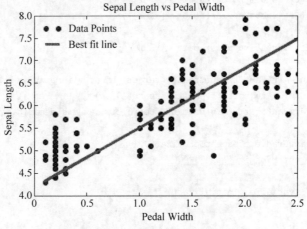

图 6-9　iris 数据集上的戴明回归算法

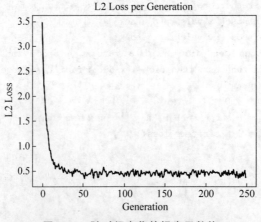

图 6-10　随时间变化的损失函数值

戴明回归算法与线性回归算法得到的结果基本一致。两者之间的关键不同点在于预测值与数据点间的损失函数度量：线性回归算法的损失函数是竖直距离损失；而戴明回归算法是垂直距离损失（到 $x$ 轴和 $y$ 轴的总距离损失）。

**注意**：这里戴明回归算法的实现类型是总体回归（总的最小二乘法误差）。总体回归算法假设 $x$ 值和 $y$ 值的误差是相似的。也可以根据不同的理念使用不同的误差来扩展 $x$ 轴和 $y$ 轴的距离计算。

### 6.5.2 岭回归与 lasso 回归算法

也有些正则方法可以限制回归算法输出结果中系数的影响，其中最常用的两种正则方法是岭回归和 lasso 回归。

**1．岭回归**

有些情况下无法按照上面的典型回归的方法去训练模型。比如，训练样本数量少，甚至少于样本维数，这样将导致数据矩阵无法求逆；又比如样本特征中存在大量相似的特征，导致很多参数所代表的意义重复。也就是说光靠训练样本进行无偏估计是不行了。这个时候，我们就应用结构风险最小化的模型选择策略，在经验风险最小化的基础上加入正则化因子。当正则化因子选择为模型参数的二范数的时候，整个回归的方法就叫作岭回归。

为什么叫"岭"回归呢？这是因为按照这种方法求取参数的解析解的时候，最后的表达式是在原来的基础上在求逆矩阵内部加上一个对角矩阵，就好像一条"岭"一样。加上这条岭以后，原来不可求逆的数据矩阵就可以求逆了。不仅仅如此，对角矩阵其实是由一个参数 lamda 和单位对角矩阵相乘组成。lamda 越大，说明偏差就越大，原始数据对回归求取参数的作用就越小，当 lamda 取到一个合适的值时，就能在一定意义上解决过拟合的问题：原先过拟合的特别大或者特别小的参数会被约束到正常甚至很小的值，但不会为零。

**2．lasso 回归**

岭回归是在结构风险最小化的正则化因子上使用模型参数向量的二范数形式，如果使用一范数形式，那就是 lasso 回归了。lasso 回归与岭回归相比，会比较极端。它不仅可以解决过拟合问题，而且可以在参数缩减过程中，将一些重复的没必要的参数直接缩减为零，也就是完全减掉了，这可以达到提取有用特征的作用。但是 lasso 回归的计算过程复杂，毕竟一范数不是连续可导的。关于 lasso 回归相关的研究是目前比较热门的领域。

下面通过实例来演示利用 TensorFlow 实现 lasso 回归和岭回归算法。完整源代码为：

```
# lasso 回归和岭回归
import matplotlib.pyplot as plt
import sys
import numpy as np
import tensorflow as tf
# from sklearn import datasets
from tensorflow.python.framework import ops
# 指定"岭"或"lasso"
regression_type = 'LASSO'
```

```python
# 清除旧图
ops.reset_default_graph()
# 创建会话
sess = tf.Session()
## 载入数据
# iris.data = [(Sepal Length, Sepal Width, Petal Length, Petal Width)]
iris = datasets.load_iris()
x_vals = np.array([x[3] for x in iris.data])
y_vals = np.array([y[0] for y in iris.data])
## 设置模型参数
# 声明批量大小
batch_size = 50
# 初始化占位符
x_data = tf.placeholder(shape=[None, 1], dtype=tf.float32)
y_target = tf.placeholder(shape=[None, 1], dtype=tf.float32)
# 使结果可重现
seed = 13
np.random.seed(seed)
tf.set_random_seed(seed)
# 为线性回归创建变量
A = tf.Variable(tf.random_normal(shape=[1,1]))
b = tf.Variable(tf.random_normal(shape=[1,1]))
# 声明模型操作
model_output = tf.add(tf.matmul(x_data, A), b)
## Loss 函数
# 根据回归类型选择适当的损失函数
if regression_type == 'LASSO':
    # 声明 lasso 损失函数
    # 增加损失函数,其为改良过的连续阶跃函数,lasso 回归的截止点设为 0.9
    # 这意味着限制斜率系数不超过 0.9
    # Lasso 损失 = L2_Loss + heavyside_step,
    # Where heavyside_step ~ 0 if A < constant, otherwise ~ 99
    lasso_param = tf.constant(0.9)
    heavyside_step = tf.truep(1., tf.add(1.,
            tf.exp(tf.multiply(-50., tf.subtract(A, lasso_param)))))
    regularization_param = tf.multiply(heavyside_step, 99.)
    loss = tf.add(tf.reduce_mean(tf.square(y_target - model_output)), regularization_param)
elif regression_type == 'Ridge':
    # 声明"岭"损失函数
    # 岭损失 = L2_loss + L2 范数
    ridge_param = tf.constant(1.)
    ridge_loss = tf.reduce_mean(tf.square(A))
    loss = tf.expand_dims(tf.add(tf.reduce_mean
            (tf.square(y_target - model_output)), tf.multiply(ridge_param, ridge_loss)), 0)
else:
    print('Invalid regression_type parameter value', file=sys.stderr)
## 优化
# 声明优化器
my_opt = tf.train.GradientDescentOptimizer(0.001)
train_step = my_opt.minimize(loss)
```

```python
## 运行回归
# 初始化变量
init = tf.global_variables_initializer()
sess.run(init)
# 训练循环
loss_vec = []
for i in range(1500):
    rand_index = np.random.choice(len(x_vals), size = batch_size)
    rand_x = np.transpose([x_vals[rand_index]])
    rand_y = np.transpose([y_vals[rand_index]])
    sess.run(train_step, feed_dict = {x_data: rand_x, y_target: rand_y})
    temp_loss = sess.run(loss, feed_dict = {x_data: rand_x, y_target: rand_y})
    loss_vec.append(temp_loss[0])
    if (i + 1) % 300 == 0:
        print('Step #' + str(i + 1) + 'A = ' + str(sess.run(A)) + 'b = ' + str(sess.run(b)))
        print('Loss = ' + str(temp_loss))
        print('\n')
## 提取回归结果
# 获得最佳系数
[slope] = sess.run(A)
[y_intercept] = sess.run(b)
# 获取最优拟合直线
best_fit = []
for i in x_vals:
    best_fit.append(slope * i + y_intercept)
## 结果绘图
# 根据数据点绘制回归线
plt.plot(x_vals, y_vals, 'o', label = 'Data Points')
plt.plot(x_vals, best_fit, 'r-', label = 'Best fit line', linewidth = 3)
plt.legend(loc = 'upper left')
plt.title('Sepal Length vs Pedal Width')
plt.xlabel('Pedal Width')
plt.ylabel('Sepal Length')
plt.show()
# 随时间变化绘制损失曲线
plt.plot(loss_vec, 'k-')
plt.title(regression_type + ' Loss per Generation')
plt.xlabel('Generation')
plt.ylabel('Loss')
plt.show()
```

运行程序,输出如下,效果如图 6-11 和图 6-12 所示。

```
Step #300 A = [[ 0.77170753]] b = [[ 1.82499862]]
Loss = [[ 10.26473045]]
Step #600 A = [[ 0.75908542]] b = [[ 3.2220633]]
Loss = [[ 3.06292033]]
Step #900 A = [[ 0.74843585]] b = [[ 3.9975822]]
Loss = [[ 1.23220456]]
```

```
Step #1200 A = [[ 0.73752165]] b = [[ 4.42974091]]
Loss = [[ 0.57872057]]
Step #1500 A = [[ 0.72942668]] b = [[ 4.67253113]]
Loss = [[ 0.40874988]]
```

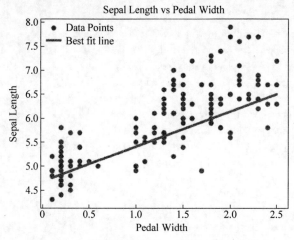

图 6-11　iris 数据集上的 lasso 回归和岭回归算法

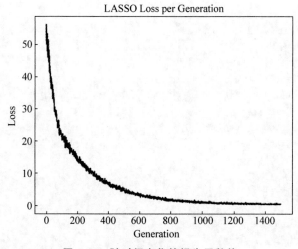

图 6-12　随时间变化的损失函数值

在标准线性回归估计的基础上,增加一个连续的阶跃函数,实现 lasso 回归算法。由于阶跃函数的坡度,我们需要注意步长,因为太大的步长会导致最终不收敛。

### 6.5.3　弹性网络回归算法

弹性网络是一种使用 L1 和 L2 先验作为正则化矩阵的线性回归模型。这种组合用于只有很少的权重非零的稀疏模型,如 class:lasso,但是又能保持 class:ridge(岭)的正则化属性。当多个特征和另一个特征相关的时候弹性网络非常有用。lasso 倾向于随机选择其中一个,而弹性网络更倾向于选择两个。

在实践中，lasso 和 ridge 之间权衡的一个优势是它允许在循环过程(under rotate)中继承 ridge 的稳定性。弹性网络的目标函数是最小化。

下面通过一个实例来演示 TensorFlow 实现弹性网络回归算法。

```
# 用 TensorFlow 实现弹性网络算法(多变量)
# 使用鸢尾花数据集,后三个特征作为特征,用来预测第一个特征
## 导入必要的编程库,创建计算图,加载数据集
import matplotlib.pyplot as plt
import tensorflow as tf
import numpy as np
from sklearn import datasets
from tensorflow.python.framework import ops
ops.get_default_graph()
sess = tf.Session()
iris = datasets.load_iris()
## 加载数据集,这次 x_vals 数据将三列值的数组
x_vals = np.array([[x[1], x[2], x[3]] for x in iris.data])
y_vals = np.array([y[0] for y in iris.data])
## 声明学习率、批量大小、占位符、模型变量及模型输出
learning_rate = 0.001
batch_size = 50
x_data = tf.placeholder(shape=[None, 3], dtype=tf.float32)  # 占位符大小为 3
y_target = tf.placeholder(shape=[None, 1], dtype=tf.float32)
A = tf.Variable(tf.random_normal(shape=[3, 1]))
b = tf.Variable(tf.random_normal(shape=[1, 1]))
model_output = tf.add(tf.matmul(x_data, A), b)
## 对于弹性网络回归算法,损失函数包括 L1 正则和 L2 正则
elastic_param1 = tf.constant(1.)
elastic_param2 = tf.constant(1.)
l1_a_loss = tf.reduce_mean(abs(A))
l2_a_loss = tf.reduce_mean(tf.square(A))
e1_term = tf.multiply(elastic_param1, l1_a_loss)
e2_term = tf.multiply(elastic_param2, l2_a_loss)
loss = tf.expand_dims(tf.add(tf.add(tf.reduce_mean(tf.square(y_target - model_output)), e1_term), e2_term), 0)
## 初始化变量,声明优化器,然后遍历迭代运行,训练拟合得到参数
init = tf.global_variables_initializer()
sess.run(init)
my_opt = tf.train.GradientDescentOptimizer(learning_rate)
train_step = my_opt.minimize(loss)
loss_vec = []
for i in range(1000):
    rand_index = np.random.choice(len(x_vals), size=batch_size)
    rand_x = x_vals[rand_index]
    rand_y = np.transpose([y_vals[rand_index]])
    sess.run(train_step, feed_dict={x_data: rand_x, y_target: rand_y})
    temp_loss = sess.run(loss, feed_dict={x_data: rand_x, y_target: rand_y})
    loss_vec.append(temp_loss)
    if (i + 1) % 250 == 0:
```

```
            print('Step#' + str(i + 1) + 'A = ' + str(sess.run(A)) + 'b = ' + str(sess.run(b)))
            print('Loss = ' + str(temp_loss))
    # 随着训练迭代,可观察到损失函数已收敛
plt.plot(loss_vec, 'k--')
plt.title('Loss per Generation')
plt.xlabel('Generation')
plt.ylabel('Loss')
plt.show()
```

运行程序,输出如下,效果如图 6-13 所示。

```
Step #250 A = [[ 0.93870646]
 [-0.37139279]
 [ 0.27290201]] b = [[-0.36246276]]
Loss = [ 23.83867645]
Step #500 A = [[ 1.26683569]
 [ 0.14753909]
 [ 0.42754883]] b = [[-0.2424359]]
Loss = [ 2.98364353]
Step #750 A = [[ 1.33217096]
 [ 0.28339788]
 [ 0.45837855]] b = [[-0.20850581]]
Loss = [ 1.82120061]
Step #1000 A = [[ 1.33412337]
 [ 0.32563502]
 [ 0.45811999]] b = [[-0.19569117]]
Loss = [ 1.64923525]
```

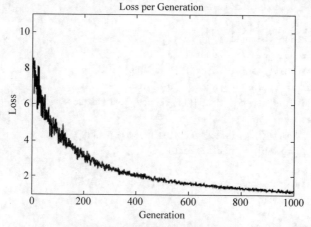

图 6-13　弹性回归的损失函数值

## 6.6　逻辑回归分析

线性回归的目标是基于一个连续方程预测一个值,而本节的目标是预测一个样本属于某个确定类的概率。

## 6.6.1 逻辑回归

在现实生活中,我们遇到的数据大多数都是非线性的,因此我们不能用线性回归的方法来进行数据拟合。但是我们仍然可以从线性模型着手开始第一步,首先对输入的数据进行加权求和。

**1. 线性模型**

线性的模型我们可表示为:

$$z = wx + b$$

其中,$w$ 称为"权重",$b$ 为偏置量(bias),$x$ 为输入的样本数据,三者均为向量的形式。

我们先在二分类中来讨论,假如能创建一个模型,如果系统输出 1,我们认为是第一类,如果系统输出 0,我们认为是第二类,这种输出需求有点像阶跃函数,如图 6-14 所示,但是阶跃函数是间断函数,$y$ 的取值在 $x=0$ 处突然跳跃到 1,在实际的建模中,我们很难在模型中处理这种情况,所以使用 sigmoid 函数来代替阶跃函数。

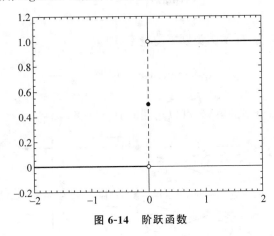

图 6-14 阶跃函数

**2. sigmoid 函数**

sigmoid 函数的数学形式可表示为:

$$y = \text{sigmoid}(x) = \frac{1}{1+e^{-x}}$$

sigmoid 函数是激活函数的一种,当 $x=0$ 时,函数值为 0.5,随着 $x$ 的增大,对应的 sigmoid 值趋近于 1,而随着 $x$ 的减小,sigmoid 值趋近于 0,对应的曲线如图 6-15 所示。通过这个函数,我们可以得到一系列 0~1 范围内的数值,接着就可以把大于 0.5 的数据分为 1 类,把小于 0.5 的数据分为 0 类。

这种方式等价于是一种概率估计,我们把 $y$ 看作服从伯努利分布,在给定 $x$ 条件下,求解每个 $y_i$ 为 1 或 0 的概率。此时,逻辑回归这个抽象的名词,在这里我们把它转化成了容易让人理解的概率问题。接着通过最大对数似然函数估计 $w$ 值就可以了。

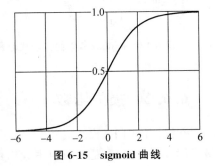

图 6-15 sigmoid 曲线

$y_i$ 等于 1 的概率为：

$$\text{sigmoid}(wx_i + b)$$

$y_i$ 等于 0 的概率为：

$$1 - \text{sigmoid}(wx_i + b)$$

从以上对 sigmoid 函数的描述可以看出该函数多用于二分类，而我们还经常遇到多分类问题，这时 softmax 函数就派上用场了。

**3. softmax 函数**

softmax 函数也是激活函数的一种，主要用于多分类，把输入的线性模型当成幂指数求值，最后把输出值归一化为概率，通过概率来把对象分类，而每个对象之间是不相关的，所有对象的概率之和为 1。对于 softmax 函数，如果 $j=2$ 的话，softmax 和 sigmoid 是一样的，都能解决二分类问题。

softmax 函数的数学形式可表示为：

$$\text{softmax}(x_i) = \frac{e^{x_i}}{\sum_j e^{x_j}}$$

以上公式可以理解为，样本为类别 $i$ 的概率，即：

$$y_i = \text{softmax}(wx + b) = \frac{e^{wx_i + b}}{\sum_j e^{wx_j + b}}$$

对于 softmax 回归模型的解释，可以用图 6-16 来理解。

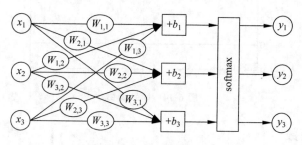

图 6-16　softmax 模型图

如果写成多项式，如图 6-17 所示。

如果换成常用的矩阵形式，如图 6-18 所示。

$$\begin{bmatrix} y_1 \\ y_2 \\ y_3 \end{bmatrix} = \text{softmax} \begin{pmatrix} W_{1,1}\,x_1 + W_{1,2}\,x_1 + W_{1,3}\,x_1 + b_1 \\ W_{2,1}\,x_2 + W_{2,2}\,x_2 + W_{2,3}\,x_2 + b_2 \\ W_{3,1}\,x_3 + W_{3,2}\,x_3 + W_{3,3}\,x_3 + b_3 \end{pmatrix} \qquad \begin{bmatrix} y_1 \\ y_2 \\ y_3 \end{bmatrix} = \text{softmax} \begin{pmatrix} \begin{bmatrix} W_{1,1} & W_{1,2} & W_{1,3} \\ W_{2,1} & W_{2,2} & W_{2,3} \\ W_{3,1} & W_{3,2} & W_{3,3} \end{bmatrix} \cdot \begin{bmatrix} x_1 \\ x_2 \\ x_3 \end{bmatrix} + \begin{bmatrix} b_1 \\ b_2 \\ b_3 \end{bmatrix} \end{pmatrix}$$

图 6-17　softmax 模型的多项式形式　　　　　图 6-18　softmax 模型的矩阵形式

### 6.6.2　损失函数

在线性回归中，我们定义了一个由方差组成的损失函数，并使该函数最小化来找到 $\theta$ 的最优解。同样的，在逻辑回归中我们也需要定义一个函数，通过最小化这个函数来求权重

$w$ 和偏差 $b$。在机器学习中,这种函数可以看作表示一个模型好坏的指标,这种指标可以叫作成本函数(cost)或损失函数(loss)。

本节介绍一个常见的损失函数——交叉熵,在后面的实例代码中会用到。交叉熵产生于信息论里面的信息压缩编码技术,后来慢慢演变成从博弈论到机器学习等其他领域的重要技术,它用来衡量我们的预测用于描述真相的有效性。它的定义如下:

$$H(y_i) = -\sum_i y_{\text{label}} \ln(y_i)$$

它是怎么推导出来的呢?先来讨论一下 sigmoid 的损失函数,接着再来对比理解。在上面的二分类问题中,我们使用 sigmoid 函数,同时我们也假定预测值 $y_i$ 服从伯努利分布,则 $y_i$ 等于 1 的概率为:

$$\frac{1}{1+e^{wx_i+b}}$$

$y_i$ 等于 0 的概率为:

$$1 - \frac{1}{1+e^{wx_i+b}}$$

则概率密度函数为:

$$P(y \mid x) = \left(\frac{1}{1+e^{wx_i+b}}\right)^{y_{\text{label}}} \left(1 - \frac{1}{1+e^{wx_i+b}}\right)^{1-y_{\text{label}}}$$

式中的 $y_{\text{label}}$ 是样本为类别 1 的实际概率。接着我们取对数似然函数,然后最小化似然函数进行参数估计。

而我们把问题泛化为多分类时,同样可以得出我们的概率密度函数:

$$P(y \mid x) = \prod_i P(y_i \mid x)^{y_{\text{label}}}$$

我们对概率密度取自然对数的负数,就得到了我们的似然函数,这里称为交叉熵的函数,其中 $y_i$ 是样本为类别 $i$ 的预测概率,$y_{\text{label}}$ 是样本为类别 $i$ 的实际概率。

$$H(y_i) = -\sum_i y_{\text{label}} \ln(y_i) = -\sum_i y_{\text{label}} \ln(\text{softmax}(wx+b))$$

最后,通过最小化该交叉熵,找出最优的 $w$ 和 $b$。

### 6.6.3 实例:TensorFlow 实现逻辑回归算法

了解了逻辑回归的工作原理以后,现在用 TensorFlow 来实现一个手写识别系统。首先必须去挖掘一些数据,可以使用现成的 MNIST 数据集,它是机器学习入门级的数据集,包含各种手写数字图片和每张图片对应的标签,即图片对应的数字(0~9)。可以通过一段代码把它下载下来,在下载之前要安装 python-mnist:

```
import input_data
mnist = input_data.read_data_sets('MNIST_data/', one_hot = True)
```

下载下来的数据总共有 60 000 行的训练数据集(mnist.train)和 10 000 行的测试数据集(mnist.test),同时把图片设为 $x$,$x$ 是一个 shape=[None,784]的张量,None 表示任意长度,如它可以小于或等于 mnist.train 里面的 60 000 张图片。另外,每一张图片为 28 像素 * 28 像素,即向量长度为 28 * 28 = 784,表示图片是由 784 维向量空间的点组成的。然后,我们把图片的标签设为 y_张量,shape = [None,10],这个 y_ 的值就是图片原本对应的标签(0~9 的数字)。代码表示为:

```python
# x定义为占位符,待计算图运行的时候才去读取数据图片
x = tf.placeholder("float", [None, 784])
W = tf.Variable(tf.zeros([784, 10]))          # 权重w初始化为0
b = tf.Variable(tf.zeros([10]))               # b也初始化为0
y = tf.nn.softmax(tf.matmul(x, W) + b)        # 创建线性模型
y_ = tf.placeholder("float", [None, 10])      # 图片的实际标签,为0~9的数字
```

数据准备好以后,就开始训练模型。用 softmax 函数来做逻辑回归,可以通过这样的代码来表示:

```python
cross_entropy = -tf.reduce_sum(y_ * tf.log(y))
```

逻辑回归确定好各项函数后,用梯度下降的方式去寻找那个最优的 $w$ 和 $b$,整个手写图片识别系统的 TensorFlow 代码为:

```python
import numpy as np
import tensorflow as tf
from tensorflow.examples.tutorials.mnist import input_data
mnist = input_data.read_data_sets("MNIST_data/", one_hot = True)
from mnist import MNIST
mndata = MNIST('MNIST_data')
sess = tf.Session()
x = tf.placeholder("float", [None, 784])
W = tf.Variable(tf.zeros([784, 10]))
b = tf.Variable(tf.zeros([10]))
y = tf.matmul(x, W) + b
y_ = tf.placeholder("float", [None, 10])
# 使用TensorFlow自带的交叉熵函数
cross_entropy = tf.nn.softmax_cross_entropy_with_logits(labels = y_, logits = y)
train_step = tf.train.GradientDescentOptimizer(0.01).minimize(cross_entropy)
init = tf.global_variables_initializer()
sess.run(init)
for i in range(1000):
    batch_xs, batch_ys = mnist.train.next_batch(500)
    sess.run(train_step, feed_dict = {x: batch_xs, y_: batch_ys})
images, labels = mndata.load_testing()
num = 9000
image = images[num]
label = labels[num]
# 打印图片
print(mndata.display(image))
print('这张图片的实际数字是: ' + str(label))
# 测试新图片,并输出预测值
a = np.array(image).reshape(1, 784)
y = tf.nn.softmax(y)  # 为了打印出预测值,这里增加一步通过softmax函数处理后来输出一个向量
result = sess.run(y, feed_dict = {x: a})  # result是一个向量,通过索引来判断图片数字
```

```
print('预测值为: ')
print(result)
```

运行程序,输出如下:

```
这张图片的实际数字是: 3
预测值为:
[[ 0. 0. 0. 1. 0. 0. 0. 0. 0. 0.]]
```

```
.............................
.............................
.............................
.............................
.............................
................@@@..........
...............@@@@@@@.......
...............@@@....@@.....
...............@@.....@@.....
.......................@@....
.......................@@....
......................@@.....
.....................@@@.....
....................@@@@.....
...................@@@@@@....
..................@@@..@@....
.................@@....@@....
................@@.....@@....
................@@....@@.....
................@@....@@.....
................@@...@@......
.................@...@@......
.................@@..@@......
..................@@@@@......
.....................@.......
.............................
.............................
.............................
```

## 6.7 小结

本章首先使用TensorFlow求逆矩阵与矩阵分解的方法来求解线性方程的解,接着通过一个完整的模型来用TensorFlow实现线性回归,让读者了解到利用TensorFlow实现线性回归的简便性与快捷性。6.4节从最小损失函数、损失函数的实现等方面介绍TensorFlow的损失函数。最后,6.5节介绍了逻辑回归分析。

## 6.8 习题

1. 戴明回归算法与线性回归算法的不同点是什么?
2. 弹性网络是一种使用_____和_____先验作为_____的线性回归模型。
3. Cholesky矩阵分解法把一个矩阵分解为_____和_____。
4. softmax函数是激活函数的一种,主要用于_____,把输入的线性模型当成_____求值,最后以输出值_____为概率,通过概率来把对象_____,而每个对象之间是_____的,所有对象的概率之和为_____。
5. 编写程序代码,实现TensorFlow基于Logistic的多分类回归。

# 第 7 章 TensorFlow 支持向量机

CHAPTER 7

支持向量机方法是建立在统计学习理论的 VC 维理论和结构风险最小原理基础上的，根据有限的样本信息在模型的复杂性（即对特定训练样本的学习精度）和学习能力（即无错误地识别任意样本的能力）之间寻求最佳折中方案，以期获得最好的推广能力。

第 6 章中介绍的逻辑回归算法和本章的大部分支持向量机算法都是二值预测。逻辑回归算法试图找到回归直线来最大化距离（概率）；而支持向量机算法也试图最小化误差，最大化两类之间的间隔。一般来说，如果一个问题的训练集中有大量特征，则建议用非逻辑回归或者线性支持向量机算法；如果训练集的数量更大，或者数据集是非线性可分的，则建议使用带高斯核的支持向量机算法。

## 7.1 支持向量机简介

支持向量机算法是一种二值分类器方法，如图 7-1 所示。基本的观点是，找到两类之间的一个线性可分的直线（或者超平面）。首先，假设二分类目标是 −1 或 1，代替 0 或 1 目标值。有许多条直线可以分割两类目标，但是其中具有最大距离的直线为最佳线性分类器。

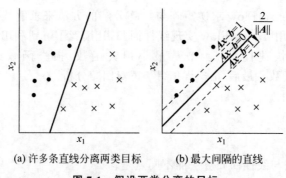

(a) 许多条直线分离两类目标　　(b) 最大间隔的直线

图 7-1　假设两类分离的目标

### 7.1.1 几何间隔和函数间隔

在最大化支持向量超平面距离前，首先要定义我们的超平面 $h(x)$（称为超平面的判别函数，也称为给定 $w$ 和 $b$ 的泛函间隔），其中 $w$ 为权重向量，$b$ 为偏移向量：

$$h(x) = w^T x + b$$

样本 $x$ 到最优超平面的几何间隔为：

$$r = \frac{h(x)}{\|w\|} = \frac{w^T x + b}{\|w\|}$$

$\|w\|$ 是向量 $w$ 的内积，为常数，即 $\|w\| = \sqrt{w_0^2 + w_1^2 + \cdots + w_n^2}$，而 $h(x)$ 就是下面要介绍的函数间隔，其可表示为：

$$\hat{r} = h(x)$$

函数间隔 $h(x)$ 是一个并不标准的间隔度量，是人为定义的，它不适合用来做最大化的间隔值，因为一旦超平面固定以后，如果人为地放大或缩小 $w$ 和 $b$ 值，那这个超平面也会无限放大或缩小，这将对分类造成严重影响。而几何间隔是函数间隔除以 $\|w\|$，当 $w$ 的值无限放大或缩小时，$\|w\|$ 也会放大或缩小，而整个 $r$ 保持不变，它只随着超平面的变动而变动，不受两个参数的影响。因此用几何间隔来做最大化间隔度量。

### 7.1.2 最大化间隔

在支持向量机中，我们把几何间隔 $r$ 作为最大化间隔进行分析，并且采用 $-1$ 和 $1$ 作为类别标签，为什么采用 $-1$ 和 $+1$，而不是 $0$ 和 $1$ 呢？这是由于 $-1$ 和 $+1$ 仅仅相差一个符号，方便数学上的处理。我们可以通过一个统一公式来表示间隔或者数据点到分隔超平面的距离，同时不必担心数据到底是属于 $-1$ 还是 $+1$ 类。

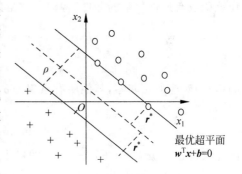

图 7-2 最优超平面图

我们一步一步进行分析，首先如图 7-2 所示，把其中一个支持向量 $x^*$ 到最优超平面的距离定义为：

$$r^* = \frac{h(x^*)}{\|w\|} = \begin{cases} \dfrac{1}{\|w\|}, & y^* = h(x^*) = +1 \\ -\dfrac{1}{\|w\|}, & y^* = h(x^*) = -1 \end{cases}$$

这是通过把函数间隔 $h(x)$ 固定为 1 而得到的。可以把该公式想象成存在两个平面，这两个平面分别为 $w^T x_s + b = 1$ 和 $w^T x_s + b = -1$，对应图 7-2 图中的两根实线。这些支持向量 $x_s$ 就在这两个平面上，这两个平面离最优超平面的距离越大，我们的间隔也就越大。对于其他的点 $x_i$ 如果满足 $w^T x_i + b > 1$，则被分为 1 类，如果满足 $w^T x_i + b < -1$，则被分为 $-1$ 类，即有约束条件：

$$\begin{cases} w^T x_i + b \geq 1, & y_i = +1 \\ w^T x_i + b \leq -1, & y_i = -1 \end{cases}$$

支持向量到超平面的距离知道后，那么分离的间隔 $\rho$ 很明显就为：

$$\rho = 2r^* = \frac{2}{\|w\|}$$

可通过找到最优的 $w$ 和 $b$ 来最大化 $\rho$,感觉又像回到了逻辑回归或线性回归的例子。但是这里,我们最大化 $\rho$ 值需要有条件限制,即:

$$\begin{cases} \max\limits_{w,b} \dfrac{2}{\|w\|} \\ y_i(w^T x_i + b) \geqslant 1, (i=1,2,\cdots,n) \end{cases} \quad (7\text{-}1)$$

$y_i(w^T x_i + b)$ 是通过判断 $y_i$ 和 $w^T x_i + b$ 是否同号来确定分类结果。接着,为了计算方便,把式(7-1)换成:

$$\begin{cases} \min\limits_{w,b} \dfrac{1}{2} \|w\|^2 \\ y_i(w^T x_i + b) \geqslant 1, (i=1,2,\cdots,n) \end{cases}$$

这种式子通常我们用拉格朗日乘数法来求解,即:

$$L(x) = f(x) + \sum \alpha g(x) \quad (7\text{-}2)$$

其中,$f(x)$ 为所需要最小化的目标函数,$g(x)$ 为不等式约束条件,即前面的 $y_i(w^T x_i + b) \geqslant 1$,$\alpha$ 为对应的约束系数,也叫拉格朗日乘子。为了使拉格朗日函数得到最优化解,需要加入能使该函数有最优化解的条件,构建的拉格朗日函数为:

$$L(w,b,\alpha) = \dfrac{1}{2} w^T w - \sum_{i=1}^{n} \alpha_i \mid y_i(w^T x_i + b) - 1 \mid$$

以上的 KKT 条件 $\alpha_i \mid y_i(w^T x_i + b) - 1 \mid = 0$ 表示,只有距离最优超平面的支持向量 $(x_i, y_i)$ 对应的 $\alpha$ 非零,其他所有点集的 $\alpha$ 等于零。综上所述,引入拉格朗日乘子以后,目标变为:

$$\min\limits_{w,b} \max\limits_{\alpha \geqslant 0} L(w,b,\alpha)$$

即先求得 $\alpha$ 的极大值,再求 $w$ 和 $b$ 的极小值。通过对偶,目标可以又变成:

$$\max\limits_{\alpha \geqslant 0} \min\limits_{w,b} L(w,b,\alpha)$$

即先求得 $w$ 和 $b$ 的极小值,再求 $\alpha$ 的极大值。用 $L(w,b,\alpha)$ 对 $w$ 和 $b$ 分别求偏导,并令其等于 0:

$$\begin{cases} \dfrac{\partial L(w,b,\alpha)}{\partial w} = 0 \\ \dfrac{\partial L(w,b,\alpha)}{\partial b} = 0 \end{cases}$$

得:

$$\begin{cases} w = \sum\limits_{i=1}^{n} \alpha_i y_i x_i \\ \sum\limits_{i=1}^{n} \alpha_i y_i = 0 \end{cases}$$

把该式代入式(7-2)可得:

$$\begin{cases} W(\alpha) = \sum\limits_{i=1}^{n} \alpha_i - \dfrac{1}{2} \sum\limits_{i=1}^{n} \sum\limits_{j=1}^{n} \alpha_i \alpha_j y_i y_j x_i^T x_j \\ \sum\limits_{i=1}^{n} \alpha_i y_i = 0, \alpha_i \geqslant 0 (i=1,2,\cdots,n) \end{cases}$$

该 $W(\alpha)$ 函数消去了向量 $w$ 和向量 $b$，仅剩下 $\alpha$ 这个未知参数，只要能够最大化 $W(\alpha)$，就能求出对应的 $\alpha$，进而求得 $w$ 和 $b$。对于如何求解 $\alpha$，SMO 算法给出了解决方案，后面再详细讲解。在此假设通过 SOM 算法确定了最优 $\alpha^*$，则：

$$w^* = \sum_{i=1}^{n} \alpha_i^* y_i x_i$$

最后使用一个正的支持向量 $x_s$，就可以计算出 $b$：

$$b^* = 1 - w^{*\mathrm{T}} x_s$$

### 7.1.3 软间隔

现实世界的许多问题并不都是线性可分的，而是存在许多复杂的非线性可分的情形。如果样本不能被完全线性分开，那么情况就是：间隔为负，原问题的可行域为空，对偶问题的目标函数无限，这将导致相应的最优化问题不可解。

要解决这些不可分问题，一般有两种方法。第一种是放宽过于严格的间隔，构造软间隔。另一种是运用核函数把这些数据映射到另一个维度空间去解决非线性问题。在本节中，我们首先介绍软间隔优化。

假设两个类有几个数据点混在一起，这些点对最优超平面形成了噪声干扰，软间隔就是要扩展一下我们的目标函数和 KKT 条件，允许少量这样的噪声存在。具体地说，就是引入松弛变量 $\xi_i$ 来量化分类器的违规行为：

$$\begin{cases} \min_{w,b} \frac{1}{2} \| w \|^2 + C \sum_{i=1}^{n} \xi_i \\ y_i(w^{\mathrm{T}} x_i + b) \geqslant 1 - \xi_i, \quad \xi_i \geqslant 0 (i=1,2,\cdots,n) \end{cases} \quad (7-3)$$

其中，参数 $C$ 用来平衡机器的复杂度和不可分数据点的数量，它可被视为一个由用户依据经验或分析选定的"正则化"参数。松弛变量 $\xi_i$ 的一个直接的几何解释是一个错分实例到超平面的距离，这个距离度量的是错分实例相对于理想的可分模式的偏差程度。化解式(7-3)，可得：

$$\begin{cases} W(\alpha) = \sum_{i=1}^{n} \alpha_i - \frac{1}{2} \sum_{i=1}^{n} \sum_{j=1}^{n} \alpha_i \alpha_j y_i y_j x_i^{\mathrm{T}} x_j \\ \sum_{i=1}^{n} \alpha_i y_i = 0, 0 \leqslant \alpha_i \leqslant C (i=1,2,\cdots,n) \end{cases}$$

可以看到，松弛变量 $\xi_i$ 没有出现 $W(\alpha)$ 中，线性可分与不可分的差异体现在约束 $\alpha_i \geqslant 0$ 被替换成了约束 $0 \leqslant \alpha_i \leqslant C$。但是，这两种情况下求解 $w$ 和 $b$ 是非常相似的，对于支持向量机的定义也都是一致的。

在不可分情况下，对应的 KKT 条件为：

$$\alpha_i \mid y_i(w^{\mathrm{T}} x_i + b) - 1 + \xi_i \mid = 0, (i=1,2,\cdots,n)$$

### 7.1.4 SMO 算法

1996 年，John Platt 发布了一个称为 SMO 的强大算法，用于训练 SVM。Platt 的 SMO 算法是将大优化问题分解为多个小优化问题来求解，这些小优化问题往往很容易求解，并且对它们进行顺序求解的结果与将它们作为整体来求解的结果是完全一致的。

SMO算法的目标是求出一系列 $\alpha$，一旦求出了这些 $\alpha$，就很容易计算出权重向量 $w$ 和 $b$，并得到分隔超平面。

SMO算法的工作原理是：每次循环中选择两个 $\alpha$ 进行优化处理。一旦找到一对合适的 $\alpha$，那么就增大其中一个同时减小另一个。这里所谓的"合适"是指两个 $\alpha$ 必须符合一定的条件，条件之一就是这两个 $\alpha$ 必须要在间隔边界之外，第二个条件则是这两个 $\alpha$ 还没有进行过区间化处理或者不在边界上。

对 SMO 具体的分析如下：

$$\begin{cases} W(\alpha) = \sum_{i=1}^{n} \alpha_i - \frac{1}{2} \sum_{i=1}^{n} \sum_{j=1}^{n} \alpha_i \alpha_j y_i y_j x_i^T x_j \\ \sum_{i=1}^{n} \alpha_i y_i = 0, 0 \leqslant \alpha_i \leqslant C (i=1,2,\cdots,n) \end{cases}$$

其中，$(x_i, y_i)$ 已知，$C$ 可以预先设定，也是已知数，现在就是要最大化 $W(\alpha)$，求得参数 $\alpha = [\alpha_1, \alpha_2, \cdots, \alpha_n]$。SMO算法是一次选择两个 $\alpha$ 进行优化，那我们就选择 $\alpha_1$ 和 $\alpha_2$，然后把其他参数 $[\alpha_3, \alpha_4, \cdots, \alpha_n]$ 固定，这样 $\alpha_1$、$\alpha_2$ 表示为下面的式子，其中 $\zeta$ 为实数值：

$$\alpha_1 y_1 + \alpha_2 y_2 = -\sum_{i=3}^{n} \alpha_i y_i = \zeta$$

然后用 $\alpha_2$ 来表示 $\alpha_1$，有：

$$\alpha_1 = (\zeta - \alpha_2 y_2) y_1 \tag{7-4}$$

把式(7-4)代入 $W(\alpha)$ 中：

$$W(\alpha) = W(\alpha_1, \alpha_2, \cdots, \alpha_n) = W((\zeta - \alpha_2 y_2) y_1, \alpha_2, \cdots, \alpha_n)$$

省略一系列化解过程后，最后会化解成我们熟悉的一元二次方程，$a$、$b$、$c$ 均是实数值。最后对 $\alpha_2$ 求导，解得 $\alpha_2$ 的具体值，暂时把这个实数值叫 $\alpha_2^*$。而这个 $\alpha_2^*$ 需要满足一个条件 $L \leqslant \alpha_2^* \leqslant H$，其中 $L$ 和 $H$ 的关系如图7-3所示。

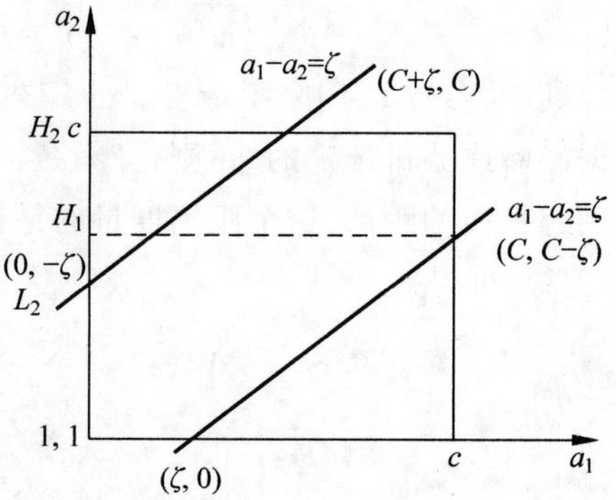

根据之前的条件 $0 \leqslant \alpha_i \leqslant C$ 和等式 $\alpha_1 y_1 + \alpha_2 y_2 = \zeta$ 可知，$\alpha_1$ 和 $\alpha_2$ 要在矩形区域内，并且在直线上。当 $y_1$ 和 $y_2$ 异号时，有：

$$\begin{cases} L = \max(0, \alpha_2 - \alpha_1) \\ H = \min(C, C + \alpha_2 - \alpha_1) \end{cases}$$

图 7-3 $L$ 和 $H$ 的表示图

当 $y_1$ 和 $y_2$ 同号时，有：

$$\begin{cases} L = \max(0, \alpha_2 + \alpha_1 - C) \\ H = \min(C, \alpha_2 + \alpha_1) \end{cases}$$

最后，满足条件的 $\alpha_2$ 应该由下式得到，$\alpha_2^{**}$ 为最终的值：

$$\alpha_2^{**} = \begin{cases} H, & \alpha_2^* > H \\ \alpha_2^*, & L \leqslant \alpha_2^* \leqslant H \\ L, & \alpha_2^* < L \end{cases}$$

求得 $\alpha_2^{**}$ 后就可以求得 $\alpha_1^{**}$ 了。然后重复地按照最优化 $(\alpha_1, \alpha_2)$ 的方式继续选择 $(\alpha_3, \alpha_4)$，

$(\alpha_5, \alpha_6), \cdots, (\alpha_{n-1}, \alpha_n)$ 进行优化求解，这样 $\pmb{\alpha} = [\alpha_1, \alpha_2, \cdots, \alpha_n]$ 求解出来后，整个线性划分问题就迎刃而解了。

### 7.1.5 核函数

对于前面介绍的算法都是在线性可分或存在一些噪声点的情况下进行的二分类，但是如果存在两组数据，它们的散点图如图 7-4 所示，可看出这完全是一个非线性不可分问题，我们使用之前讲的 SVC 算法无法在这个二维空间中找到一个超平面把这些数据点准确分开。

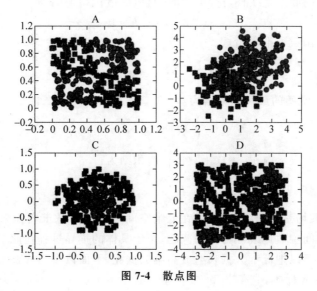

图 7-4 散点图

解决这个划分问题我们需要引入一个核函数，核函数能够恰当地计算给定数据的内积，将数据从输入空间的非线性转变到特征空间，特征空间具有更高甚至无限的维度，从而使得数据在该空间中被转换成线性可分的。如图 7-5 所示，我们把二维平面的一组数据，通过核函数映射到了一个三维空间中，这样，我们的超平面就变成了一个平面（在二维空间中是一条直线），这个平面就可以准确地把数据划分开了。

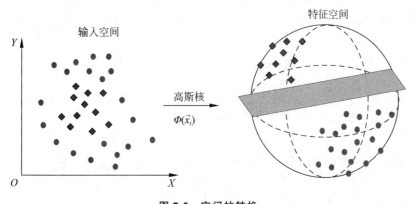

图 7-5 空间的转换

核函数有 Sigmoid 核、线性核、多项式核和高斯核等,其中高斯核和多项式核比较常用,两种核函数均可以把低维数据映射到高维数据。高斯核的公式如下,$\sigma$ 是达到率,即函数值跌落到 0 的速度参数:

$$K(x_1, x_2) = \exp\left(\frac{-\|x_1 - x_2\|^2}{2\sigma^2}\right)$$

多项式核函数的公式如下,$R$ 为实数,$d$ 为低维空间的维数:

$$K(x_1, x_2) = (<x_1, x_2> + R)^d$$

在此先定义,用 $\phi: x \to H$ 表示从输入空间 $x \in R^n$ 到特征空间 $H$ 的一个非线性变换。假设在特征空间中的问题是线性可分的,那么对应的最优超平面为:

$$w^{\phi T} \phi(x) + b = 0 \tag{7-5}$$

通过拉格朗日函数可推导出:

$$w^{\phi *} = \sum_{i=1}^{n} \alpha_i^* y_i \phi(x_i)$$

代入式(7-5)得特征空间的最优超平面为:

$$\sum_{i=1}^{n} \alpha_i^* y_i \phi^T(x_i) \phi(x) + b = 0$$

此处的 $\phi^T(x_i)\phi(x)$ 表示内积,用核函数代替内积则为:

$$\sum_{i=1}^{n} \alpha_i^* y_i K(x_i, x) + b = 0$$

这说明,核函数均是内积函数,通过在低维空间对输入向量求内积来映射到高维空间,从而解决在高维空间中数据线性可分的问题,至于具体的推导过程在此不再展开介绍。

为什么核函数可以把低维数据映射成高维数据呢,下面以多项式核来解释一下。

假设有两个输入样本,它们均为二维行向量 $x_1 = [x_1, x_2]$,$x_2 = [x_3, x_4]$,它们的内积为:

$$<x_1, x_2> = x_1 x_2^T = [x_1, x_2] \begin{bmatrix} x_3 \\ x_4 \end{bmatrix} = x_1 x_3 + x_2 x_4$$

用多项式核函数进行映射,令 $R=0, d=2$:

$$K(x_1, x_2) = (<x_1, x_2>)^2 = (x_1 x_3 + x_2 x_4)^2$$
$$= x_1^2 x_3^2 + 2 x_1 x_2 x_3 x_4 + x_2^2 x_4^2 = \phi(x_1)\phi(x_2)$$

按照线性代数中的标准定义,$\phi(x_1)$ 和 $\phi(x_2)$ 为映射后的三维行向量和三维列向量,即:

$$\begin{cases} \phi(x_1) = \begin{bmatrix} x_1^2 & \sqrt{2} x_1 x_2 & x_2^2 \end{bmatrix} \\ \phi(x_2) = \begin{bmatrix} x_3^2 \\ \sqrt{2} x_3 x_4 \\ x_4^2 \end{bmatrix} \end{cases}$$

它们的内积用向量的方式表示更直观:

$$\phi(x_1)\phi(x_2) = \begin{bmatrix} x_1^2 & \sqrt{2} x_1 x_2 & x_2^2 \end{bmatrix} \begin{bmatrix} x_3^2 \\ \sqrt{2} x_3 x_4 \\ x_4^2 \end{bmatrix} = x_1^2 x_3^2 + 2 x_1 x_2 x_3 x_4 + x_2^2 x_4^2$$

这样就把二维数据映射成了三维数据,对于高斯核的映射,会用到泰勒级数展开式,读者可以自行推导一下。

## 7.1.6 实例:TensorFlow 实现支持向量机

现有一组鸢尾花数据集,这组数据集有 100 个样本点,我们用 SVM 来预测这些鸢尾花数据集中哪些是山鸢尾花,哪些不是山鸢尾花。用 TensorFlow 实现的步骤如下。

(1) 首先需要加载数据集。

```
import matplotlib.pyplot as plt
import numpy as np
import tensorflow as tf
from sklearn import datasets
sess = tf.Session()
# 加载数据
# iris.data = [(Sepal Length, Sepal Width, Petal Length, Petal Width)]
iris = datasets.load_iris()
x_vals = np.array([[x[0], x[3]] for x in iris.data])
y_vals = np.array([1 if y == 0 else -1 for y in iris.target])
```

(2) 分离测试集与训练集。

```
# 分离训练和测试集
train_indices = np.random.choice(len(x_vals),
                                  round(len(x_vals) * 0.8),
                                  replace = False)
test_indices = np.array(list(set(range(len(x_vals))) - set(train_indices)))
x_vals_train = x_vals[train_indices]
x_vals_test = x_vals[test_indices]
y_vals_train = y_vals[train_indices]
y_vals_test = y_vals[test_indices]
```

(3) 定义模型和 loss 函数。

```
batch_size = 100
# 初始化 feedin
x_data = tf.placeholder(shape = [None, 2], dtype = tf.float32)
y_target = tf.placeholder(shape = [None, 1], dtype = tf.float32)
# 创建变量
A = tf.Variable(tf.random_normal(shape = [2, 1]))
b = tf.Variable(tf.random_normal(shape = [1, 1]))
# 定义线性模型
model_output = tf.subtract(tf.matmul(x_data, A), b)
# 声明向量 L2 范数函数的平方
l2_norm = tf.reduce_sum(tf.square(A))
# Loss = max(0, 1 - pred * actual) + alpha * L2_norm(A)^2
alpha = tf.constant([0.01])
classification_term = tf.reduce_mean(tf.maximum
```

```
                    (0., tf.subtract(1., tf.multiply(model_output, y_target))))
loss = tf.add(classification_term, tf.multiply(alpha, l2_norm))
```

(4)开始训练数据。

```
my_opt = tf.train.GradientDescentOptimizer(0.01)
train_step = my_opt.minimize(loss)
init = tf.global_variables_initializer()
sess.run(init)
# 训练循环体
loss_vec = []
train_accuracy = []
test_accuracy = []
for i in range(20000):
    rand_index = np.random.choice(len(x_vals_train), size = batch_size)
    rand_x = x_vals_train[rand_index]
    rand_y = np.transpose([y_vals_train[rand_index]])
    sess.run(train_step, feed_dict = {x_data: rand_x, y_target: rand_y})
```

(5)绘制图像。

```
[[a1], [a2]] = sess.run(A)
[[b]] = sess.run(b)
slope = -a2 / a1
y_intercept = b / a1
best_fit = []
x1_vals = [d[1] for d in x_vals]
for i in x1_vals:
    best_fit.append(slope * i + y_intercept)
# 单独的 I. setosa
setosa_x = [d[1] for i, d in enumerate(x_vals) if y_vals[i] == 1]
setosa_y = [d[0] for i, d in enumerate(x_vals) if y_vals[i] == 1]
not_setosa_x = [d[1] for i, d in enumerate(x_vals) if y_vals[i] == -1]
not_setosa_y = [d[0] for i, d in enumerate(x_vals) if y_vals[i] == -1]
plt.plot(setosa_x, setosa_y, 'o', label = 'I. setosa')
plt.plot(not_setosa_x, not_setosa_y, 'x', label = 'Non-setosa')
plt.plot(x1_vals, best_fit, 'r-', label = 'Linear Separator', linewidth = 3)
plt.ylim([0, 10])
plt.legend(loc = 'lower right')
plt.title('Sepal Length vs Pedal Width')
plt.xlabel('Pedal Width')
plt.ylabel('Sepal Length')
plt.show()
```

运行程序,效果如图7-6所示。

**注意**:使用TensorFlow实现SVM算法可能导致每次运行的结果不尽相同,造成这种现象的原因包括训练集和测试集的随机分割、每批训练的批量大小不同以及在理想情况下每次迭代后学习率缓慢减小。

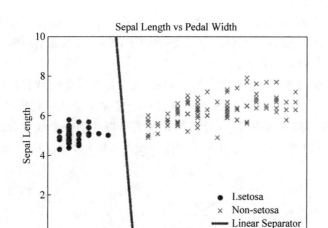

图 7-6 支持向量机分类效果

## 7.2 非线性支持向量机

对于 7.1 节介绍的 SVM 还有几个问题没有介绍,如经验风险、结构风险、VC 维、松弛变量等,下面先对这几个概念进行介绍后再实现非线性的支持向量机。

### 7.2.1 风险最小化

**1. 期望风险**

对于一个机器学习模型来说,我们的目的就是希望在预测新的数据时,准确率最高,风险最小,风险函数可以定义为:

$$R(w) = \int L(y, f(x,w)) dP(x,y)$$

其中,$L$ 为损失函数,$P(x,y)$ 为训练数据和 label 标签的联合概率密度函数。

**2. 经验风险**

经验风险可定义为:

$$E(w) = \frac{1}{n}\sum_{i=1}^{n} L(y_i, f(x_i, w))$$

其中,$L$ 为损失函数,$x_i$ 和 $y_i$ 为训练集,$w$ 为参数。

### 7.2.2 VC 维

首先,VC 维(Vapnik-Chervonenkis dimension)描述了一族函数的复杂程度,而且并不是模型越复杂它的泛化能力就越好。如果一个模型在训练集上表现得不好,那么它的泛化能力一般较差,也就是说,如果一个简单的模型在训练集上表现得比较好,那么它的泛化能力往往比较好。

考虑一个二分类问题,假设现有 $D$ 维实数空间中的 $N$ 个点,每个点有两种可能情况,+1 和 −1。那么 $N$ 个点就有 $2^N$ 种可能。举个例子,$N=3$ 时,就有 {(000),(001),(010),(011),(100),(101),(110),(111)}。

一般对 VC 维的解释,都是函数集可以打乱的最大数据集的数目(shattered),也就是说,一个函数集 $f(a)$ 的 VC 维为 $h$,那么至少有一个包含 $h$ 个样本的数据集,才可以被函数 $f(a)$ 分开。假如在二维平面内有 3 个点,那么我们可以找到一个线性分类器,不论是哪一种可能的情况,都可以将这 3 个点正确分类,如图 7-7 所示,所以这个分类器的 VC 维就是 3。

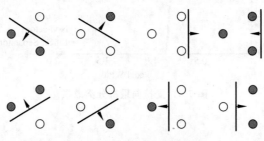

图 7-7 VC 为 3 的分类效果

## 7.2.3 结构风险最小化

结构风险一般表示为经验风险和置信风险的和,即:

$$R(f) = R_{emp}(f) + \sqrt{\frac{h\left(\ln\frac{2N}{h}+1\right)-\ln\left(\frac{\eta}{4}\right)}{N}}$$

其中,$h$ 为 VC 维,$N$ 为训练样本个数。当 $\frac{N}{h}$ 变大时,$N$ 变大,$h$ 变小,置信风险趋于 0,这时结构风险约等于经验风险。也就是说当给定的样本足够大时,结构风险就是经验风险。

而支持向量机是基于结构风险最小的,即使得经验风险和 VC 置信风险的和最小。观察图 7-8 所示的风险与 VC 维的关系。

图中的 $s_1, s_2, \cdots, s_k$ 表示的是不同 VC 维的函数族,当 VC 维增加的时候,经验风险在降低,置信风险却在增加,所以需要找到一个平衡点,这个平衡点就是最佳的模型。

但 VC 维一般是很难计算的,尤其是对于像神经网络这样的非线性函数,Vapnik 在 1998 年证明了下面这个公式:

$$h \leqslant \min\left(\left[\frac{R^2}{m^2}\right], D\right) + 1$$

其中,$m$ 表示间隔(margin),$D$ 表示输入空间的维

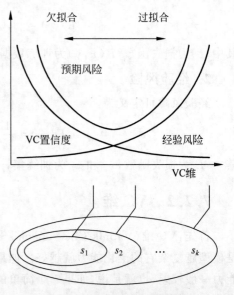

图 7-8 风险与 VC 维关系图

度,$R$ 为由所有输入样本组成的一个球体的最小半径。上面这个式子说明,VC 维最小等价于间隔最大,间隔最大也就是最小化经验风险的上界。也就是说,要使得结构风险最小,就要使得间隔最大,这就是为什么会提出支持向量机的原因。

### 7.2.4 松弛变量

在线性可分情况下,优化目标的约束条件为:
$$t_n(\boldsymbol{w}^\mathrm{T}\phi(x_n)+\boldsymbol{b}) \geqslant 1, \quad n=1,2,\cdots,N$$

在非线性可分情况下,无法找到一个超平面来分类,为了实现最终分类,可以设计一种方法,使得用某一个超平面来分类的时候误差最小。基于此,引入松弛变量,它表示样本点与间隔的偏置,通俗点的理解就是,对于非线性可分情况,有两种可能,一种是正类样本位于超平面正确的一侧,虽然被正确分类了,但是在间隔之内;另一种可能是正类样本完全在负类样本中,如图 7-9 所示。

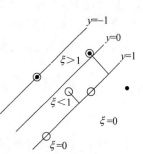

图 7-9 松弛变量分布图

在图 7-9 中,凡是样本点在正类之外,松弛变量都是 0,超平面右侧松弛变量小于 1,左侧大于 1。

引入松弛变量以后,约束条件就变为:
$$t_n y(x_n) \geqslant 1-\xi_n, \quad n=1,2,\cdots,N$$

优化目标为:
$$C\sum_{n=1}^{N}\xi_n + \frac{1}{2}\|\boldsymbol{w}\|^2$$

其中,$C$ 用来控制间隔和松弛变量之间的平衡关系。

用拉格朗日乘子法求解上述优化问题,这里的乘子有两个,一个是 $a$,一个是 $\mu$。
$$L(\boldsymbol{w},\boldsymbol{b},a) = \frac{1}{2}\|\boldsymbol{w}\|^2 + C\sum_{n=1}^{N}\xi_n - \sum_{n=1}^{N}a_n\{t_n y(x_n)-1+\xi_n\} - \sum_{n=1}^{N}\mu_n\xi_n$$

KKT 条件为:
$$\begin{cases} a_n \geqslant 0 \\ t_n y(x_n)-1+\xi_n \geqslant 0 \\ a_n(t_n y(x_n)-1+\xi_n)=0 \\ \mu_n \geqslant 0 \\ \xi_n \geqslant 0 \\ \mu_n\xi_n = 0 \end{cases}$$

分别令偏导数为 0:
$$\begin{cases} \dfrac{\partial L}{\partial \boldsymbol{w}}=0 \Rightarrow \boldsymbol{w}=\sum_{n=1}^{N}a_n t_n \phi(x_n) \\ \dfrac{\partial L}{\partial \boldsymbol{b}}=0 \Rightarrow \sum_{n=1}^{N}a_n t_n = 0 \\ \dfrac{\partial L}{\partial \xi_n}=0 \Rightarrow a_n = C-\mu_n \end{cases}$$

对偶形式为：

$$\widetilde{L}(a) = \sum_{n=1}^{N} a_n - \frac{1}{2}\sum_{n=1}^{N}\sum_{m=1}^{N} a_n a_m t_n t_m k(x_n, x_m)$$

对偶约束为：

$$0 \leqslant a_n \leqslant C$$

$$\sum_{n=1}^{N} a_n t_n = 0$$

然后对 KKT 条件中第三个式子做移项，得：

$$t_n y(x_n) = 1 - \xi_n$$

对于支持向量来说，松弛变量都是 0，即满足：

$$t_n y(x_n) = 1$$

即：

$$t_n \Big( \sum_{m \in S} a_m t_m k(x_n, x_m) + b \Big) = 1 \tag{7-6}$$

求解式(7-6)就可以得到：

$$b = \frac{1}{N_M} \sum_{n \in M} \Big( t_n - \sum_{m \in S} a_m t_m k(x_n, x_m) \Big), \quad 0 \leqslant a_n \leqslant C$$

线性可分情况下为：

$$b = \frac{1}{N_S} \sum_{n \in S} \Big( t_n - \sum_{m \in S} a_m t_m k(x_n, x_m) \Big)$$

其中，$N_S$ 表示的是所有的支持向量。

对比线性可分情况可发现，在非线性可分情况中，其实就是去掉了那些不是支持向量的点，使得最终满足线性可分。

## 7.2.5 实例：TensorFlow 实现非线性支持向量机

本实例使用高斯核函数 SVM 来分割真实的数据集。在实例中将加载 iris 数据集，创建一个山鸢尾花(I. setosa)分类器，观察各种 gamma 值对分类器的影响。

其实现的 TensorFlow 源代码为：

```
#
# 高斯核函数
# K(x1, x2) = exp( - gamma * abs(x1 - x2)^2)
### 载入编程库
import matplotlib.pyplot as plt
import numpy as np
import tensorflow as tf
from sklearn import datasets
from tensorflow.python.framework import ops
ops.reset_default_graph()

### 创建计算图会话
sess = tf.Session()
```

```python
# 载入数据
# iris.data = [(Sepal Length, Sepal Width, Petal Length, Petal Width)]
# 加载 iris 数据集,抽取花萼长度和花瓣宽度,分割每类的 x_vals 值和 y_vals 值
iris = datasets.load_iris()
x_vals = np.array([[x[0], x[3]] for x in iris.data])
y_vals = np.array([1 if y == 0 else -1 for y in iris.target])
class1_x = [x[0] for i, x in enumerate(x_vals) if y_vals[i] == 1]
class1_y = [x[1] for i, x in enumerate(x_vals) if y_vals[i] == 1]
class2_x = [x[0] for i, x in enumerate(x_vals) if y_vals[i] == -1]
class2_y = [x[1] for i, x in enumerate(x_vals) if y_vals[i] == -1]

### 声明批量大小(偏向于更大批量大小)
batch_size = 150
# 初始化占位符
x_data = tf.placeholder(shape=[None, 2], dtype=tf.float32)
y_target = tf.placeholder(shape=[None, 1], dtype=tf.float32)
prediction_grid = tf.placeholder(shape=[None, 2], dtype=tf.float32)

# 为 SVM 创建变量
b = tf.Variable(tf.random_normal(shape=[1, batch_size]))
### 声明高斯核函数
# 声明批量大小(偏向于更大批量大小)
gamma = tf.constant(-25.0)
sq_dists = tf.multiply(2., tf.matmul(x_data, tf.transpose(x_data)))
my_kernel = tf.exp(tf.multiply(gamma, tf.abs(sq_dists)))

### 计算 SVM 模型
first_term = tf.reduce_sum(b)
b_vec_cross = tf.matmul(tf.transpose(b), b)
y_target_cross = tf.matmul(y_target, tf.transpose(y_target))
second_term = tf.reduce_sum(tf.multiply(my_kernel, tf.multiply(b_vec_cross, y_target_cross)))
loss = tf.negative(tf.subtract(first_term, second_term))

# 创建一个预测核函数
rA = tf.reshape(tf.reduce_sum(tf.square(x_data), 1), [-1, 1])
rB = tf.reshape(tf.reduce_sum(tf.square(prediction_grid), 1), [-1, 1])
pred_sq_dist = tf.add(tf.subtract(rA, tf.multiply(2., tf.matmul(x_data, tf.transpose(prediction_grid)))), tf.transpose(rB))
pred_kernel = tf.exp(tf.multiply(gamma, tf.abs(pred_sq_dist)))
# 声明一个准确度函数,其为正确分类的数据点的百分比
prediction_output = tf.matmul(tf.multiply(tf.transpose(y_target), b), pred_kernel)
prediction = tf.sign(prediction_output - tf.reduce_mean(prediction_output))
accuracy = tf.reduce_mean(tf.cast(tf.equal(tf.squeeze(prediction), tf.squeeze(y_target)), tf.float32))
# 声明优化器
my_opt = tf.train.GradientDescentOptimizer(0.01)
train_step = my_opt.minimize(loss)
# 初始化变量
```

```python
init = tf.global_variables_initializer()
sess.run(init)
# 训练循环体
loss_vec = []
batch_accuracy = []
for i in range(300):
    rand_index = np.random.choice(len(x_vals), size = batch_size)
    rand_x = x_vals[rand_index]
    rand_y = np.transpose([y_vals[rand_index]])
    sess.run(train_step, feed_dict = {x_data: rand_x, y_target: rand_y})
    temp_loss = sess.run(loss, feed_dict = {x_data: rand_x, y_target: rand_y})
    loss_vec.append(temp_loss)
    acc_temp = sess.run(accuracy, feed_dict = {x_data: rand_x,
                                               y_target: rand_y,
                                               prediction_grid: rand_x})
    batch_accuracy.append(acc_temp)
    if (i + 1) % 75 == 0:
        print('Step #' + str(i + 1))
        print('Loss = ' + str(temp_loss))
### 创建一个网格来绘制点
# 为了绘制决策边界,创建一个数据点(x,y)的网格来评估预测函数
x_min, x_max = x_vals[:, 0].min() - 1, x_vals[:, 0].max() + 1
y_min, y_max = x_vals[:, 1].min() - 1, x_vals[:, 1].max() + 1
xx, yy = np.meshgrid(np.arange(x_min, x_max, 0.02),
                     np.arange(y_min, y_max, 0.02))
grid_points = np.c_[xx.ravel(), yy.ravel()]
[grid_predictions] = sess.run(prediction, feed_dict = {x_data: rand_x,
                                                       y_target: rand_y,
                                                       prediction_grid: grid_points})
grid_predictions = grid_predictions.reshape(xx.shape)
# 绘制点和网格
plt.contourf(xx, yy, grid_predictions, cmap = plt.cm.Paired, alpha = 0.8)
plt.plot(class1_x, class1_y, 'ro', label = 'I. setosa')
plt.plot(class2_x, class2_y, 'kx', label = 'Non setosa')
plt.title('Gaussian SVM Results on Iris Data')
plt.xlabel('Pedal Length')
plt.ylabel('Sepal Width')
plt.legend(loc = 'lower right')
plt.ylim([-0.5, 3.0])
plt.xlim([3.5, 8.5])
plt.show()
# 绘制批次的准确性
plt.plot(batch_accuracy, 'k-', label = 'Accuracy')
plt.title('Batch Accuracy')
plt.xlabel('Generation')
plt.ylabel('Accuracy')
plt.legend(loc = 'lower right')
plt.show()
# 随时间推移绘制损失
plt.plot(loss_vec, 'k-')
plt.title('Loss per Generation')
plt.xlabel('Generation')
plt.ylabel('Loss')
plt.show()
```

运行程序，输出如下，得到四种不同的 gamma 值(1,10,25,100)，效果如图 7-10 所示。

```
Step #75
 Loss = -110.332
Step #150
 Loss = -222.832
Step #225
 Loss = -335.332
Step #300
 Loss = -447.832
```

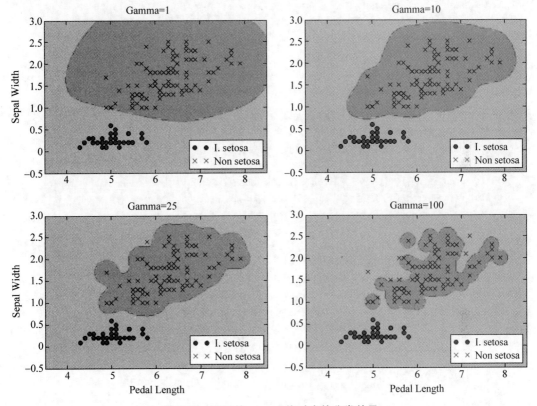

图 7-10  不同的 gamma 值对应的分类效果

由图 7-10 可知，gamma 值越大，每个数据点对分类边界的影响就越大。

## 7.3　实例：TensorFlow 实现多类支持向量机

SVM 算法最初是为二值分类问题设计的，但是也可以通过一些策略使得其能进行多类分类，主要的两种策略是：一对多(one versus all)方法；一对一(one versus one)方法。

一对一方法是在任意两类样本之间设计创建一个二值分类器，然后得票最多的类别即为该未知样本的预测类别。但是当类别($k$ 类)很多的时候，就必须创建 $k!/(k-2)!2!$ 个分类器，计算的代价还是相当大的。

另外一种实现多类分类器的方法是一对多,其为每类创建一个分类器。最后的预测类别是具有最大 SVM 间隔的类别。本节将实现该方法:加载 iris 数据集,使用高斯核函数的非线性多类 SVM 模型。iris 数据集含有三个类别:山鸢尾、变色鸢尾和维吉尼亚鸢尾(I. setosa、I. virginica 和 I. versicolor),我们将为它们创建三个高斯核函数 SVM 来预测。

利用 TensorFlow 实现多类支持向量机,源代码为:

```
## 载入所需要库
import matplotlib.pyplot as plt
import numpy as np
import tensorflow as tf
from sklearn import datasets
from tensorflow.python.framework import ops
ops.reset_default_graph()
## 创建计算图
sess = tf.Session()
### 载入数据
# 加载 iris 数据集并为每类分离目标值
# 因为我们想绘制结果图,所以只使用花萼长度和花瓣宽度两个特征
# 为了便于绘图,也会分离 x 值和 y 值
# iris.data = [(Sepal Length, Sepal Width, Petal Length, Petal Width)]
iris = datasets.load_iris()
x_vals = np.array([[x[0], x[3]] for x in iris.data])
y_vals1 = np.array([1 if y==0 else -1 for y in iris.target])
y_vals2 = np.array([1 if y==1 else -1 for y in iris.target])
y_vals3 = np.array([1 if y==2 else -1 for y in iris.target])
y_vals = np.array([y_vals1, y_vals2, y_vals3])
class1_x = [x[0] for i,x in enumerate(x_vals) if iris.target[i]==0]
class1_y = [x[1] for i,x in enumerate(x_vals) if iris.target[i]==0]
class2_x = [x[0] for i,x in enumerate(x_vals) if iris.target[i]==1]
class2_y = [x[1] for i,x in enumerate(x_vals) if iris.target[i]==1]
class3_x = [x[0] for i,x in enumerate(x_vals) if iris.target[i]==2]
class3_y = [x[1] for i,x in enumerate(x_vals) if iris.target[i]==2]

# 声明批量大小
batch_size = 50
# 初始化占位符
# 数据集的维度在变化,从单类目标分类到三类目标分类
# 我们将利用矩阵传播和 reshape 技术一次性计算所有的三类 SVM
# 注意,y_target 占位符的维度是[3,None],模型变量 b 初始化大小为[3,batch_size]
x_data = tf.placeholder(shape=[None, 2], dtype=tf.float32)
y_target = tf.placeholder(shape=[3, None], dtype=tf.float32)
prediction_grid = tf.placeholder(shape=[None, 2], dtype=tf.float32)
# 创建支持向量机变量
b = tf.Variable(tf.random_normal(shape=[3,batch_size]))
### 核函数只依赖 x_data
gamma = tf.constant(-10.0)
dist = tf.reduce_sum(tf.square(x_data), 1)
dist = tf.reshape(dist, [-1,1])
```

```python
sq_dists = tf.multiply(2., tf.matmul(x_data, tf.transpose(x_data)))
my_kernel = tf.exp(tf.multiply(gamma, tf.abs(sq_dists)))

### 声明函数进行整形/批量乘法
# 最大的变化是批量矩阵乘法
# 最终的结果是三维矩阵,并且需要传播矩阵乘法
# 所以数据矩阵和目标矩阵需要预处理,比如 x^T·x 操作需额外增加一个维度
# 这里创建一个函数来扩展矩阵维度,然后进行矩阵转置
# 接着调用 TensorFlow 的 tf.batch_matmul()函数
def reshape_matmul(mat):
    v1 = tf.expand_dims(mat, 1)
    v2 = tf.reshape(v1, [3, batch_size, 1])
    return(tf.matmul(v2, v1))

### Compute SVM Model 计算对偶损失函数
first_term = tf.reduce_sum(b)
b_vec_cross = tf.matmul(tf.transpose(b), b)
y_target_cross = reshape_matmul(y_target)
second_term = tf.reduce_sum(tf.multiply(my_kernel, tf.multiply(b_vec_cross, y_target_cross)),[1,2])
loss = tf.reduce_sum(tf.negative(tf.subtract(first_term, second_term)))

# 高斯(RBF)预测内核
# 现在创建预测核函数
# 要当心 reduce_sum()函数,这里我们并不想聚合三个 SVM 预测,所以需要通过第二个参数告诉
# TensorFlow 求和哪几个
rA = tf.reshape(tf.reduce_sum(tf.square(x_data), 1),[-1,1])
rB = tf.reshape(tf.reduce_sum(tf.square(prediction_grid), 1),[-1,1])
pred_sq_dist = tf.add(tf.subtract(rA, tf.multiply(2., tf.matmul(x_data, tf.transpose(prediction_grid)))), tf.transpose(rB))
pred_kernel = tf.exp(tf.multiply(gamma, tf.abs(pred_sq_dist)))

# 实现预测核函数后,我们创建预测函数
# 与二类不同的是,不再对模型输出进行 sign()运算
# 因为这里实现的是一对多方法,所以预测值是分类器有最大返回值的类别
# 使用 TensorFlow 的内建函数 argmax()来实现该功能
prediction_output = tf.matmul(tf.multiply(y_target,b), pred_kernel)
prediction = tf.arg_max(prediction_output - tf.expand_dims(tf.reduce_mean(prediction_output,1), 1), 0)
accuracy = tf.reduce_mean(tf.cast(tf.equal(prediction, tf.argmax(y_target,0)), tf.float32))
# 声明优化器
my_opt = tf.train.GradientDescentOptimizer(0.01)
train_step = my_opt.minimize(loss)
# 初始化变量
init = tf.global_variables_initializer()
sess.run(init)
# 训练循环体
loss_vec = []
batch_accuracy = []
```

```python
for i in range(100):
    rand_index = np.random.choice(len(x_vals), size = batch_size)
    rand_x = x_vals[rand_index]
    rand_y = y_vals[:,rand_index]
    sess.run(train_step, feed_dict = {x_data: rand_x, y_target: rand_y})
    temp_loss = sess.run(loss, feed_dict = {x_data: rand_x, y_target: rand_y})
    loss_vec.append(temp_loss)
    acc_temp = sess.run(accuracy, feed_dict = {x_data: rand_x,
                                               y_target: rand_y,
                                               prediction_grid:rand_x})
    batch_accuracy.append(acc_temp)
    if (i + 1) % 25 == 0:
        print('Step #' + str(i + 1))
        print('Loss = ' + str(temp_loss))
# 创建数据点的预测网格,运行预测函数
x_min, x_max = x_vals[:, 0].min() - 1, x_vals[:, 0].max() + 1
y_min, y_max = x_vals[:, 1].min() - 1, x_vals[:, 1].max() + 1
xx, yy = np.meshgrid(np.arange(x_min, x_max, 0.02),
                     np.arange(y_min, y_max, 0.02))
grid_points = np.c_[xx.ravel(), yy.ravel()]
grid_predictions = sess.run(prediction, feed_dict = {x_data: rand_x,
                                                     y_target: rand_y,
                                                     prediction_grid: grid_points})
grid_predictions = grid_predictions.reshape(xx.shape)
# 绘制点和网格
plt.contourf(xx, yy, grid_predictions, cmap = plt.cm.Paired, alpha = 0.8)
plt.plot(class1_x, class1_y, 'ro', label = 'I. setosa')
plt.plot(class2_x, class2_y, 'kx', label = 'I. versicolor')
plt.plot(class3_x, class3_y, 'gv', label = 'I. virginica')
plt.title('Gaussian SVM Results on Iris Data')
plt.xlabel('Pedal Length')
plt.ylabel('Sepal Width')
plt.legend(loc = 'lower right')
plt.ylim([-0.5, 3.0])
plt.xlim([3.5, 8.5])
plt.show()

# 绘制批次的准确性
plt.plot(batch_accuracy, 'k-', label = 'Accuracy')
plt.title('Batch Accuracy')
plt.xlabel('Generation')
plt.ylabel('Accuracy')
plt.legend(loc = 'lower right')
plt.show()
# 随时间推移绘制损失
plt.plot(loss_vec, 'k-')
plt.title('Loss per Generation')
plt.xlabel('Generation')
plt.ylabel('Loss')
plt.show()
```

运行程序，输出如下，效果如图 7-11 及图 7-12 所示。

```
Instructions for updating:
Use 'argmax' instead
Step #25
Loss = -313.391
Step #50
Loss = -650.891
Step #75
Loss = -988.39
Step #100
Loss = -1325.89
```

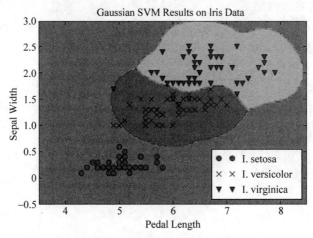

图 7-11　gamma＝10 山鸢尾花非线性高斯 SVM 模型的多分类（三类）结果

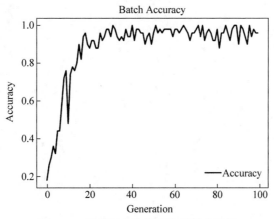

图 7-12　随时间变化的损失函数曲线图

## 7.4　小结

本章先从几何间隔、函数间隔、最大化间隔、软间隔、SMO 算法、核函数等方面全面介绍支持向量机的概念；接着从风险最小化、VC 维、结构风险最小化、松弛变量等方面介绍非线性支持向量机,最后利用 TensorFlow 实现支持向量机、非线性支持向量机、多类支持向量机等。

## 7.5 习题

1. 一般来说,如果一个问题的训练集中有_____,则建议用_____或者_____算法;如果训练集的数量更大,或者数据集是_____的,则建议使用带_____算法。

2. 简述 SMO 算法的工作原理。

3. 核函数有_____、_____、_____和_____等,其中_____和_____比较常用,两种核函数均可以把_____数据映射到_____数据。

4. VC 维描述了一族函数的复杂程度,而且并不是_____那么它的_____就越好。如果一个模型在训练集上表现得很好,那么它的_____一般较差,也就是说,如果一个简单的模型在训练集上表现得好,那么它的_____往往比较好。

5. SVM 算法最初是为_____问题设计的,但是也可以通过一些策略使得其能进行_____,主要的两种策略是_____方法和_____方法。

# 第 8 章 深度神经网络基础知识

CHAPTER 8

前面章节介绍了 TensorFlow 的基本用法,并利用 TensorFlow 实现了聚类、回归分析、支持向量机等,后面章节将介绍利用 TensorFlow 实现深度神经网络,本章介绍在学习深度神经网络前先要知道的基础内容。

## 8.1 神经元

早在 1904 年,生物学家就已经知道了神经元的组成结构。神经元又称神经细胞,是构成神经系统结构和功能的基本单位。

神经元是具有长突起的细胞,它由细胞体和细胞突起构成。细胞体位于脑、脊髓和神经元中,细胞突起可延伸至全身各器官和组织中。图 8-1 为单个神经元的解剖图。

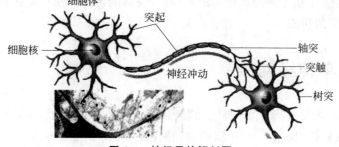

图 8-1 神经元的解剖图

神经元由 4 个部分构成。
(1) 细胞体(主体部分):包括细胞质、细胞膜和细胞核。
(2) 树突:用于为细胞体传入信息。
(3) 轴突:为细胞体传出信息,其末端为轴突末梢,含传递信息的化学物质。
(4) 突触:为神经元之间的接口($10^4 \sim 10^5$ 个/神经元)。
通过树突和轴突,神经元之间实现了信息的传递。

### 8.1.1 神经元的结构

1943 年,心理学家 Warren McCulloch 和数学家 Walter Pits 参考了生物神经元的结构,发明了数学上的神经元的原型,这个原型的结构很简单,其中包含一个计算单元,它可以接收多个输入,输入的数据在经过处理后产生一个输出,如图 8-2 所示。

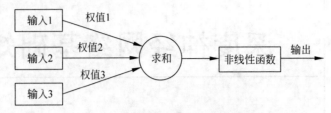

图 8-2　神经网络基本计算结构图

这个结构看起来非常简单,大家可能会想这么简单的一个结构能做什么呢?是的,这个简单的结构确实做不了什么有用的事情。但是,就像大脑一样,当亿万个这样简单的结构组合到一起时,却能做非常复杂的事情。如今,深度神经网络在各个领域大放异彩,最基本的原型就是这样一个简单的结构。

### 8.1.2　神经元的功能

神经网络的研究主要分为 3 方面的内容,即神经元模型、神经网络结构和神经网络学习算法。

神经元具有如下功能。

(1) 兴奋与抑制:如果传入神经元的冲动经整合后使细胞膜电位升高,超过动作电位的阈值时即为兴奋状态,产生神经冲动,由轴突经神经末梢传出。如果传入神经元的冲动经整合后使细胞电位降低,低于动作电位的阈值时即为抑制状态,不产生神经冲动。

(2) 学习与遗忘:由于神经元结构的可塑性,突触的传递作用可增强和减弱,因此神经元具有学习与遗忘的功能。

## 8.2　简单神经网络

如图 8-3 所示,将多个单一的"神经元"组合到一起时,一些神经元的输出作为另外一些神经元的输入,这样就组成了一个单层的神经网络。

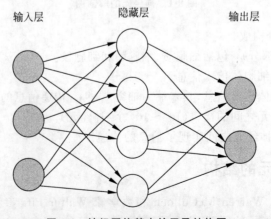

图 8-3　神经网络基本的层及结构图

我们把神经元构成的这个简单结构看作一个整体,那么这个结构就有输入和输出。我们把接收输入数据的层叫作"输入层",输出结果的层叫"输出层",中间的神经元组成"中间层"(或者叫"隐藏层")。如图 8-3 所示,输入层有 3 个神经元,输出层有 2 个神经元,隐藏层有 4 个神经元。

大多数情况下,设计一个神经网络的时候,输入层和输出层往往是固定的,而中间隐藏层的层数和节点数可以自由变化。

那么,多个神经元组成的神经网络具体是如何计算的呢?再把图 8-3 具体化一下,如图 8-4 所示。

图 8-4 是一个最普通的全连接方式的神经网络(所谓全连接网络,就是每一层节点的输出结果会发送给下一层的所有节点),其中最左边的圆代表输入层,最右边的圆代表输出层,前面一层的节点把值通过"边"传递给后面

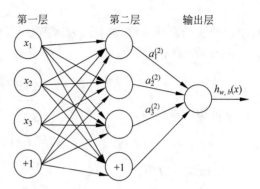

图 8-4　全连接网络层之间的基本计算公式

一层的所有节点。对于后面一层的节点来说,每个节点都接收前面一层所有节点的值。

既然后面一层中节点的值与前面一层的所有节点都有关系,那么总会出现有的节点贡献大一点,有的节点贡献小一点。此时需要有一个区分,于是计算时就在每个"边"上加上不同的权值来控制每个节点的影响。

于是,第二层的节点 $a_1$ 的值为:
$$a_1 = w_1 x_1 + w_2 x_2 + w_3 x_3$$
其中 $w_1$、$w_2$、$w_3$ 表示 $x_1$、$x_2$、$x_3$ 连接到 $a_1$ 每条"边"上的权值,$x_1$、$x_2$、$x_3$ 表示前面一层每个节点的值。

但是这种计算方式的表现力依然不够,$a_1$ 只是前面一层的值乘以一个比例,就好比 $y = kx$,$y$ 总是 $x$ 的一个比例,所以为了增加表现能力,又在后面加了一个值 $b$,这个值叫偏置项。于是计算公式变成了类似下面这种:
$$a_1 = w_1 x_1 + w_2 x_2 + w_3 x_3 + b$$
这只是计算第二层中节点 $a_1$ 的值,其他节点的计算方式类似,具体为:
$$\begin{cases} a_1 = w_{11} x_1 + w_{12} x_2 + w_{13} x_3 + b_1 \\ a_2 = w_{21} x_1 + w_{22} x_2 + w_{23} x_3 + b_2 \\ a_3 = w_{31} x_1 + w_{32} x_2 + w_{33} x_3 + b_3 \end{cases} \tag{8-1}$$
其中,$w_{ij}$ 中的 $i$ 表示这个权值的边连接的是本层的第几个节点,$j$ 表示这个权值的边连接输入一端的是前面一层的第几个节点。

神经元的这种计算方式依然比较简单,表现能力还是不足,后面一层节点的值和前面一层节点的值还是线性关系。

人们在研究生物体的神经细胞时发现,当神经元的兴奋程度超过了某个限度,神经元就会被激活而输出神经脉冲,当神经元的兴奋程度低于限度的时候,神经元不会被激活,也不会发出神经脉冲。在自然界,生物神经元的输出和输入并不是按比例的关系,而是非线性的关系。于是人们在设计人工神经网络时,设计了一个激活函数,来对前面已经计算得到的结

果做一个非线性计算,这样人工神经网络的表现力更好。

加上了激活函数后,式(8-1)就变换成式(8-2):

$$\begin{cases} a_1 = f(w_{11}x_1 + w_{12}x_2 + w_{13}x_3 + b_1) \\ a_2 = f(w_{21}x_1 + w_{22}x_2 + w_{23}x_3 + b_2) \\ a_3 = f(w_{31}x_1 + w_{32}x_2 + w_{33}x_3 + b_3) \end{cases} \quad (8\text{-}2)$$

其中,$f()$ 表示激活函数,常见的激活函数有:sigmoid、tanh、relu 以及它们的变种。

sigmoid 激活函数为:

$$f(z) = \text{sigmoid}(z) = \frac{1}{1+e^{-z}}$$

tanh 激活函数为:

$$f(z) = \tanh(z) = \frac{e^z - e^{-z}}{e^z + e^{-z}}$$

relu 激活函数为:

$$f(z) = \text{relu}(z) = \max(0, z)$$

再将式(8-2)写成如下的形式:

$$a_i = f\left((w_{i1}, w_{i2}, w_{i3})\begin{bmatrix} x_1 \\ x_2 \\ x_3 \end{bmatrix} + b_i\right) = f(\boldsymbol{w}_i^T \boldsymbol{x} + b_i)$$

再将每个节点的值的计算都整合到一起,写成矩阵运算的方式,即:

$$\boldsymbol{a} = f\left(\begin{bmatrix} w_{11} & w_{12} & w_{13} \\ w_{21} & w_{22} & w_{23} \\ w_{31} & w_{32} & w_{33} \end{bmatrix} \begin{bmatrix} x_1 \\ x_2 \\ x_3 \end{bmatrix} + \begin{bmatrix} b_1 \\ b_2 \\ b_3 \end{bmatrix}\right) = f(\boldsymbol{Wx} + \boldsymbol{B})$$

其中,$f()$ 表示激活函数,$\boldsymbol{W}$ 代表矩阵 $\begin{bmatrix} w_{11} & w_{12} & w_{13} \\ w_{21} & w_{22} & w_{23} \\ w_{31} & w_{32} & w_{33} \end{bmatrix}$,$\boldsymbol{B}$ 代表向量 $\begin{bmatrix} b_1 \\ b_2 \\ b_3 \end{bmatrix}$。

通常认为神经网络中的一层是对数据的一次非线性映射。以全连接网络的计算公式 $y = f(\boldsymbol{Wx} + \boldsymbol{B})$ 为例,$\boldsymbol{Wx} + \boldsymbol{B}$ 实现了对输入数据的范围变换、空间旋转以及平移操作,而非线性的激活函数则完成了对输入数据原始空间的扭曲。当网络层数变多时,在前面层网络已经学习到初步特征的基础上,后面层网络可以形成更加高级的特征,对原始空间的扭曲也更大。很多复杂的任务需要高度的非线性的分界面,深度更深的网络可以比浅层的神经网络有更好的表达。

## 8.3 深度神经网络

对于只有一层的简单神经网络,我们可能会想,这么简单的一个结构能模拟出什么效果呢?确实,只有几个神经元的人工神经网络确实表现不出多好的效果,但是如果把这个神经网络的层数增加到 10 层,每一层的节点数增加到 1000 个,整个网络中可以变动的权值参数有上千万个,那么这个网络的模拟能力和表达能力就非常强大了。

当把前面提到的简单神经网络中间的隐藏层由一层变成多层时,就构成了深度神经网络,示意图如图 8-5 所示。

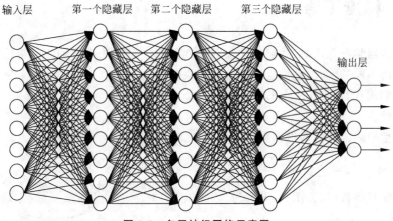

图 8-5　多层神经网络示意图

层与层之间是全连接的,也就是说,第 $i$ 层的任意一个神经元一定与第 $i+1$ 层的任意一个神经元相连。虽然图 8-5 看起来很复杂,但是从小的局部模型来说还是和单层一样,即一个线性关系 $a=\sum w_i x_i + b$ 加上一个激活函数 $\sigma(z)$。

由于深度神经网络层数很多,所以线性关系系数 $w$ 和偏置 $b$ 的数量也很多。具体的参数在深度神经网络中是如何定义的呢?

首先来看看线性关系系数 $w$。以如图 8-6 所示的一个三层神经网络为例,第二层的第 4 个神经元到第三层的第 2 个神经元的线性系数定义为 $w_{24}^3$。上标 3 代表线性系数 $w$ 所在的层数,而下标对应的是输出的第三层索引 2 和输入的第二层索引 4。读者也许会问,为什么不是 $w_{42}^3$,而是 $w_{24}^3$ 呢?这主要是为了使模型便于用矩阵表示运算,如果是 $w_{42}^3$ 而每次要进行的矩阵运算是 $w^T x + b$,则每次都需要进行转置。若将输出的索引放在前面的话,则线性运算不用转置,直接为 $wx+b$。总结下,第 $l-1$ 层的第 $k$ 个神经元到第 $l$ 层的第 $j$ 个神经元的线性系数定义为 $w_{jk}^l$。

注意,输入层是没有 $w$ 参数的。

再来看看偏置 $b$ 的定义。还是以这个三层的神经网络为例,如图 8-7 所示,第二层的第 3 个神经元对应的偏置定义为 $b_3^2$。其中,上标 2 代表所在的层数,下标 3 代表偏置所在的神经元的索引。同样的道理,第三层的第 1 个神经元的偏置应该表示为 $a_1^3$。同样的,输入层是没有偏置参数 $b$ 的。

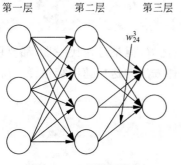

图 8-6　三层神经网络

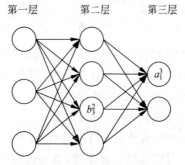

图 8-7　三层神经网络对偏置 $b$ 的定义

## 8.4 梯度下降

在应用机器学习算法时,我们通常采用梯度下降法对算法进行训练。常用的梯度下降法还包含三种不同的形式,它们也有各自的优缺点。

下面我们用线性回归算法来对三种梯度下降法进行比较。

一般线性回归函数的假设函数为:

$$h_\theta = \sum_{j=0}^{n} \theta_j x_j$$

对应的能量函数(损失函数)形式为:

$$J_{train}(\theta) = \frac{1}{2m} \sum_{i=0}^{n} (h_\theta(x^{(i)}) - y^{(i)})^2$$

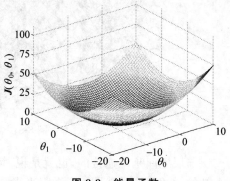

图 8-8 能量函数

图 8-8 为一个二维参数($\theta_0$ 和 $\theta_1$)组对应能量函数的可视化图。

### 8.4.1 批量梯度下降法

批量梯度下降法(Batch Gradient Descent,BGD)是梯度下降法最原始的形式,它的具体思路是在更新每一个参数时都使用所有的样本来进行更新,其数学形式如下。

(1) 对上述的能量函数求偏导:

$$\frac{\partial J(\theta)}{\partial \theta_j} = -\frac{1}{m} \sum_{i=1}^{m} (y^i - h_\theta(x^i)) x_j^i$$

(2) 由于是最小化风险函数,所以按照每个参数 $\theta$ 的梯度负方向来更新每个 $\theta$:

$$\theta_j = \theta_j + \frac{1}{m} \sum_{i=1}^{m} (y^i - h_\theta(x^i)) x_j^i$$

具体的伪代码形式为:

```
repeat{
    θ_j = θ_j + (1/m) Σ_{i=1}^{m} (y^i - h_θ(x^i))x_j^i
    (for every j = 0, …, n)
}
```

从上面公式可以注意到,它得到的是一个全局最优解,但是每迭代一步,都要用到训练集所有的数据,如果样本数目很大,那么可想而知这种方法的迭代速度会很慢。所以,这就引入了另外一种方法,随机梯度下降。

BGD 的优缺点主要表现如下。

优点:全局最优解;易于并行实现。

缺点:当样本数目很多时,训练过程会很慢。

从迭代的次数上来看,BGD 迭代的次数相对较少。其迭代的收敛曲线图如图 8-9 所示。

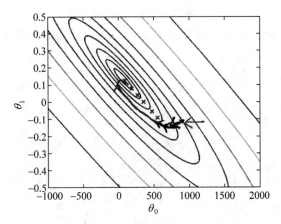

图 8-9　BGD 迭代的收敛曲线图

## 8.4.2　随机梯度下降法

由于批量梯度下降法在更新每一个参数时,都需要所有的训练样本,所以训练过程会随着样本数量的加大而变得异常缓慢。随机梯度下降法(Stochastic Gradient Descent,SGD)正是为了解决批量梯度下降法这一问题而提出的。

将能量函数写为如下形式：

$$\begin{cases} J(\theta) = \dfrac{1}{m} \sum_{i=1}^{m} \dfrac{1}{2}(y^i - h_\theta(x^i))^2 = \dfrac{1}{m} \sum_{i=1}^{m} \text{cost}(\theta,(x^i,y^i)) \\ \text{cost}(\theta,(x^i,y^i)) = \dfrac{1}{2}(y^i - h_\theta(x^i))^2 \end{cases}$$

利用每个样本的损失函数对 $\theta$ 求偏导得到对应的梯度,来更新 $\theta$:

$$\theta'_j = \theta_j + (y^i - h_\theta(x^i))x^i_j$$

具体的伪代码形式为：

```
Randomly shuffle dataset;
repeat{
    for i = 1, …, m{
        θ'_j = θ_j + (y^i - h_θ(x^i))x^i_j
        (for j = 0, …, n)
    }
}
```

随机梯度下降是通过每个样本迭代来更新,如果样本量很大(如几十万),那么可能只用其中几万条或几千条的样本就已经将 theta 迭代到最优解了,对比上面的批量梯度下降,迭代一次需要用到十几万训练样本,一次迭代不可能达到最优,如果迭代 10 次就需要遍历训练样本 10 次。但是,SGD 伴随的一个问题是噪声较 BGD 要多,使得 SGD 并不是每次迭代都向着整体最优化方向进行。

SGD 的优缺点主要表现如下。

优点：训练速度快。

缺点：准确度下降，并不是全局最优；不易于并行实现。

从迭代的次数上来看，SGD 迭代的次数较多，解空间的搜索过程看起来很盲目。其迭代的收敛曲线图如图 8-10 所示。

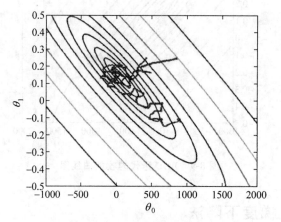

图 8-10　SGD 迭代的收敛曲线图

### 8.4.3　小批量梯度下降法

上述两种梯度下降法各自均有优缺点，那么能不能在两种方法的性能之间取得折中呢？即，算法的训练过程比较快，且要保证最终参数训练的准确率，而这正是小批量梯度下降法（Mini-Batch Gradient Descent，MBGD）的初衷。

MBGD 在每次更新参数时使用 $b$ 个样本（$b$ 一般为 10），其具体的伪代码形式为：

```
Say b = 10, m = 1000
Repeat{
    for i = 1, 11, 21, 31, …, 991{
```
$$\theta_j := \theta_j - \alpha \frac{1}{10} \sum_{k=i}^{i+9} (h_\theta(x^k) - y^{(k)}) x_j^{(k)}$$
```
        (for every j = 0, …, n)
    }
}
```

### 8.4.4　实例：梯度下降法

本实例主要是演示学习率衰减的使用方法。在实例中使用迭代循环计数变量 global_step 来标记循环次数，初始学习率为 0.1，令其以每 10 次衰减 0.9 的速度来退化。

实现的 TensorFlow 代码为：

```
import tensorflow as tf
global_step = tf.Variable(0, trainable = False)
initial_learning_rate = 0.1 #初始学习率
learning_rate = tf.train.exponential_decay(initial_learning_rate, global_step = global_step,
decay_steps = 10, decay_rate = 0.9)
```

```
opt = tf.train.GradientDescentOptimizer(learning_rate)
add_global = global_step.assign_add(1)  #定义一个op,令global_step加1完成计步
with tf.Session() as sess:
    tf.global_variables_initializer().run()
    print(sess.run(learning_rate))
    for i in range(20):
        g, rate = sess.run([add_global, learning_rate])
        print(g,rate)
```

运行程序,输出如下:

```
0.1
1 0.1
2 0.09895193
3 0.09791484
4 0.09688862
5 0.095873155
6 0.094868325
7 0.09387404
8 0.092890166
9 0.09191661
10 0.089999996
11 0.089999996
12 0.08905673
13 0.087199755
14 0.087199755
15 0.08628584
16 0.0853815
17 0.08448663
18 0.08272495
19 0.08272495
20 0.08185793
Process finished with exit code 0
```

第 1 个数是迭代的次数,第 2 个输出是学习率。可以看到学习率在逐渐变小,在第 10 次由原来的 0.1 变为了 0.09。

**注意**:这是一种常用的训练策略,在训练神经网络时,通常在训练刚开始时使用较大的学习率,随着训练的进行,会慢慢减小学习率。在使用时,一定要把当前迭代次数 global_step 传进去,否则不会有退化的功能。

## 8.5 前向传播

### 8.5.1 前向传播算法数学原理

8.3 节已经介绍了深度神经网络(Deep Neural Networks,DNN)各层线性关系 $w$ 和偏置 $b$ 的定义。假设选择的激活函数为 $\sigma(z)$,隐藏层和输出层的输出值为 $a$,则对于如图 8-11

所示的三层神经网络,可以利用上一层的输出计算下一层的输出,也就是所谓的 DNN 前向传播算法。

对于第二层的输出 $a_1^2$、$a_2^2$、$a_3^2$,有:

$a_1^2 = \sigma(z_1^2) = \sigma(w_{11}^2 x_1 + w_{12}^2 x_2 + w_{13}^2 x_3 + b_1^2)$

$a_2^2 = \sigma(z_2^2) = \sigma(w_{21}^2 x_1 + w_{22}^2 x_2 + w_{23}^2 x_3 + b_2^2)$

$a_3^2 = \sigma(z_3^2) = \sigma(w_{31}^2 x_1 + w_{32}^2 x_2 + w_{33}^2 x_3 + b_3^2)$

对于第三层的输出 $a_1^3$,有:

$a_1^3 = \sigma(z_1^3) = \sigma(w_{11}^3 a_1^2 + w_{12}^3 a_2^2 + w_{13}^3 a_3^2 + b_1^3)$

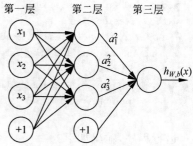

图 8-11　三层神经网络

将上面的公式一般化,假设第 $l-1$ 层共有 $m$ 个神经元,则对于第 $l$ 层的第 $j$ 个神经元的输出 $a_j^l$,有:

$$a_j^l = \sigma(z_j^l) = \sigma\left(\sum_{k=1}^m w_{jk}^l a_k^{l-1} + b_j^l\right)$$

其中,如果 $l=2$,则对应的 $a_k^l$ 即为输入层的 $x_k$。

从上面可看出,使用代数法一个个地表示输出是比较复杂的,而如果使用矩阵法则比较简洁。假设第 $l-1$ 层共有 $m$ 个神经元,而 $l$ 层共有 $n$ 个神经元,则第 $l$ 层的线性系数 $w$ 组成了一个 $n \times m$ 的矩阵 $\boldsymbol{W}^l$,第 $l$ 层的偏置 $b$ 组成了一个 $n \times 1$ 的向量 $\boldsymbol{b}^l$,第 $l-1$ 层的输出 $a$ 组成了一个 $m \times 1$ 的向量 $\boldsymbol{a}^{l-1}$,第 $l$ 层的未激活前线性输出 $z$ 组成了一个 $n \times 1$ 的向量 $\boldsymbol{z}^l$,第 $l$ 层的输出 $a$ 组成了一个 $n \times 1$ 的向量 $\boldsymbol{a}^l$。用矩阵法表示,第 $l$ 层的输出为:

$$\boldsymbol{a}^l = \sigma(\boldsymbol{z}^l) = \sigma(\boldsymbol{W}^l \boldsymbol{a}^{l-1} + \boldsymbol{b}^l)$$

### 8.5.2　DNN 的前向传播算法

有了 8.5.1 节的数学推导,DNN 的前向传播算法也就不难了。所谓 DNN 的前向传播算法也就是利用若干个权重系数矩阵 $\boldsymbol{W}$、偏置向量 $\boldsymbol{b}$ 和输入值向量 $\boldsymbol{x}$ 进行一系列线性运算和激活运算,从输入层开始,一层层地向后计算,一直到运算至输出层,得到输出结果为止。

输入:总层数 $L$,所有隐藏层和输出层对应的矩阵 $\boldsymbol{W}$,偏置向量 $\boldsymbol{b}$,输入值向量 $\boldsymbol{x}$。

输出:输出层的输出 $\boldsymbol{a}^L$。

(1) 初始化 $\boldsymbol{a}^1 = \boldsymbol{x}$;

(2) 对于 $l$ 为 2~$L$,计算:

$$\boldsymbol{a}^l = \sigma(\boldsymbol{z}^l) = \sigma(\boldsymbol{W}^l \boldsymbol{a}^{l-1} + \boldsymbol{b}^l)$$

## 8.6　后向传播

我们知道要更新网络中的参数,需要求损失函数对每个可变参数的导数,那么当网络有很多层时,如何方便地求出损失函数对每个参数的导数呢?一个简单又行之有效的方法就是后向传播。

### 8.6.1　求导链式法则

先给出一个求导链式法则,这在后面的推导过程中会用到:

$$\frac{\partial y}{\partial x} = \frac{\partial y}{\partial z} \times \frac{\partial z}{\partial x} \tag{8-3}$$

式(8-3)的含义：求 $y$ 对 $x$ 的导数，可变形为 $y$ 对 $z$ 的导数乘以 $z$ 对 $x$ 的导数。

例如，$y = \sin(x^2+1)$，要想求 $y$ 对 $x$ 的导数 $\frac{\partial y}{\partial x}$，则：

$$\frac{\partial y}{\partial x} = \frac{\partial \sin(x^2+1)}{\partial x} = \frac{\partial \sin(x^2+1)}{\partial (x^2+1)} \times \frac{\partial (x^2+1)}{\partial x} = \cos(x^2+1) \times 2x = 2x\cos(x^2+1)$$

### 8.6.2 后向传播算法思路

此处定义 $L(w,b)$ 为整体样本的损失函数，$L(w,b;x,y)$ 为样本值是 $x$、$y$ 时的损失函数。要更新神经网络中的参数 $W$ 和 $b$，可采用如下的迭代公式进行：

$$W_{ij}^{(l)} = W_{ij}^{(l)} - \alpha \times \frac{\partial}{\partial W_{ij}^{(l)}} L(w,b)$$

$$b_i^{(l)} = b_i^{(l)} - \alpha \times \frac{\partial}{\partial b_i^{(l)}} L(w,b) \tag{8-4}$$

式(8-4)中的 $l$ 表示是神经网络中第 $l$ 层的参数。$W_{ij}^{(l)}$ 表示连接第 $l$ 层的第 $j$ 个节点到第 $(l+1)$ 层的第 $i$ 个节点的权值，$b_i^{(l)}$ 表示在计算第 $(l+1)$ 层的第 $i$ 个节点时偏置项的值。

现要计算的是所有层的 $W$ 和 $b$ 的值，并且 $W$ 和 $b$ 的值已经初始化成接近于 0 的随机值，$\alpha$ 是预先设定好的学习率。根据式(8-4)，要更新 $W$ 和 $b$ 的值，只有损失函数对每一层的 $W$ 和 $b$ 的偏导数 $\frac{\partial}{\partial W_{ij}^{(l)}} L(w,b)$ 和 $\frac{\partial}{\partial b_i^{(l)}} L(w,b)$ 是暂时不知道的。那么，只要想办法把每一层的偏导数 $\frac{\partial}{\partial W_{ij}^{(l)}} L(w,b)$ 和 $\frac{\partial}{\partial b_i^{(l)}} L(w,b)$ 求出，就可以利用梯度下降法不断迭代，更新参数值了。

再关注"残差"$\delta_i^{(l)}$ 的值，其定义是损失函数对第 $l$ 层的第 $i$ 个神经元 $v_i^{(l)}$ 的偏导数，用公式表示为：

$$\delta_i^{(l)} = \frac{\partial L(w,b)}{\partial v_i^{(l)}}$$

### 8.6.3 后向传播算法的计算过程

在说明后向传播算法的计算过程前，定义几个符号的含义。

- $v_i^{(l)}$ 表示第 $l$ 层的第 $i$ 个节点的值，$v_i^{(l)} = \sum_{j=0}^{n} w_{ij}^{(l)} y_j^{l-1} + b^l$。
- $y_i$ 表示最后输出层的第 $i$ 个输出单元，正确样本的输出值。
- $a_i^{(l)}$ 表示第 $l$ 层的第 $i$ 个节点的激活值，$a_i^{(l)} = f(v_i^{(l)})$。
- $f$ 表示激活函数，如 sigmoid 激活函数、tanh 激活函数、relu 激活函数。
- $f'$ 表示激活函数 $f$ 的导数。
- $\delta_i^{(l)}$ 表示损失函数对第 $l$ 层的第 $i$ 个节点的 $v_i^{(l)}$ 的偏导数，也就是残差。
- $W_{ij}^{(l)}$ 表示第 $(l-1)$ 层的第 $j$ 个节点到第 $l$ 层第 $i$ 个节点的权值。

- $b_i^{(l)}$ 表示第 $l$ 层的第 $i$ 个偏置项的值。
- $K$ 表示神经网络的层数,一共有 $K$ 层。
- $n_l$ 表示在第 $l$ 层有多少个节点。
- $L(w,b)$ 表示整体损失函数$\left(\text{公式为 } \frac{1}{2}\sum_{i=1}^{n}(y_i - f(x_i))^2,\text{其中 } n \text{ 为样本的个数}\right)$。

后向传播算法计算过程的细节如下。

(1) 随机初始化网络中各层的参数 $w_{ij}^l$ 和 $b_i^l$,将它们随机初始化为均值为 0、方差为 0.01 的随机数。

(2) 对输入数据进行前向计算,计算每一层每个节点的值 $v_i^l$ 以及激活值 $a_i^l$。

(3) 计算最后一层节点的"残差"。对于神经网络的最后一层输出层,因为可以直接算出网络产生的激活值与实际值之间的差距,所以可以很容易计算出损失函数对最后一层节点的偏导数。用 $\delta_i^K$ 表示损失函数对第 $K$ 层的第 $i$ 个节点的偏导数(第 $K$ 层表示输出层),即 $\delta_i^K = \dfrac{\partial L(w,b)}{\partial v_i^K} = -(y_i - a_i^K) \times f'(v_i^K)$。

因为 $y_i$ 为样本的正确值,$a_i^K$ 为最后一层的输出值,$f'(v_i^K)$ 为激活函数对自变量的导数,所以最后一层所有节点上的"残差"$\delta_i^K$ 的值就可以直接计算出来了。

(4) 对于第 $(K-1)$ 层的残差,可以根据第 $K$ 层的残差计算出来,即:

$$\delta_i^{(K-1)} = \left(\sum_{j=1}^{n_K} w_{ji}^{K-1} \times \delta_j^K\right) \times f'(v_i^{K-1}) \tag{8-5}$$

式(8-5)的含义是,倒数第二层的第 $i$ 个节点的残差的值,等于最后一层所有节点的残差值和连接此节点的权重 $w$ 相乘后的累加,再乘以此节点上的激活函数对它的导数值。

(5) 逐层计算每个节点的残差值。

根据式(8-5),用 $K-2$ 替换 $K-1$,用 $K-1$ 替换 $K$,则得到倒数第三层的节点的残差值,这可表示为:

$$\delta_i^{K-2} = \left(\sum_{j=1}^{n_{K-1}} w_{ji}^{K-2} \times \delta_j^{K-1}\right) \times f'(v_i^{K-2})$$

不断地重复这个过程,得到 $K-3$、$K-4$、$K-5$、…2 层上所有节点的残差值。用公式表示,就是将式中的 $K$ 换成 $l$,则最后的公式为:

$$\delta_i^{l-2} = \left(\sum_{j=1}^{n_{l-1}} w_{ji}^{l-2} \times \delta_j^{l-1}\right) \times f'(v_i^{l-2})$$

(6) 计算所有节点上的残差后,就可以得到损失函数对所有 $W$ 和 $b$ 的偏导数:

$$\frac{\partial L(w,b)}{\partial w_{ij}^l} = \delta_i^l \times a_j^{l-1}$$

$$\frac{\partial L(w,b)}{\partial b_{ij}^l} = \delta_i^l$$

(7) 当输入一个训练样本时,就可以根据第(2)~(6)步,计算一次损失函数对参数 $W$ 和 $b$ 的偏导数,然后就可以利用式(8-6)对参数进行更新。如果将多个样本作为一个分组进行训练,则将 $W$ 和 $b$ 的偏导数累加求平均后,再更新参数值:

$$W_{ij}^l = W_{ij}^l - \alpha \times \frac{\partial}{\partial W_{ij}^l} L(w,b)$$
$$b_i^l = b_i^l - \alpha \times \frac{\partial}{\partial b_i^l} L(w,b)$$
(8-6)

综上可知,在后向传播过程中,首先随机初始化网络中的参数 $W$ 和 $b$ 为接近 0 的随机数,对于输入数据进行前向计算,得到每层节点的激活值,然后根据第(2)~(5)步的公式,先计算最后一层网络的节点的残差,再逐层向前计算,得到每一层网络中节点的残差,最后根据求出的残差计算损失函数对参数 $W$ 和 $b$ 的偏导数,根据一定的学习率更新参数 $W$ 和 $b$ 的值。

### 8.6.4 实例:实现一个简单的二值分类算法

下面通过 TensorFlow 实现一个简单的二值分类算法。由两个正态分布($N(-1,1)$ 和 $N(3,1)$)生成 100 个数。所有由正态分布 $N(-1,1)$ 生成的数据标为目标类 0;由正态分布 $N(3,1)$ 生成的数据标为目标类 1,模型算法通过 sigmoid 函数将这些生成的数据转换成目标类数据。换句话讲,模型算法是 sigmoid($x+A$),其中,$A$ 是要拟合的变量,理论上 $A = -1$。假设,两个正态分布的均值分别是 $m_1$ 和 $m_2$,则达到 $A$ 的取值时,它们通过 $-(m_1+m_2)/2$ 转换成到 0 等距的值。

TensorFlow 代码为:

```
## 后向传播
import matplotlib.pyplot as plt
import numpy as np
import tensorflow as tf
from tensorflow.python.framework import ops
ops.reset_default_graph()
# 创建计算图会话
sess = tf.Session()
# 生成数据,创建占位符和变量 A
x_vals = np.random.normal(1, 0.1, 100)
y_vals = np.repeat(10., 100)
x_data = tf.placeholder(shape=[1], dtype=tf.float32)
y_target = tf.placeholder(shape=[1], dtype=tf.float32)
# 创建变量(一个模型参数 = A)
A = tf.Variable(tf.random_normal(shape=[1]))
# 增加乘法操作
my_output = tf.multiply(x_data, A)
# 增加 L2 正则损失函数
loss = tf.square(my_output - y_target)
# 在运行优化器之前,需要初始化变量
init = tf.global_variables_initializer()
sess.run(init)
# 声明变量的优化器
my_opt = tf.train.GradientDescentOptimizer(0.02)
train_step = my_opt.minimize(loss)

## 训练算法
```

```python
for i in range(100):
    rand_index = np.random.choice(100)
    rand_x = [x_vals[rand_index]]
    rand_y = [y_vals[rand_index]]
    sess.run(train_step, feed_dict = {x_data: rand_x, y_target: rand_y})
    if (i + 1) % 25 == 0:
        print('Step #' + str(i + 1) + ' A = ' + str(sess.run(A)))
        print('Loss = ' + str(sess.run(loss, feed_dict = {x_data: rand_x, y_target: rand_y})))

## 重置计算图
ops.reset_default_graph()
# 创建会话
sess = tf.Session()
# 生成数据
x_vals = np.concatenate((np.random.normal(-1, 1, 50), np.random.normal(3, 1, 50)))
y_vals = np.concatenate((np.repeat(0., 50), np.repeat(1., 50)))
x_data = tf.placeholder(shape = [1], dtype = tf.float32)
y_target = tf.placeholder(shape = [1], dtype = tf.float32)
# 偏差变量 A (one model parameter = A)
A = tf.Variable(tf.random_normal(mean = 10, shape = [1]))
# 增加转换操作
# Want to create the operstion sigmoid(x + A)
# Note, the sigmoid() part is in the loss functionmy_output = tf.add(x_data, A)

# 由于指定的损失函数期望批量数据增加一个批量数的维度
# 这里使用 expand_dims() 函数增加维度
my_output_expanded = tf.expand_dims(my_output, 0)
y_target_expanded = tf.expand_dims(y_target, 0)
# 初始化变量 A
init = tf.global_variables_initializer()
sess.run(init)
# 声明损失函数交叉熵(cross entropy)
xentropy = tf.nn.sigmoid_cross_entropy_with_logits(logits = my_output_expanded, labels = y_target_expanded)
# 增加一个优化器函数让 TensorFlow 知道如何更新偏差变量
my_opt = tf.train.GradientDescentOptimizer(0.05)
train_step = my_opt.minimize(xentropy)

## 迭代
for i in range(1400):
    rand_index = np.random.choice(100)
    rand_x = [x_vals[rand_index]]
    rand_y = [y_vals[rand_index]]
    sess.run(train_step, feed_dict = {x_data: rand_x, y_target: rand_y})
    if (i + 1) % 200 == 0:
        print('Step #' + str(i + 1) + ' A = ' + str(sess.run(A)))
        print('Loss = ' + str(sess.run(xentropy, feed_dict = {x_data: rand_x, y_target: rand_y})))

## 评估预测
predictions = []
```

```
for i in range(len(x_vals)):
    x_val = [x_vals[i]]
    prediction = sess.run(tf.round(tf.sigmoid(my_output)), feed_dict = {x_data: x_val})
    predictions.append(prediction[0])
accuracy = sum(x == y for x,y in zip(predictions, y_vals))/100
print('最终精确度 = ' + str(np.round(accuracy, 2)))
```

运行程序，输出如下：

```
Step #25 A = [5.9701157]
Loss = [16.46321]
Step #50 A = [8.426938]
Loss = [3.7490408]
Step #75 A = [9.198888]
Loss = [0.6346177]
Step #100 A = [9.384211]
Loss = [6.009127]
Step #200 A = [5.6263175]
Loss = [[5.60665]]
Step #400 A = [1.5761307]
Loss = [[0.06112389]]
Step #600 A = [-0.19375862]
Loss = [[0.05610772]]
Step #800 A = [-0.67793113]
Loss = [[0.3170581]]
Step #1000 A = [-0.93942326]
Loss = [[0.33023623]]
Step #1200 A = [-0.8280158]
Loss = [[0.08658449]]
Step #1400 A = [-0.87772447]
Loss = [[0.03659635]]
最终精确度 = 0.95
Process finished with exit code 0
```

## 8.7 优化函数

随机梯度下降是一种优化函数，但优化函数有很多变种，且升级版的优化函数在有些情况下比普通的随机梯度下降效果要好得多，所以在此专门用一节来讲解优化函数。

### 8.7.1 随机梯度下降优化法

普通的随机梯度下降算法存在以下不足。

（1）很难选择一个适当的学习率。选择的学习率太小，收敛速度慢；选择的学习率太高，参数波动太大，无法进入效果相对最优的优化点。

（2）可以采用调整学习率的方法。比如，迭代 $n$ 次将学习率减半，或在训练集准确率到多少时调整学习率。但是这些人工的调整必须事先定义好,该方法虽然有所改进但是依然无法适应数据集的特征。

(3) 参数更新所有相同的学习率。如果数据稀疏而且特征又区别很大,可能训练到一个阶段时,部分参数需要采用较小的学习率来调整,另外一部分参数需要较大的学习率来调整。如果都采用相同的学习率,可能会让最终结果无法收敛到比较好的结果。

(4) 除了局部最小值外,普通的随机梯度优化容易陷入"鞍点",即梯度在所有方向上是零,但是这并不是一个最小点,甚至也不是一个局部最小点。"鞍点"的示意图如图 8-12 所示。图中中间标注的点在两个方向上的梯度都是零,但却在一个"高坡"上。

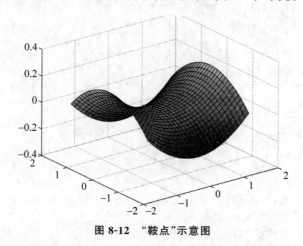

图 8-12 "鞍点"示意图

那么,怎么避免上述不足呢?可参照各种优化方法的变种。

## 8.7.2 动量优化法

基于动量的优化算法(Momentum 优化算法),其思想很简单,相当于在原来的更新参数的基础上增加了"加速度"的概念。用山坡上的球作为例子,小球在往山谷的最低点滚动时,当前时间点的下降距离会积累前面时间点下降的距离,会在路上越来越快。参数的更新亦是如此:动量在梯度连续指向同一方向上时会增加,而在梯度方向变化时会减小。这样,就可以更快收敛,并可以减小振荡。

用公式表示为($\gamma$ 为动量更新值,一般取 0.9):

$$\begin{cases} v_t = \gamma \times v_{t-1} + \alpha \times \frac{\partial}{\partial \theta} L(\theta) \\ \theta = \theta - v_t \end{cases}$$

从公式中可以看出,每次参数的更新会累积上一个时间点的动量,所以在连续同一个方向更新梯度时,会加速收敛。

图 8-13 和图 8-14 分别为普通的随机梯度下降算法和基于动量的随机梯度下降算法在最小区域周围的下降示意图。从图中可以看出,普通的随机梯度下降始终是一个速度收敛,而基于动量的梯度下降则会更加快速地收敛,并且在遇到一些局部最小点时,基于动量的梯度下降算法会"冲"过这些比较小的"坑",在某些程度上减少陷入局部最小优化点的概率。

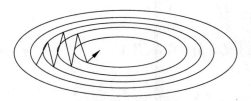

图 8-13　普通随机梯度下降法在最小区域
周围的下降示意图

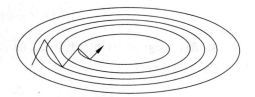

图 8-14　动量随机梯度下降法在最小区域
周围的下降示意图

### 8.7.3　Adagrad 优化法

上面提到的动量优化方法对于所有参数都使用了同一个更新速率,但是同一个更新速率不一定适合所有参数。比如,有的参数可能已经到了仅需要微调的阶段,但有些参数由于对应样本少等原因,还需要较大幅度的调动。

Adagrad 就是针对这一问题提出的,它自适应地为各个参数分配不同的学习率。其公式如下:

$$\Delta x_t = -\frac{\eta}{\sqrt{\sum_{\tau=1}^{t} g_\tau^2 + \varepsilon}} g_t$$

其中,$g_t$ 为当前的梯度,连加和开根号都是元素级别的运算;$\eta$ 为初始学习率,由于之后会自动调整学习率,所以初始值不像之前的算法那样重要了;而 $\varepsilon$ 为一个较小的数,用来保证分母非零。

这个公式的含义是,对于每个参数,随着其更新的总距离增多,其学习速率也随之变慢。Adagrad 算法存在三个问题:
- 其学习率是单调递减的,训练后期学习率非常小;
- 其需要手工设置一个全局的初始学习率;
- 更新 $x_t$ 时,左右两边的单位不同。

### 8.7.4　Adadelta 优化法

Adadelta 针对 Adagrad 算法存在的三个问题提出了更优的解决方案。

首先,针对 Adagrad 算法存在的第一个问题,可以只使用 Adagrad 的分母中的累计项离当前时间点比较近的项,如下式所示:

$$E[g^2]_t = \rho E[g^2]_{t-1} + (1-\rho) g_t^2$$

$$\Delta x_t = -\frac{\eta}{\sqrt{E[g^2]_t + \varepsilon}} g_t$$

其中,$\rho$ 为衰减系数,通过这个衰减系数,令每一个时刻的 $g_t$ 随着时间按照 $\rho$ 指数衰减,这样就相当于仅使用离当前时刻比较近的 $g_t$ 信息,从而使得相对较长时间后,参数仍然可以得到更新。

针对第三个问题,其实 Momentum 系列的方法也有单位不统一的问题。Momentum 系列方法中:

$$\Delta x_t \text{ 的单位} \times g \text{ 的单位} = \frac{\partial f}{\partial x} \times \frac{1}{x \text{ 的单位}}$$

类似的，Adagrad 中，用于更新 $\Delta x$ 的单位也不是 $x$ 的单位，而是 1。

对于牛顿迭代法：

$$\Delta x = \boldsymbol{H}_t^{-1} g_t$$

其中 $\boldsymbol{H}$ 为 Hessian 矩阵，由于其计算量巨大，因而实际中不常使用。其单位为：

$$\Delta x \times \boldsymbol{H}^{-1} g \times \frac{\frac{\partial f}{\partial x}}{\frac{\partial^2 f}{\partial^2 x}} \times x \text{ 的单位}$$

注意，此处 $f$ 无单位。因而，牛顿迭代法的单位是正确的。

所以，可以模拟牛顿迭代法来得到正确的单位。注意到：

$$\Delta x = \frac{\frac{\partial f}{\partial x}}{\frac{\partial^2 f}{\partial^2 x}} \Rightarrow \frac{1}{\frac{\partial^2 f}{\partial^2 x}} = \frac{\Delta x}{\frac{\partial f}{\partial x}}$$

这里，在解决学习率单调递减的问题的方案中，分母已经是 $\frac{\partial f}{\partial x}$ 的一个近似了。我们可以通过构造 $\Delta x$ 的近似来模拟得到 $\boldsymbol{H}^{-1}$ 的近似，从而得到近似的牛顿迭代法。具体做法如下：

$$\Delta x_t = -\frac{\sqrt{E[\Delta x^2]_{t-1}}}{\sqrt{E[g^2]_t + \varepsilon}} g_t$$

可以看出，如此一来 Adagrad 中分子部分需要人工设置的初始学习率消失了，从而顺带解决了 Adagrad 算法存在的第二个问题。

### 8.7.5　Adam 优化法

自适应矩估计（Adaptive Moment Estimation，Adam）是另一个计算各个参数的自适应学习率的方法。除了像 Adadelta 那样存储过去梯度平方 $v_t$ 的指数移动平均值外，Adam 还保留了过去梯度 $m_t$ 的指数平均值（这个点类似动量）：

$$\begin{cases} m_t = \beta_1 m_{t-1} + (1-\beta_1) g_t \\ v_t = \beta_2 v_{t-1} + (1-\beta_2) g_t^2 \end{cases}$$

$m_t$ 和 $v_t$ 是对应梯度的一阶方矩（平均）和二阶力矩（偏方差），它们通过计算偏差修正一阶和二阶力矩估计来减小这些偏差：

$$\begin{cases} \hat{m}_t = \dfrac{m_t}{1-\beta_1^t} \\ \hat{v}_t = \dfrac{v_t}{1-\beta_2^t} \end{cases}$$

接着，就像 Adedelta 一样，它们使用这些值来更新参数，由此得到 Adam 的更新规则：

$$\theta_{t+1} = \theta_t - \frac{\eta}{\sqrt{\hat{v}_t} + \varepsilon} \times \hat{m}_t$$

其中，$\beta_1$ 的默认值为 0.9，$\beta_2$ 的默认值为 0.999，$\varepsilon$ 的默认值为 $10^{-8}$，$\eta$ 为自适应学习率。

## 8.8 实例：TensorFlow 实现简单深度神经网络

本节将采用 TensorFlow 实现一个全连接神经网络，用它来拟合正弦函数。正弦函数的公式为：

$$y = \sin(x)$$

构造的模拟正弦函数的神经网络包含 3 个隐藏层，每个隐藏层有 16 个隐藏节点，单变量输入，单变量输出，各层的激活函数都采用 sigmoid 函数。

训练集和测度集都采用 $X$ 分布在 $0 \sim 2\pi$ 的随机数，$y$ 是 $\sin(x)$ 的值。每个样本执行一次参数迭代，执行 10 000 次训练后，测试一次结果，测试结果用 pylab.Plot 函数在界面上绘制出来，这样可以更直观地观察模拟效果。

用 TensorFlow 实现神经网络时，需要定义网络结构、参数、数据的输入和输出、采用的损失函数和优化方法。最烦琐的训练中的后向传播、自动求导和参数更新等操作由 TensorFlow 负责实现，所以用 TensorFlow 来实现这样一个神经网络就变得非常简单。

实现的 TensorFlow 代码为：

```
import tensorflow as tf
import math
import numpy as np
import matplotlib.pyplot as plt
import types
import pylab
'''
用 tensorflow 来拟合一个正弦函数
'''
def draw_correct_line():
    '''
    绘制标准的 sin 的曲线
    '''
    x = np.arange(0, 2 * np.pi, 0.01)
    x = x.reshape((len(x), 1))
    y = np.sin(x)
    pylab.plot(x, y, label = '标准 sin 曲线')
    plt.axhline(linewidth = 1, color = 'r')
def get_train_data():
    '''返回一个训练样本(train_x, train_y),
       其中 train_x 是随机的自变量, train_y 是 train_x 的 sin 函数值
    '''
    train_x = np.random.uniform(0.0, 2 * np.pi, (1))
    train_y = np.sin(train_x)
```

```python
    return train_x, train_y
def inference(input_data):
    '''
    定义前向计算的网络结构
    Args:
        输入的 x 的值,单个值
    '''
    with tf.variable_scope('hidden1'):
        #第一个隐藏层,采用 16 个隐藏节点
        weights = tf.get_variable("weight", [1, 16], tf.float32,
                        initializer=tf.random_normal_initializer(0.0, 1))
        biases = tf.get_variable("biase", [1, 16], tf.float32,
                        initializer=tf.random_normal_initializer(0.0, 1))
        hidden1 = tf.sigmoid(tf.multiply(input_data, weights) + biases)
    with tf.variable_scope('hidden2'):
        #第二个隐藏层,采用 16 个隐藏节点
        weights = tf.get_variable("weight", [16, 16], tf.float32,
                        initializer=tf.random_normal_initializer(0.0, 1))
        biases = tf.get_variable("biase", [16], tf.float32,
                        initializer=tf.random_normal_initializer(0.0, 1))
        mul = tf.matmul(hidden1, weights)
        hidden2 = tf.sigmoid(mul + biases)
    with tf.variable_scope('hidden3'):
        #第三个隐藏层,采用 16 个隐藏节点
        weights = tf.get_variable("weight", [16, 16], tf.float32,
                        initializer=tf.random_normal_initializer(0.0, 1))
        biases = tf.get_variable("biase", [16], tf.float32,
                        initializer=tf.random_normal_initializer(0.0, 1))
        hidden3 = tf.sigmoid(tf.matmul(hidden2, weights) + biases)
    with tf.variable_scope('output_layer'):
        #输出层
        weights = tf.get_variable("weight", [16, 1], tf.float32,
                        initializer=tf.random_normal_initializer(0.0, 1))
        biases = tf.get_variable("biase", [1], tf.float32,
                        initializer=tf.random_normal_initializer(0.0, 1))
        output = tf.matmul(hidden3, weights) + biases
    return output

def train():
    #学习率
    learning_rate = 0.01
    x = tf.placeholder(tf.float32)
    y = tf.placeholder(tf.float32)
    net_out = inference(x)
    #定义损失函数的 op
    loss = tf.square(net_out - y)
    #采用随机梯度下降的优化函数
    opt = tf.train.GradientDescentOptimizer(learning_rate)
    train_op = opt.minimize(loss)
    init = tf.global_variables_initializer()
    with tf.Session() as sess:
        sess.run(init)
        print("start traing....")
```

```python
    for i in range(1000000):
        train_x, train_y = get_train_data()
        sess.run(train_op, feed_dict = {x: train_x, y: train_y})
        if i % 10000 == 0:
            times = int(i / 10000)
            test_x_ndarray = np.arange(0, 2 * np.pi, 0.01)
            test_y_ndarray = np.zeros([len(test_x_ndarray)])
            ind = 0
            for test_x in test_x_ndarray:
                test_y = sess.run(net_out, feed_dict = {x: test_x, y: 1})
                np.put(test_y_ndarray, ind, test_y)
                ind += 1
            # 先绘制标准的 sin 函数的曲线
            # 再用虚线绘制我们计算出来的模拟 sin 函数的曲线
            draw_correct_line()
            pylab.plot(test_x_ndarray,test_y_ndarray,'--', label = str(times) + 'times')
            pylab.show()
if __name__ == "__main__":
    train()
```

构建网络结构的逻辑在 inference() 函数中实现。此处构建了 3 个隐藏层,其中每个隐藏层为 16 个节点,连接节点的参数 weight 和 bias 的初始化方法是均值为 0、方差为 1 的随机初始化,每个隐藏层的单元采用 tf.sigmoid() 作为激活函数,输出层中没有增加 sigmoid 函数,这是因为前面的几层非线性变换已经提取了足够充分的特征,使用这些特征已经可以让模型用最后一个线性分类函数来分类。

从输入数据到神经网络再到预测值输出,都是采用预测值和标准值的差的二次方作为损失函数,然后将得到的损失函数的操作 loss_op 传给随机梯度下降优化方法 tf.train.GradientDescentOptimizer,从而得到最后的训练操作 train_op。在会话的 run 方法中,传入训练数据,每执行一次 train_op,就会根据输入的训练样本做一次前向计算、一次后向传播和一次参数更新。

每训练完 10 000 个样本,就将标准的正弦函数和模拟结果采用 pylab.plot 绘制到图上,其中用实线表示标准的正弦函数,虚线表示模拟的正弦函数。最开始时,测试结果可能类似于图 8-15。

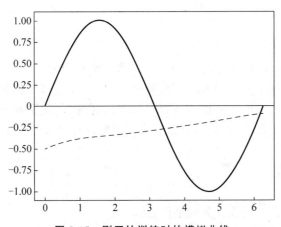

图 8-15　刚开始训练时的模拟曲线

当训练到 50 000 次后,测试结果如图 8-16 所示,此时模拟曲线(虚线)开始向实线靠近,并且前面一小段几乎已经贴着实线了,但后面和标准的正弦函数还有差距。

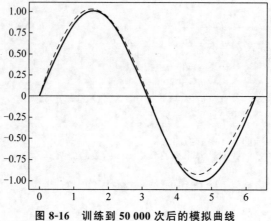

图 8-16　训练到 50 000 次后的模拟曲线

当训练结束时,结果如图 8-17 所示,此时模拟曲线几乎完全与标准的正弦曲线重合了,这时基本上就实现了用多层神经网络模拟正弦函数在 $0\sim 2\pi$ 的曲线。

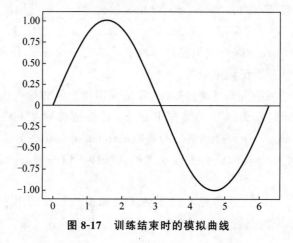

图 8-17　训练结束时的模拟曲线

## 8.9　小结

本章开始学习 TensorFlow 最强的功能——神经网络模型。

本章开始通过构建简单神经网络、深度神经网络等,让读者了解神经网络模型的功能,同时介绍了神经网络的梯度下降法、前向传播、后向传播、优化函数等内容,最后一节通过 TensorFlow 实现简单深度神经网络,让读者全面了解神经网络的功能。

## 8.10　习题

1. 神经元由哪几部分构成?分别是什么?
2. 神经元有哪些功能?

3. 我们把神经元构成的这个简单结构看作一个_____,那么这个结构就有_____和_____。我们把接收输入数据的层叫作_____,输出结果的层叫作_____,中间的神经元组成_____。

4. 普通的随机梯度下降算法存在哪些不足?

5. Adagrad 算法存在哪些问题?

6. 利用 BGD 法,对 $y=\theta_1 x_1 + \theta_2 x_2$ 进行拟合,其输入和输出如下所示:

输入 1:1　2　5　4

输入 2:4　5　1　2

输出:1926　192　0

# 第 9 章 TensorFlow 实现卷积神经网络

CHAPTER 9

卷积神经网络(Convolutional Neural Network,CNN)最初是为解决图像识别等问题设计的,当然其现在的应用不仅限于图像和视频,也可用于时间序列信号,如音频信号、文本数据等。

## 9.1 卷积神经网络的概述

在早期的图像识别研究中,最大的挑战是如何组织特征,因为图像数据不像其他类型的数据那样可以通过人工理解来提取特征。在股票预测等模型中,我们可以从原始数据中提取过往的交易价格波动、市盈率、市净率、盈利增长等金融因子,这即是特征工程。但是在图像中,我们很难根据人为理解提取出有效而丰富的特征。在深度学习出现之前,我们必须借助 SIFT、HoG 等算法提取具有良好区分性的特征,再集合 SVM 等机器学习算法进行图像识别。然而 SIFT 这类算法提取的特征还是有局限性的,在 ImageNet ILSVRC 比赛上最好结果的错误率也有 26% 以上,而且常年难以突破。

卷积神经网络提取的特征则可以达到更好的效果,同时它不需要将特征提取和分类训练两个过程分开,它在训练时就自动提取了最有效的特征。CNN 作为一个深度学习架构被提出的最初诉求,是降低对图像数据预处理的要求,以及避免复杂的特征工程。CNN 可以直接使用图像的原始像素作为输入,而不必先使用 SIFT 等算法提取特征,减轻了使用传统算法如 SVM 时必须要做的大量重复、烦琐的数据预处理工作。和 SIFT 等算法类似,CNN 训练的模型同样对缩放、平移、旋转等畸变具有不变性,有着很强的泛化性。CNN 的最大特点在于,卷积的权值共享结构可以大幅减少神经网络的参数量,防止过拟合的同时又降低了神经网络模型的复杂度。CNN 的权值共享其实也很像早期的延时神经网络(TDNN),只不过后者是在时间这一个维度上进行权值共享,降低了学习时间序列信号的复杂度。

### 9.1.1 什么是卷积神经网络

CNN 是人工神经网络的一种,它的权值共享(weight sharing)的网络结构显著降低了模型的复杂度,减少了权值的数量,是目前语音分析和图像识别领域的研究热点。

在传统的识别算法中,需要对输入的数据进行特征提取和数据重建,而卷积神经网络可以直接将图片作为网络的输入,自动提取特征,并且对图片的变形(如平移、比例缩放、倾斜)

等具有高度不变形。

那么，什么是卷积(convolution)呢？卷积是泛函数分析中的一种积分变换的数学方法，通过两个函数 $f$ 和 $g$ 生成第三个函数的一种数学算子，表征函数 $f$ 和 $g$ 经过翻转和平移的重叠部分的面积。设 $f(x)$ 和 $g(x)$ 是 $R_1$ 上的两个可积函数，做积分后的新函数就称为函数 $f$ 和 $g$ 的卷积：

$$f * g = \int_{\tau \in A} f(\tau) g(t - \tau) \mathrm{d}\tau$$

我们知道，神经网络(Neural Networks, NN)的基本组成包括输入层、隐藏层、输出层。卷积神经网络的特点在于隐藏层分为卷积层和池化层(pooling layer，又叫下采样层)。卷积层通过一块块卷积核(conventional kernel)在原始图像上的平移来提取特征，每一个特征就是一个特征映射。池化层通过汇聚特征的方式，将其相关参数变为稀疏参数来减少要学习的参数，降低网络的复杂度，最常见的池化层包括最大值池化(max pooling)和平均值池化(average pooling)，如图9-1所示。

卷积核在提取特征映射时的动作称为Padding，其有两种方式，即SAME和VALID。移动步长(stride)不一定能整除整张图的像素宽度，把不越过边缘取样称为valid padding，见图9-2(a)，取样的面积小于输入图像的像素宽度；越过边缘取样称为same padding，见图9-2(b)，取样的面积和输入图像的像素宽度一致。

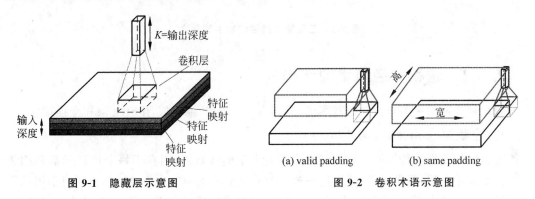

图 9-1　隐藏层示意图　　　　图 9-2　卷积术语示意图

## 9.1.2　为什么要用卷积神经网络

在图像领域采用传统的神经网络并不合适。我们知道，图像是由一个个像素点构成的，每个像素点有三个通道，分别代表R、G、B颜色。那么，如果一个图像的尺寸是(28,28,1)，即代表这个图像是一个长宽均为28，channel为1的图像(channel也叫depth，此处1代表灰色图像)。如果使用全连接的网络结构，即网络中的神经元与相邻层上的每个神经元均连接，那就意味着我们的网络有 $28 \times 28 = 784$ 个神经元，hidden层采用了15个神经元，那么简单计算一下，我们需要的参数个数($w$ 和 $b$)就有：$784 \times 15 \times 10 + 15 + 10 = 117\,625$ 个，这个参数太多了，进行一次后向传播计算量是巨大的，所以从计算资源和参数的角度都不建议用传统的神经网络。图9-3为用一个三层神经网络识别手写数字，由图可见，三层结构已经这么复杂了，如果层数再多，那复杂性就不是我们能想象的了。

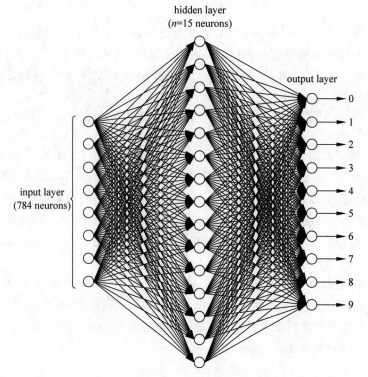

图 9-3 三层神经网络识别手写数字

### 9.1.3 卷积神经网络的结构

卷积神经网络主要包括三个基本层,分别为:卷积层、池化层、flatten 层和全连接层。

**1. 卷积层(convolutional layer)**

上文提到我们用传统的三层神经网络需要大量的参数,原因在于每个神经元都和相邻层的神经元相连接,但是思考一下,这种连接方式是必需的吗?全连接层的方式对于图像数据来说似乎显得不那么友好,因为图像本身具有"二维空间特征",通俗点说就是局部特性。例如,我们看一张猫的图片,可能看到猫的眼睛或嘴巴就知道这是猫,而不需要每个部分都看完。所以如果我们可以用某种方式对一张图片的某个典型特征进行识别,那么这张图片的类别也就知道了。这个时候就产生了卷积的概念。举个例子,现在有一个 4×4 的图像,如图 9-4 所示,设计两个卷积核,看看运用卷积核后图片会变成什么样。

由图 9-4 可以看出,原始图片是一张灰度图片,每个位置表示的是像素值,0 表示白色,1 表示黑色,(0,1)区间的数值表示灰色。对于这个 4×4 的图像,我们采用两个 2×2 的卷积核来计算。设定步长为 1,即每次以 2×2 的固定窗口往右滑动一个单位。以第一个卷积核 filter1 为例,计算过程如下:

$$feature\_map1(1,1) = 1*1 + 0*(-1) + 1*1 + 1*(-1) = 1$$

$$feature\_map1(1,2) = 0*1 + 1*(-1) + 1*1 + 1*(-1) = -1$$

⋮

$$feature\_map1(3,3) = 1*1 + 0*(-1) + 1*1 + 0*(-1) = 2$$

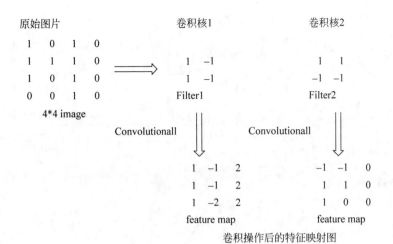

图 9-4 4×4 图像与两个 2×2 的卷积核操作结果

可以看出这就是最简单的内积公式。feature_map1(1,1)表示通过第一个卷积核卷积运算后得到的 feature_map 的第一行第一列的值,随着卷积核窗口的不断滑动,我们可以计算出一个 3×3 的 feature_map1;同理,可以计算通过第二个卷积核进行卷积运算后的 feature_map2,那么这一层卷积操作就完成了。feature_map 尺寸计算公式:((原图片尺寸－卷积核尺寸)/步长)＋1。这一层我们设定了两个 2×2 的卷积核,在 PaddlePaddle(百度练习深度学习开源平台)里是这样定义的:

```
conv_pool_1 = paddle.networks.simple_img_conv_pool(
    input = img,
    filter_size = 3,
    num_filters = 2,
    num_channel = 1,
    pool_stride = 1,
    act = paddle.activation.Relu())
```

此处调用了 networks 中的 simple_img_conv_pool 函数,激活函数是 relu(修正线性单元),下面来看一看源码里外层接口是如何定义的:

```
def simple_img_conv_pool(input,
            filter_size,
            num_filters,
            pool_size,
            name = None,
            pool_type = None,
            act = None,
            groups = 1,
            conv_stride = 1,
            conv_padding = 0,
            bias_attr = None,
```

```
                        num_channel = None,
                        param_attr = None,
                        shared_bias = True,
                        conv_layer_attr = None,
                        pool_stride = 1,
                        pool_padding = 0,
                        pool_layer_attr = None):
    """
    Simple image convolution and pooling group.
    Img input => Conv => Pooling => Output.
    :param name: group name.
    :type name: basestring
    :param input: input layer.
    :type input: LayerOutput
    :param filter_size: see img_conv_layer for details.
    :type filter_size: int
    :param num_filters: see img_conv_layer for details.
    :type num_filters: int
    :param pool_size: see img_pool_layer for details.
    :type pool_size: int
    :param pool_type: see img_pool_layer for details.
    :type pool_type: BasePoolingType
    :param act: see img_conv_layer for details.
    :type act: BaseActivation
    :param groups: see img_conv_layer for details.
    :type groups: int
    :param conv_stride: see img_conv_layer for details.
    :type conv_stride: int
    :param conv_padding: see img_conv_layer for details.
    :type conv_padding: int
    :param bias_attr: see img_conv_layer for details.
    :type bias_attr: ParameterAttribute
    :param num_channel: see img_conv_layer for details.
    :type num_channel: int
    :param param_attr: see img_conv_layer for details.
    :type param_attr: ParameterAttribute
    :param shared_bias: see img_conv_layer for details.
    :type shared_bias: bool
    :param conv_layer_attr: see img_conv_layer for details.
    :type conv_layer_attr: ExtraLayerAttribute
    :param pool_stride: see img_pool_layer for details.
    :type pool_stride: int
    :param pool_padding: see img_pool_layer for details.
    :type pool_padding: int
    :param pool_layer_attr: see img_pool_layer for details.
    :type pool_layer_attr: ExtraLayerAttribute
    :return: layer's output
    :rtype: LayerOutput
    """
    _conv_ = img_conv_layer(
```

```
            name = "%s_conv" % name,
            input = input,
            filter_size = filter_size,
            num_filters = num_filters,
            num_channels = num_channel,
            act = act,
            groups = groups,
            stride = conv_stride,
            padding = conv_padding,
            bias_attr = bias_attr,
            param_attr = param_attr,
            shared_biases = shared_bias,
            layer_attr = conv_layer_attr)
    return img_pool_layer(
            name = "%s_pool" % name,
            input = _conv_,
            pool_size = pool_size,
            pool_type = pool_type,
            stride = pool_stride,
            padding = pool_padding,
            layer_attr = pool_layer_attr)
```

在 Paddle/python/paddle/v2/framework/nets.py 里可以看到 simple_img_conv_pool 这个函数的定义：

```
def simple_img_conv_pool(input,
                         num_filters,
                         filter_size,
                         pool_size,
                         pool_stride,
                         act,
                         pool_type = 'max',
                         main_program = None,
                         startup_program = None):
    conv_out = layers.conv2d(
        input = input,
        num_filters = num_filters,
        filter_size = filter_size,
        act = act,
        main_program = main_program,
        startup_program = startup_program)
    pool_out = layers.pool2d(
        input = conv_out,
        pool_size = pool_size,
        pool_type = pool_type,
        pool_stride = pool_stride,
        main_program = main_program,
        startup_program = startup_program)
    return pool_out
```

可以看到这里面有两个输出，conv_out 是卷积输出值，pool_out 是池化输出值，最后只返回池化输出值。conv_out 和 pool_out 分别又调用了 layers.py 的 conv2d 和 pool2d，在 layers.py 里我们可以看到 conv2d 和 pool2d 是如何实现的。

conv2d 的实现代码为：

```python
def conv2d(input,
           num_filters,
           name = None,
           filter_size = [1, 1],
           act = None,
           groups = None,
           stride = [1, 1],
           padding = None,
           bias_attr = None,
           param_attr = None,
           main_program = None,
           startup_program = None):
    helper = LayerHelper('conv2d', **locals())
    dtype = helper.input_dtype()
    num_channels = input.shape[1]
    if groups is None:
        num_filter_channels = num_channels
    else:
        if num_channels % groups is not 0:
            raise ValueError("num_channels must be divisible by groups.")
        num_filter_channels = num_channels / groups

    if isinstance(filter_size, int):
        filter_size = [filter_size, filter_size]
    if isinstance(stride, int):
        stride = [stride, stride]
    if isinstance(padding, int):
        padding = [padding, padding]
    input_shape = input.shape
    filter_shape = [num_filters, num_filter_channels] + filter_size
    std = (2.0 / (filter_size[0] ** 2 * num_channels)) ** 0.5
    filter = helper.create_parameter(
        attr = helper.param_attr,
        shape = filter_shape,
        dtype = dtype,
        initializer = NormalInitializer(0.0, std, 0))
    pre_bias = helper.create_tmp_variable(dtype)
    helper.append_op(
        type = 'conv2d',
        inputs = {
            'Input': input,
            'Filter': filter,
        },
        outputs = {"Output": pre_bias},
```

```
            attrs={'strides': stride,
                   'paddings': padding,
                   'groups': groups})
    pre_act = helper.append_bias_op(pre_bias, 1)
    return helper.append_activation(pre_act)
```

pool2d 的实现代码为:

```
def pool2d(input,
           pool_size,
           pool_type,
           pool_stride=[1, 1],
           pool_padding=[0, 0],
           global_pooling=False,
           main_program=None,
           startup_program=None):
    if pool_type not in ["max", "avg"]:
        raise ValueError(
            "Unknown pool_type: '%s'. It can only be 'max' or 'avg'.",
            str(pool_type))
    if isinstance(pool_size, int):
        pool_size = [pool_size, pool_size]
    if isinstance(pool_stride, int):
        pool_stride = [pool_stride, pool_stride]
    if isinstance(pool_padding, int):
        pool_padding = [pool_padding, pool_padding]
    helper = LayerHelper('pool2d', **locals())
    dtype = helper.input_dtype()
    pool_out = helper.create_tmp_variable(dtype)
    helper.append_op(
        type="pool2d",
        inputs={"X": input},
        outputs={"Out": pool_out},
        attrs={
            "poolingType": pool_type,
            "ksize": pool_size,
            "globalPooling": global_pooling,
            "strides": pool_stride,
            "paddings": pool_padding
        })
    return pool_out
```

大家可以看到,具体的实现方式还调用了 layers_helper.py,函数的源代码为:

```
import copy
import itertools
from paddle.v2.framework.framework import Variable, g_main_program, \
    g_startup_program, unique_name, Program
from paddle.v2.framework.initializer import ConstantInitializer, \
```

```python
        UniformInitializer
class LayerHelper(object):
    def __init__(self, layer_type, **kwargs):
        self.kwargs = kwargs
        self.layer_type = layer_type
        name = self.kwargs.get('name', None)
        if name is None:
            self.kwargs['name'] = unique_name(self.layer_type)
    @property
    def name(self):
        return self.kwargs['name']
    @property
    def main_program(self):
        prog = self.kwargs.get('main_program', None)
        if prog is None:
            return g_main_program
        else:
            return prog
    @property
    def startup_program(self):
        prog = self.kwargs.get('startup_program', None)
        if prog is None:
            return g_startup_program
        else:
            return prog
    def append_op(self, *args, **kwargs):
        return self.main_program.current_block().append_op(*args, **kwargs)

    def multiple_input(self, input_param_name='input'):
        inputs = self.kwargs.get(input_param_name, [])
        type_error = TypeError(
            "Input of {0} layer should be Variable or sequence of Variable".
            format(self.layer_type))
        if isinstance(inputs, Variable):
            inputs = [inputs]
        elif not isinstance(inputs, list) and not isinstance(inputs, tuple):
            raise type_error
        else:
            for each in inputs:
                if not isinstance(each, Variable):
                    raise type_error
        return inputs

    def input(self, input_param_name='input'):
        inputs = self.multiple_input(input_param_name)
        if len(inputs) != 1:
            raise "{0} layer only takes one input".format(self.layer_type)
        return inputs[0]
    @property
    def param_attr(self):
```

```python
            default = {'name': None, 'initializer': UniformInitializer()}
            actual = self.kwargs.get('param_attr', None)
            if actual is None:
                actual = default
            for default_field in default.keys():
                if default_field not in actual:
                    actual[default_field] = default[default_field]
            return actual
    def bias_attr(self):
            default = {'name': None, 'initializer': ConstantInitializer()}
            bias_attr = self.kwargs.get('bias_attr', None)
            if bias_attr is True:
                bias_attr = default

            if isinstance(bias_attr, dict):
                for default_field in default.keys():
                    if default_field not in bias_attr:
                        bias_attr[default_field] = default[default_field]
            return bias_attr
    def multiple_param_attr(self, length):
        param_attr = self.param_attr
        if isinstance(param_attr, dict):
            param_attr = [param_attr]

        if len(param_attr) != 1 and len(param_attr) != length:
            raise ValueError("parameter number mismatch")
        elif len(param_attr) == 1 and length != 1:
            tmp = [None] * length
            for i in xrange(length):
                tmp[i] = copy.deepcopy(param_attr[0])
            param_attr = tmp
        return param_attr
    def iter_inputs_and_params(self, input_param_name = 'input'):
        inputs = self.multiple_input(input_param_name)
        param_attrs = self.multiple_param_attr(len(inputs))
        for ipt, param_attr in itertools.izip(inputs, param_attrs):
            yield ipt, param_attr
    def input_dtype(self, input_param_name = 'input'):
        inputs = self.multiple_input(input_param_name)
        dtype = None
        for each in inputs:
            if dtype is None:
                dtype = each.data_type
            elif dtype != each.data_type:
                raise ValueError("Data Type mismatch")
        return dtype
    def create_parameter(self, attr, shape, dtype, suffix = 'w',
                         initializer = None):
        # Deepcopy the attr so that parameters can be shared in program
        attr_copy = copy.deepcopy(attr)
        if initializer is not None:
```

```python
            attr_copy['initializer'] = initializer
        if attr_copy['name'] is None:
            attr_copy['name'] = unique_name(".".join([self.name, suffix]))
        self.startup_program.global_block().create_parameter(
            dtype = dtype, shape = shape, **attr_copy)
        return self.main_program.global_block().create_parameter(
            name = attr_copy['name'], dtype = dtype, shape = shape)

    def create_tmp_variable(self, dtype):
        return self.main_program.current_block().create_var(
            name = unique_name(".".join([self.name, 'tmp'])),
            dtype = dtype,
            persistable = False)
    def create_variable(self, *args, **kwargs):
        return self.main_program.current_block().create_var(*args, **kwargs)
    def create_global_variable(self, persistable = False, *args, **kwargs):
        return self.main_program.global_block().create_var(
            *args, persistable = persistable, **kwargs)
    def set_variable_initializer(self, var, initializer):
        assert isinstance(var, Variable)
        self.startup_program.global_block().create_var(
            name = var.name,
            type = var.type,
            dtype = var.data_type,
            shape = var.shape,
            persistable = True,
            initializer = initializer)

    def append_bias_op(self, input_var, num_flatten_dims = None):
        """
        Append bias operator and return its output. If the user does not set
        bias_attr, append_bias_op will return input_var
        :param input_var: the input variable. The len(input_var.shape) is larger
        or equal than 2.
        :param num_flatten_dims: The input tensor will be flatten as a matrix
        when adding bias.
        `matrix.shape = product(input_var.shape[0:num_flatten_dims]), product(
            input_var.shape[num_flatten_dims:])`
        """
        if num_flatten_dims is None:
            num_flatten_dims = self.kwargs.get('num_flatten_dims', None)
            if num_flatten_dims is None:
                num_flatten_dims = 1

        size = list(input_var.shape[num_flatten_dims:])
        bias_attr = self.bias_attr()
        if not bias_attr:
            return input_var
        b = self.create_parameter(
            attr = bias_attr, shape = size, dtype = input_var.data_type, suffix = 'b')
```

```python
            tmp = self.create_tmp_variable(dtype = input_var.data_type)
            self.append_op(
                type = 'elementwise_add',
                inputs = {'X': [input_var],
                          'Y': [b]},
                outputs = {'Out': [tmp]})
            return tmp
    def append_activation(self, input_var):
        act = self.kwargs.get('act', None)
        if act is None:
            return input_var
        if isinstance(act, basestring):
            act = {'type': act}
        tmp = self.create_tmp_variable(dtype = input_var.data_type)
        act_type = act.pop('type')
        self.append_op(
            type = act_type,
            inputs = {"X": [input_var]},
            outputs = {"Y": [tmp]},
            attrs = act)
        return tmp
```

至此这个卷积过程就完成了，从上文的计算中可以看到，同一层的神经元可以共享卷积核，那么对于高位数据的处理将会变得非常简单。使用卷积核后图片的尺寸变小，方便后续计算，并且不需要手动去选取特征，只用设计好卷积核的尺寸、数量和滑动的步长就可以让它自己去训练了。

**2．为什么卷积核有效**

虽然我们知道了卷积核是如何计算的，但是为什么使用卷积核计算后的分类效果要优于普通的神经网络呢？我们来仔细看一下上面的计算结果。通过第一个卷积核计算后的 feature_map 是一个三维数据，在第三列的绝对值最大，说明原始图片上对应的地方有一条垂直方向的特征，即像素数值变化较大；而通过第二个卷积核计算后，第三列的数值为 0，第二行的数值绝对值最大，说明原始图片上对应的地方有一条水平方向的特征。

仔细思考一下，这时设计的两个卷积核分别能够提取或者说检测出原始图片的特定的特征。此时就可以把卷积核理解为特征提取器，只需要把图片数据灌进去，设计好卷积核的尺寸、数量和滑动的步长就可以自动提取出图片的某些特征，从而达到分类的效果。

**注意：**

（1）此处的卷积运算是两个卷积核大小的矩阵的内积运算，不是矩阵乘法，即相同位置的数字相乘再相加求和。

（2）卷积核的公式有很多，这只是最简单的一种。在此所说的卷积核在数字信号处理里也叫滤波器，滤波器的种类很多，如均值滤波器、高斯滤波器、拉普拉斯滤波器等，不过不管是什么滤波器，都只是一种数学运算，只是计算更复杂一点。

（3）每一层的卷积核大小和个数可以自己定义，不过一般情况下，根据实验得到的经验来看，可以在靠近输入层的卷积层设定少量的卷积核，越往后，卷积层设定的卷积核数目就越多。

### 3. 池化层（pooling layer）

通过上一层 2×2 的卷积核操作后，将原始图像由 4×4 的尺寸变为了 3×3 的一个新的图片。池化层的主要目的是通过降采样的方式，在不影响图像质量的情况下，压缩图片、减少参数。简单来说，假设现在设定池化层采用 max pooling，大小为 2×2，步长为 1，取每个窗口最大的数值重新排列，那么图片的尺寸就会由 3×3 变为 2×2：(3−2)+1=2。从图 9-4 来看，会有如图 9-5 所示的变换。

通常来说，池化方法一般有以下两种。

- max pooling：取滑动窗口里最大的值。
- average pooling：取滑动窗口内所有值的平均值。

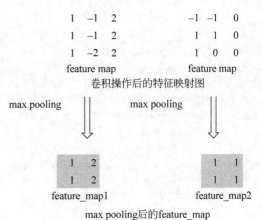

图 9-5　max pooling 结果

（1）为什么采用 max pooling？

从计算方式来看，max pooling 是最简单的一种了，取 max 即可，但是这也引发一个思考，为什么需要 max pooling？如果我们只取最大值，那其他的值被舍弃难道就没有影响吗？不会损失这部分信息吗？如果认为这些信息是可损失的，那么是否意味着我们在进行卷积操作后仍然产生了一些不必要的冗余信息呢？

其实从上文分析卷积核为什么有效的原因来看，每一个卷积核可以看作一个特征提取器，不同的卷积核负责提取不同的特征，例子中设计的第一个卷积核能够提取出"垂直"方向的特征，第二个卷积核能够提取出"水平"方向的特征，那么对其进行 max pooling 操作后，提取出的是真正能够识别特征的数值，其余数值被舍弃。那么在进行后续计算时，减小了 feature map 的尺寸，从而减少了参数，达到了减小计算量、却不损失效果的目的。

不过并不是所有情况 max pooling 的效果都很好，有时候有些周边信息也会对某个特定特征的识别产生一定效果，那么这个时候舍弃这部分"不重要"的信息，就不可取了。所以得具体情况具体分析，可以把卷积后不加 max pooling 的结果与卷积后加了 max pooling 的结果输出对比一下，看看 max pooling 是否对卷积核提取特征起了反效果。

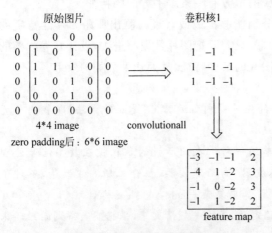

图 9-6　zero padding 结果

（2）zero padding。

到现在为止，图片由 4×4，通过卷积层变为 3×3，再通过池化层变为 2×2，如果再添加层，那么图片岂不是会越变越小？这个时候就会引出"zero padding"（补零），它可以保证每次经过卷积或池化输出后图片的大小不变。例如，上述例子如果加入 zero padding，再采用 3×3 的卷积核，那么变换后的图片尺寸与原图片尺寸相同，如图 9-6 所示。

通常情况下，我们希望图片做完卷积操作后保持大小不变，所以一般会选择尺寸为 3×3 的卷积核和 1 的 zero padding,或者 5×5 的卷积核与 2 的 zero padding,这样通过计算后,可以保留图片的原始尺寸。那么加入 zero padding 后的 feature_map 尺寸＝(width＋2×padding_size－filter_size)/stride＋1。

**注意**:这里的 width 也可换成 height,此处默认是正方形的卷积核,width＝height,如果两者不相等,可以分开计算,分别补零。

### 4. flatten 层和全连接层(fully connected layer)

到这一步,一个完整的"卷积部分"就算完成了,如果想要叠加层数,一般也是叠加"conv-maxpooing",通过不断设计卷积核的尺寸、数量,提取更多的特征,最后识别不同类别的物体。做完 max pooling 后,就会把这些数据"拍平"丢到 flatten 层,然后把 flatten 层的 output 放到全连接层里,采用 softmax 对其进行分类,过程如图 9-7 所示。

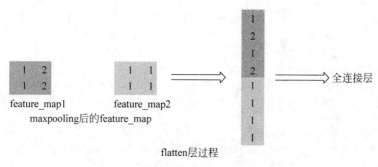

图 9-7 flatten 过程

## 9.1.4 实例:简单卷积神经网络的实现

下面利用卷积神经网络测试 MNIST 数据,其实现代码为:

```
## 导入 MNIST 数据
from tensorflow.examples.tutorials.mnist import input_data
import tensorflow as tf
mnist = input_data.read_data_sets('MNIST_data/', one_hot = True)
# 创建默认 InteractiveSession
sess = tf.InteractiveSession()

## 卷积网络会有很多的权重和偏置需要创建,先定义好初始化函数以便复用
# 给权重制造一些随机噪声打破完全对称(如截断的正态分布噪声,标准差设为 0.1)
def weight_variable(shape):
    initial = tf.truncated_normal(shape, stddev = 0.1)
    return tf.Variable(initial)
# 使用 relu,也给偏置增加一些小的正值(0.1)用来避免死亡节点(dead neurons)
def bias_variable(shape):
    initial = tf.constant(0.1, shape = shape)
    return tf.Variable(initial)

## 卷积层、池化层接下来重复使用的,分别定义创建函数
# tf.nn.conv2d 是 TensorFlow 中的二维卷积函数
```

```python
def conv2d(x, W):
    return tf.nn.conv2d(x, W, strides = [1, 1, 1, 1], padding = 'SAME')
# 使用 2 * 2 的最大池化
def max_pool_2x2(x):
    return tf.nn.max_pool(x, ksize = [1, 2, 2, 1], strides = [1, 2, 2, 1], padding = 'SAME')

## 正式设计卷积神经网络之前先定义 placeholder
# x 是特征,y_是真实 label,将图片数据从 1D 转为 2D,使用 tensor 的变形函数 tf.reshape
x = tf.placeholder(tf.float32, shape = [None, 784])
y_ = tf.placeholder(tf.float32, shape = [None, 10])
x_image = tf.reshape(x, [-1, 28, 28, 1])

## 设计卷积神经网络
# 第一层卷积
# 卷积核尺寸为 5 * 5,1 个颜色通道,32 个不同的卷积核
W_conv1 = weight_variable([5, 5, 1, 32])
# 用 conv2d 函数进行卷积操作,加上偏置
b_conv1 = bias_variable([32])
# 把 x_image 和权值向量进行卷积,加上偏置项,然后应用 relu 激活函数
h_conv1 = tf.nn.relu(conv2d(x_image, W_conv1) + b_conv1)
# 对卷积的输出结果进行池化操作
h_pool1 = max_pool_2x2(h_conv1)
# 第二层卷积(和第一层大致相同,卷积核为 64,这一层卷积会提取 64 种特征)
W_conv2 = weight_variable([5, 5, 32, 64])
b_conv2 = bias_variable([64])
h_conv2 = tf.nn.relu(conv2d(h_pool1, W_conv2) + b_conv2)
h_pool2 = max_pool_2x2(h_conv2)
# 全连接层,隐含节点数 1024,使用 relu 激活函数
W_fc1 = weight_variable([7 * 7 * 64, 1024])
b_fc1 = bias_variable([1024])
h_pool2_flat = tf.reshape(h_pool2, [-1, 7 * 7 * 64])
h_fc1 = tf.nn.relu(tf.matmul(h_pool2_flat, W_fc1) + b_fc1)
# 为了防止过拟合,在输出层之前加 dropout 层
keep_prob = tf.placeholder(tf.float32)
h_fc1_drop = tf.nn.dropout(h_fc1, keep_prob)
# 输出层,添加一个 softmax 层,就像 softmax regression 一样,得到概率输出
W_fc2 = weight_variable([1024, 10])
b_fc2 = bias_variable([10])
y_conv = tf.nn.softmax(tf.matmul(h_fc1_drop, W_fc2) + b_fc2)

## 模型训练设置
# 定义 loss function 为 cross entropy,优化器使用 Adam,并给予一个比较小的学习速率 1e-4
cross_entropy = tf.reduce_mean(-tf.reduce_sum(y_ * tf.log(y_conv), reduction_indices = [1]))
train_step = tf.train.AdamOptimizer(1e-4).minimize(cross_entropy)
# 定义评测准确率的操作
correct_prediction = tf.equal(tf.argmax(y_conv, 1), tf.argmax(y_, 1))
accuracy = tf.reduce_mean(tf.cast(correct_prediction, tf.float32))

## 开始训练过程
# 初始化所有参数
```

```
tf.global_variables_initializer().run()
# 训练(设置训练时 dropout 的 kepp_prob 比率为 0.5,mini-batch 为 50,进行 2000 次迭代训练,
# 参与训练样本 5 万)
# 其中每进行 100 次训练,对准确率进行一次评测,keep_prob 设置为 1,用以实时监测模型的性能
for i in range(1000):
    batch = mnist.train.next_batch(50)
    if i % 100 == 0:
        train_accuracy = accuracy.eval(feed_dict = {x:batch[0], y_: batch[1], keep_prob: 1.0})
        print "--> step %d, training accuracy %.4f" % (i, train_accuracy)
    train_step.run(feed_dict = {x: batch[0], y_: batch[1], keep_prob: 0.5})
# 全部训练完成之后,在最终测试集上进行全面测试,得到整体的分类准确率
print "卷积神经网络在 MNIST 数据集的正确率: %g" % accuracy.eval(feed_dict = {
    x: mnist.test.images, y_: mnist.test.labels, keep_prob: 1.0})
```

运行程序,输出如下:

```
--> step 0, training accuracy 0.1200
--> step 100, training accuracy 0.8400
--> step 200, training accuracy 0.8800
--> step 300, training accuracy 0.9000
--> step 400, training accuracy 0.9800
--> step 500, training accuracy 0.9600
--> step 600, training accuracy 0.9600
--> step 700, training accuracy 0.9200
--> step 800, training accuracy 0.9400
--> step 900, training accuracy 0.9400
卷积神经网络在 MNIST 数据集的正确率: 0.9623
Process finished with exit code 0
```

## 9.2 卷积神经网络的函数

在 TensorFlow 中,使用 tf.nn.conv2d 来实现卷积操作,使用 tf.nn.max_pool 进行最大池化操作。通过传入不同的参数,来实现各种不同类型的卷积与池化操作,下面介绍这两个函数。

### 1. tf.nn.conv2d 函数

TensorFlow 中使用 tf.nn.conv2d 函数来实现卷积。函数的调用格式为:

Tensor = tf.nn.conv2d(input, filter, strides, padding, use_cudnn_on_gpu = None, name = None)

除去 name 参数用以指定该操作的 name,与方法有关的一共有如下 6 个参数。
- 参数 input:指需要做卷积的输入图像,它要求是一个 Tensor,具有[batch,in_height,in_width,in_channels]这样的 shape,具体含义是[训练时一个 batch 的图片数量,图片高度,图片宽度,图像通道数],注意这是一个四维的 Tensor,要求类型为 float32 和 float64 其中之一。

- 参数 filter：相当于 CNN 中的卷积核，它要求是一个 Tensor，具有[filter_height, filter_width, in_channels, out_channels]这样的 shape，具体含义是[卷积核的高度，卷积核的宽度，图像通道数，卷积核个数]，要求类型与参数 input 相同，有一个地方需要注意，第三维 in_channels，就是参数 input 的第四维。
- 参数 strides：卷积时在图像每一维的步长，这是一个一维的向量，步长为 4。
- 参数 padding：string 类型的量，只能是'SAME'、'VALID'其中之一，这个值决定了不同的卷积方式。
- 参数 use_cudnn_on_gpu：为 bool 类型，表示是否使用 cudnn 加速，默认为 true。
- 返回值 Tensor：这个输出就是我们常说的 feature map，shape 仍然是[batch, height, width, channels]这种形式。

下面直接通过一个例子来演示 tf.nn.conv2d 函数的用法。

```python
import tensorflow as tf
oplist = []
## 增加图片的通道数,使用一张 3×3 五通道的图像(对应的 shape:[1,3,3,5]),用一个 1×1 的
## 卷积核(对应的 shape:[1,1,1,1])去做卷积,仍然是一张 3×3 的 feature map,这就相当于
## 对于每一个像素点,卷积核都与该像素点的每一个通道做卷积
input_arg = tf.Variable(tf.ones([1, 3, 3, 5]))
filter_arg = tf.Variable(tf.ones([1 ,1 , 5 ,1]))
op2 = tf.nn.conv2d(input_arg, filter_arg, strides = [1,1,1,1], use_cudnn_on_gpu = False, padding = 'VALID')
oplist.append([op2, "case 2"])
## 把卷积核扩大,现在用 3×3 的卷积核做卷积,最后的输出是一个值,
## 相当于情况 2 的 feature map 所有像素点的值求和
input_arg = tf.Variable(tf.ones([1, 3, 3, 5]))
filter_arg = tf.Variable(tf.ones([3 ,3 , 5 ,1]))
op2 = tf.nn.conv2d(input_arg, filter_arg, strides = [1,1,1,1], use_cudnn_on_gpu = False, padding = 'VALID')
oplist.append([op2, "case 3"])
## 使用更大的图片将情况 2 的图片扩大到 5×5,仍然是 3×3 的卷积核,令步长为 1,输出 3×3 的
## feature map
input_arg = tf.Variable(tf.ones([1, 5, 5, 5]))
filter_arg = tf.Variable(tf.ones([3 ,3 , 5 ,1]))
op2 = tf.nn.conv2d(input_arg, filter_arg, strides = [1,1,1,1], use_cudnn_on_gpu = False, padding = 'VALID')
oplist.append([op2, "case 4"])
## 令参数 padding 的值为'VALID',当其为'SAME'时,表示卷积核可以停留在图像边缘,如下,
## 输出 5×5 的 feature map
input_arg = tf.Variable(tf.ones([1, 5, 5, 5]))
filter_arg = tf.Variable(tf.ones([3 ,3 , 5 ,1]))
op2 = tf.nn.conv2d(input_arg, filter_arg, strides = [1,1,1,1], use_cudnn_on_gpu = False, padding = 'SAME')
oplist.append([op2, "case 5"])
## 如果卷积核有多个
input_arg = tf.Variable(tf.ones([1, 5, 5, 5]))
filter_arg = tf.Variable(tf.ones([3 ,3 , 5 ,7]))
```

```
op2 = tf.nn.conv2d(input_arg, filter_arg, strides = [1,1,1,1], use_cudnn_on_gpu = False,
padding = 'SAME')
oplist.append([op2, "case 6"])
## 步长不为1的情况,文档里说了对于图片,因为只有两维,通常 strides 取[1,stride,stride,1]
input_arg = tf.Variable(tf.ones([1, 5, 5, 5]))
filter_arg = tf.Variable(tf.ones([3 ,3 , 5 ,7]))
op2 = tf.nn.conv2d(input_arg, filter_arg, strides = [1,2,2,1], use_cudnn_on_gpu = False,
padding = 'SAME')
oplist.append([op2, "case 7"])
# 如果 batch 值不为1,同时输入 10 张图
input_arg = tf.Variable(tf.ones([4, 5, 5, 5]))
filter_arg = tf.Variable(tf.ones([3 ,3 , 5 ,7]))
op2 = tf.nn.conv2d(input_arg, filter_arg, strides = [1,2,2,1], use_cudnn_on_gpu = False,
padding = 'SAME')
oplist.append([op2, "case 8"])
with tf.Session() as a_sess:
    a_sess.run(tf.global_variables_initializer())
    for aop in oplist:
        print("---------- {} ----------".format(aop[1]))
        print(a_sess.run(aop[0]))
        print('--------------------- \n\n')
```

运行程序,输出如下:

```
---------- case 2 ----------
[[[[5.]
   [5.]
   [5.]]

  [[5.]
   [5.]
   [5.]]

  [[5.]
   [5.]
   [5.]]]]
---------------------
...
---------- case 5 ----------
[[[[20.]
   [30.]
   [30.]
   [30.]
   [20.]]

  [[30.]
   [45.]
   [45.]
   [45.]
```

```
   [30.]]

  [[30.]
   [45.]
   [45.]
   [45.]
   [30.]]

  [[30.]
   [45.]
   [45.]
   [45.]
   [30.]]

  [[20.]
   [30.]
   [30.]
   [30.]
   [20.]]]]
---------------------
---------- case 6 ----------
[[[[20. 20. 20. 20. 20. 20. 20.]
   [30. 30. 30. 30. 30. 30. 30.]
   [30. 30. 30. 30. 30. 30. 30.]
   [30. 30. 30. 30. 30. 30. 30.]
   [20. 20. 20. 20. 20. 20. 20.]]

  [[30. 30. 30. 30. 30. 30. 30.]
   [45. 45. 45. 45. 45. 45. 45.]
   [45. 45. 45. 45. 45. 45. 45.]
   [45. 45. 45. 45. 45. 45. 45.]
   [30. 30. 30. 30. 30. 30. 30.]]

  [[30. 30. 30. 30. 30. 30. 30.]
   [45. 45. 45. 45. 45. 45. 45.]
   [45. 45. 45. 45. 45. 45. 45.]
   [45. 45. 45. 45. 45. 45. 45.]
   [30. 30. 30. 30. 30. 30. 30.]]

  [[30. 30. 30. 30. 30. 30. 30.]
   [45. 45. 45. 45. 45. 45. 45.]
   [45. 45. 45. 45. 45. 45. 45.]
   [45. 45. 45. 45. 45. 45. 45.]
   [30. 30. 30. 30. 30. 30. 30.]]

  [[20. 20. 20. 20. 20. 20. 20.]
   [30. 30. 30. 30. 30. 30. 30.]
   [30. 30. 30. 30. 30. 30. 30.]
   [30. 30. 30. 30. 30. 30. 30.]
   [20. 20. 20. 20. 20. 20. 20.]]]]
```

```
--------------------
......
---------- case 8 ----------
[[[[20. 20. 20. 20. 20. 20. 20.]
   [30. 30. 30. 30. 30. 30. 30.]
   [20. 20. 20. 20. 20. 20. 20.]]

  [[30. 30. 30. 30. 30. 30. 30.]
   [45. 45. 45. 45. 45. 45. 45.]
   [30. 30. 30. 30. 30. 30. 30.]]

  [[20. 20. 20. 20. 20. 20. 20.]
   [30. 30. 30. 30. 30. 30. 30.]
   [20. 20. 20. 20. 20. 20. 20.]]]


 [[[20. 20. 20. 20. 20. 20. 20.]
   [30. 30. 30. 30. 30. 30. 30.]
   [20. 20. 20. 20. 20. 20. 20.]]

  [[30. 30. 30. 30. 30. 30. 30.]
   [45. 45. 45. 45. 45. 45. 45.]
   [30. 30. 30. 30. 30. 30. 30.]]

  [[20. 20. 20. 20. 20. 20. 20.]
   [30. 30. 30. 30. 30. 30. 30.]
   [20. 20. 20. 20. 20. 20. 20.]]]


 [[[20. 20. 20. 20. 20. 20. 20.]
   [30. 30. 30. 30. 30. 30. 30.]
   [20. 20. 20. 20. 20. 20. 20.]]

  [[30. 30. 30. 30. 30. 30. 30.]
   [45. 45. 45. 45. 45. 45. 45.]
   [30. 30. 30. 30. 30. 30. 30.]]

  [[20. 20. 20. 20. 20. 20. 20.]
   [30. 30. 30. 30. 30. 30. 30.]
   [20. 20. 20. 20. 20. 20. 20.]]]


 [[[20. 20. 20. 20. 20. 20. 20.]
   [30. 30. 30. 30. 30. 30. 30.]
   [20. 20. 20. 20. 20. 20. 20.]]

  [[30. 30. 30. 30. 30. 30. 30.]
   [45. 45. 45. 45. 45. 45. 45.]
   [30. 30. 30. 30. 30. 30. 30.]]

  [[20. 20. 20. 20. 20. 20. 20.]
   [30. 30. 30. 30. 30. 30. 30.]
   [20. 20. 20. 20. 20. 20. 20.]]]]
--------------------
Process finished with exit code 0
```

## 2. tf.nn.max_pool 函数

TensorFlow 中的池化函数为 tf.nn.max_pool，该函数的调用格式为：

Tensor = tf.nn.max_pool(value, ksize, strides, padding, name = None)

函数中除了 name 外，参数是 5 个，和卷积很类似，具体含义如下。

- 参数 value：需要池化的输入，一般池化层接在卷积层后面，所以输入通常是 feature map，依然是[batch, height, width, channels]这样的 shape。
- 参数 ksize：池化窗口的大小，是一个四维向量，一般是[1, height, width, 1]，因为我们不想在 batch 和 channels 上做池化，所以这两个维度设为了 1。
- strides：和卷积类似，是窗口在每一个维度上滑动的步长，一般也是[1, stride, stride, 1]。
- 参数 padding：和卷积类似，可以取'VALID'或者'SAME'。
- 返回值 Tensor：类型不变，shape 仍然是[batch, height, width, channels]这种形式。

下面通过一个实例来介绍池化函数的用法，假设拥有的图如图 9-8 所示。

| 1 | 3 | 5 | 7 |
|---|---|---|---|
| 8 | 6 | 4 | 2 |
| 4 | 2 | 8 | 6 |
| 1 | 3 | 5 | 7 |

(a) 通道1

| 2 | 4 | 6 | 8 |
|---|---|---|---|
| 7 | 5 | 3 | 1 |
| 3 | 1 | 7 | 5 |
| 2 | 4 | 6 | 8 |

(b) 通道2

**图 9-8　双通道图片**

下面通过 TensorFlow 实现最大池化处理。

```
import tensorflow as tf
#通道矩阵,并将其赋予指定的值
a = tf.constant([
        [[1.0,2.0,3.0,4.0],
         [5.0,6.0,7.0,8.0],
         [8.0,7.0,6.0,5.0],
         [4.0,3.0,2.0,1.0]],
        [[4.0,3.0,2.0,1.0],
         [8.0,7.0,6.0,5.0],
         [1.0,2.0,3.0,4.0],
         [5.0,6.0,7.0,8.0]]
    ])
a = tf.reshape(a,[1,4,4,2])
pooling = tf.nn.max_pool(a,[1,2,2,1],[1,1,1,1],padding = 'VALID')
with tf.Session() as sess:
    print("image:")
    image = sess.run(a)
    print (image)
    print("reslut:")
    result = sess.run(pooling)
    print (result)
```

运行程序，输出如下：

```
[[[[1. 2.]
   [3. 4.]
```

```
   [5. 6.]
   [7. 8.]]
  [[8. 7.]
   [6. 5.]
   [4. 3.]
   [2. 1.]]
  [[4. 3.]
   [2. 1.]
   [8. 7.]
   [6. 5.]]
  [[1. 2.]
   [3. 4.]
   [5. 6.]
   [7. 8.]]]]
result:
[[[[8. 7.]
   [6. 6.]
   [7. 8.]]
  [[8. 7.]
   [8. 7.]
   [8. 7.]]
  [[4. 4.]
   [8. 7.]
   [8. 8.]]]]
Process finished with exit code 0
```

池化后的图像如图 9-9 所示。

由图 9-9 可看出,以上程序是正确的。

我们还可以改变步长,代码为:

```
pooling = tf.nn.max_pool(a,[1,2,2,1],[1,2,2,1],
padding = 'VALID')
```

| 8 | 6 | 7 |
|---|---|---|
| 8 | 8 | 8 |
| 4 | 8 | 8 |

(a) 池化后通道1

| 7 | 6 | 8 |
|---|---|---|
| 7 | 7 | 7 |
| 4 | 7 | 8 |

(b) 池化后通道2

图 9-9  图像池化后的效果

得到的 result 就变成:

```
reslut:
[[[[8. 7.]
   [7. 8.]]
  [[4. 4.]
   [8. 8.]]]]
Process finished with exit code 0
```

## 9.3 AlexNet

AlexNe 是由 Hinton 的学生 Alex Krizhevsky 提出的。AlexNet 是在 2012 年发表的一个经典之作,它是 LeNet 的一种更深更宽的版本,并在当年取得了 ImageNet 最好成绩,点燃了深度学习这把火。也是在那年之后，更多、更深的神经网络被提出，如优秀的 VGGNet、Google InceptionNet 和 ResNet。AlexNet 将 LeNet 的思想发扬光大，把 CNN 的基本原理应用到了很深很宽的网络中。AlexNet 可以说是神经网络在低谷期的第一次发声，确立了深度学习在计算机视觉领域的统治地位，碾压其他传统的 hand-craft 特征方法，使得计算机视觉从业者从繁重的特征工程中解脱出来，转向思考从数据中自动提取需要的特征，做到数据驱动。

AlexNet 共包含 8 个权重层，其中前 5 层为卷积层，后 3 层为全连接层。如图 9-10 所示，第 1 个及第 2 个卷积层后连有 LRN 层，不过此后的网络也证明 LRN 并非 CNN 中必须包含的层，甚至有些网络加入 LRN 后效果反而降低。两个 LRN 层及最后层卷积层后都跟有最大池化层，并且各个层均连有 relu 激活函数。全连接层后使用了 dropout，能够随机忽略一部分神经单元，从而解决过拟合。

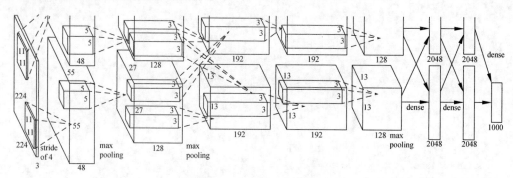

图 9-10　AlexNet 示意图

AlexNet 主要用到的技术如下。

（1）训练出当前最大规模的卷积神经网络，此前 LeNet-5 网络仅为 3 个卷积层及 1 个全连接层。

（2）成功运用诸多 Trick，如 dropout、relu、data augmentation、max pooling 等解决深层神经网络存在的问题，使得该网络体现出优秀的性能。

（3）实现高效的 GPU 卷积运算结构。

因为使用 ImageNet 数据集非常耗时，所以以下 TensorFlow 代码会对完整的 AlexNet 网络进行速度测试。若读者感兴趣，可自行下载 ImageNet 数据集进行训练测试。

```
import os
os.environ['TF_CPP_MIN_LOG_LEVEL'] = '2'
# 导入常用库，载入 TensorFlow
from datetime import datetime
import math
import time
import tensorflow as tf
# 设置参数
batch_size = 32
num_batches = 100
# 定义显示网络结构的函数，展示输出 Tensor 的尺寸
def print_activations(t):
```

```python
        print(t.op.name, ' ', t.get_shape().as_list())
# 设计 AlexNet 网络结构
def inference(images):
    parameters = []
    # conv1
    with tf.name_scope('conv1') as scope:
        kernel = tf.Variable(tf.truncated_normal([11, 11, 3, 64], dtype=tf.float32,
                                                 stddev=1e-1), name='weights')
        conv = tf.nn.conv2d(images, kernel, [1, 4, 4, 1], padding='SAME')
        biases = tf.Variable(tf.constant(0.0, shape=[64], dtype=tf.float32),
                             trainable=True, name='biases')
        bias = tf.nn.bias_add(conv, biases)
        conv1 = tf.nn.relu(bias, name=scope)
        print_activations(conv1)
        parameters += [kernel, biases]
    # LRN 层和 pool1
    lrn1 = tf.nn.lrn(conv1, 4, bias=1.0, alpha=0.001 / 9.0, beta=0.75, name='lrn1')
    pool1 = tf.nn.max_pool(lrn1,
                           ksize=[1, 3, 3, 1],
                           strides=[1, 2, 2, 1],
                           padding='VALID',
                           name='pool1')
    print_activations(pool1)
    # conv2
    with tf.name_scope('conv2') as scope:
        kernel = tf.Variable(tf.truncated_normal([5, 5, 64, 192], dtype=tf.float32,
                                                 stddev=1e-1), name='weights')
        conv = tf.nn.conv2d(pool1, kernel, [1, 1, 1, 1], padding='SAME')
        biases = tf.Variable(tf.constant(0.0, shape=[192], dtype=tf.float32),
                             trainable=True, name='biases')
        bias = tf.nn.bias_add(conv, biases)
        conv2 = tf.nn.relu(bias, name=scope)
        parameters += [kernel, biases]
    print_activations(conv2)
    # pool2
    lrn2 = tf.nn.lrn(conv2, 4, bias=1.0, alpha=0.001 / 9.0, beta=0.75, name='lrn2')
    pool2 = tf.nn.max_pool(lrn2,
                           ksize=[1, 3, 3, 1],
                           strides=[1, 2, 2, 1],
                           padding='VALID',
                           name='pool2')
    print_activations(pool2)
    # conv3
    with tf.name_scope('conv3') as scope:
        kernel = tf.Variable(tf.truncated_normal([3, 3, 192, 384],
                                                 dtype=tf.float32,
                                                 stddev=1e-1), name='weights')
        conv = tf.nn.conv2d(pool2, kernel, [1, 1, 1, 1], padding='SAME')
        biases = tf.Variable(tf.constant(0.0, shape=[384], dtype=tf.float32),
                             trainable=True, name='biases')
```

```python
            bias = tf.nn.bias_add(conv, biases)
            conv3 = tf.nn.relu(bias, name = scope)
            parameters += [kernel, biases]
            print_activations(conv3)
        # conv4
        with tf.name_scope('conv4') as scope:
            kernel = tf.Variable(tf.truncated_normal([3, 3, 384, 256],
                                                     dtype = tf.float32,
                                                     stddev = 1e - 1), name = 'weights')
            conv = tf.nn.conv2d(conv3, kernel, [1, 1, 1, 1], padding = 'SAME')
            biases = tf.Variable(tf.constant(0.0, shape = [256], dtype = tf.float32),
                                 trainable = True, name = 'biases')
            bias = tf.nn.bias_add(conv, biases)
            conv4 = tf.nn.relu(bias, name = scope)
            parameters += [kernel, biases]
            print_activations(conv4)
        # conv5
        with tf.name_scope('conv5') as scope:
            kernel = tf.Variable(tf.truncated_normal([3, 3, 256, 256],
                                                     dtype = tf.float32,
                                                     stddev = 1e - 1), name = 'weights')
            conv = tf.nn.conv2d(conv4, kernel, [1, 1, 1, 1], padding = 'SAME')
            biases = tf.Variable(tf.constant(0.0, shape = [256], dtype = tf.float32),
                                 trainable = True, name = 'biases')
            bias = tf.nn.bias_add(conv, biases)
            conv5 = tf.nn.relu(bias, name = scope)
            parameters += [kernel, biases]
            print_activations(conv5)
        # pool5
        pool5 = tf.nn.max_pool(conv5,
                               ksize = [1, 3, 3, 1],
                               strides = [1, 2, 2, 1],
                               padding = 'VALID',
                               name = 'pool5')
        print_activations(pool5)
        return pool5, parameters
# 评估AlexNet每轮计算时间
def time_tensorflow_run(session, target, info_string):
    # 每10轮迭代显示当前所需时间
    num_steps_burn_in = 10
    total_duration = 0.0
    total_duration_squared = 0.0
    for i in range(num_batches + num_steps_burn_in):
        start_time = time.time()
        _ = session.run(target)
        duration = time.time() - start_time
        if i >= num_steps_burn_in:
            if not i % 10:
                print('%s: step %d, duration = %.3f' %
                      (datetime.now(), i - num_steps_burn_in, duration))
```

```python
            total_duration += duration
            total_duration_squared += duration * duration
    mn = total_duration / num_batches
    vr = total_duration_squared / num_batches - mn * mn
    sd = math.sqrt(vr)
    print('%s: %s across %d steps, %.3f +/- %.3f sec / batch' %
          (datetime.now(), info_string, num_batches, mn, sd))
# 主函数 run_benchmark
def run_benchmark():
    with tf.Graph().as_default():
        image_size = 224
        images = tf.Variable(tf.random_normal([batch_size,
                                               image_size,
                                               image_size, 3],
                                              dtype=tf.float32,
                                              stddev=1e-1))

        pool5, parameters = inference(images)
        init = tf.global_variables_initializer()
        # Start running operations on the Graph.
        config = tf.ConfigProto()
        config.gpu_options.allocator_type = 'BFC'
        sess = tf.Session(config=config)
        sess.run(init)
        # forward, backward 计算评测
        time_tensorflow_run(sess, pool5, "Forward")
        objective = tf.nn.l2_loss(pool5)
        grad = tf.gradients(objective, parameters)
        time_tensorflow_run(sess, grad, "Forward-backward")
# 执行主函数
run_benchmark()
```

运行程序，输出如下：

```
conv1  [32, 56, 56, 64]
pool1  [32, 27, 27, 64]
conv2  [32, 27, 27, 192]
pool2  [32, 13, 13, 192]
conv3  [32, 13, 13, 384]
conv4  [32, 13, 13, 256]
conv5  [32, 13, 13, 256]
pool5  [32, 6, 6, 256]
2018-05-18 08:47:44.203847: step 0, duration = 0.594
2018-05-18 08:47:50.125309: step 10, duration = 0.581
2018-05-18 08:47:56.756521: step 20, duration = 0.617
2018-05-18 08:48:03.349695: step 30, duration = 0.719
2018-05-18 08:48:09.390083: step 40, duration = 0.581
2018-05-18 08:48:15.361345: step 50, duration = 0.575
2018-05-18 08:48:22.138993: step 60, duration = 0.671
2018-05-18 08:48:28.119350: step 70, duration = 0.604
2018-05-18 08:48:34.599010: step 80, duration = 0.730
2018-05-18 08:48:40.778909: step 90, duration = 0.616
```

```
2018 - 05 - 18 08:48:46.329177: Forward across 100 steps, 0.627 + / - 0.061 sec / batch
2018 - 05 - 18 08:49:26.621040: step 0, duration = 3.573
2018 - 05 - 18 08:50:02.666135: step 10, duration = 3.631
2018 - 05 - 18 08:50:38.880891: step 20, duration = 3.556
2018 - 05 - 18 08:51:14.823743: step 30, duration = 3.628
2018 - 05 - 18 08:51:52.155159: step 40, duration = 4.116
2018 - 05 - 18 08:52:30.424720: step 50, duration = 3.684
2018 - 05 - 18 08:53:07.319643: step 60, duration = 3.583
2018 - 05 - 18 08:53:44.652978: step 70, duration = 3.490
2018 - 05 - 18 08:54:20.422576: step 80, duration = 3.489
2018 - 05 - 18 08:54:56.286692: step 90, duration = 3.617
2018 - 05 - 18 08:55:29.022805: Forward - backward across 100 steps, 3.660 + / - 0.133 sec / batch
Process finished with exit code 0
```

以上为程序运行过程中显示的 AlexNet 结构以及 forward、backword 运算时间。至此，TensorFlow 实现 AlexNet 的工作就完成了。AlexNet 的出现，引起了学术界的极大关注，为深度学习的崛起奠定了基础，也促使了更先进网络的出现。

## 9.4 TensorFlow 实现 ResNet

ResNet（Residual Neural Network）是微软研究院何凯明团队提出的残差网络，通过使用残差单元（Residual Unit）成功训练了 152 层的神经网络，在 ILSVRC 2015 上大放异彩，获得第一名的成绩，取得 3.57% 的第五名错误率，效果非常突出。ResNet 的结构可以极快地加速超深网络的训练，模型的准确率也有非常大的提升。*Deep Residual Learning for Image Recognition* 也是 CVPR 2016 的最佳论文，实在是实至名归。本节将介绍 ResNet 的基本原理以及 TensorFlow 如何实现它。

### 9.4.1 ResNet 的基本原理

ResNet 最初的灵感出自这个问题：深度学习网络的深度对最后的分类和识别的效果有很大的影响，所以是不是把网络设计得越深越好？但是事实上却不是这样，常规的网络堆叠（plain network）在网络深度很深的时候，效果却变差了，即准确率会先上升然后达到饱和，再持续增加深度则会导致准确率下降，如图 9-11 所示。

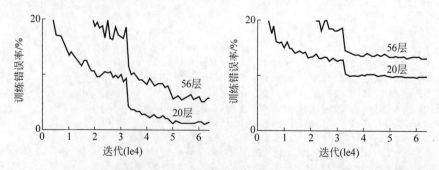

图 9-11　堆叠在深网络中的迭代过程

## 1. ResNet 残差网络

ResNet 残差网络的核心组件 Skip/shortcut connection 主要包含以下内容。
- Plain net：可以拟合出任意目标映射 $H(x)$；
- Residual net：残差网络；
- 可以拟合出任意目标映射 $F(x)$，$H(x)=F(x)+x$；
- 相对 identity 来说，$F(x)$ 是残差映射；
- 当 $H(x)$ 最优映射接近 identity 时，很容易捕捉到小的扰动。

这并不是过拟合的问题，因为不光在测试集上误差增大，训练集本身误差也会增大。为解决这个问题，在此提出了一个 Residual 的结构，如图 9-12 所示。

使用全等映射直接将前一层输出传到后面的思想，即增加一个恒等映射（identity mapping），就是 ResNet 的灵感来源。假定某段神经网络的输入是 $x$，期望输出是 $H(x)$，如果我们直接把输入 $x$ 传到输出作为初始结果，那么此时所需要学的函数 $H(x)$ 转换成 $F(x)+x$。图 9-12 为 ResNet 的残差学习单元，相当于将学习目标改变了，这一想法也是源于图像处理中的残差向量编码，通过重组（reformulation）将一个问题分解成多个尺度直接的残差问题，能够很好地起到优化训练的效果。

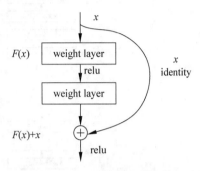

图 9-12 ResNet 的残差学习单元

## 2. 其他设计

在 ResNet 中增加了以下设计。
- 全是 3×3 卷积核；
- 卷积步长 2 取代池化；
- 使用 Batch Normalization；
- 取消。

在增加一些设计的同时，也取消了一些不必要的操作：Max 池化、全连接层、Dropout。

图 9-13 为 VGGNet-19、34 层卷积网络及 34 层 ResNet 网络结构的对比图，可以看到最大的区别在于：ResNet 有很多旁路将输入直接连到后面的层，使得后面的层可以直接学习残差，这种结构称为 shortcut 或 skip connections。虽然在 plain 上插入了 shortcut 结构，但这两个网络的参数量、计算量相同，而且 ResNet 的效果非常好，收敛速度比 plain 要快得多。

## 3. 更深网络

根据 Bootleneck 优化残差映射网络：
- 原始网络：3×3×256×256 至 3×3×256×256；
- 优化后网络：x1×256×64 至 3×3×64×64 至 1×1×64×256。

除了两层的残差学习单元，还有残层的残差学习单元，这相当于对于相同数量的层又减少了参数量，因此可以拓展成更深的模型，如图 9-14 所示。

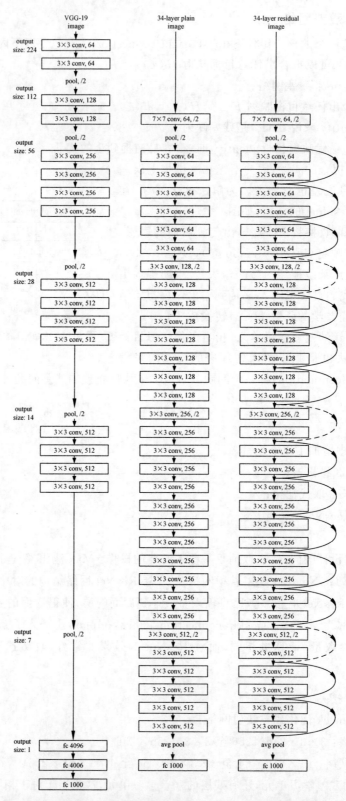

图 9-13　VGGNet-19、34 层卷积网络及 34 层 ResNet 网络结构对比图

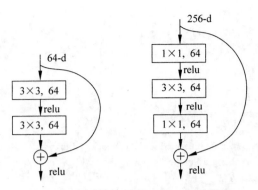

图 9-14  两层及三层的 ResNet 残差模块

ResNet 有 50、101、152 层等的神经网络,其中基础结构很相似,都是前面提到的两层和三层残差单元的堆叠。这些不仅没有出现退化问题,错误率也大大降低,而且消除了层数不断加深导致训练集误差增大的现象,同时计算复杂度也保持在很低的程度。图 9-15 列出了不同层数 ResNet 的网络配置效果。

| layer name | output size | 18-layer | 34-layer | 50-layer | 101-layer | 152-layer |
|---|---|---|---|---|---|---|
| conv1 | 112×112 | \multicolumn{5}{c}{7×7,64,stride 2} | | | | |
| conv2_x | 56×56 | \multicolumn{5}{c}{3×3 max pool,stride 2} | | | | |
| conv2_x | 56×56 | $\begin{bmatrix}3\times3,64\\3\times3,64\end{bmatrix}\times2$ | $\begin{bmatrix}3\times3,64\\3\times3,64\end{bmatrix}\times3$ | $\begin{bmatrix}1\times1,64\\3\times3,64\\1\times1,256\end{bmatrix}\times3$ | $\begin{bmatrix}1\times1,64\\3\times3,64\\1\times1,256\end{bmatrix}\times3$ | $\begin{bmatrix}1\times1,64\\3\times3,64\\1\times1,256\end{bmatrix}\times3$ |
| conv3_x | 28×28 | $\begin{bmatrix}3\times3,128\\3\times3,128\end{bmatrix}\times2$ | $\begin{bmatrix}3\times3,128\\3\times3,128\end{bmatrix}\times4$ | $\begin{bmatrix}1\times1,128\\3\times3,128\\1\times1,512\end{bmatrix}\times4$ | $\begin{bmatrix}1\times1,128\\3\times3,128\\1\times1,512\end{bmatrix}\times4$ | $\begin{bmatrix}1\times1,128\\3\times3,128\\1\times1,512\end{bmatrix}\times8$ |
| conv4_x | 14×14 | $\begin{bmatrix}3\times3,256\\3\times3,256\end{bmatrix}\times2$ | $\begin{bmatrix}3\times3,256\\3\times3,256\end{bmatrix}\times6$ | $\begin{bmatrix}1\times1,256\\3\times3,256\\1\times1,1024\end{bmatrix}\times6$ | $\begin{bmatrix}1\times1,256\\3\times3,256\\1\times1,1024\end{bmatrix}\times23$ | $\begin{bmatrix}1\times1,256\\3\times3,256\\1\times1,1024\end{bmatrix}\times36$ |
| conv5_x | 7×7 | $\begin{bmatrix}3\times3,512\\3\times3,512\end{bmatrix}\times2$ | $\begin{bmatrix}3\times3,512\\3\times3,512\end{bmatrix}\times3$ | $\begin{bmatrix}1\times1,512\\3\times3,512\\1\times1,2048\end{bmatrix}\times3$ | $\begin{bmatrix}1\times1,512\\3\times3,512\\1\times1,2048\end{bmatrix}\times3$ | $\begin{bmatrix}1\times1,512\\3\times3,512\\1\times1,2048\end{bmatrix}\times3$ |
| | 1×1 | \multicolumn{5}{c}{average pool,1000-d fc,softmax} | | | | |
| FLOPs | | $1.8\times10^9$ | $3.6\times10^9$ | $3.8\times10^9$ | $7.6\times10^9$ | $11.3\times10^9$ |

图 9-15  ResNet 不同层数时的网络配置

因使用 ImageNet 数据集非常耗时,因此本节会对完整的 ResNet V2 网络进行速度测试,评测 forward 耗时和 backward 耗时。如果读者感兴趣,可自行下载 ImageNet 数据集进行训练测试。

### 9.4.2  实例:TensorFlow 实现 ResNet

准备工作就绪后,就可以搭建网络了。ResNet V2 相对比较复杂,为了减少代码量,构建 ResNet V2 网络,本实例采用辅助库实现。实现代码为:

```python
import os
os.environ['TF_CPP_MIN_LOG_LEVEL'] = '2'
# ResNet V2
# 载入模块、TensorFlow
import collections
import tensorflow as tf
slim = tf.contrib.slim
# 定义 Block
class Block(collections.namedtuple('Block', ['scope', 'unit_fn', 'args'])):
    'A named tuple describing a ResNet block'
# 定义降采样 subsample 方法
def subsample(inputs, factor, scope = None):
    if factor == 1:
        return inputs
    else:
        return slim.max_pool2d(inputs, [1, 1], stride = factor, scope = scope)
# 定义 conv2d_same 函数创建卷积层
def conv2d_same(inputs, num_outputs, kernel_size, stride, scope = None):
    if stride == 1:
        return slim.conv2d(inputs, num_outputs, kernel_size, stride = 1,
                           padding = 'SAME', scope = scope)
    else:
        pad_total = kernel_size - 1
        pad_beg = pad_total // 2
        pad_end = pad_total - pad_beg
        inputs = tf.pad(inputs,
                        [[0, 0], [pad_beg, pad_end], [pad_beg, pad_end], [0, 0]])
        return slim.conv2d(inputs, num_outputs, kernel_size, stride = stride,
                           padding = 'VALID', scope = scope)
@slim.add_arg_scope
# 定义堆叠 Blocks 函数,两层循环
def stack_blocks_dense(net, blocks,
                       outputs_collections = None):
    for block in blocks:
        with tf.variable_scope(block.scope, 'block', [net]) as sc:
            for i, unit in enumerate(block.args):
                with tf.variable_scope('unit_%d' % (i + 1), values = [net]):
                    unit_depth, unit_depth_bottleneck, unit_stride = unit
                    net = block.unit_fn(net,
                                        depth = unit_depth,
                                        depth_bottleneck = unit_depth_bottleneck,
                                        stride = unit_stride)
            net = slim.utils.collect_named_outputs(outputs_collections, sc.name, net)
    return net
# 创建 ResNet 通用 arg_scope,定义函数默认参数值
def resnet_arg_scope(is_training = True,
                     weight_decay = 0.0001,
                     batch_norm_decay = 0.997,
                     batch_norm_epsilon = 1e - 5,
                     batch_norm_scale = True):
```

```python
        batch_norm_params = {
            'is_training': is_training,
            'decay': batch_norm_decay,
            'epsilon': batch_norm_epsilon,
            'scale': batch_norm_scale,
            'updates_collections': tf.GraphKeys.UPDATE_OPS,
        }
        with slim.arg_scope(
                [slim.conv2d],
                weights_regularizer = slim.l2_regularizer(weight_decay),
                weights_initializer = slim.variance_scaling_initializer(),
                activation_fn = tf.nn.relu,
                normalizer_fn = slim.batch_norm,
                normalizer_params = batch_norm_params):
            with slim.arg_scope([slim.batch_norm], **batch_norm_params):
                with slim.arg_scope([slim.max_pool2d], padding = 'SAME') as arg_sc:
                    return arg_sc
@slim.add_arg_scope
# 定义核心 bottleneck 残差学习单元
def bottleneck(inputs, depth, depth_bottleneck, stride,
               outputs_collections = None, scope = None):
    with tf.variable_scope(scope, 'bottleneck_v2', [inputs]) as sc:
        depth_in = slim.utils.last_dimension(inputs.get_shape(), min_rank = 4)
        preact = slim.batch_norm(inputs, activation_fn = tf.nn.relu, scope = 'preact')
        if depth == depth_in:
            shortcut = subsample(inputs, stride, 'shortcut')
        else:
            shortcut = slim.conv2d(preact, depth, [1, 1], stride = stride,
                                   normalizer_fn = None, activation_fn = None,
                                   scope = 'shortcut')
        residual = slim.conv2d(preact, depth_bottleneck, [1, 1], stride = 1,
                               scope = 'conv1')
        residual = conv2d_same(residual, depth_bottleneck, 3, stride,
                               scope = 'conv2')
        residual = slim.conv2d(residual, depth, [1, 1], stride = 1,
                               normalizer_fn = None, activation_fn = None,
                               scope = 'conv3')
        output = shortcut + residual
        return slim.utils.collect_named_outputs(outputs_collections,
                                                sc.name,
                                                output)
# 定义生成 ResNet V2 的主函数
def resnet_v2(inputs,
              blocks,
              num_classes = None,
              global_pool = True,
              include_root_block = True,
              reuse = None,
              scope = None):
    with tf.variable_scope(scope, 'resnet_v2', [inputs], reuse = reuse) as sc:
```

```python
            end_points_collection = sc.original_name_scope + '_end_points'
            with slim.arg_scope([slim.conv2d, bottleneck,
                                 stack_blocks_dense],
                                outputs_collections = end_points_collection):
                net = inputs
                if include_root_block:
                    with slim.arg_scope([slim.conv2d],
                                        activation_fn = None, normalizer_fn = None):
                        net = conv2d_same(net, 64, 7, stride = 2, scope = 'conv1')
                    net = slim.max_pool2d(net, [3, 3], stride = 2, scope = 'pool1')
                net = stack_blocks_dense(net, blocks)
                net = slim.batch_norm(net, activation_fn = tf.nn.relu, scope = 'postnorm')
                if global_pool:
                    # 全局平均汇集
                    net = tf.reduce_mean(net, [1, 2], name = 'pool5', keepdims = True)
                if num_classes is not None:
                    net = slim.conv2d(net, num_classes, [1, 1], activation_fn = None,
                                      normalizer_fn = None, scope = 'logits')
                # 将 end_points_collection 转换为 end_points 的字典
                end_points = slim.utils.convert_collection_to_dict(end_points_collection)
                if num_classes is not None:
                    end_points['predictions'] = slim.softmax(net, scope = 'predictions')
                return net, end_points
# 设计层数为 50 的 ResNet V2
def resnet_v2_50(inputs,
                 num_classes = None,
                 global_pool = True,
                 reuse = None,
                 scope = 'resnet_v2_50'):
    blocks = [
        Block('block1', bottleneck, [(256, 64, 1)] * 2 + [(256, 64, 2)]),
        Block(
            'block2', bottleneck, [(512, 128, 1)] * 3 + [(512, 128, 2)]),
        Block(
            'block3', bottleneck, [(1024, 256, 1)] * 5 + [(1024, 256, 2)]),
        Block(
            'block4', bottleneck, [(2048, 512, 1)] * 3)]
    return resnet_v2(inputs, blocks, num_classes, global_pool,
                     include_root_block = True, reuse = reuse, scope = scope)
# 设计 101 层的 ResNet V2
def resnet_v2_101(inputs,
                  num_classes = None,
                  global_pool = True,
                  reuse = None,
                  scope = 'resnet_v2_101'):
    blocks = [
        Block(
            'block1', bottleneck, [(256, 64, 1)] * 2 + [(256, 64, 2)]),
        Block(
            'block2', bottleneck, [(512, 128, 1)] * 3 + [(512, 128, 2)]),
```

```python
        Block(
            'block3', bottleneck, [(1024, 256, 1)] * 22 + [(1024, 256, 2)]),
        Block(
            'block4', bottleneck, [(2048, 512, 1)] * 3)]
    return resnet_v2(inputs, blocks, num_classes, global_pool,
                     include_root_block = True, reuse = reuse, scope = scope)
# 设计152层的ResNet V2
def resnet_v2_152(inputs,
                  num_classes = None,
                  global_pool = True,
                  reuse = None,
                  scope = 'resnet_v2_152'):
    blocks = [
        Block(
            'block1', bottleneck, [(256, 64, 1)] * 2 + [(256, 64, 2)]),
        Block(
            'block2', bottleneck, [(512, 128, 1)] * 7 + [(512, 128, 2)]),
        Block(
            'block3', bottleneck, [(1024, 256, 1)] * 35 + [(1024, 256, 2)]),
        Block(
            'block4', bottleneck, [(2048, 512, 1)] * 3)]
    return resnet_v2(inputs, blocks, num_classes, global_pool,
                     include_root_block = True, reuse = reuse, scope = scope)

# 设计200层的ResNet V2
def resnet_v2_200(inputs,
                  num_classes = None,
                  global_pool = True,
                  reuse = None,
                  scope = 'resnet_v2_200'):
    blocks = [
        Block(
            'block1', bottleneck, [(256, 64, 1)] * 2 + [(256, 64, 2)]),
        Block(
            'block2', bottleneck, [(512, 128, 1)] * 23 + [(512, 128, 2)]),
        Block(
            'block3', bottleneck, [(1024, 256, 1)] * 35 + [(1024, 256, 2)]),
        Block(
            'block4', bottleneck, [(2048, 512, 1)] * 3)]
    return resnet_v2(inputs, blocks, num_classes, global_pool,
                     include_root_block = True, reuse = reuse, scope = scope)
from datetime import datetime

import math
import time
# 评测函数
def time_tensorflow_run(session, target, info_string):
    num_steps_burn_in = 10
    total_duration = 0.0
    total_duration_squared = 0.0
```

```
        for i in range(num_batches + num_steps_burn_in):
            start_time = time.time()
            _ = session.run(target)
            duration = time.time() - start_time
            if i >= num_steps_burn_in:
                if not i % 10:
                    print('%s: step %d, duration = %.3f' %
                        (datetime.now(), i - num_steps_burn_in, duration))
                total_duration += duration
                total_duration_squared += duration * duration
    mn = total_duration / num_batches
    vr = total_duration_squared / num_batches - mn * mn
    sd = math.sqrt(vr)
    print('%s: %s across %d steps, %.3f +/- %.3f sec / batch' %
        (datetime.now(), info_string, num_batches, mn, sd))
batch_size = 32
height, width = 224, 224
inputs = tf.random_uniform((batch_size, height, width, 3))
with slim.arg_scope(resnet_arg_scope(is_training = False)):
    net, end_points = resnet_v2_152(inputs, 1000) #152层评测
init = tf.global_variables_initializer()
sess = tf.Session()
sess.run(init)
num_batches = 100
time_tensorflow_run(sess, net, "Forward")
```

运行程序,输出如下:

```
2018-05-18 09:18:30.199635: step 0, duration = 46.753
2018-05-18 09:26:10.566517: step 10, duration = 45.642
2018-05-18 09:33:50.040911: step 20, duration = 46.837
2018-05-18 09:41:32.238597: step 30, duration = 46.527
2018-05-18 09:49:32.213759: step 40, duration = 48.696
2018-05-18 09:57:40.005749: step 50, duration = 46.214
2018-05-18 10:05:22.454452: step 60, duration = 47.003
2018-05-18 10:13:08.194448: step 70, duration = 47.211
2018-05-18 10:21:13.588025: step 80, duration = 51.458
2018-05-18 10:29:45.032461: step 90, duration = 50.666
2018-05-18 10:34:30.200553: Forward across 100 steps, 46.068 +/- 5.606 sec / batch
Process finished with exit code 0
```

以上为程序运行过程中显示的 ResNet V2 的 forward 运算时间,backward 读者可自行添加。

至此,ResNet 的基本原理和 TensorFlow 实现 ResNet 的工作就完成了,代码中有不同层数的 ResNet 深度设计,读者可自行修改代码来探索不同深度时网络的性能。ResNet 拥有非常精妙的设计和构造,具有里程碑式的意义,真正实现了极深网络的训练,也提供了诸多可以借鉴的 CNN 设计思想和技巧,并取得了非常好的效果。

## 9.5 TesnorFlow 卷积神经网络的典型应用

下面将通过实例来演示 TensorFlow 卷积神经网络的经典应用。

图片识别 CNN 模型训练好后，就可以用网络结构训练其他感兴趣的数据或图片处理。Stylenet 程序试图学习一幅图片的风格，并将该图片风格应用于另外一幅图（保持后者的图片结构或内容）。如果能找到 CNN 模型中间层节点分离出图片风格，就可以应用于另外的图片内容上。

Stylenet 程序需要输入两幅图片，将一幅图片的图片风格应用于另外一幅图片的内容上。该程序基于 2015 年发布的著名文章 *A Neural Algorithm of Artistic Style*。该文章发现一些 CNN 模型的中间层存在某些属性可以编码图片风格和图片内容。最后，从风格图片中训练图片风格层，从原始图片中训练图片内容层，并且后向传播这些计算损失函数，从而让原始图片更像风格图片。在此我们将下载文章中推荐的网络——imagenet-vgg-19。

TensorFlow 实现模仿大师绘画的步骤如下。

（1）下载预训练的网络，存为 mat 文件。mat 文件是 MATLAB 产生的一种文件，利用 Python 的 scipy 模块读取该文件。下面是下载 mat 文件的链接，该模型保存在 Python 脚本同一文件夹下，即 http://www.vlfeat.org/matconvnet/models/beta16/imagenet-vgg-verydeep-19.mat。

（2）导入必要的编程库，代码为：

```
import os
import scipy.misc
import numpy as np
import tensorflow as tf
```

（3）创建计算会话，声明两幅图片（原始图片与风格图片）的位置。这两幅图片可以在 GitHub(https://github.com/nfmcclure/tensorflow_cookbook)上下载，代码为：

```
sess = tf.Session()
original_image_file = 'temp/book_cover.jpg'
style_image_file = 'temp/starry_night.jpg'
```

（4）设置模型参数：mat 文件位置、网络权重、学习率、迭代次数和输出中间图片的频率。该权重可以增加应用于原始图像中风格图片的权重。这些参数可以根据实际需求稍微做出调整，代码为：

```
vgg_path = 'imagenet-vgg-verydeep-19.mat'
original_image_weight = 5.0
style_image_weight = 200.0
regularization_weight = 50.0
learning_rate = 0.1
generations = 10000
output_generations = 500
```

(5) 使用 scipy 模块加载两幅图片,并将风格图片的维度调整得和原始图片一致,代码为:

```
original_image = scipy.misc.imread(original_image_file)
style_image = scipy.misc.imread(style_image_file)
# 获取目标的形状
target_shape = original_image.shape
style_image = scipy.misc.imresize(style_image, target_shape[1] / style_image.shape[1])
```

(6) 定义各层出现的顺序,实例中使用约定的名称,代码为:

```
vgg_layers = ['conv1_1', 'relu1_1',
              'conv1_2', 'relu1_2', 'pool1',
              'conv2_1', 'relu2_1',
              'conv2_2', 'relu2_2', 'pool2',
              'conv3_1', 'relu3_1',
              'conv3_2', 'relu3_2',
              'conv3_3', 'relu3_3',
              'conv3_4', 'relu3_4', 'pool3',
              'conv4_1', 'relu4_1',
              'conv4_2', 'relu4_2',
              'conv4_3', 'relu4_3',
              'conv4_4', 'relu4_4', 'pool4',
              'conv5_1', 'relu5_1',
              'conv5_2', 'relu5_2',
              'conv5_3', 'relu5_3',
              'conv5_4', 'relu5_4']
```

(7) 定义函数抽取 mat 文件中的参数,代码为:

```
def extract_net_info(path_to_params):
    vgg_data = scipy.io.loadmat(path_to_params)
    normalization_matrix = vgg_data['normalization'][0][0][0]
    mat_mean = np.mean(normalization_matrix, axis=(0,1))
    network_weights = vgg_data['layers'][0]
    return(mat_mean, network_weights)
```

(8) 基于上述加载的权重和网络层定义,通过 TensorFlow 的内建函数来创建网络。迭代训练每层,并分配合适的权重和偏置,代码为:

```
def vgg_network(network_weights, init_image):
    network = {}
    image = init_image
    for i, layer in enumerate(vgg_layers):
        if layer[1] == 'c':
            weights, bias = network_weights[i][0][0][0][0]
            weights = np.transpose(weights, (1, 0, 2, 3))
            bias = bias.reshape(-1)
```

```
                conv_layer = tf.nn.conv2d(image, tf.constant(weights), (1, 1, 1, 1), 'SAME')
                image = tf.nn.bias_add(conv_layer, bias)
            elif layer[1] == 'r':
                image = tf.nn.relu(image)
            else:
                image = tf.nn.max_pool(image, (1, 2, 2, 1), (1, 2, 2, 1), 'SAME')
            network[layer] = image
        return(network)
```

(9) 实例中,原始图片采用 relu4_2 层,风格图片采用 reluX_1 层组合,代码为:

```
original_layer = 'relu4_2'
style_layers = ['relu1_1', 'relu2_1', 'relu3_1', 'relu4_1', 'relu5_1']
```

(10) 运行 extract_net_info()函数获取网络权重和平均值。在图片的起始位置增加一个维度,调整图片的形状为四维。TensorFlow 的图像操作是针对四维的,所以需要增加维度,代码为:

```
normalization_mean, network_weights = extract_net_info(vgg_path)
shape = (1,) + original_image.shape
style_shape = (1,) + style_image.shape
original_features = {}
style_features = {}
```

(11) 声明 image 占位符,并创建该占位符的网络,代码为:

```
image = tf.placeholder('float', shape=shape)
vgg_net = vgg_network(network_weights, image)
```

(12) 归一化原始图片矩阵,接着运行网络,代码为:

```
original_minus_mean = original_image - normalization_mean
original_norm = np.array([original_minus_mean])
original_features[original_layer] = sess.run(vgg_net[original_layer],
                                              feed_dict={image: original_norm})
```

(13) 为步骤(9)中选择的每个网络层重复上述过程,代码为:

```
image = tf.placeholder('float', shape=style_shape)
vgg_net = vgg_network(network_weights, image)
style_minus_mean = style_image - normalization_mean
style_norm = np.array([style_minus_mean])
for layer in style_layers:
    layer_output = sess.run(vgg_net[layer], feed_dict={image: style_norm})
    layer_output = np.reshape(layer_output, (-1, layer_output.shape[3]))
    style_gram_matrix = np.matmul(layer_output.T, layer_output) / layer_output.size
    style_features[layer] = style_gram_matrix
```

(14) 为了创建综合的图片,开始加入随机噪声,并运行网络,代码为:

```
initial = tf.random_normal(shape) * 0.05
image = tf.Variable(initial)
vgg_net = vgg_network(network_weights, image)
```

(15) 声明第一个损失函数,该损失函数是原始图片的,定义为步骤(9)中选择的原始图片的 relu4_2 层输出与步骤(12)中归一化原始图片的输出的差值的 L2 范数,代码为:

```
original_loss = original_image_weight * (2 * tf.nn.l2_loss(vgg_net[original_layer] -
original_features[original_layer]) /
                         original_features[original_layer].size)
```

(16) 为风格图片的每个层计算损失函数,代码为:

```
style_loss = 0
style_losses = []
for style_layer in style_layers:
    layer = vgg_net[style_layer]
    feats, height, width, channels = [x.value for x in layer.get_shape()]
    size = height * width * channels
    features = tf.reshape(layer, (-1, channels))
    style_gram_matrix = tf.matmul(tf.transpose(features), features) / size
    style_expected = style_features[style_layer]
    style_losses.append(2 * tf.nn.l2_loss(style_gram_matrix - style_expected) /
style_expected.size)style_loss += style_image_weight * tf.reduce_sum(style_losses)
```

(17) 第三个损失函数成为总变分损失,该损失函数来自总变分的计算。其相似于总变分去噪,真实图片有较低的局部变分,噪声图片具有较高的局部变分。下面代码中的关键部分是 second_term_numerator,其减去附近的像素,高噪声的图片有较高的变分。我们最小化损失函数,代码为:

```
total_var_x = sess.run(tf.reduce_prod(image[:,1:,:,:].get_shape()))
total_var_y = sess.run(tf.reduce_prod(image[:,:,1:,:].get_shape()))
first_term = regularization_weight * 2
second_term_numerator = tf.nn.l2_loss(image[:,1:,:,:] - image[:,:shape[1]-1,:,:])
second_term = second_term_numerator / total_var_y
third_term = (tf.nn.l2_loss(image[:,:,1:,:] - image[:,:,:shape[2]-1,:]) / total_var_x)
total_variation_loss = first_term * (second_term + third_term)
```

(18) 最小化总的损失函数。其中,总的损失函数是原始图片损失、风格图片损失和总变分损失的组合,代码为:

```
loss = original_loss + style_loss + total_variation_loss
```

(19) 声明优化器函数,初始化所有模型变量,代码为:

```
optimizer = tf.train.GradientDescentOptimizer(learning_rate)
train_step = optimizer.minimize(loss)
```

```
# 初始化变量并开始训练
sess.run(tf.initialize_all_variables())
```

(20)遍历迭代训练模型,频繁地打印更新的状态并保存临时图片文件。因为运行该算法的速度依赖于图片的选择,所以需要保存临时图片。在迭代次数较大的情况下,当临时图片显示训练的结果足够好时,可以随时停止该训练过程,代码为:

```
for i in range(generations):
    sess.run(train_step)
    # 打印更新并保存临时输出
    if (i + 1) % output_generations == 0:
        print('Generation {} out of {}'.format(i + 1, generations))
        image_eval = sess.run(image)
        best_image_add_mean = image_eval.reshape(shape[1:]) + normalization_mean
        output_file = 'temp_output_{}.jpg'.format(i)
        scipy.misc.imsave(output_file, best_image_add_mean)
```

(21)算法训练结束,保存最后的输出结果,代码为:

```
image_eval = sess.run(image)
best_image_add_mean = image_eval.reshape(shape[1:]) + normalization_mean
output_file = 'final_output.jpg'
scipy.misc.imsave(output_file, best_image_add_mean)
```

运行程序,得到图片效果如图9-16所示。

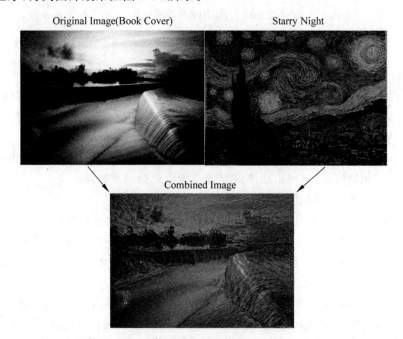

图 9-16 使用 Stylenet 算法训练图片的 Starry Night 风格(见彩插)

**注意**:可以使用不同的权重获取不同的图片风格。

## 9.6 反卷积神经网络

反卷积是指通过测量输出和已知输入重构未知输入的过程。在神经网络中,反卷积过程并不具备学习的能力,仅仅是用于可视化一个已经训练好的卷积神经网络,没有学习训练的过程。反卷积有许多特别的应用,一般可以用于信道均衡、图像恢复、语音识别、地震学、无损探伤等未知输入估计和过程辨识方面的问题。

图 9-17 为 VGG16 反卷积神经网络的结构,展示了一个卷积网络与反卷积网络结合的过程。VGG16 是一个深度神经网络模型,在神经网络的研究中,反卷积更多的是充当可视化的作用,对于一个复杂的深度卷积网络,通过每层若干个卷积核的变换,我们无法知道每个卷积核关注的是什么,变换后的特征是什么样子。通过反卷积的还原,可以对这些问题有个清晰的可视化,以各层得到的特征图作为输入,进行反卷积得到反卷积结果,以验证显示各层提取到的特征图。

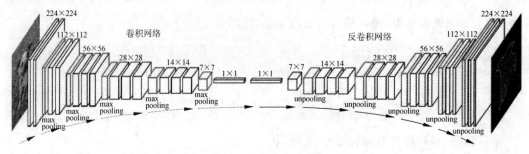

图 9-17 VGG 16 反卷积结构

### 9.6.1 反卷积原理

反卷积可以理解为卷积操作的逆操作,这里千万不要以为反卷积操作可以复原卷积操作的输入值,它仅仅是将卷积变换过程中的步骤反向变换一次而已。它只是将卷积核转置,与卷积后的结果再做一遍卷积,所以它还有一个名字叫作转置卷积。

虽然它不能还原出原来卷积的样子,但是在作用上具有类似的效果,可以将带有小部分缺失的信息最大化地恢复,也可以用来恢复被卷积生成后的原始输入。

反卷积的具体操作比较复杂,具体步骤如下。

(1) 首先是将卷积核反转(并不是转置,而是上下左右方向进行递序操作)。

(2) 再将卷积结果作为输入,做补 0 的扩充操作,即往每一个元素后面补 0。这一步是根据步长来的,对每一个元素沿着步长的方向补(步长-1)个 0。例如,步长为 1 就不用补 0 了。

(3) 在扩充后的输入基础上再对整体补 0。以原始输入的 shape 作为输出,按照前面介绍的卷积 padding 规则,计算 pading 的补 0 位置及个数,得到的补 0 位置要上下和左右各自颠倒一下。

(4) 将补 0 后的卷积结果作为真正的输入,反转后的卷积核为 filter,进行步长为 1 的卷积操作。

**注意**：计算 padding 按规则补 0 时，统一按照 padding='SAME'、步长为 1×1 的方式来计算。

以一个 [1,4,4,1] 的矩阵为例，进行 filter 为 2×2、步长为 2×2 的卷积操作，如图 9-18(a) 所示，其对应的反卷积操作步骤如图 9-18(b) 所示。

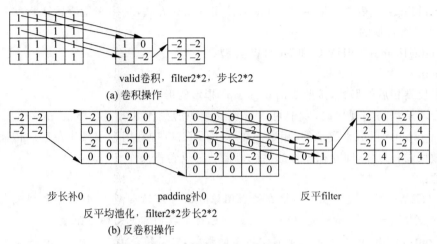

**图 9-18　卷积与反卷积操作**

在反卷积过程中，首先将 2×2 矩阵通过步长补 0 的方式变成 4×4，再通过 padding 反方向补 0，然后与反转后的 filter 使用步长 1×1 的卷积操作，最终得出了结果。但是，这个结果已经与原来的全 1 矩阵不等了，说明转置卷积只能恢复部分特征，无法百分百地恢复原始数据。

### 9.6.2　反卷积操作

举个例子：假如想要查看 Alexnet 的 conv5 提取到了什么，我们可以用 conv5 的特征图后面接一个反卷积网络，然后通过反池化、反激活、反卷积这样一个过程，把本来一张 13×13 大小的特征图 (conv5 大小为 13×13) 放大回去，最后得到一张与原始输入图片一样大小的图片 (227×227)。

反卷积的具体操作比较复杂，这里不介绍如何具体实现反卷积，在 TensorFlow 中反卷积是通过函数 tf.nn.conv2d_transpose() 实现的，格式为：

```
def conv2d_transpose(value,
                    filter,
                    output_shape,
                    strides,
                    padding = "SAME",
                    data_format = "NHWC",
                    name = None):
```

具体参数说明如下。

- value：代表通过卷积操作之后的张量，一般用 NHWC 类型。如果是 NHWC 类型，形状 [batch, height, width, in_channels]，如果是 NCHW 类型，形状为 [batch, in_channels, height, width]。

- filter：代表卷积核，形状为[height,width,output_channels,in_channels]。
- output_shape：反卷积输出的张量形状。
- strides：代表原数据生成 value 时使用的步长。
- padding：代表原数据生成 value 时使用的填充方式，是用来检查输入形状和输出形状是否合规的。
- data_format：NHWC 和 NCHW 类型。
- name：名称。

返回反卷积后的形状，按照 output_shape 指定的形状。

查看该函数的实现代码，我们可以看到反卷积的操作其实是由 gen_nn_ops.conv2d_backprop_input()函数来实现的，相当于在 TensorFlow 中利用卷积操作在后向传播的处理函数中做反卷积操作，即卷积操作的后向传播就是反卷积操作。

**注意：**

（1）NHWC 类型是神经网络中在处理图像方面常用的类型，4 个字母分别代表 4 个意思，即 N—个数、H—高、W—宽、C—通道数。也就是我们常见的四维张量。

（2）output_shape 并不是一个随便填写的形状，它必须是能够生成 value 参数的原数据的形状，如果输出形状不对，函数会报错。

### 9.6.3 实例：TensorFlow 实现反卷积

我们通过对模拟数据进行卷积核反卷积的操作，来比较卷积与反卷积中 padding 在 SAME 和 VALID 下的变化。先定义一个[1,4,4,1]的矩阵，矩阵里的元素值都为 1，滤波器大小为 2×2，步长为 2×2，分别使用 padding 为 SAME 和 VALID 两种情况生成卷积数据，然后将结果进行反卷积运算，打印输出的结果。

实现的 TensorFlow 代码为：

```
import tensorflow as tf
import numpy as np
# 模拟数据
img = tf.Variable(tf.constant(1.0, shape = [1, 4, 4, 1]))
kernel = tf.Variable(tf.constant([1.0, 0, -1, -2], shape = [2, 2, 1, 1]))
# 分别进行 VALID 和 SAME 操作
conv = tf.nn.conv2d(img, kernel, strides = [1, 2, 2, 1], padding = 'VALID')
cons = tf.nn.conv2d(img, kernel, strides = [1, 2, 2, 1], padding = 'SAME')
# VALID 填充计算方式 (n - f + 1)/s 向上取整
print(conv.shape)
# SAME 填充计算方式 n/s 向上取整
print(cons.shape)
# 在进行反卷积操作
contv = tf.nn.conv2d_transpose(conv, kernel, [1, 4, 4, 1],
                    strides = [1, 2, 2, 1], padding = 'VALID')
conts = tf.nn.conv2d_transpose(cons, kernel, [1, 4, 4, 1],
                    strides = [1, 2, 2, 1], padding = 'SAME')
with tf.Session() as sess:
    sess.run(tf.global_variables_initializer())
```

```
        print('kernel:\n', sess.run(kernel))
        print('conv:\n', sess.run(conv))
        print('cons:\n', sess.run(cons))
        print('contv:\n', sess.run(contv))
        print('conts:\n', sess.run(conts))
```

运行程序,输出如下:

```
(1, 2, 2, 1)
(1, 2, 2, 1)
kernel:
[[[[ 1.]]
  [[ 0.]]]
 [[[-1.]]
  [[-2.]]]]
conv:
[[[[-2.]
   [-2.]]
  [[-2.]
   [-2.]]]]
cons:
[[[[-2.]
   [-2.]]
  [[-2.]
   [-2.]]]]
contv:
[[[[-2.]
   [ 0.]
   [-2.]
   [ 0.]]
  [[ 2.]
   [ 4.]
   [ 2.]
   [ 4.]]
  [[-2.]
   [ 0.]
   [-2.]
   [ 0.]]
  [[ 2.]
   [ 4.]
   [ 2.]
   [ 4.]]]]
conts:
[[[[-2.]
   [ 0.]
   [-2.]
```

```
   [ 0.]]
  [[ 2.]
   [ 4.]
   [ 2.]
   [ 4.]]
  [[-2.]
   [ 0.]
   [-2.]
   [ 0.]]
  [[ 2.]
   [ 4.]
   [ 2.]
   [ 4.]]]]
Process finished with exit code 0
```

### 9.6.4 反池化原理

反池化属于池化的逆操作,其无法通过池化的结果还原出全部的原始数据,因为池化的过程只保留主要信息,舍去部分信息。由于存在着信息缺失,故如果想从池化后的这些主要信息中恢复出全部信息,只能通过补位来实现最大程度的信息完整。

池化层常用的有最大池化和平均池化,反池化也需要与其对应。

(1) 平均池化的反池化比较简单。首先还原成原来的大小,然后将池化结果中的每个值都填入其对应于原始数据区域中的相应位置即可,如图 9-19 所示。

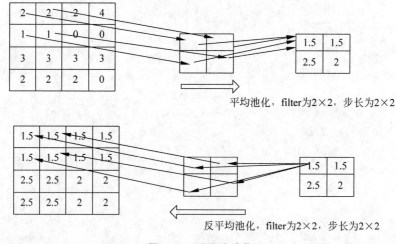

图 9-19 反平均池化

(2) 最大池化的反池化会复杂一些。要求在池化过程中记录最大激活池的坐标位置,然后在反池化时,只把池化过程中最大激活值所在位置坐标的值激活,其他位置为 0。当然这个过程只是一种近似,因为在池化的过程中,除了最大值所在的位置,其他的值也是不为 0 的,如图 9-20 所示。

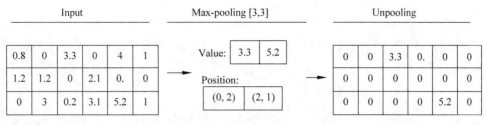

图 9-20 反最大池化

## 9.6.5 实例：TensorFlow 实现反池化

TensorFlow 中目前还没有反池化操作的函数。对于最大池化层,也不支持输出最大激活值的位置,但是同样有个池化的后向传播函数 tf.nn.max_pool_with_argmax()。该函数可以找出位置,需要开发者利用这个函数做一些改动,自己封装一个最大池化操作,然后再根据 mask 写出反池化函数。

实现的 TensorFlow 代码为：

```
import tensorflow as tf
import numpy as np
def max_pool_with_argmax(net, stride):
    '''
    重定义一个最大池化函数,返回最大池化结果以及每个最大值的位置(是个索引,形状和池化结果一致)
    args:
        net:输入数据 形状为[batch,in_height,in_width,in_channels]
        stride: 步长,是一个 int32 类型,注意在最大池化操作中我们设置窗口大小和步长大小是
                一样的
    '''
    # 使用 mask 保存每个最大值的位置,这个函数只支持 GPU 操作
    _, mask = tf.nn.max_pool_with_argmax(net, ksize = [1, stride, stride, 1], strides = [1, stride, stride, 1], padding = 'SAME')
    # 将后向传播的 mask 梯度计算停止
    mask = tf.stop_gradient(mask)
    # 计算最大池化操作
    net = tf.nn.max_pool(net, ksize = [1, stride, stride, 1], strides = [1, stride, stride, 1], padding = 'SAME')
    # 将池化结果和 mask 返回
    return net, mask
def un_max_pool(net, mask, stride):
    '''
    定义一个反最大池化的函数,找到 mask 最大的索引,将 max 的值填到指定位置
    args:
        net:最大池化后的输出,形状为[batch, height, width, in_channels]
        mask: 位置索引组数组,形状和 net 一样
        stride:步长,是一个 int32 类型,这里就是 max_pool_with_argmax 传入的 stride 参数
    '''
    ksize = [1, stride, stride, 1]
    input_shape = net.get_shape().as_list()
```

```python
    '''
    # 计算新形状
    output_shape = (input_shape[0], input_shape[1] * ksize[1], input_shape[2] * ksize[2], input_shape[3])
    # 批量、高度、宽度和特征图的计算指标
    one_like_mask = tf.ones_like(mask)
    batch_range = tf.reshape(tf.range(output_shape[0], dtype=tf.int64), shape=[input_shape[0], 1, 1, 1])
    b = one_like_mask * batch_range
    y = mask // (output_shape[2] * output_shape[3])
    x = mask % (output_shape[2] * output_shape[3]) // output_shape[3]
    feature_range = tf.range(output_shape[3], dtype=tf.int64)
    f = one_like_mask * feature_range
    # 转置索引并将更新值重新设置为一个维度
    updates_size = tf.size(net)
    indices = tf.transpose(tf.reshape(tf.stack([b, y, x, f]), [4, updates_size]))
    values = tf.reshape(net, [updates_size])
    ret = tf.scatter_nd(indices, values, output_shape)
    return ret
# 定义一个形状为 4x4x2 的张量
img = tf.constant([
    [[0.0, 4.0], [0.0, 4.0], [0.0, 4.0], [0.0, 4.0]],
    [[1.0, 5.0], [1.0, 5.0], [1.0, 5.0], [1.0, 5.0]],
    [[2.0, 6.0], [2.0, 6.0], [2.0, 6.0], [2.0, 6.0]],
    [[3.0, 7.0], [3.0, 7.0], [3.0, 7.0], [3.0, 7.0]],
])
img = tf.reshape(img, [1, 4, 4, 2])
# 最大池化操作
pooling1 = tf.nn.max_pool(img, ksize=[1, 2, 2, 1], strides=[1, 2, 2, 1], padding='SAME')
# 带有最大值位置的最大池化操作
pooling2, mask = max_pool_with_argmax(img, 2)
# 反最大池化
img2 = un_max_pool(pooling2, mask, 2)
with tf.Session() as sess:
    print('image:')
    image = sess.run(img)
    print(image)
    # 默认的最大池化输出
    result = sess.run(pooling1)
    print('max_pool:\n', result)
    # 带有最大值位置的最大池化输出
    result, mask2 = sess.run([pooling2, mask])
    print('max_pool_with_argmax:\n', result, mask2)
    # 反最大池化输出
    result = sess.run(img2)
    print('un_max_pool', result)
```

这里自定义了两个函数，一个是带有最大值位置的最大池化函数，一个反最大池化函数，程序运行后，应该可以看到自己定义的最大池化与原来的版本输出是一样的，由于 tf.nn.max_ pool_with_argmax()函数只支持 GPU 操作,不能在 CPU 机器上运行,故在此没有输出结果,读者可自行在 GPU 上运行。mask 是池化后整个数组的索引,并保持与池化结果一致的 shape。

### 9.6.6 偏导计算

在后向传播的过程中,神经网络需要对每个代价函数对应的学习参数求偏导,计算出的这个值叫作梯度,用来乘以学习率然后更新学习参数。它是通过 tf.gradients()函数来实现的,这个函数的第一个参数为需要求导的公式,第二个参数为指定公式中的哪个变量来求偏导。如果对一个不存在的变量求偏导,会返回 None。

下面利用 TensorFlow 实现偏导的计算,实现的 TensorFlow 代码为:

```
import tensorflow as tf
import numpy as np
w1 = tf.Variable([[1,2]])              #1×2
w2 = tf.Variable([[3,4]])              #1×2
y = tf.matmul(w1,[[9],[10]])           #2×1
#求 w1 的梯度
grads = tf.gradients(y,w1)             #1×2
with tf.Session() as sess:
    sess.run(tf.global_variables_initializer())
    gradval = sess.run(grads)
    print(gradval)
```

运行程序,输出如下:

```
[array([[ 9, 10]])]
Process finished with exit code 0
```

可以看到计算得到的结果为[[9,10]],形状为 1×2,即[[9],[10]]的转置。至于为什么是其转置,可以去了解一下矩阵如何求偏导的知识。

实现的 TensorFlow 代码为:

```
import numpy as np
x = np.array([[9,10]])
print(x.shape)
x = np.array([[9],[10]])
print(x.shape)
```

运行程序,输出如下:

```
(1, 2)
(2, 1)
Process finished with exit code 0
```

tf.gradients()函数还可以同时对多个式子求关于多个变量的偏导,如:

```
import tensorflow as tf
import numpy as np
tf.reset_default_graph()
w1 = tf.get_variable('w1',shape=[2])
w2 = tf.get_variable('w2',shape=[2])
w3 = tf.get_variable('w3',shape=[2])
w4 = tf.get_variable('w4',shape=[2])
y1 = w1 + w2 + w3
y2 = w3 + w4
gradients = tf.gradients([y1,y2],[w1,w2,w3,w4],grad_ys=[tf.convert_to_tensor([1.,2.]),
tf.convert_to_tensor([3.,4.])])
with tf.Session() as sess:
    sess.run(tf.global_variables_initializer())
    gradval = sess.run(gradients)
    print(gradval)
```

运行代码,输出为:

```
[array([1.,2.], dtype=float32), array([1.,2.], dtype=float32), array([4.,6.], dtype=float32), array([3.,4.], dtype=float32)]
Process finished with exit code 0
```

以上程序有两个 op(对象),4 个参数,演示了使用 tf.gradients() 函数同时为两个式子 4 个参数求梯度。

此处使用了 tf.gradients() 函数的第三个参数,即给定公式结果的值来求参数梯度,这里相当于 y1 为[1.,2.],y2 为[3.,4.]。对于 y1 来讲,求关于 w1 的梯度时,会认为 w2 和 w3 为常数,所以 w2、w3 的导数为 0,即 w1 的梯度就为[1.,2.]。同理可以得出 w2、w3 均为[1.,2.],接着求 y2 的梯度,得到 w3 和 w4 均为[3.,4.]。然后将两个式子中的 w3 结果加起来,所以 w3 就为[4.,6.]。

### 9.6.7 梯度停止

在后向传播过程中某种情况下需要停止梯度的运算,针对此种情况 TensorFlow 提供了一个 tf.stop_gradient() 函数,被它定义过的节点没有梯度运算的功能。例如:

```
import tensorflow as tf
import numpy as np
w1 = tf.Variable(2.0)
w2 = tf.Variable(2.0)
a = tf.multiply(w1, 3.0)
#停止a节点梯度运算的功能
a_stoped = tf.stop_gradient(a)
b = tf.multiply(a_stoped, w2)
gradients = tf.gradients(b, xs=[w1, w2])
print(gradients)
```

运行程序,输出如下:

```
[None, < tf.Tensor 'gradients/Mul_1_grad/Mul_1:0' shape = ( ) dtype = float32 >]
Process finished with exit code 0
```

可见,一个节点被 stop 之后,这个节点上的梯度,就无法再向前后向传播了。w1 变量的梯度只能来自 a 节点,由于停止了 a 节点梯度运算的功能,所以计算梯度返回的是 None。再如:

```
import tensorflow as tf
a = tf.Variable(1.0)
b = tf.Variable(1.0)
c = tf.add(a, b)
#停止 c 节点梯度运算的功能
c_stoped = tf.stop_gradient(c)
d = tf.add(a, b)
e = tf.add(c_stoped, d)
gradients = tf.gradients(e, xs = [a, b])
with tf.Session() as sess:
    tf.global_variables_initializer().run()
    print(sess.run(gradients))
```

运行程序,输出如下:

```
[1.0, 1.0]
Process finished with exit code 0
```

虽然 c 节点被 stop 了,但是 a、b 还有从 d 传回的梯度,所以还是可以输出梯度值的。

前面对反卷积神经网络进行了详细介绍,也给出了每部分内容的相应代码,下面列出实现以上反卷积神经网络内容的 TensorFlow 完整代码:

```
import tensorflow as tf
import numpy as np
# 模拟数据
img = tf.Variable(tf.constant(1.0, shape = [1, 4, 4, 1]))
kernel = tf.Variable(tf.constant([1.0, 0, -1, -2], shape = [2, 2, 1, 1]))
# 分别进行 VALID 和 SAME 操作
conv = tf.nn.conv2d(img, kernel, strides = [1, 2, 2, 1], padding = 'VALID')
cons = tf.nn.conv2d(img, kernel, strides = [1, 2, 2, 1], padding = 'SAME')
# VALID 填充计算方式 (n - f + 1)/s 向上取整
print(conv.shape)
# SAME 填充计算方式 n/s 向上取整
print(cons.shape)
# 在进行反卷积操作
contv = tf.nn.conv2d_transpose(conv, kernel, [1, 4, 4, 1], strides = [1, 2, 2, 1], padding = 'VALID')
conts = tf.nn.conv2d_transpose(cons, kernel, [1, 4, 4, 1], strides = [1, 2, 2, 1], padding = 'SAME')
with tf.Session() as sess:
    sess.run(tf.global_variables_initializer())
    print('kernel:\n', sess.run(kernel))
```

```python
    print('conv:\n', sess.run(conv))
    print('cons:\n', sess.run(cons))
    print('contv:\n', sess.run(contv))
    print('conts:\n', sess.run(conts))
## 反池化操作
def max_pool_with_argmax(net, stride):
    # 使用 mask 保存每个最大值的位置,这个函数只支持 GPU 操作
    _, mask = tf.nn.max_pool_with_argmax(net, ksize = [1, stride, stride, 1], strides = [1, stride, stride, 1],
                                                                padding = 'SAME')
    # 将后向传播的 mask 梯度计算停止
    mask = tf.stop_gradient(mask)
    # 计算最大池化操作
    net = tf.nn.max_pool(net, ksize = [1, stride, stride, 1], strides = [1, stride, stride, 1], padding = 'SAME')
    # 将池化结果和 mask 返回
    return net, mask
def un_max_pool(net, mask, stride):
    ksize = [1, stride, stride, 1]
    input_shape = net.get_shape().as_list()
    # 计算新形状
    output_shape = (input_shape[0], input_shape[1] * ksize[1], input_shape[2] * ksize[2], input_shape[3])
    # 计算批次、高度、宽度和特征图的索引
    one_like_mask = tf.ones_like(mask)
    batch_range = tf.reshape(tf.range(output_shape[0], dtype = tf.int64), shape = [input_shape[0], 1, 1, 1])
    b = one_like_mask * batch_range
    y = mask // (output_shape[2] * output_shape[3])
    x = mask % (output_shape[2] * output_shape[3]) // output_shape[3]
    feature_range = tf.range(output_shape[3], dtype = tf.int64)
    f = one_like_mask * feature_range
    # 转置索引并将更新值重新设置为一个维度
    updates_size = tf.size(net)
    indices = tf.transpose(tf.reshape(tf.stack([b, y, x, f]), [4, updates_size]))
    values = tf.reshape(net, [updates_size])
    ret = tf.scatter_nd(indices, values, output_shape)
    return ret
## 偏导计算
w1 = tf.Variable([[1, 2]])  # 1x2
w2 = tf.Variable([[3, 4]])  # 1x2

y = tf.matmul(w1, [[9], [10]])  # 2x1
# 求 w1 的梯度
grads = tf.gradients(y, w1)  # 1x2
with tf.Session() as sess:
    sess.run(tf.global_variables_initializer())
    gradval = sess.run(grads)
    print(gradval)
```

```
tf.reset_default_graph()
w1 = tf.get_variable('w1', shape = [2])
w2 = tf.get_variable('w2', shape = [2])
w3 = tf.get_variable('w3', shape = [2])
w4 = tf.get_variable('w4', shape = [2])
y1 = w1 + w2 + w3
y2 = w3 + w4
gradients = tf.gradients([y1, y2], [w1, w2, w3, w4],
grad_ys = [tf.convert_to_tensor([1., 2.]), tf.convert_to_tensor([3., 4.])])
with tf.Session() as sess:
    sess.run(tf.global_variables_initializer())
    gradval = sess.run(gradients)
    print(gradval)
## 梯度停止
w1 = tf.Variable(2.0)
w2 = tf.Variable(2.0)
a = tf.multiply(w1, 3.0)
# 停止a节点梯度运算的功能
a_stoped = tf.stop_gradient(a)
b = tf.multiply(a_stoped, w2)
gradients = tf.gradients(b, xs = [w1, w2])
print(gradients)
a = tf.Variable(1.0)
b = tf.Variable(1.0)
c = tf.add(a, b)
# 停止c节点梯度运算的功能
c_stoped = tf.stop_gradient(c)
d = tf.add(a, b)
e = tf.add(c_stoped, d)
gradients = tf.gradients(e, xs = [a, b])
with tf.Session() as sess:
    tf.global_variables_initializer().run()
    print(sess.run(gradients))
```

运行程序,输出如下:

```
(1, 2, 2, 1)
(1, 2, 2, 1)
kernel:
[[[[ 1.]]
  [[ 0.]]]
 [[[-1.]]
  [[-2.]]]]
conv:
[[[[-2.]
   [-2.]]
  [[-2.]
   [-2.]]]]
cons:
[[[[-2.]
```

```
      [-2.]]
    [[-2.]
     [-2.]]]]
contv:
[[[[-2.]
   [ 0.]
   [-2.]
   [ 0.]]
  [[ 2.]
   [ 4.]
   [ 2.]
   [ 4.]]
  [[-2.]
   [ 0.]
   [-2.]
   [ 0.]]
  [[ 2.]
   [ 4.]
   [ 2.]
   [ 4.]]]]
conts:
[[[[-2.]
   [ 0.]
   [-2.]
   [ 0.]]
  [[ 2.]
   [ 4.]
   [ 2.]
   [ 4.]]
  [[-2.]
   [ 0.]
   [-2.]
   [ 0.]]
  [[ 2.]
   [ 4.]
   [ 2.]
   [ 4.]]]]
[array([[ 9, 10]])]
[array([1., 2.], dtype=float32), array([1., 2.], dtype=float32), array([4., 6.], dtype=float32), array([3., 4.], dtype=float32)]
[None, <tf.Tensor 'gradients_1/Mul_1_grad/Mul_1:0' shape=() dtype=float32>]
[1.0, 1.0]
Process finished with exit code 0
```

## 9.7 深度学习的训练技巧

下面介绍卷积神经网络训练的两种技巧,让读者进一步掌握深度学习的训练。

### 9.7.1 优化卷积核技术

在实际的卷积训练中,为了加速,常常把卷积核裁开。比如,一个 $3\times 3$ 的过滤器可以裁成 $3\times 1$ 和 $1\times 3$ 两个过滤器,分别对原有的输入做卷积操作,这样可以大大提高运算速度。

原理：在浮点运算中乘法消耗的资源比较多，我们的目的就是尽量减小乘法运算。
- 比如，对一个 5×2 的原始图片进行一次 3×3 的同卷积，相当于生成的 5×2 像素中每一个都要经历 3×3 次乘法，一共有 90 次。
- 同样是这个图片，如果先进行一次 3×1 的同卷积（需要 30 次运算），再进行一次 1×3 的同卷积（需要 30 次运算），则一共 60 次。

这仅仅是一个很小的数据张量，随着张量维度的增大，层数的增多，减少的运算会更多。那么运算量减少了，运算效果等价吗？答案是肯定的。因为 3×1 的矩阵乘上 1×3 的矩阵会正好生成 3×3 的矩阵。所以这个技巧在卷积网络中很常见。

下面使用优化卷积核技术对 cifar10_input（TensorFlow 自带的数据库）卷积的代码进行重构，并观察效果，实现 TensorFlow 代码为：

```python
import cifar10_input
import tensorflow as tf
import numpy as np
batch_size = 128
data_dir = '/tmp/cifar10_data/cifar-10-batches-bin'
print("begin")
images_train, labels_train = cifar10_input.inputs(eval_data = False, data_dir = data_dir, batch_size = batch_size)
images_test, labels_test = cifar10_input.inputs(eval_data = True, data_dir = data_dir, batch_size = batch_size)
print("begin data")
def weight_variable(shape):
    initial = tf.truncated_normal(shape, stddev = 0.1)
    return tf.Variable(initial)
def bias_variable(shape):
    initial = tf.constant(0.1, shape = shape)
    return tf.Variable(initial)
def conv2d(x, W):
    return tf.nn.conv2d(x, W, strides = [1, 1, 1, 1], padding = 'SAME')
def max_pool_2x2(x):
    return tf.nn.max_pool(x, ksize = [1, 2, 2, 1],
                          strides = [1, 2, 2, 1], padding = 'SAME')
def avg_pool_6x6(x):
    return tf.nn.avg_pool(x, ksize = [1, 6, 6, 1],
                          strides = [1, 6, 6, 1], padding = 'SAME')
# tf 图形输入
x = tf.placeholder(tf.float32, [None, 24, 24, 3]) # cifar data image of shape 24*24*3
y = tf.placeholder(tf.float32, [None, 10]) # 0-9 数字 => 10 classes
W_conv1 = weight_variable([5, 5, 3, 64])
b_conv1 = bias_variable([64])
x_image = tf.reshape(x, [-1, 24, 24, 3])
h_conv1 = tf.nn.relu(conv2d(x_image, W_conv1) + b_conv1)
h_pool1 = max_pool_2x2(h_conv1)

W_conv21 = weight_variable([5, 1, 64, 64])
b_conv21 = bias_variable([64])
```

```python
h_conv21 = tf.nn.relu(conv2d(h_pool1, W_conv21) + b_conv21)
W_conv2 = weight_variable([1, 5, 64, 64])
b_conv2 = bias_variable([64])
h_conv2 = tf.nn.relu(conv2d(h_conv21, W_conv2) + b_conv2)

h_pool2 = max_pool_2x2(h_conv2)
W_conv3 = weight_variable([5, 5, 64, 10])
b_conv3 = bias_variable([10])
h_conv3 = tf.nn.relu(conv2d(h_pool2, W_conv3) + b_conv3)
nt_hpool3 = avg_pool_6x6(h_conv3)  # 10
nt_hpool3_flat = tf.reshape(nt_hpool3, [-1, 10])
y_conv = tf.nn.softmax(nt_hpool3_flat)
cross_entropy = -tf.reduce_sum(y * tf.log(y_conv))
train_step = tf.train.AdamOptimizer(1e-4).minimize(cross_entropy)
correct_prediction = tf.equal(tf.argmax(y_conv, 1), tf.argmax(y, 1))
accuracy = tf.reduce_mean(tf.cast(correct_prediction, "float"))
sess = tf.Session()
sess.run(tf.global_variables_initializer())
tf.train.start_queue_runners(sess=sess)
for i in range(15000):  # 20000
    image_batch, label_batch = sess.run([images_train, labels_train])
    label_b = np.eye(10, dtype=float)[label_batch]  # one hot
    train_step.run(feed_dict={x: image_batch, y: label_b}, session=sess)
    if i % 200 == 0:
        train_accuracy = accuracy.eval(feed_dict={
            x: image_batch, y: label_b}, session=sess)
        print("step %d, training accuracy %g" % (i, train_accuracy))
image_batch, label_batch = sess.run([images_test, labels_test])
label_b = np.eye(10, dtype=float)[label_batch]  # one hot
print("finished! test accuracy %g" % accuracy.eval(feed_dict={
    x: image_batch, y: label_b}, session=sess))
```

运行程序,输出如下:

```
begin
begin data
step 0, training accuracy 0.101562
step 200, training accuracy 0.34375
step 400, training accuracy 0.390625
step 600, training accuracy 0.4375
step 800, training accuracy 0.429688
step 1000, training accuracy 0.4375
step 1200, training accuracy 0.453125
step 1400, training accuracy 0.46875
step 1600, training accuracy 0.507812
...
```

以上代码中,将原来第二层的 5×5 的卷积操作 conv2 注释掉,换成两个 5×1 和 1×5 的卷积操作,代码运行后可以看到准确率没有变化,但是速度快了一些。

## 9.7.2 多通道卷积技术

这里介绍的多通道卷积可以理解为一种新型的 CNN 网络模型,是在原有卷积核模型基础上的扩展。

原有的卷积层是使用单个尺寸的卷积核对输入数据进行卷积操作(图 9-21),生成若干个 feature map。而多通道卷积的变化就是,在单个卷积层中加入若干个不同尺寸的过滤器,这样会使生成的 feature map 特性更加多样。

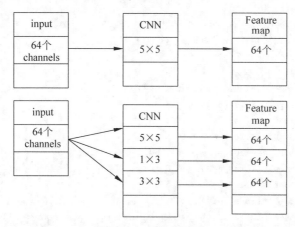

图 9-21　多通道卷积

以下实例通过多通道技术将 cifar10_input 代码重构,为网络的卷积层增加不同尺寸的卷积核。在此将原有的 5×5 卷积,扩展到 7×7 卷积、1×1 卷积、3×3 卷积,并将它们的输出通过 concat 函数并在一起,代码为:

```
import cifar10_input
import tensorflow as tf
import numpy as np
batch_size = 128
data_dir = '/tmp/cifar10_data/cifar-10-batches-bin'
print("begin")
images_train, labels_train = cifar10_input.inputs(eval_data = False, data_dir = data_dir, batch_size = batch_size)
images_test, labels_test = cifar10_input.inputs(eval_data = True, data_dir = data_dir, batch_size = batch_size)
print("begin data")
def weight_variable(shape):
    initial = tf.truncated_normal(shape, stddev = 0.1)
    return tf.Variable(initial)
def bias_variable(shape):
    initial = tf.constant(0.1, shape = shape)
    return tf.Variable(initial)
def conv2d(x, W):
    return tf.nn.conv2d(x, W, strides = [1, 1, 1, 1], padding = 'SAME')
def max_pool_2x2(x):
```

```python
        return tf.nn.max_pool(x, ksize = [1, 2, 2, 1],
                              strides = [1, 2, 2, 1], padding = 'SAME')
def avg_pool_6x6(x):
    return tf.nn.avg_pool(x, ksize = [1, 6, 6, 1],
                          strides = [1, 6, 6, 1], padding = 'SAME')
# tf 图像输入
x = tf.placeholder(tf.float32, [None, 24, 24, 3]) # cifar data image of shape 24 * 24 * 3
y = tf.placeholder(tf.float32, [None, 10]) # 0-9 数字 => 10 classes
W_conv1 = weight_variable([5, 5, 3, 64])
b_conv1 = bias_variable([64])
x_image = tf.reshape(x, [-1, 24, 24, 3])
h_conv1 = tf.nn.relu(conv2d(x_image, W_conv1) + b_conv1)
h_pool1 = max_pool_2x2(h_conv1)
## 多卷积核
W_conv2_5x5 = weight_variable([5, 5, 64, 64])
b_conv2_5x5 = bias_variable([64])
W_conv2_7x7 = weight_variable([7, 7, 64, 64])
b_conv2_7x7 = bias_variable([64])
W_conv2_3x3 = weight_variable([3, 3, 64, 64])
b_conv2_3x3 = bias_variable([64])
W_conv2_1x1 = weight_variable([3, 3, 64, 64])
b_conv2_1x1 = bias_variable([64])
h_conv2_1x1 = tf.nn.relu(conv2d(h_pool1, W_conv2_1x1) + b_conv2_1x1)
h_conv2_3x3 = tf.nn.relu(conv2d(h_pool1, W_conv2_3x3) + b_conv2_3x3)
h_conv2_5x5 = tf.nn.relu(conv2d(h_pool1, W_conv2_5x5) + b_conv2_5x5)
h_conv2_7x7 = tf.nn.relu(conv2d(h_pool1, W_conv2_7x7) + b_conv2_7x7)
h_conv2 = tf.concat([h_conv2_5x5, h_conv2_7x7, h_conv2_3x3, h_conv2_1x1], 3)
## 单卷积核
h_pool2 = max_pool_2x2(h_conv2)

W_conv3 = weight_variable([5, 5, 256, 10])
b_conv3 = bias_variable([10])
h_conv3 = tf.nn.relu(conv2d(h_pool2, W_conv3) + b_conv3)
nt_hpool3 = avg_pool_6x6(h_conv3) # 10
nt_hpool3_flat = tf.reshape(nt_hpool3, [-1, 10])
y_conv = tf.nn.softmax(nt_hpool3_flat)
cross_entropy = -tf.reduce_sum(y * tf.log(y_conv))
# 不同的优化方法测试效果
train_step = tf.train.AdamOptimizer(1e-4).minimize(cross_entropy)
correct_prediction = tf.equal(tf.argmax(y_conv, 1), tf.argmax(y, 1))
accuracy = tf.reduce_mean(tf.cast(correct_prediction, "float"))
sess = tf.Session()
sess.run(tf.global_variables_initializer())
tf.train.start_queue_runners(sess = sess)
for i in range(15000): # 20000
    image_batch, label_batch = sess.run([images_train, labels_train])
    label_b = np.eye(10, dtype = float)[label_batch] # one hot
    train_step.run(feed_dict = {x: image_batch, y: label_b}, session = sess)
    if i % 200 == 0:
        train_accuracy = accuracy.eval(feed_dict = {
```

```
        x: image_batch, y: label_b}, session = sess)
    print("step %d, training accuracy %g" % (i, train_accuracy))
image_batch, label_batch = sess.run([images_test, labels_test])
label_b = np.eye(10, dtype = float)[label_batch]  # one hot
print("finished! test accuracy %g" % accuracy.eval(feed_dict = {
    x: image_batch, y: label_b}, session = sess))
```

运行程序,输出如下:

```
begin
begin data
step 0, training accuracy 0.15625
step 200, training accuracy 0.234375
...
```

## 9.8 小结

本章我们学习了卷积神经网络。卷积神经网络是神经网络模型的重要组成部分,通过它可以处理更复杂的数据集,也能让我们理解最先进的模型。

本章首先介绍卷积神经网络的相关概念及为什么要用卷积神经网络,接着介绍其他卷积神经网络,如 AlexNet、ResNet、反卷积神经网络等内容,最后,介绍深度学习的训练技巧。

## 9.9 习题

1. 卷积神经网络主要包括三个基本层,分别为:＿＿＿＿＿＿＿＿＿＿、＿＿＿＿＿＿＿＿＿＿、
＿＿＿＿＿＿＿＿＿＿。

2. 池化方法有几种?分别是什么?

3. 假设输入矩阵为 $M = \begin{bmatrix} 1 & -1 & 0 \\ -1 & 2 & 1 \\ 0 & 2 & -2 \end{bmatrix}$,指定卷积核为 $W = \begin{bmatrix} 1 & -1 \\ 0 & 2 \end{bmatrix}$,指定的偏置为 $[1,1,\cdots,1]$,利用 TensorFlow 实现卷积与池化操作。

4. AlexNet 共包含＿＿＿＿＿＿个权重层,其中前＿＿＿＿＿＿层为卷积层,后＿＿＿＿＿＿层为全连接层。

5. 反卷积有许多特别的应用,一般可以用于＿＿＿＿＿＿、＿＿＿＿＿＿、＿＿＿＿＿＿、＿＿＿＿＿＿、＿＿＿＿＿＿等未知输入估计和过程辨识方面的问题。

# 第 10 章　TensorFlow 实现循环神经网络

CHAPTER 10

从上一章的卷积神经网络中可以了解到,卷积神经网络处理的是"静态"数据,输入的是一张图或一份数据,在处理多张图片的时候,图片之间没有前后关联。但是当我们处理一段语音或一段文本时,处理的数据是一个序列,如语音数据中连续很多帧的数据组合成一个发音,文本中连续多个字符组合成一句有含义的句子。

卷积神经网络在图片识别上获得了很好的效果,但是在处理序列化的数据时并不是很拿手。本章主要介绍更加适合处理序列化数据的循环神经网络。

## 10.1　循环神经网络的概述

循环神经网络(Recurrent Neural Network,RNN)主要是自然语言处理(Natural Language Processing,NLP)应用的一种网络模型。它不同于传统的前馈神经网络(Feed-forward Neural Network,FNN),循环神经网络在网络中引入了定性循环,使信号从一个神经元传递到另一个神经元并不会马上消失,而是继续存活,这就是循环神经网络名称的由来。

### 10.1.1　循环神经网络的结构

在传统的神经网络中,输入层到输出层的每层直接是全连接的,但是层内部的神经元彼此之间没有连接。这种网络结构应用于文本处理却有难度。例如,我们要预测某个单词的下一个单词是什么,就需要用到前面的单词。循环神经网络的解决方式是,隐藏层的输入不仅包括上一层的输出,还包括上一时刻该隐藏层的输出。理论上,循环神经网络能够包含前面的任意多个时刻的状态,但实践中,为了降低训练的复杂性,一般只处理前几个状态的输出。

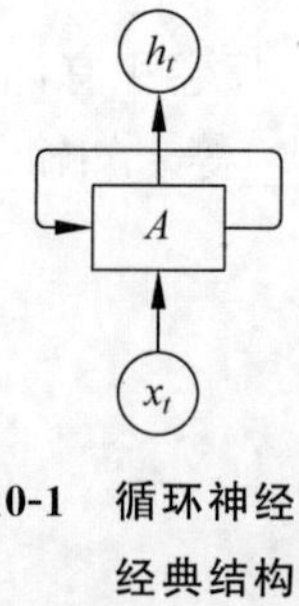

图 10-1 展示了一个典型的循环神经网络。对于循环神经网络,一个非常重要的概念就是时刻。循环神经网络会对于每一个时刻的输入结合当前模型的状态给出一个输出。从图 10-1 中可以看到,循环神经网络的主体结构 A 的输入除了来自输入层 $x_t$,还有一个循环的边来提供当前时刻的状态。在每一个时刻,循环神经网络络的模块 A 会读取 t 时刻的输入 $x_t$,并输出一个值 $h_t$。同时 A

图 10-1　循环神经网络经典结构图

的状态会从当前步传递到下一步。因此，循环神经网络理论上可以被看作是同一神经网络结构被无限复制的结果。但出于优化的考虑，目前循环神经网络无法做到真正的无限循环，所以现实中一般会将循环体展开，于是可以得到如图10-2所示的结构。

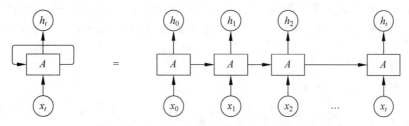

图 10-2　循环神经网络按时间展开后的结构

在图 10-2 中可以更加清楚地看到循环神经网络在每一个时刻会有一个输入 $x_t$，然后根据循环神经网络当前的状态 $A_t$ 提供一个输出 $h_t$。从而神经网络当前状态 $A_t$ 是由上一时刻的状态 $A_{t-1}$ 和当前输入 $x_t$ 共同决定的。从循环神经网络的结构特征可知它最擅长解决的问题是与时间序列相关的问题，它是处理这类问题最拿手的神经网络结构。对于一个序列数据，可以将这个序列上不同时刻的数据依次传入循环神经网络的输入层，而输出可以是对序列中下一个时刻的预测。循环神经网络要求每一个时刻都有一个输入，但是不一定每个时刻都需要有输出。在过去几年中，循环神经网络已经被广泛应用于语音识别、语言模型、机器翻译以及时序分析等问题中，并取得了巨大的成功。

以机器翻译为例来介绍循环神经网络是如何解决实际问题的。循环神经网络中每一个时刻的输入为需要翻译的句子中的单词。如图 10-3 所示，需要翻译的句子为 ABCD，那么循环神经网络第一段每一个时刻的输入就分别是 A、B、C 和 D，然后用"_"作为待翻译句子的结束符。在第一段中，循环神经网络没有输出。从结束符"_"开始，循环神经网络进入翻译阶段。该阶段中每一个时刻的输入是上一个时刻的输出，而最终得到的输出就是句子 ABCD 翻译的结果。从图 10-3 中可以看到句子 ABCD 对应的翻译结果就是 XYZ，而 Q 是代表翻译结束的结束符。

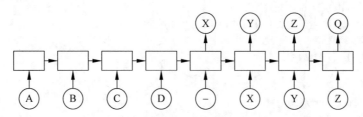

图 10-3　循环神经网络实现机器翻译图

如之前所介绍，循环神经网络可以被看作同一神经网络结构在时间序列上被复制多次的结果，这个被复制多次的结构我们称之为循环体。如何设计循环体的网络结构是循环神经网络解决实际问题的关键。和卷积神经网络过滤器中参数是共享的类似，在循环神经网络中，循环体网络结构中的参数在不同时刻也是共享的。

图 10-4 展示了一个使用最简单的神经网络结构作为循环体的循环神经网络，在这个循环体中只使用了一个类似全连接层的神经网络结构。下面将通过图 10-4 中所展示的神经

网络来介绍循环神经网络前向传播的完整流程。循环神经网络中的状态是通过一个向量来表示的,这个向量的维度也称为循环神经网络隐藏层的大小,假设其为 $h$。从图 10-4 中可以看出,循环体中神经网络的输入有两部分,一部分为上一时刻的状态,另一部分为当前时刻的输入样本。对于时间序列数据来说(如不同时刻商品的销量),每一时刻的输入样例可以是当前时刻的数值(如销量值);对于语言模型来说,输入样例可以是当前单词对应的单词向量。

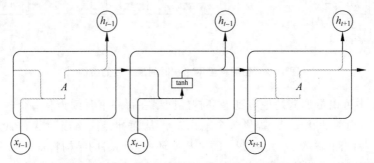

图 10-4 使用单层全连接神经网络作为循环体的循环神经网络结构图

**注意**:图中中间标有 tanh 的小方框表示一个使用了 tanh 作为激活函数的全连接神经网络。

### 10.1.2 实例:简单循环神经网络的实现

本实例是一个纯手写的代码实例,使用 Python 手动搭建一个简单的 RNN 网络,让它来拟合一个退位减法,观察其后向传播过程。退位减法具有 RNN 的特性,即输入的两个数相减时,一旦发生退位运算,需要将中间状态保存起来,当高位的数传入时将退出标志一并传入参与运算。其实现的步骤如下。

(1) 定义基本函数。

先写一个 sigmoid 函数及其导数(导数用于后向传播)。

```
import copy, numpy as np
np.random.seed(0)  #随机数生成器的种子,可以每次得到一样的值
# 计算 S 形非线性
def sigmoid(x):  #激活函数
    output = 1/(1 + np.exp(-x))
    return output
#将 S 形函数的输出转换为其导数
def sigmoid_output_to_derivative(output): #激活函数的导数
    return output * (1 - output)
```

(2) 建立二进制映射。

定义的减法最大值限制在 256 之内,即 8 位二进制的减法,定义 int 与二进制之间的映射数组 int2binary。

```
int2binary = {}  #十进制到二进制表示的映射
binary_dim = 8  #暂时制作 256 以内的减法
```

```
## 计算0~256的二进制表示
largest_number = pow(2,binary_dim)
binary = np.unpackbits(
    np.array([range(largest_number)],dtype=np.uint8).T,axis=1)
for i in range(largest_number):
    int2binary[i] = binary[i]
```

(3) 定义参数。

定义学习参数:隐藏层的权重 synapse_0、循环节点的权重 synapse_h(输入节点16,输出节点16)、输出层的权重 synapse_1(输入节点16,输出节点1)。为了减小复杂度,此处只设置 $w$ 权重,$b$ 被忽略。

```
# 输入参数
alpha = 0.9 #学习速率
input_dim = 2 #输入的维度是2
hidden_dim = 16
output_dim = 1 #输出维度为1
# 初始化网络权值
synapse_0 = (2*np.random.random((input_dim,hidden_dim)) - 1)*0.05
#维度为2*16, 2是输入维度,16是隐藏层维度
synapse_1 = (2*np.random.random((hidden_dim,output_dim)) - 1)*0.05
synapse_h = (2*np.random.random((hidden_dim,hidden_dim)) - 1)*0.05
# => [-0.05, 0.05),
# 用于存放后向传播的权重更新值
synapse_0_update = np.zeros_like(synapse_0)
synapse_1_update = np.zeros_like(synapse_1)
synapse_h_update = np.zeros_like(synapse_h)
```

**注意**:synapse_0_update 在前面很少见到,是因为它被隐含在优化器中。此处全部"裸写"(不使用 TensorFlow 库函数),需要定义一组变量,用于反向优化参数时存放参数需要调整的调整值,对应于前面的3个权重 synapse_0、synapse_1 和 synapse_h。

(4) 准备样本数据。

其过程大致为:

① 建立循环生成样本数据,先生成两个数 $a$ 和 $b$。如果 $a$ 小于 $b$,就交换位置,保证被减数大。

② 计算出相减的结果 $c$。

③ 将3个数转换成二进制,为模型计算做准备。

```
# 开始训练
for j in range(10000):
    #生成一个数字a
    a_int = np.random.randint(largest_number)
    #生成一个数字b,b的最大值取的是 largest_number/2,作为被减数让它小一点
    b_int = np.random.randint(largest_number/2)
    #如果生成的b大了,那么交换一下
```

```
        if a_int < b_int:
            tt = b_int
            b_int = a_int
            a_int = tt
        a = int2binary[a_int]  #二进制编码
        b = int2binary[b_int]  #二进制编码
        #正确的答案
        c_int = a_int - b_int
        c = int2binary[c_int]
```

(5)模型初始化。

初始化输出值为0,初始化总误差为0,定义layer_2_deltas存储后向传播过程中的循环层的误差,layer_1_values为隐藏层的输出值,由于第一个数据传入时,没有隐藏层输出值来作为本次的输入,需要为其定义一个初始值,此处定义为0.1。

```
        #存储神经网络的预测值
        d = np.zeros_like(c)
        overallError = 0  #每次把总误差清零
            layer_2_deltas = list()  #存储每个时间点输出层的误差
        layer_1_values = list()  #存储每个时间点隐藏层的值
         #一开始没有隐藏层,所以定义初始值为0.1
        layer_1_values.append(np.ones(hidden_dim) * 0.1)
```

(6)正向传播。

循环遍历每个二进制位,从个位开始依次相减,并将中间隐藏层的输出传入下一位的计算(退位减法),把每一个时间点的误差导数都记录下来,同时统计总误差,为输出做准备。

```
        #沿着二进制编码的位置移动
        for position in range(binary_dim):  #循环遍历每一个二进制位
            #生成输入和输出
            #从右到左,每次去两个输入数字的一个bit位
            X = np.array([[a[binary_dim - position - 1],b[binary_dim - position - 1]]])
            y = np.array([[c[binary_dim - position - 1]]]).T  #正确答案
            #隐藏层(input ~ + prev_hidden)
#(输入层 + 之前的隐藏层) -> 新的隐藏层,这是体现循环神经网络优势的最核心的地方
            layer_1 = sigmoid(np.dot(X,synapse_0) + np.dot(layer_1_values[-1],synapse_h))
            #输出层(新的二进制表示)
            #隐藏层×隐藏层到输出层的转化矩阵synapse_1 ->输出层
            layer_2 = sigmoid(np.dot(layer_1,synapse_1))
            layer_2_error = y - layer_2  #预测误差
            #把每一个时间点的误差导数都记录下来
            layer_2_deltas.append((layer_2_error) * sigmoid_output_to_derivative(layer_2))
            overallError += np.abs(layer_2_error[0])  #总误差
            d[binary_dim - position - 1] = np.round(layer_2[0][0])  #记录下每一个预测bit位
            #存储隐藏层,以便可以在下一个时间步中使用它
            layer_1_values.append(copy.deepcopy(layer_1))  #记录下隐藏层的值,在下一个时间点用
        future_layer_1_delta = np.zeros(hidden_dim)
```

最后一行代码是为了后向传播准备的初始化。同正向传播一样,后向传播是从最后一次往前反向计算误差,对于每一个当前的计算都需要有它的下一次结果参与。

反向计算是从最后一次开始,它没有后一次的输出,所以需要初始化一个值作为其后一次的输入,此处初始化为 0。

(7) 初始化后,开始从高位往回遍历,一次对每一位的所有层计算误差,并根据每层误差对权重求偏导,得到其调整值,最终将每一位算出的各层权重的调整值加在一起乘以学习率,来更新各层的权重,完成一次优化训练。

```
# 后向传播,从最后一个时间点到第一个时间点
for position in range(binary_dim):
    X = np.array([[a[position],b[position]]]) # 最后一次的两个输入
    layer_1 = layer_1_values[-position-1] # 当前时间点的隐藏层
    prev_layer_1 = layer_1_values[-position-2] # 前一个时间点的隐藏层
    # 输出层错误
    layer_2_delta = layer_2_deltas[-position-1] # 当前时间点输出层导数
    # 通过后一个时间点(因为是后向传播)的隐藏层误差和当前时间点的输出
    # 层误差,计算当前时间点的隐藏层误差
    layer_1_delta = (future_layer_1_delta.dot(synapse_h.T)
        + layer_2_delta.dot(synapse_1.T)) * sigmoid_output_to_derivative(layer_1)
# 等到完成了所有后向传播误差计算,才会更新权重矩阵,先暂时把更新矩阵存起来
    synapse_1_update += np.atleast_2d(layer_1).T.dot(layer_2_delta)
    synapse_h_update += np.atleast_2d(prev_layer_1).T.dot(layer_1_delta)
    synapse_0_update += X.T.dot(layer_1_delta)
    future_layer_1_delta = layer_1_delta
# 完成所有后向传播之后,更新权重矩阵,并把矩阵变量清零
synapse_0 += synapse_0_update * alpha
synapse_1 += synapse_1_update * alpha
synapse_h += synapse_h_update * alpha
synapse_0_update *= 0
synapse_1_update *= 0
synapse_h_update *= 0
```

(8) 输出结果。

每运行 800 次将结果输出。

```
# 打印进度
if(j % 800 == 0):
    # print(synapse_0,synapse_h,synapse_1)
    print("总误差:" + str(overallError))
    print("Pred:" + str(d))
    print("True:" + str(c))
    out = 0
    for index,x in enumerate(reversed(d)):
        out += x * pow(2,index)
    print(str(a_int) + " - " + str(b_int) + " = " + str(out))
    print("------------")
```

运行程序,输出如下:

总误差:[3.99972855]
Pred:[0 0 0 0 0 0 0 0]
True:[0 0 1 1 0 0 1 1]
60 - 9 = 0
------------
总误差:[2.486562]
Pred:[0 0 0 0 0 0 0 0]
True:[0 0 0 1 0 0 0 1]
17 - 0 = 0
------------
总误差:[3.51869416]
Pred:[0 0 1 0 0 1 1 0]
True:[0 0 0 1 1 1 1 0]
89 - 59 = 38
------------
总误差:[0.18361106]
Pred:[0 0 0 1 1 0 0 0]
True:[0 0 0 1 1 0 0 0]
43 - 19 = 24
------------
总误差:[0.1709148]
Pred:[0 0 0 0 0 0 1 0]
True:[0 0 0 0 0 0 1 0]
73 - 71 = 2
------------
总误差:[0.13827615]
Pred:[0 0 1 1 1 1 0 0]
True:[0 0 1 1 1 1 0 0]
71 - 11 = 60
------------
总误差:[0.08982648]
Pred:[1 0 0 0 0 0 0 0]
True:[1 0 0 0 0 0 0 0]
230 - 102 = 128
------------
总误差:[0.17024705]
Pred:[0 1 1 1 0 0 0 1]
True:[0 1 1 1 0 0 0 1]
160 - 47 = 113
------------
总误差:[0.06442929]
Pred:[0 1 0 1 1 0 0 1]
True:[0 1 0 1 1 0 0 1]
92 - 3 = 89
------------
总误差:[0.04940924]
Pred:[0 0 0 1 1 0 1 1]
True:[0 0 0 1 1 0 1 1]
44 - 17 = 27
------------

```
总误差:[0.04009697]
Pred:[1 0 0 1 0 1 1 0]
True:[1 0 0 1 0 1 1 0]
167 - 17 = 150
------------
总误差:[0.06397785]
Pred:[1 0 0 1 1 0 0 0]
True:[1 0 0 1 1 0 0 0]
204 - 52 = 152
------------
总误差:[0.02595276]
Pred:[1 1 0 0 0 0 0 0]
True:[1 1 0 0 0 0 0 0]
209 - 17 = 192
------------
Process finished with exit code 0
```

由结果可以看出,刚开始计算还不准确,但随着迭代次数的增加,到后来已经可以完全拟合退位减法了。

## 10.2 长短时记忆网络

循环神经网络通过保存历史信息来帮助当前的决策,如使用之前出现的单词来加强对当前文字的理解。循环神经网络可以更好地利用传统神经网络结构所不能建模的信息,但同时这也带来了更大的技术挑战——长期依赖问题。

在有些问题中,模型仅需要短期内的信息来执行当前的任务。比如,预测短语"大海的颜色是蓝色"中的最后一个词"蓝色"时,模型并不需要记忆这个短语之前更长的上下文信息——因为这一句话已经包含了足够的信息来预测最后一个词。在这样的场景中,相关的信息和待预测词的位置之间的间隔很小,循环神经网络可以比较容易地利用先前信息。

但同样也会有一些上下文场景更加复杂的情况。比如,当模型预测段落"某地开设了大量工厂,空气污染十分严重……这里的天空都是灰色的"的最后一个词时,仅根据短期依赖就无法很好地解决这种问题。因为只根据最后一小段,最后一个词可以是"蓝色"或"灰色"。如果模型需要预测具体是什么颜色,就需要考虑先前提到但离当前位置较远的上下文信息。因此,当前预测位置和相关信息之间的文本间隔就有可能很大。当这个间隔不断增大时,类似图10-4中给出的简单循环神经网络有可能会丧失学习到距离如此远的信息的能力。在复杂语言场景中,有用信息的间隔有大有小、长短不一,循环神经网络的性能也会受到限制,这时就会引入长短时记忆网络(LSTM)。

### 10.2.1 LSTM 的网络结构

LSTM 网络的思路比较简单。原始 RNN 的隐藏层只有一个状态,即 $h$,它对于短期的输入非常敏感。那么,假如我们再增加一个状态,即 $c$,让它来保存长期的状态,如图10-5所示。

新增加的状态 $c$，称为单元状态（cell state）。把图 10-5 按照时间维度展开，如图 10-6 所示。

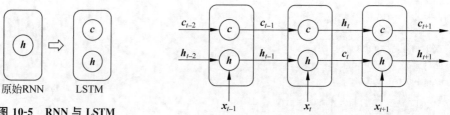

图 10-5　RNN 与 LSTM 网络结构

图 10-6　按照时间维度展开 LSTM 结构图

图 10-6 仅仅是一个示意图，我们可以看出，在 $t$ 时刻，LSTM 的输入有三个：当前时刻网络的输入值 $x_t$，上一时刻 LSTM 的输出值 $h_{t-1}$ 以及上一时刻的单元状态 $c_{t-1}$；LSTM 的输出有两个：当前时刻 LSTM 输出值 $h_t$ 和当前时刻的单元状态 $c_t$。注意 $x$、$h$、$c$ 都是向量。

LSTM 的关键就是怎样控制长期状态 $c$。在这里，LSTM 的思路是使用三个控制开关。第一个开关，负责控制继续保存长期状态 $c$；第二个开关，负责控制把即时状态输入到长期状态 $c$；第三个开关，负责控制是否把长期状态 $c$ 作为当前的 LSTM 的输出。三个开关的作用如图 10-7 所示。

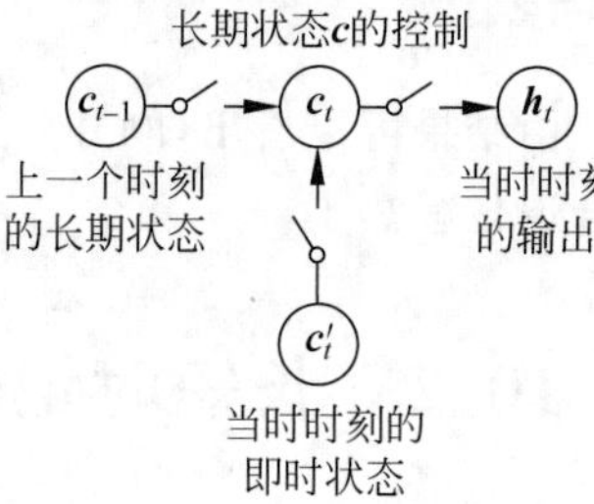

图 10-7　三个开关的作用图

接下来，将介绍输出 $h$ 和单元状态 $c$ 的具体计算方法。

### 10.2.2　LSTM 的前向计算

前面描述的开关是怎样在算法中实现的呢？这就用到了门（gate）的概念。门实际上就是一层全连接层，它的输入是一个向量，输出是一个 0 到 1 之间的实数向量。假设 $w$ 是门的权重向量，$b$ 是偏置项，那么门可以表示为：

$$g(x) = \sigma(wx + b)$$

门的使用，就是用门的输出向量按元素乘以我们需要控制的那个向量。因为门的输出是 0 到 1 之间的实数向量，那么，当门输出为 0 时，任何向量与之相乘都会得到 0 向量，这就相当于啥都不能通过；输出为 1 时，任何向量与之相乘都不会有任何改变，这就相当于啥都可以通过。因为 $\sigma$（也就是 sigmoid 函数）的值域是 (0,1)，所以门的状态都是半开半闭的。

LSTM 用两个门来控制单元状态 $c$ 的内容，一个是遗忘门（forget gate），它决定了上一时刻的单元状态 $c_{t-1}$ 有多少保留到当前时刻 $c_t$；另一个是输入门（input gate），它决定了当前时刻网络的输入 $x_t$ 有多少保存到单元状态 $c_t$。LSTM 用输出门（output gate）来控制单元状态 $c$ 有多少输出到 LSTM 的当前输出值 $h_t$。

下面先来看一下遗忘门：

$$f_t = \sigma(W_f \cdot [h_{t-1}, x_t] + b_f) \tag{10-1}$$

式中，$W_f$ 是遗忘门的权重矩阵，$[h_{t-1}, x_t]$ 表示把两个向量连接成一个更长的向量，$b_f$ 是遗忘门的偏置项，$\sigma$ 是 sigmoid 函数。如果输入的维度是 $d_x$，隐藏层的维度是 $d_h$，单元状

态的维度是 $d_c$（通常 $d_c = d_h$），则遗忘门的权重矩阵 $W_f$ 维度是 $d_c X (d_h + d_c)$。事实上，权重矩阵 $W_f$ 都是两个矩阵拼接而成的：一个是 $W_{fh}$，它对应着输入项 $h_{t-1}$，其维度为 $d_c X d_h$；一个是 $W_{fx}$，它对应着输入项 $X_t$，其维度为 $d_c X d_x$，$W_f$ 可写为：

$$[W_f]\begin{bmatrix}h_{t-1}\\x_t\end{bmatrix}=[W_{fh}\quad W_{fx}]\begin{bmatrix}h_{t-1}\\x_t\end{bmatrix}$$

图 10-8 显示了遗忘门的计算。

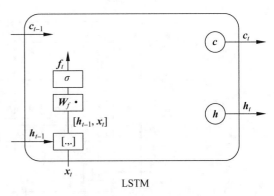

图 10-8　遗忘门的计算示意图

接着来看输入门，可表示为：

$$i_t = \sigma(W_i \cdot [h_{t-1}, x_t] + b_i) \tag{10-2}$$

式中，$W_i$ 为输入门的权重矩阵，$b_i$ 为输入门的偏置项，图 10-9 显示了输入门的计算。

下面计算用于描述当前输入的单元状态 $\tilde{c}_t$，它是根据上一次的输出和本次输入来计算的：

$$\tilde{c}_t = \tanh(W_c \cdot [h_{t-1}, x_t] + b_c) \tag{10-3}$$

图 10-10 显示了 $\tilde{c}_t$ 的计算。

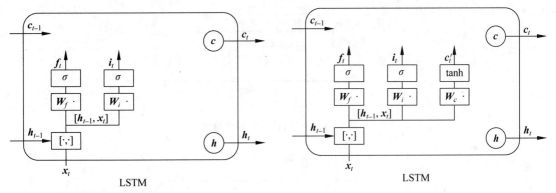

图 10-9　输入门的计算示意图　　　　图 10-10　$\tilde{c}_t$ 的计算示意图

现在，计算当前时刻的单元状态 $c_t$。它是由上一次的单元状态 $c_{t-1}$ 按元素乘以遗忘门 $f_t$，再用当前输入的单元状态 $\tilde{c}_t$ 元素乘以输入门 $i_t$，再将两个积加和产生的：

$$c_t = f_t \circ c_{t-1} + i_t \circ \tilde{c}_t$$

符号"$\circ$"表示按元素乘。图 10-11 显示了 $c_t$ 的计算。

这样就把 LSTM 关于当前的记忆 $\tilde{c}_t$ 和长期的记忆 $c_{t-1}$ 组合在一起，形成了新的单元状态 $c_t$。由于遗忘门的控制，它可以保存很长时间之前的信息，由于输入门的控制，它又可以避免当前无关紧要的内容进入记忆。下面，看看输出门，它控制了长期记忆对当前输出的影响：

$$o_t = \sigma(W_o \cdot [h_{t-1}, x_t] + b_o) \tag{10-4}$$

图 10-12 显示了输出门的计算。

LSTM 最终的输出是由输出门和单元状态共同确定的：

$$h_t = o_t \cdot \tanh(c_t) \tag{10-5}$$

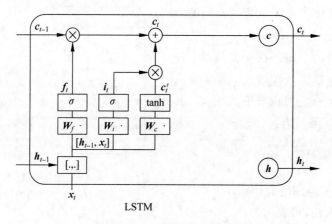

图 10-11　$c_t$ 的计算示意图

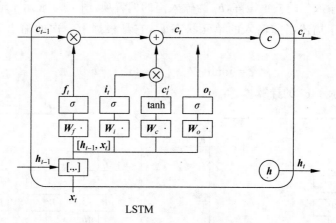

图 10-12　输出门的计算示意图

图 10-13 显示了 LSTM 最终输出的计算。

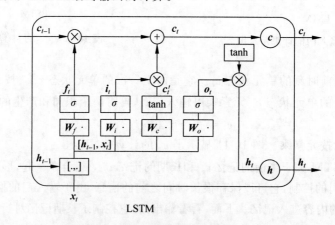

图 10-13　LSTM 最终输出的计算示意图

式（10-1）～ 式（10-5）就是 LSTM 前向计算的全部公式。以下代码展示了在 TensorFlow 中实现使用 LSTM 结构的循环神经网络的前向传播过程。

```
# 定义一个 LSTM 结构,在 TensorFlow 中通过一句简单的命令就可以实现一个完整 LSTM 结构
# LSTM 中使用的变量也会在该函数中自动被声明
lstm = rnn_cell.BasicLSTMCell(lstm_hidden_size)

# 将 LSTM 中的状态初始化为全 0 数组,和其他神经网络类似,在优化循环神经网络时,
# 每次也会使用一个 batch 的训练样本。以下代码中,batch_size 给出了一个 batch 的大小
# BasicLSTMCell 类提供了 zero_state 函数来生成全 0 的初始状态
state = lstm.zero_state(batch_size, tf.float32)
# 定义损失函数
loss = 0.0
for i in range(num_steps):
# 在第一个时刻声明 LSTM 结构中使用的变量,在之后的时刻都需要复用之前定义好的变量
    if i > 0: tf.get_variable_scope().reuse_variables()
# 每一步处理时间序列中的一个时刻,将当前输入(current_input)和前一时刻状态
# (state)传入定义的 LSTM 结构可以得到当前 LSTM 结构的输出 lstm_output 和
# 更新后的状态 state
    lstm_output, state = lstm(current_input, state)
    # 将当前时刻 LSTM 结构的输出传入一个全连接层得到最后的输出
    final_output = fully_connected(lstm_output)
    # 计算当前时刻输出的损失
    loss += calc_loss(final_output, expected_output)
```

通过上面这段代码可以看出,通过 TensorFlow 可以非常方便地实现使用 LSTM 结构的循环神经网络,而且并不需要用户对 LSTM 内部结构有深入的了解。

### 10.2.3 实例:LSTM 的实现

本节用带有 LSTM 结构的序列 RNN 模型在莎士比亚文本数据集上训练,预测下一个单词。我们将为该模型传入短语(如 thou art more),观察训练的模型是否可以预测出短语接下来的单词(程序命名为 ssby.py)。

实现步骤如下。

(1) 导入必要的编程库,代码为:

```
import os
import re
import string
import requests
import numpy as np
import collections
import random
import pickle
import matplotlib.pyplot as plt
import tensorflow as tf
from tensorflow.python.framework import ops
ops.reset_default_graph()
```

(2)开始计算图会话,并设置 RNN 参数,代码为:

```
sess = tf.Session()  # 创建计算图会话
# 设置 RNN 参数
min_word_freq = 5  # 修剪不太频繁的单词
rnn_size = 128  # RNN 模型大小,必须等于嵌入大小
epochs = 10  # 循环迭代次数
batch_size = 100  # 训练块的大小
learning_rate = 0.001  # 学习率
training_seq_len = 50  # 一个词组所需要的时间
embedding_size = rnn_size
save_every = 500  # 多久保存模型检查点
eval_every = 50  # 多久评估一次测试句子
prime_texts = ['thou art more', 'to be or not to', 'wherefore art thou']
```

(3)定义数据和模型的文件夹和文件名。将保留连字符和省略符,因为莎士比亚频繁地使用这些字符来组合单词和音节,代码为:

```
data_dir = 'temp'
data_file = 'shakespeare.txt'
model_path = 'shakespeare_model'
full_model_dir = os.path.join(data_dir, model_path)
# 声明要删除的标点符号,除了连字符和撇号之外的所有内容
punctuation = string.punctuation
punctuation = ''.join([x for x in punctuation if x not in ['-', "'"]])
```

(4)下载文本数据集。如果该数据集存在,将直接加载数据;如果不存在,将下载该文本数据集,并保存,代码为:

```
# 创建模型路径
if not os.path.exists(full_model_dir):
    os.makedirs(full_model_dir)
# 创建数据目录
if not os.path.exists(data_dir):
    os.makedirs(data_dir)
print('Loading Shakespeare Data')
# 检查文件是否下载
if not os.path.isfile(os.path.join(data_dir, data_file)):
    print('Not found, downloading Shakespeare texts from www.gutenberg.org')
    shakespeare_url = 'http://www.gutenberg.org/cache/epub/100/pg100.txt'
    # 获取莎士比亚的字符
    response = requests.get(shakespeare_url)
    shakespeare_file = response.content
    # 将二进制解码为字符串
    s_text = shakespeare_file.decode('utf-8')
    # 首先设置几个描述性的段落
    s_text = s_text[7675:]
    # 删除换行符
    s_text = s_text.replace('\r\n', '')
```

```
            s_text = s_text.replace('\n', '')
            #写入文件
            with open(os.path.join(data_dir, data_file), 'w') as out_conn:
                out_conn.write(s_text)
        else:
            #如果文件已保存,则从该文件加载
            with open(os.path.join(data_dir, data_file), 'r') as file_conn:
                s_text = file_conn.read().replace('\n', '')
```

(5) 清洗莎士比亚词汇表。移除标点符号和多余的空格,代码为:

```
#清洗文本
print('Cleaning Text')
s_text = re.sub(r'[{}]'.format(punctuation), '', s_text)
s_text = re.sub('\s+', ' ', s_text ).strip().lower()
```

(6) 创建莎士比亚词汇表。创建 build_vocab()返回两个单词字典(单词到索引的映射和索引到单词的映射),其中出现的单词要符合频次要求,代码为:

```
#创建 build_vocab(),返回两个单词字典
def build_vocab(text, min_word_freq):
    word_counts = collections.Counter(text.split(' '))
    #将字数限制为比截止频率更高的字数
    word_counts = {key:val for key, val in word_counts.items() if val > min_word_freq}
    #创建 vocab - >索引映射
    words = word_counts.keys()
    vocab_to_ix_dict = {key:(ix + 1) for ix, key in enumerate(words)}
    #添加未知密钥 - > 0 索引
    vocab_to_ix_dict['unknown'] = 0
    #创建索引 - >词汇映射
    ix_to_vocab_dict = {val:key for key, val in vocab_to_ix_dict.items()}
    return(ix_to_vocab_dict, vocab_to_ix_dict)
#建立莎士比亚的词汇
print('Building Shakespeare Vocab')
ix2vocab, vocab2ix = build_vocab(s_text, min_word_freq)
vocab_size = len(ix2vocab) + 1

print('Vocabulary Length = {}'.format(vocab_size))
#完整性检查
assert(len(ix2vocab) == len(vocab2ix))
```

**注意**:处理文本时,需要注意单词索引为 0 的值,将其保存并填充。对于未知单词也采取相同方法处理。

(7) 有了单词词汇表后,将莎士比亚文本转换成索引数组,代码为:

```
#将文本转换为单词向量
s_text_words = s_text.split(' ')
s_text_ix = []
```

```
    for ix, x in enumerate(s_text_words):
        try:
            s_text_ix.append(vocab2ix[x])
        except:
            s_text_ix.append(0)
    s_text_ix = np.array(s_text_ix)
```

（8）实例将展示如何用 class 对象创建算法模型。我们将使用相同的模型（相同模型参数）来训练批量数据和抽样生成的文本。如果没有 class 对象，将很难用抽样方法训练相同的模型。在理想情况下，该 class 代码单独保存在一个 Python 文件中，它可以在脚本起始位置导入，代码为：

```
#定义 LSTM RNN 模型
class LSTM_Model():
    def __init__(self, rnn_size, batch_size, learning_rate,
                 training_seq_len, vocab_size, infer_sample=False):
        self.rnn_size = rnn_size
        self.vocab_size = vocab_size
        self.infer_sample = infer_sample
        self.learning_rate = learning_rate
            if infer_sample:
            self.batch_size = 1
            self.training_seq_len = 1
        else:
            self.batch_size = batch_size
            self.training_seq_len = training_seq_len
        self.lstm_cell = tf.nn.rnn_cell.BasicLSTMCell(rnn_size)
        self.initial_state = self.lstm_cell.zero_state(self.batch_size, tf.float32)
        self.x_data = tf.placeholder(tf.int32, [self.batch_size, self.training_seq_len])
        self.y_output = tf.placeholder(tf.int32, [self.batch_size, self.training_seq_len])
        with tf.variable_scope('lstm_vars'):
            #softmax 输出权重
    W = tf.get_variable('W', [self.rnn_size, self.vocab_size],
                        tf.float32, tf.random_normal_initializer())
b = tf.get_variable('b', [self.vocab_size], tf.float32, tf.constant_initializer(0.0))
            #定义嵌入
    embedding_mat = tf.get_variable('embedding_mat', [self.vocab_size, self.rnn_size],
            tf.float32, tf.random_normal_initializer())

        embedding_output = tf.nn.embedding_lookup(embedding_mat, self.x_data)
        rnn_inputs = tf.split(1, self.training_seq_len, embedding_output)
        rnn_inputs_trimmed = [tf.squeeze(x, [1]) for x in rnn_inputs]
    def inferred_loop(prev, count):
        #应用隐藏图层
        prev_transformed = tf.matmul(prev, W) + b
        #获取输出的索引
        prev_symbol = tf.stop_gradient(tf.argmax(prev_transformed, 1))
        #获取嵌入式向量
```

```
                    output = tf.nn.embedding_lookup(embedding_mat, prev_symbol)
                    return(output)
            decoder = tf.nn.seq2seq.rnn_decoder
            outputs, last_state = decoder(rnn_inputs_trimmed,
                                          self.initial_state,
                                          self.lstm_cell,
                            loop_function = inferred_loop if infer_sample else None)
            #非推断的输出
            output = tf.reshape(tf.concat(1, outputs), [-1, self.rnn_size])
            #Logits 与输出
            self.logit_output = tf.matmul(output, W) + b
            self.model_output = tf.nn.softmax(self.logit_output)

            loss_fun = tf.nn.seq2seq.sequence_loss_by_example
            loss = loss_fun([self.logit_output],[tf.reshape(self.y_output, [-1])],
                    [tf.ones([self.batch_size * self.training_seq_len])],
                    self.vocab_size)
            self.cost = tf.reduce_sum(loss) / (self.batch_size * self.training_seq_len)
            self.final_state = last_state
    gradients, _ = tf.clip_by_global_norm(tf.gradients(self.cost, tf.trainable_variables()), 4.5)
            optimizer = tf.train.AdamOptimizer(self.learning_rate)
            self.train_op = optimizer.apply_gradients(zip(gradients, tf.trainable_variables()))

        def sample(self, sess, words = ix2vocab, vocab = vocab2ix, num = 10, prime_text = 'thou art'):
            state = sess.run(self.lstm_cell.zero_state(1, tf.float32))
            word_list = prime_text.split()
            for word in word_list[:-1]:
                x = np.zeros((1, 1))
                x[0, 0] = vocab[word]
                feed_dict = {self.x_data: x, self.initial_state:state}
                [state] = sess.run([self.final_state], feed_dict = feed_dict)
            out_sentence = prime_text
            word = word_list[-1]
            for n in range(num):
                x = np.zeros((1, 1))
                x[0, 0] = vocab[word]
                feed_dict = {self.x_data: x, self.initial_state:state}
    [model_output, state] = sess.run([self.model_output, self.final_state], feed_dict = feed_dict)
                sample = np.argmax(model_output[0])
                if sample == 0:
                    break
                word = words[sample]
                out_sentence = out_sentence + ' ' + word
            return(out_sentence)
```

(9) 声明 LSTM 模型及其测试模型。使用 tf.variable_scope 管理模型变量,使得测试 LSTM 模型可以复用训练 LSTM 模型相同的参数,代码为:

```
with tf.variable_scope('lstm_model') as scope:
    # Define LSTM Model
```

```
lstm_model = LSTM_Model(rnn_size, batch_size, learning_rate,
                       training_seq_len, vocab_size)
scope.reuse_variables()
test_lstm_model = LSTM_Model(rnn_size, batch_size, learning_rate,
                            training_seq_len, vocab_size, infer_sample = True)
```

（10）创建 saver 操作，并分割输入文本为相同的批量大小的块，然后初始化模型变量，代码为：

```
#将创建的模型保存
saver = tf.train.Saver(tf.all_variables())
#为每个块创建批次
num_batches = int(len(s_text_ix)/(batch_size * training_seq_len)) + 1
#将文本索引拆分为大小相等的子数组
batches = np.array_split(s_text_ix, num_batches)
#重塑每个分割为[batch_size, training_seq_len]
batches = [np.resize(x, [batch_size, training_seq_len]) for x in batches]
#初始化所有变量
init = tf.initialize_all_variables()
sess.run(init)
```

（11）通过 epoch 迭代训练，并在每个 epoch 之前为数据 shuffle 创建目标。虽然文本数据是相同的，但是会用 numpy.roll() 函数改变顺序，代码为：

```
#训练模型
train_loss = []
iteration_count = 1
for epoch in range(epochs):
    #随机词索引
    random.shuffle(batches)
    #从清洗块中创建目标
    targets = [np.roll(x, -1, axis = 1) for x in batches]
    print('Starting Epoch #{} of {}.'.format(epoch + 1, epochs))
    state = sess.run(lstm_model.initial_state)
    for ix, batch in enumerate(batches):
        training_dict = {lstm_model.x_data: batch, lstm_model.y_output: targets[ix]}
        c, h = lstm_model.initial_state
        training_dict[c] = state.c
        training_dict[h] = state.h
        temp_loss, state, _ = sess.run([lstm_model.cost, lstm_model.final_state,
lstm_model.train_op], feed_dict = training_dict)
        train_loss.append(temp_loss)
        if iteration_count % 10 == 0:
            summary_nums = (iteration_count, epoch + 1, ix + 1, num_batches + 1, temp_loss)
print('Iteration: {}, Epoch: {}, Batch: {} out of {}, Loss: {:.2f}'.format(* summary_nums))
        #保存模型和词汇
        if iteration_count % save_every == 0:
            #保存模型
```

```
                model_file_name = os.path.join(full_model_dir, 'model')
                saver.save(sess, model_file_name, global_step = iteration_count)
                print('Model Saved To: {}'.format(model_file_name))
                #保存词汇
                dictionary_file = os.path.join(full_model_dir, 'vocab.pkl')
                with open(dictionary_file, 'wb') as dict_file_conn:
                    pickle.dump([vocab2ix, ix2vocab], dict_file_conn)
            if iteration_count % eval_every == 0:
                for sample in prime_texts:
                    print(test_lstm_model.sample(sess, ix2vocab, vocab2ix, num = 10, prime_text = sample))
            iteration_count += 1
```

(12) 绘制训练损失随 epoch 的趋势图,代码为:

```
#随时间推移绘制损失曲线
plt.plot(train_loss, 'k-')
plt.title('Sequence to Sequence Loss')
plt.xlabel('Generation')
plt.ylabel('Loss')
plt.show()
```

运行以上程序,输出如下,效果如图 10-14 所示。

```
Loading Shakespeare Data
Cleaning Text
Building Shakespeare Vocab
Vocabulary Length = 8009
Starting Epoch #1 of 10.
Iteration:10,Epoch:1,Batch:10 out of 182,Loss:10.37
Iteration:20,Epoch:1,Batch:10 out of 182,Loss:8.94
…
Iteration:1790,Epoch:1,Batch:10 out of 161,Loss:5.48
Iteration:1800,Epoch:1,Batch:172 out of 182,Loss:5.97
thou art more than i am a
to be or not to the man i have
wherefore art thou art of the long
Iteration:1810,Epoch:1,Batch:181 out of 182,Loss:5.66
```

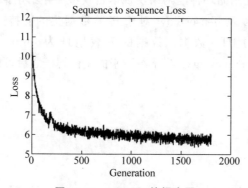

图 10-14　Seq2Seq 的损失图

## 10.3 自然语言建模

简单地说,语言模型的目的是为了计算一个句子的出现概率。在这里把句子看成是单词的序列,于是语言模型需要计算的就是 $p(w_1,w_2,w_3,\cdots,w_n)$。利用语言模型,可以确定哪个单词序列的可能性更大,或者给定若干个单词可以预测下一个最可能出现的词语。举个音字转换的例子,假设输入的拼音串为"xianzaiquna",它的输出可以是"西安在去哪",也可以是"现在去哪"。根据语言常识,我们知道转换成第二个的概率更高。语言模型就可以告诉我们后者的概率大于前者,因此在大多数情况下转换成后者比较合理。

语言模型效果好坏的常用评价指标是复杂度(perplexity)。简单来说,perplexity 值刻画的就是通过某一个语言模型估计的一句话出现的概率。比如,当已经知道($w_1,w_2,w_3,\cdots,w_n$)这句话出现在语料库之中,那么通过语言模型计算得到的这句话的概率越高越好,即 perplexity 值越小越好。计算 perplexity 值的公式如下:

$$\text{perplexity}(s) = p(w_1,w_2,w_3,\cdots,w_m)^{-\frac{1}{m}} = \sqrt[m]{\frac{1}{p(w_1,w_2,w_3,\cdots,w_m)}}$$

$$= \sqrt[m]{\prod_{i=1}^{m} \frac{1}{p(w_i \mid w_1,w_2,w_3,\cdots,w_{i-1})}}$$

复杂度 perplexity 表示的概念其实是平均分支系数(average branch factor),即模型预测下一个词时的平均可选择数量。例如,考虑一个由 0~9 这 10 个数字随机组成的长度为 $m$ 的序列。由于这 10 个数字出现的概率是随机的,所以每个数字出现的概率是 1/10。因此,在任意时刻,模型都有 10 个等概率的候选答案可以选择,于是 perplexity 就是 10(有 10 个合理的答案)。perplexity 的计算过程如下:

$$\text{perplexity}(s) = \sqrt[m]{\prod_{i=1}^{m} \frac{1}{\frac{1}{10}}} = 10$$

因此,如果一个语言模型的 perplexity 是 89,就表示,平均情况下,模型预测下一个词时,有 89 个词等可能可以作为下一个词的合理选择。

PTB(Penn Treebank Dataset)文本数据集是目前语言模型学习中使用最广泛的数据集。本节将在 PTB 数据集上使用循环神经网络实现语言模型。在给出语言模型代码之前先简单介绍 PTB 数据集的格式以及 TensorFlow 对于 PTB 数据集的支持。首先,需要下载来源于 Tomas Mikolov 网站上的 PTB 数据。数据的下载地址为:http://www.fit.vutbr.cz/~imikolov/rnnlm/simple-examples.tgz。将下载下来的文件解压之后可以得到如下文件夹列表:

1-train/

2-nbest-rescore/

3-combination/

4-data-generation/

5-one-iter/

6-recovery-during-training/

```
7-dynamic-evaluation/
8-direct/
9-char-based-lm/
data/
models/
rnnlm-0.2b/
```

此处只需要关心 data 文件夹下的数据，对于其他文件不再一一介绍，感兴趣的读者可以自行参考 README 文件。在 data 文件夹下总共有 7 个文件，但本书只会用到以下三个文件：

```
ptb.test.txt      # 测试集数据文件
ptb.train.txt     # 训练集数据文件
ptb.valid.txt     # 验证集数据文件
```

这三个数据文件中的数据已经进行了预处理，包含 10 000 个不同的词语和语句结束标记符（在文本中就是换行符）以及标记稀有词语的特殊符号。下面展示了训练数据中的一行：

```
mr. <unk> is chairman of <unk> n.v. the dutch publishing group
```

为了让使用 PTB 数据集更加方便，TensorFlow 提供了两个函数来帮助实现数据的预处理。首先，TensorFlow 提供了 ptb_raw_data 函数来读取 PTB 的原始数据，并将原始数据中的单词转化为单词 ID。以下代码展示了如何使用这个函数。

```
from tensorflow.models.rnn.ptb import reader
# 存放原始数据的路径
DATA_PATH = "/path/to/ptb/data"
train_data, valid_data, test_data, _ = reader.ptb_raw_data(DATA_PATH)
# 读取数据原始数据
print len(train_data)
print train_data[:100]
'''
```

运行程序，输出如下：

```
929589
[9970, 9971, 9972, 9974, 9975, 9976, 9980, 9981, 9982, 9983, 9984, 9986, 9987, 9988, 9989,
9991, 9992, 9993, 9994, 9995, 9996, 9997, 9998, 9999, 2, 9256, 1, 3, 72, 393, 33, 2133, 0,
146, 19, 6, 9207, 276, 407, 3, 2, 23, 1, 13, 141, 4, 1, 5465, 0, 3081, 1596, 96, 2, 7682, 1, 3,
72, 393, 8, 337, 141, 4, 2477, 657, 2170, 955, 24, 521, 6, 9207, 276, 4, 39, 303, 438, 3684, 2,
6, 942, 4, 3150, 496, 263, 5, 138, 6092, 4241, 6036, 30, 988, 6, 241, 760, 4, 1015, 2786, 211,
6, 96, 4]
'''
```

从输出中可以看出训练数据中总共包含了 929 589 个单词，而这些单词被组成了一个非常长的序列。这个序列通过特殊的标识符给出了每句话结束的位置。在这个数据集中，句子结束的标识符 ID 为 2。

虽然循环神经网络可以接收任意长度的序列，但是在训练时需要将序列按照某个固定的长度来截断。为了实现截断并将数据组织成 batch，TensorFlow 提供了 ptb_iterator 函数。以下代码展示了如何使用 ptb_iterator 函数。

```python
from tensorflow.models.rnn.ptb import reader
#类似地读取数据原始数据
DATA_PATH = "/path/to/ptb/data"
train_data, valid_data, test_data, _ = reader.ptb_raw_data(DATA_PATH)
#将训练数据组织成 batch 大小为 4、截断长度为 5 的数据组
result = reader.ptb_iterator(train_data, 4, 5)
#读取第一个 batch 中的数据，其中包括每个时刻的输入和对应的正确输出
x, y = result.next()
print "X:", x
print "y:", y
'''
```

运行程序，输出如下：

```
X: [[9970 9971 9972 9974 9975]
 [ 332 7147  328 1452 8595]
 [19690    98   89 2254]
 [   3    3    2   14   24]]
y: [[9971 9972 9974 9975 9976]
 [7147  328 1452 8595   59]
 [   0   98   89 2254    0]
 [   3    2   14   24  198]]
'''
```

图 10-15 展示了 ptb_iterator 函数实现的功能。ptb_iterator 函数会将一个长序列划分为 batch_size 段，其中 batch_size 为一个 batch 的大小。每次调用 ptb_iterator 时，该函数会从每一段中读取长度为 num_step 的子序列，其中 num_step 为截断的长度。从上面代码的输出可知，在第一个 batch 的第一行中，前面 5 个单词的 ID 和整个训练数据中前 5 个单词的 ID 是对应的。ptb_iterator 在生成 batch 时会自动生成每个 batch 对应的正确答案，对于每一个单词来说，它对应的正确答案就是该单词的后面一个单词。

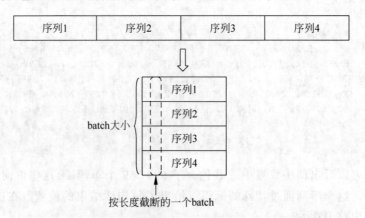

图 10-15　将一个长序列分成 batch 并截断的操作示意图

在介绍了语言模型的理论和使用到的数据集之后,下面给出一个完整的 TensorFlow 样例程序通过循环神经网络来实现语言模型。

```python
import numpy as np
import tensorflow as tf
from tensorflow.models.rnn.ptb import reader

DATA_PATH = "/path/to/ptb/data"          # 数据存放的路径
HIDDEN_SIZE = 200                         # 隐藏层规模
NUM_LAYERS = 2                            # 深层循环神经网络中 LSTM 结构的层数
# 词典规模,加上语句结束标识符和稀有单词标识符总共一万个单词
VOCAB_SIZE = 10000

LEARNING_RATE = 1.0                       # 学习速率
TRAIN_BATCH_SIZE = 20                     # 训练数据 batch 的大小
TRAIN_NUM_STEP = 35                       # 训练数据截断长度
# 在测试时不需要使用截断,所以可以将测试数据看成一个超长的序列
EVAL_BATCH_SIZE = 1                       # 测试数据 batch 的大小
EVAL_NUM_STEP = 1                         # 测试数据截断长度
NUM_EPOCH = 2                             # 使用训练数据的轮数
KEEP_PROB = 0.5                           # 节点不被 dropout 的概率
MAX_GRAD_NORM = 5                         # 用于控制梯度膨胀的参数

# 通过一个 PTBModel 类来描述模型,这样方便维护循环神经网络中的状态
class PTBModel(object):
    def __init__(self, is_training, batch_size, num_steps):
        # 记录使用的 batch 大小和截断长度
        self.batch_size = batch_size
        self.num_steps = num_steps
        # 定义输入层,可以看到输入层的维度为 batch_size × num_steps,这和
        # ptb_iterator 函数输出的训练数据 batch 是一致的
        self.input_data = tf.placeholder(tf.int32, [batch_size, num_steps])
        # 定义预期输出,它的维度和 ptb_iterator 函数输出的正确答案维度也是一样的
        self.targets = tf.placeholder(tf.int32, [batch_size, num_steps])
        # 定义使用 LSTM 结构为循环体结构且使用 dropout 的深层循环神经网络
        lstm_cell = tf.nn.rnn_cell.BasicLSTMCell(HIDDEN_SIZE)
        if is_training :
            lstm_cell = tf.nn.rnn_cell.DropoutWrapper(
                lstm_cell, output_keep_prob = KEEP_PROB)
        cell = tf.nn.rnn_cell.MultiRNNCell([lstm_cell] * NUM_LAYERS)
        # 初始化最初的状态,也就是全零的向量
        self.initial_state = cell.zero_state(batch_size, tf.float32)
        # 将单词 ID 转换成为单词向量,因为总共有 VOCAB_SIZE 个单词,每个单词向量的维度
        # 为 HIDDEN_SIZE,所以 embedding 参数的维度为 VOCAB_SIZE × HIDDEN_SIZE
        embedding = tf.get_variable("embedding", [VOCAB_SIZE, HIDDEN_SIZE])
        # 将原本 batch_size × num_steps 个单词 ID 转化为单词向量,转化后的输
        # 入层维度为 batch_size × num_steps × HIDDEN_SIZE
        inputs = tf.nn.embedding_lookup(embedding, self.input_data)
        # 只在训练时使用 dropout
        if is_training: inputs = tf.nn.dropout(inputs, KEEP_PROB)
        # 定义输出列表,在这里先将不同时刻 LSTM 结构的输出收集起来,
        # 再通过一个全连接层得到最终的输出
```

```python
            outputs = []
            # state 存储不同 batch 中 LSTM 的状态,将其初始化为 0
            state = self.initial_state
            with tf.variable_scope("RNN"):
                for time_step in range(num_steps):
                    if time_step > 0: tf.get_variable_scope().reuse_variables()
                    # 从输入数据中获取当前时刻的输入并传入 LSTM 结构
                    cell_output, state = cell(inputs[:, time_step, :], state)
                    # 将当前输出加入输出队列
                    outputs.append(cell_output)
            # 把输出队列展开成[batch, hidden_size * num_steps]的形状,然后再
            # reshape 成[batch * numsteps, hidden_size]的形状
            output = tf.reshape(tf.concat(1, outputs), [-1, HIDDEN_SIZE])
            # 将从 LSTM 中得到的输出再经过一个全连接层得到最后的预测结果,
            # 最终的预测结果在每一个时刻上都是一个长度为 VOCAB_SIZE 的数组,
            # 经过 softmax 层之后表示下一个位置是不同单词的概率
            weight = tf.get_variable("weight", [HIDDEN_SIZE, VOCAB_SIZE])
            bias = tf.get_variable("bias", [VOCAB_SIZE])
            logits = tf.matmul(output, weight) + bias
            # 定义交叉熵损失函数,TensorFlow 提供了 sequence_loss_by_example 函数来
            # 计算一个序列的交叉熵的和
            loss = tf.nn.seq2seq.sequence_loss_by_example(
                [logits],                    # 预测的结果
                [tf.reshape(self.targets, [-1])],
                # 这里将[batch_size, num_steps]二维数组压缩成一维数组
                # 损失的权重,在这里所有的权重都为1,也就是说不同 batch 和不同时刻的重要程度是一样的
                [tf.ones([batch_size * num_steps], dtype=tf.float32)])
            # 计算得到每个 batch 的平均损失
            self.cost = tf.reduce_sum(loss) / batch_size
            self.final_state = state
            # 只在训练模型时定义反向传播操作
            if not is_training: return
            trainable_variables = tf.trainable_variables()
            # 通过 clip_by_global_norm 函数控制梯度的大小,避免梯度膨胀的问题
            grads, _ = tf.clip_by_global_norm(
                tf.gradients(self.cost, trainable_variables), MAX_GRAD_NORM)
            # 定义优化方法
            optimizer = tf.train.GradientDescentOptimizer(LEARNING_RATE)
            # 定义训练步骤
            self.train_op = optimizer.apply_gradients(
                zip(grads, trainable_variables))
# 使用给定的模型 model 在数据 data 上运行 train_op 并返回在全部数据上的 perplexity 值
def run_epoch(session, model, data, train_op, output_log):
    # 计算 perplexity 的辅助变量
    total_costs = 0.0
    iters = 0
    state = session.run(model.initial_state)
    # 使用当前数据训练或者测试模型
    for step, (x, y) in enumerate(
            reader.ptb_iterator(data, model.batch_size, model.num_steps)):
```

```python
        # 在当前 batch 上运行 train_op 并计算损失值,交叉熵损失函数计算的就是下
        # 一个单词为给定单词的概率
        cost, state, _ = session.run(
            [model.cost, model.final_state, train_op],
            {model.input_data: x, model.targets: y,
             model.initial_state: state})
        # 将不同时刻、不同 batch 的概率加起来就可以得到第二个 perplexity 公式等
        # 号右边的部分,再将这个和做指数运算就可以得到 perplexity 值
        total_costs += cost
        iters += model.num_steps
        # 只有在训练时输出日志
        if output_log and step % 100 == 0:
            print("After %d steps, perplexity is %.3f" % (
                step, np.exp(total_costs / iters)))
    # 返回给定模型在给定数据上的 perplexity 值
    print (np.exp(total_costs/iters))
def main(_):
    # 获取原始数据
    train_data, valid_data, test_data, _ = reader.ptb_raw_data(DATA_PATH)
    # 定义初始化函数
    initializer = tf.random_uniform_initializer(-0.05, 0.05)
    # 定义训练用的循环神经网络模型
    with tf.variable_scope("language_model",
                           reuse=None, initializer=initializer):
        train_model = PTBModel(True, TRAIN_BATCH_SIZE, TRAIN_NUM_STEP)
    # 定义评测用的循环神经网络模型
    with tf.variable_scope("language_model",
                           reuse=True, initializer=initializer):
        eval_model = PTBModel(False, EVAL_BATCH_SIZE, EVAL_NUM_STEP)
    with tf.Session() as session:
        tf.initialize_all_variables().run()
        # 使用训练数据训练模型
        for i in range(NUM_EPOCH):
            print("In iteration: %d" % (i + 1))
            # 在所有训练数据上训练循环神经网络模型
            run_epoch(session, train_model,
                      train_data, train_model.train_op, True)
            # 使用验证数据评测模型效果
            valid_perplexity = run_epoch(
                session, eval_model, valid_data, tf.no_op(), False)
            print("Epoch: %d Validation Perplexity: %.3f" % (
                i + 1, valid_perplexity))
        # 最后使用测试数据测试模型效果
        test_perplexity = run_epoch(
            session, eval_model, test_data, tf.no_op(), False)
        print("Test Perplexity: %.3f" % test_perplexity)
if __name__ == "__main__":
    tf.app.run()
```

运行程序,输出如下:

```
In iteration: 1
After 0 steps, perplexity is 10003.783
After 100 steps, perplexity is 1404.742
After 200 steps, perplexity is 1061.458
After 300 steps, perplexity is 891.044
…
After 1100 steps, perplexity is 228.711
After 1200 steps, perplexity is 226.093
After 1300 steps, perplexity is 223.214
Epoch: 2 Validation Perplexity: 183.443
Test Perplexity: 179.420
```

从输出可知，在迭代开始时 perplexity 值为 10003.783，这基本相当于从一万个单词中随机选择下一个单词。而在训练结束后，在训练数据上的 perplexity 值降低到了 179.420。这表明通过训练过程，将选择下一个单词的范围从一万个减小到了大约 180 个。通过调整 LSTM 隐藏层的节点个数和大小以及训练迭代的轮数还可以将 perplexity 值降到更低。

## 10.4 实例：BiRNN 实现语音识别

在神经网络大势兴起前，语音识别还是有一定门槛的。传统的语音识别方法，是基于语音学（Phonetics）的方法，它们通常包含拼写、声学和语言模型等单独组件。开发人员需要了解编程以外的很多语言学知识，语言学是作为一门单独的专业学科存在的。训练模型的语料中除了要标注具体的文字，还要标注按照时间对应的音素，需要大量的人工成本。

### 10.4.1 语音识别背景

使用神经网络技术可以将语音识别变得简单。首先通过能进行时序分类的连接时间分类（Connectionist Temporal Classification，CTC）目标函数计算多个标签序列的概率，而序列是语音样本中所有可能的对应文字的集合。随后把预测结果与实际进行比较，计算预测结果的误差，以在训练中不断更新网络权重。这样可以丢弃音素的概率，自然也不需要人工根据时序标注对应的音素了。由于是直接拿音频序列来对应文字，所以连语言模型都可以省去，这样就脱离了标准的语言模型与声学模型，将使语音识别技术与语言无关，只要样本足够多，就可以训练出来。

本节将通过一个例子来演示 BiRNN 在语音识别中的应用。实例中使用了两个代码文件 yuyinutils.py 与 yuyinchall.py。
- 代码文件 yuyinutils.py：放置语音识别相关的工具函数。
- 代码文件 yuyinchall.py：放置主意识别主体流程函数。

### 10.4.2 获取并整理样本

**1. 样本下载**

实例中使用了清华大学公开的语料库样本，下载地址为：

- http://data.cslt.org/thchs30/zip/wav.tgz；
- http://data.cslt.org/thchs30/zip/doc.tgz。

第一个是音频 WAV 文件的压缩包，第二个是 WAV 文件中对应的文字。thchs30 语料库本来有 3 部分，此处只列出了两部分，还有一部分是语言模型，此处用不上，所以忽略。

省去了语言模型的语料库看起来简单多了，感兴趣的读者完全可以仿照 thchs30 语料库自己录制音频，创建自己的语料库。这样就可以学出一个识别自己口音的语音识别模型了。

**注意**：自己录制时，一定要将音频录制成单声道的，或者将双声道的音频转成单声道也可以。

文件下载好后，解压并放到指定目录中即可，后面可以在代码中通过该目录进行读取。

### 2．样本读取

下面通过代码将数据读入内存。指定训练语音的文件夹与对应的文档，调用 get_wavs_lables 函数即可（yuyinchall.py）。

```
## 自定义
yuyinutils = __import__("yuyinutils")
…
get_wavs_lables = yuyinutils.get_wavs_lables
…
wav_files, labels = get_wavs_lables(wav_path,label_file)
print(wav_files[0], labels[0])
print("wav:",len(wav_files),"label",len(labels))
```

运行程序，输出如下：

```
# wav/train/A11/A11_0.WAV -> 绿 是 阳春 烟 景 大块 文章 的 底色 四月 的 林 峦 更 是 绿 得 鲜活 秀媚 诗意 盎然
wav:8911 label 8911
```

可见，wav_files 中是一个个音频文件名称，其对应的文字都存放在 labels 数组中，一共是 8911 个文件。此用到的 get_wavs_lables 函数是自定义的函数，为了代码规整些，可把它放到另一个 py 文件（文件为 yuyinutils.py）中。get_wavs_lables 的定义如下（yuyinutils.py）：

```
import numpy as np
from python_speech_features import mfcc #需要 pip install
import scipy.io.wavfile as wav
import os
'''读取 wav 文件对应的 label'''
def get_wavs_lables(wav_path, label_file):
    # 获得训练用的 wav 文件路径列表
    wav_files = []
    for (dirpath, dirnames, filenames) in os.walk(wav_path):
        for filename in filenames:
            if filename.endswith('.wav') or filename.endswith('.WAV'):
```

```
                filename_path = os.sep.join([dirpath, filename])
                if os.stat(filename_path).st_size < 240000: # 剔除掉一些小文件
                    continue
                wav_files.append(filename_path)
    labels_dict = {}
    with open(label_file, 'rb') as f:
        for label in f:
            label = label.strip(b'\n')
            label_id = label.split(b' ', 1)[0]
            label_text = label.split(b' ', 1)[1]
            labels_dict[label_id.decode('ascii')] = label_text.decode('utf-8')
    labels = []
    new_wav_files = []
    for wav_file in wav_files:
        wav_id = os.path.basename(wav_file).split('.')[0]
        if wav_id in labels_dict:
            labels.append(labels_dict[wav_id])
            new_wav_files.append(wav_file)
    return new_wav_files, labels
```

首先是通过 WAV 文件路径读入文件，然后将文本文件内容按照 WAV 文件名进行裁分放到 labels 中，最终将 WAV 与 labels 的对应顺序关联起来。

**注意**：在读取文本时使用的是 UTF-8 编码，如果在 Windows 下自建数据集，需要改成 GB2312 编码。

### 3. 建立批次获取样本函数

在代码 yuyinchall.py 文件中，读取完 WAV 文件和 labels 后，添加如下代码，对 labels 的字数进行统计。接着定义一个 next_batch 函数，该函数的作用是取一批次的样本数据进行训练（yuyinchall.py）。

```
from collections import Counter
# 自定义
from yuyinutils import sparse_tuple_to_texts_ch, ndarray_to_text_ch
from yuyinutils import get_audio_and_transcriptch, pad_sequences
from yuyinutils import sparse_tuple_from
…
# 字表
all_words = []
for label in labels:
    # print(label)
    all_words += [word for word in label]
counter = Counter(all_words)
words = sorted(counter)
words_size = len(words)
word_num_map = dict(zip(words, range(words_size)))
print('字表大小:', words_size)
n_input = 26      # 计算梅尔倒谱系数的个数
n_context = 9     # 对于每个时间点,要包含上下文样本的个数
```

```
batch_size = 8
def next_batch(labels, start_idx = 0,batch_size = 1,wav_files = wav_files):
    filesize = len(labels)
    end_idx = min(filesize, start_idx + batch_size)
    idx_list = range(start_idx, end_idx)
    txt_labels = [labels[i] for i in idx_list]
    wav_files = [wav_files[i] for i in idx_list]
    (source, audio_len, target, transcript_len) = get_audio_and_transcriptch(None,
        wav_files,n_input, n_context,word_num_map,txt_labels)
    start_idx += batch_size
    # 验证start_idx不大于总可用样本大小
    if start_idx >= filesize:
        start_idx = -1
    #将输入填入此批次的max_time_step,如果多个文件将长度统一,支持按最大截断或补0
    source, source_lengths = pad_sequences(source)
    sparse_labels = sparse_tuple_from(target)
    return start_idx,source, source_lengths, sparse_labels
```

将音频数据转成训练数据是在 next_batch 中的 get_audio_and_transcriptch 函数中完成的,然后使用 pad_sequences 函数将该批次的音频数据对齐。对于文本,使用 sparse_tuple_from 函数将其转换成稀疏矩阵,这 3 个函数都放在 yuyinutils.py 文件中。

添加测试代码,取出批次数据并打印出来(yuyinchall.py):

```
next_idx,source,source_len,sparse_lab = next_batch(labels,0,batch_size)
print(len(sparse_lab))
print(np.shape(source))
# print(sparse_lab)
t = sparse_tuple_to_texts_ch(sparse_lab,words)
print(t[0])
```

运行程序,输出如下:

```
词汇表大小: 2666
3
(8, 1168, 494)
绿是阳春烟景大块文章的底底色四月的林峦更是绿得鲜活秀媚诗意盎然
```

整个样本集中涉及的字数有 2666 个,sparse_lab 为文字转化成向量后并生成的稀疏矩阵,所以长度为 3,补 0 对齐后的音频数据的 shape 为(8,1168,494),8 代表 batchsize;1168 代表时序的总个数;494 为组合好的 MFCC 特征数,取前 9 个时序的 MFCC,当前 MFCC 再加上后 9 个 MFCC,每个 MFCC 由 26 个数字组成。最后一个输出是通过 sparse_tuple_to_texts_ch 函数将稀疏矩阵向量 sparse_lab 中的第一个内容还原成文字。函数 sparse_tuple_to_texts_ch 的定义同样在"yuyinutils.py"文件中。

### 4. 安装 python_speech_features 工具

为了让机器识别音频数据,必须先将数据从时域转换为频域,将语音数据转换成需要计算的13位或26位不同倒谱特征的梅尔倒谱系数(MFCC)。这一过程可以借助工具python_speech_features 的代码包来实现。安装步骤为：在计算机联网的状态下，打开"开始"菜单，在"运行"选项框输入 cmd，调出控制台窗口，输入如下命令：

```
pip install python_speech_features
```

python_speech_features 工具就会自动安装了。

### 5. 提取音频数据 MFCC 特征

对于 WAV 音频样本，通过 MFCC 转换后，会在函数 get_audio_and_transcriptch 中将数据存储为时间(列)和频率特征系数(行)的矩阵，代码为(yuyinutils.py)：

```python
import numpy as np
from python_speech_features import mfcc  #需要 pip install
import scipy.io.wavfile as wav
import os
def get_audio_and_transcriptch(txt_files, wav_files,
            n_input, n_context,word_num_map,txt_labels = None):
    audio = []
    audio_len = []
    transcript = []
    transcript_len = []
    if txt_files!= None:
        txt_labels = txt_files
    for txt_obj, wav_file in zip(txt_labels, wav_files):
        #载入音频数据并转化为特征值
        audio_data = audiofile_to_input_vector(wav_file, n_input, n_context)
        audio_data = audio_data.astype('float32')
        audio.append(audio_data)
        audio_len.append(np.int32(len(audio_data)))
        #载入音频对应文本
        target = []
        if txt_files!= None:      #txt_obj 是文件
            target = get_ch_lable_v(txt_obj,word_num_map)
        else:
            target = get_ch_lable_v(None,word_num_map,txt_obj)     #txt_obj 是 labels
            transcript.append(target)
        transcript_len.append(len(target))
    audio = np.asarray(audio)
    audio_len = np.asarray(audio_len)
    transcript = np.asarray(transcript)
    transcript_len = np.asarray(transcript_len)
    return audio, audio_len, transcript, transcript_len
```

这段代码遍历所有音频文件及文本，将音频调用 audiofile_to_input_vector 函数转换成 MFCC，文本调用 get_ch_label-v 函数转换成向量。所以接着看 audiofile_to_input_vector 的实现。

在 audiofile_to_input_vector 中先将其转换为 MFCC 特征码。例如，第一个文件会被转换成(277,26)数组,代表着277个时间序列,每个序列的特征值是26个。

**注意**：此处有个小技巧,因为使用了双向循环神经网络,它的输出包含正、反向的结果,相当于每一个时间序列都扩大了一倍,所以为了保证总时序不变,使用orig_inputs＝orig_inputs[::2]对orig_inputs每隔一行进行一次取样。这样被忽略的那个序列可以用反向RNN生成的输出来代替,维持了总的序列长度。

接着会扩展这26个特征值,将其扩展成：前9个时间序列MFCC＋当前MFCC＋后9个时间序列。比如,第2个序列的前面只有一个序列不够9个,这时就要为其补0,将它凑够9个。同理,对于取不到前9、后9时序的序列都做补0操作。这样数据就被扩成了(139,494)。最后再将其进行标准化(减去均值然后再除以方差)处理,这是为了在训练中效果更好。代码为(yuyinutils.py)：

```python
def audiofile_to_input_vector(audio_filename, numcep, numcontext):
    # 加载wav文件
    fs, audio = wav.read(audio_filename)
    # 获得mfcc coefficients
    orig_inputs = mfcc(audio, samplerate=fs, numcep=numcep)
    orig_inputs = orig_inputs[::2]#(139, 26)

    train_inputs = np.array([], np.float32)
    train_inputs.resize((orig_inputs.shape[0], numcep + 2 * numcep * numcontext))
    empty_mfcc = np.array([])
    empty_mfcc.resize((numcep))

    # 准备输入数据.输入数据的格式由两部分按顺序拼接而成,分别为当前样本的前9个序列和
    # 当前样本后9个序列
    time_slices = range(train_inputs.shape[0])      #139个切片
    context_past_min = time_slices[0] + numcontext
    context_future_max = time_slices[-1] - numcontext    #[9,1,2...,137,129]
    for time_slice in time_slices:
        # 前9个补0,mfcc features
        need_empty_past = max(0, (context_past_min - time_slice))
        empty_source_past = list(empty_mfcc for empty_slots in
                                 range(need_empty_past))
        data_source_past = orig_inputs[max(0, time_slice - numcontext):time_slice]
        assert(len(empty_source_past) + len(data_source_past) == numcontext)
        # 后9个补0,mfcc features
        need_empty_future = max(0, (time_slice - context_future_max))
        empty_source_future = list(empty_mfcc for empty_slots in
                                   range(need_empty_future))
        data_source_future = orig_inputs[time_slice + 1:time_slice + numcontext + 1]
        assert(len(empty_source_future) + len(data_source_future) == numcontext)
        if need_empty_past:
            past = np.concatenate((empty_source_past, data_source_past))
        else:
            past = data_source_past
        if need_empty_future:
            future = np.concatenate((data_source_future, empty_source_future))
```

```python
        else:
            future = data_source_future
        past = np.reshape(past, numcontext * numcep)
        now = orig_inputs[time_slice]
        future = np.reshape(future, numcontext * numcep)
        train_inputs[time_slice] = np.concatenate((past, now, future))
        assert(len(train_inputs[time_slice]) == numcep + 2 * numcep * numcontext)
    # 将数据使用正太分布标准化,减去均值然后再除以方差
    train_inputs = (train_inputs - np.mean(train_inputs)) / np.std(train_inputs)
    return train_inputs
```

orig_inputs 代表转化后的 MFCC,train_inputs 是将时间序列扩充后的数据,里面的 for 循环是做补 0 操作。最后两行是数据标准化。

### 6. 批次音频数据对齐

前面是对单个文件中的特征补 0,在训练环节中,文件是一批一批地获取并进行训练的,这要求每一批音频的时序数要统一,所以此处需要有一个对齐处理,pad_sequences 的定义如下,可以支持补 0 和截断两个操作。补 0 和截断的方式可以通过参数来控制,'post'代表后补 0(截断),'pre'代表前补 0(截断)。代码为(yuyinutils.py):

```python
def pad_sequences(sequences, maxlen=None, dtype=np.float32,
                  padding='post', truncating='post', value=0.):
    lengths = np.asarray([len(s) for s in sequences], dtype=np.int64)
    nb_samples = len(sequences)
    if maxlen is None:
        maxlen = np.max(lengths)
    # 从第一个非空的序列中得到样本形状
    sample_shape = tuple()
    for s in sequences:
        if len(s) > 0:
            sample_shape = np.asarray(s).shape[1:]
            break
    x = (np.ones((nb_samples, maxlen) + sample_shape) * value).astype(dtype)
    for idx, s in enumerate(sequences):
        if len(s) == 0:
            continue  # 如果序列为空,则跳过
        if truncating == 'pre':
            trunc = s[-maxlen:]
        elif truncating == 'post':
            trunc = s[:maxlen]
        else:
            raise ValueError('Truncating type "%s" not understood' % truncating)
        # 检查 trunc
        trunc = np.asarray(trunc, dtype=dtype)
        if trunc.shape[1:] != sample_shape:
            raise ValueError('Shape of sample %s of sequence at position %s is different from expected shape %s' % (trunc.shape[1:], idx, sample_shape))
        if padding == 'post':
```

```
            x[idx, :len(trunc)] = trunc
        elif padding == 'pre':
            x[idx, -len(trunc):] = trunc
        else:
            raise ValueError('Padding type "%s" not understood' % padding)
    return x, lengths
```

### 7. 文字样本的转化

对于文本方面的样本,需要将里面的文字转换成具体的向量。get_ch_label_v 会按照传入的 word_num_map 将 txt_label 或是指定文件中的文字转换成向量。后面的 get_ch_label 是读取文件操作,实例中用不到。代码为(yuyinutils.py):

```
#优先将文件里的字符转换为向量
def get_ch_lable_v(txt_file,word_num_map,txt_label = None):
    words_size = len(word_num_map)
    to_num = lambda word: word_num_map.get(word, words_size)
    if txt_file!= None:
        txt_label = get_ch_lable(txt_file)
    labels_vector = list(map(to_num, txt_label))
    return labels_vector
def get_ch_lable(txt_file):
    labels = ""
    with open(txt_file, 'rb') as f:
        for label in f:
    return labels
```

### 8. 密集矩阵转换成稀疏矩阵

TensorFlow 中没有密集矩阵转换成稀疏矩阵的函数,所以需要编写一个。该函数比较常用,可以当成工具来储备。代码为(yuyinutils.py):

```
def sparse_tuple_from(sequences, dtype = np.int32):
    indices = []
    values = []
    for n, seq in enumerate(sequences):
        indices.extend(zip([n] * len(seq), range(len(seq))))
        values.extend(seq)
    indices = np.asarray(indices, dtype = np.int64)
    values = np.asarray(values, dtype = dtype)
    shape = np.asarray([len(sequences), indices.max(0)[1] + 1], dtype = np.int64)
    return indices, values, shape
```

此段代码主要算出 indices、values、shape 这 3 个值,得到之后可以使用 tf.SparseTensor 随时生成稀疏矩阵。

### 9. 将字向量转换成文字

字向量转换成文字主要有两个函数:sparse_tuple_to_texts_ch 函数,将稀疏矩阵的字向量转换成文字；ndarray_to_text_ch 函数，将密集矩阵的字向量转换成文字。两个函数都需要传入字表，然后会按照字表对应的索引将字转换回来。代码为（yuyinutils.py）：

```
# 常量
SPACE_TOKEN = '<space>'       # space 符号
SPACE_INDEX = 0               # 0 为 space 索引
FIRST_INDEX = ord('a') - 1    # 0 保留给空间
def sparse_tuple_to_texts_ch(tuple,words):
    indices = tuple[0]
    values = tuple[1]
    results = [''] * tuple[2][0]
    for i in range(len(indices)):
        index = indices[i][0]
        c = values[i]
        c = ' ' if c == SPACE_INDEX else words[c]# chr(c + FIRST_INDEX)
        results[index] = results[index] + c
    # 返回 strings 的 List
    return results
def ndarray_to_text_ch(value,words):
    results = ''
    for i in range(len(value)):
        results += words[value[i]]# chr(value[i] + FIRST_INDEX)
    return results.replace('`', ' ')
```

### 10.4.3 训练模型

样本准备好后，开始实现模型的搭建。

**1. 定义占位符**

定义 3 个占位符，它们的说明如下。

（1）input_tensor：为输入的音频数据[none, none, Mfcc_features]，第一个是 batch_size 用 none 来表示；第二个是时序数也用 none 来表示，因为每一批次的时序都是不同的；第三个是 MFCC 的特征，是取当前特征 n_input 和前后 n_context 个特征的组合，即 $2 \times n\_context + 1$ 个序列，每个序列特征数为 n_input，于是得出 $n\_input + (2 \times n\_input \times n\_context)$。

（2）targets：音频数据所对应的文本，是一个稀疏矩阵的占位符。

（3）seq_length：当前 batch 数据的序列长度。

（4）keep_dropout：dropout 的参数。

```
input_tensor = tf.placeholder(tf.float32, [None, None, n_input + (2 * n_input * n_
context)], name = 'input') # 语音 log filter bank or MFCC features
# 由 ctc_loss 操作使用 sparse_placeholder；将生成一个 SparseTensor
targets = tf.sparse_placeholder(tf.int32, name = 'targets')    # 文本
# 大小为一维数组 [batch_size]
seq_length = tf.placeholder(tf.int32, [None], name = 'seq_length')    # 序列长
keep_dropout = tf.placeholder(tf.float32)
```

## 2. 构建网络模型

网络模型使用了双向 RNN 的结构,并将其封装在 BiRNN_model 函数中,调用的代码为(yuyinchall.py):

```python
…
b_stddev = 0.046875
h_stddev = 0.046875

n_hidden = 1024
n_hidden_1 = 1024
n_hidden_2 = 1024
n_hidden_5 = 1024
n_cell_dim = 1024
n_hidden_3 = 2 * 1024

keep_dropout_rate = 0.95
relu_clip = 20
def BiRNN_model( batch_x, seq_length, n_input, n_context, n_character, keep_dropout):
    # batch_x_shape: [batch_size, n_steps, n_input + 2 * n_input * n_context]
    batch_x_shape = tf.shape(batch_x)

    # 将输入转换成时间序列优先
    batch_x = tf.transpose(batch_x, [1, 0, 2])
    # 再转换成二维传入第一层
    batch_x = tf.reshape(batch_x, [-1, n_input + 2 * n_input * n_context])
    # 第一层
    with tf.name_scope('fc1'):
        b1 = variable_on_cpu('b1', [n_hidden_1],
                tf.random_normal_initializer(stddev = b_stddev))
        h1 = variable_on_cpu('h1', [n_input + 2 * n_input * n_context, n_hidden_1],
                    tf.random_normal_initializer(stddev = h_stddev))
        layer_1 = tf.minimum(tf.nn.relu(tf.add(tf.matmul(batch_x, h1), b1)), relu_clip)
        layer_1 = tf.nn.dropout(layer_1, keep_dropout)
    # 第二层
    with tf.name_scope('fc2'):
        b2 = variable_on_cpu('b2', [n_hidden_2],
                tf.random_normal_initializer(stddev = b_stddev))
        h2 = variable_on_cpu('h2', [n_hidden_1, n_hidden_2],
                    tf.random_normal_initializer(stddev = h_stddev))
        layer_2 = tf.minimum(tf.nn.relu(tf.add(tf.matmul(layer_1, h2), b2)), relu_clip)
        layer_2 = tf.nn.dropout(layer_2, keep_dropout)
    # 第三层
    with tf.name_scope('fc3'):
        b3 = variable_on_cpu('b3', [n_hidden_3],
                tf.random_normal_initializer(stddev = b_stddev))
        h3 = variable_on_cpu('h3', [n_hidden_2, n_hidden_3],
                    tf.random_normal_initializer(stddev = h_stddev))
        layer_3 = tf.minimum(tf.nn.relu(tf.add(tf.matmul(layer_2, h3), b3)), relu_clip)
        layer_3 = tf.nn.dropout(layer_3, keep_dropout)
    # 双向 RNN
    with tf.name_scope('lstm'):
```

```python
        # 双向 RNN
        lstm_fw_cell = tf.contrib.rnn.BasicLSTMCell(n_cell_dim,
                forget_bias = 1.0, state_is_tuple = True)
        lstm_fw_cell = tf.contrib.rnn.DropoutWrapper(lstm_fw_cell,
input_keep_prob = keep_dropout)
        # 反向 cell
        lstm_bw_cell = tf.contrib.rnn.BasicLSTMCell(n_cell_dim, forget_bias = 1.0, state_
is_tuple = True)
        lstm_bw_cell = tf.contrib.rnn.DropoutWrapper(lstm_bw_cell,
                                        input_keep_prob = keep_dropout)
        # 'layer_3' '[n_steps, batch_size, 2 * n_cell_dim]'
        layer_3 = tf.reshape(layer_3, [-1, batch_x_shape[0], n_hidden_3])
        outputs, output_states = tf.nn.bidirectional_dynamic_rnn(cell_fw = lstm_fw_cell,
cell_bw = lstm_bw_cell, inputs = layer_3, dtype = tf.float32,
            _major = True, sequence_length = seq_length)
        # 连接正反向结果[n_steps, batch_size, 2 * n_cell_dim]
        outputs = tf.concat(outputs, 2)
        # 连接正、反向结果 [n_steps * batch_size, 2 * n_cell_dim]
        outputs = tf.reshape(outputs, [-1, 2 * n_cell_dim])
    with tf.name_scope('fc5'):
        b5 = variable_on_cpu('b5', [n_hidden_5],
                tf.random_normal_initializer(stddev = b_stddev))
        h5 = variable_on_cpu('h5', [(2 * n_cell_dim), n_hidden_5],
                tf.random_normal_initializer(stddev = h_stddev))
        layer_5 = tf.minimum(tf.nn.relu(tf.add(tf.matmul(outputs, h5), b5)), relu_clip)
        layer_5 = tf.nn.dropout(layer_5, keep_dropout)
    with tf.name_scope('fc6'):
        # 全连接层用于 softmax 分类
        b6 = variable_on_cpu('b6', [n_character],
                tf.random_normal_initializer(stddev = b_stddev))
        h6 = variable_on_cpu('h6', [n_hidden_5, n_character],
                tf.random_normal_initializer(stddev = h_stddev))
        layer_6 = tf.add(tf.matmul(layer_5, h6), b6)
        # 将二维[n_steps * batch_size, n_character]转换成三维 time - major [n_steps, batch_
size, n_character].
        layer_6 = tf.reshape(layer_6, [-1, batch_x_shape[0], n_character])
        # 输出形状: [n_steps, batch_size, n_character]
    return layer_6
"""
used to create a variable in CPU memory.
"""
def variable_on_cpu(name, shape, initializer):
    # 使用/cpu:0 device for scoped operations
    with tf.device('/cpu:0'):
        # 创建或获取 apropos 变量
        var = tf.get_variable(name = name, shape = shape, initializer = initializer)
    return var
```

此处的 shape 变化比较复杂，需要先将输入变为二维的 Tensor，才可以传入全连接层。全连接层进入 BIRNN 时也需要形状转换成三维的 Tensor，BIRNN 输出的结果是 $2 \times n\_hidden$，所以后面的全连接层输入是 2×n_hidden,最终输出时还要再转回三维的 Tensor。

**注意**:这里使用了一个小技巧,通过函数 variable_on_cpu 来声明学习参数变量,将所有的学习参数定义在 CPU 的内存中,可以让 CPU 的内存充分地用于运算。

### 3. 定义损失函数即优化器

语音识别是属于非常典型的时间序列分类问题,前面讲过,对于这样的问题要使用 ctc_loss 的方法来计算损失值。优化器还是使用 AdamOptimizer,学习率为 0.001。代码为 (yuyinchall.py):

```
…
调用 ctc loss
avg_loss = tf.reduce_mean(ctc_ops.ctc_loss(targets, logits, seq_length))
#[optimizer]
learning_rate = 0.001
optimizer = tf.train.AdamOptimizer(learning_rate = learning_rate).minimize(avg_loss)
```

### 4. 定义解码并评估模型节点

使用 ctc_beam_search_decoder 函数以 CTC 的方式对测试结果 logits 进行解码,生成了 decoded。前面说过,decoded 是一个只有一个元素的数组,所以将其 decoded[0] 传入 edit_distance 函数,计算与正确标签 targets 之间的 levenshtein 距离。下列代码的 targets 与 decoded[0] 都是稀疏矩阵张量(SparseTensor)类型。对得到的 distance 取 reduce_mean,可以得出该模型对于当前 batch 的平均错误率。代码为(yuyinchall.py):

```
…
with tf.name_scope("decode"):
    decoded, log_prob = ctc_ops.ctc_beam_search_decoder( logits, seq_length, merge_repeated = False)
with tf.name_scope("accuracy"):
    distance = tf.edit_distance( tf.cast(decoded[0], tf.int32), targets)
    # 计算 label error rate (accuracy)
    ler = tf.reduce_mean(distance, name = 'label_error_rate')
```

### 5. 建立 session 并添加检查点处理

到此模型已经建立好了,剩下的就是训练部分的搭建了。由于样本较大,运算时间较长,所以很有必要为模型添加检查点功能。如下代码在 session 建立前,定义一个类(名为 saver),用于保存检查点的相关操作,并指定检查点文件夹为当前路径下的 log\yuyinchalltest\,然后启动 session,进行初始化,同时在指定路径下查找最后一次检查点。如果有文件就载入模型,同时更新迭代次数 epoch。代码为(yuyinchall.py):

```
epochs = 100
savedir = "log/yuyinchalltest/"
saver = tf.train.Saver(max_to_keep = 1) # 生成 saver
# 创建 session
sess = tf.Session()
```

```
# 没有模型的话,就重新初始化
sess.run(tf.global_variables_initializer())
kpt = tf.train.latest_checkpoint(savedir)
print("kpt:",kpt)
startepo = 0
if kpt!= None:
    saver.restore(sess, kpt)
    ind = kpt.find("-")
    startepo = int(kpt[ind+1:])
    print(startepo)
```

### 6. 通过循环来迭代训练模型

记录下开始时间,启用循环,进行迭代训练,每次循环通过 next_batch 函数取一批次样本数据,并设置 keep_dropout 参数,通过 sess.run 来运行模型的优化器,同时输出 loss 的值。总样本迭代 100 次,每次迭代中,一批次取 8 条数据。代码为(yuyinchall.py):

```
# 准备运行训练步骤
section = '\n{0:=^40}\n'
print(section.format('Run training epoch'))
train_start = time.time()
for epoch in range(epochs):   # 样本集迭代次数
    epoch_start = time.time()
    if epoch < startepo:
        continue
    print("epoch start:",epoch,"total epochs = ",epochs)
## 运行 batch
    n_batches_per_epoch = int(np.ceil(len(labels) / batch_size))
    print("total loop ",n_batches_per_epoch,"in one epoch,",batch_size,"items in one loop")
    train_cost = 0
    train_ler = 0
    next_idx = 0
    for batch in range(n_batches_per_epoch):        # 一次 batch_size,取多少次
        # 取数据
        next_idx,source,source_lengths,sparse_labels = \
            next_batch(labels,next_idx,batch_size)
        feed = {input_tensor: source, targets: sparse_labels, seq_length: source_lengths,
keep_dropout:keep_dropout_rate}
        # 计算 avg_loss optimizer
        batch_cost, _ = sess.run([avg_loss, optimizer], feed_dict = feed )
        train_cost += batch_cost
```

### 7. 定期评估模型,输出模型解码结果

每取 20 次 batch 数据,就将过程信息打印出来,将样本数据送入模型进行语音识别,并输出预测结果。为防止打印信息过多,每次只打印一条信息,并将其文件名、原始的文本和解码文本打印出来。代码为(yuyinchall.py):

```
      ...
      if (batch + 1) % 20 == 0:
          print('loop:', batch, 'Train cost: ', train_cost/(batch + 1))
          feed2 = {input_tensor: source, targets: sparse_labels, seq_length: source_lengths,
keep_dropout:1.0}
          d, train_ler = sess.run([decoded[0], ler], feed_dict = feed2)
          dense_decoded = tf.sparse_tensor_to_dense(
                  d, default_value = -1).eval(session = sess)
          dense_labels = sparse_tuple_to_texts_ch(sparse_labels, words)
          counter = 0
          print('Label err rate: ', train_ler)
          for orig, decoded_arr in zip(dense_labels, dense_decoded):
              # 转换成 strings
              decoded_str = ndarray_to_text_ch(decoded_arr, words)
              print('file {}'.format(counter))
              print('Original: {}'.format(orig))
              print('Decoded: {}'.format(decoded_str))
              counter = counter + 1
              break
      epoch_duration = time.time() - epoch_start
      log = 'Epoch {}/{}, train_cost: {:.3f}, train_ler: {:.3f}, time: {:.2f} sec'
      print(log.format(epoch, epochs, train_cost, train_ler, epoch_duration))
      saver.save(sess, savedir + "yuyinch.cpkt", global_step = epoch)
  train_duration = time.time() - train_start
  print('Training complete, total duration: {:.2f} min'.format(train_duration / 60))
  sess.close()
```

通过 sess.run 计算的 decoded[0] 的值只是个 SparseTensor 类型,需要用 tf.sparse_tensor_to_dense 将其转换成 dense 矩阵(记住 TensorFlow 中的类型必须用 eval 或 session.run 才能得到真实值),然后再调用 sparse_tuple_to_texts_ch 将其转换成文本 dense_labels。

在每次迭代的最后加入检查点保存代码,以便中途中断可以恢复。

运行以上程序代码需要很长时间(十几小时或几十小时),得到的结果为:

```
...
file 0
Original:另外 加工 修理 和 修配 业务 不 属于 营业税 的 应 税 劳务 不 缴纳 营业税
Decoded:另外 加工 理 和 修配 务 不 属于 营业税 的 应 税 劳务 不 缴纳 营业税
loop: 79 Train cost: 10.5678914
Label err rate: 0.0179841
file 0
Original:这碗 离娘 饭 姑娘 再有 娘 痛楚 也 要 每样 都 吃 一点 才算 循规 遵俗 的
Decoded:这碗 离娘 饭 姑 有 离娘 痛楚 也 要 每样 都 吃 一点 才 外算 循规 遵俗 的
loop: 99 Train cost:10.5789423
Label err rate: 0.0281475
file 0
Epoch 99/100, train_cost:1176.815, train_ler:0.048, time: 706.31 sec
WARNING:tensorflow:Error encountered when serializing LAYER_NAME_UIDS.
Type is unsupported, or the types of the items don't match filed type is CollectionDef.
'dict' object has no attribute 'name'
Training complete, total duration:1184.35 min
```

由此可见，程序基本可以将样本库中的语音全部识别出来，错误率在 0.02 左右。最后打印的警告是在 TensorFlow 中保存模型节点时发出的，不影响整体功能，可以不用理会。

一般来说，将训练好的模型作为识别后端，通过编写程序录音采集，将 WAV 文件传入进行解码，即可实现在线实时的语音识别。

## 10.5 Seq2Seq 任务

### 10.5.1 Seq2Seq 任务介绍

Seq2Seq(Sequence 2 Sequence)任务，即从一个序列映射到另一个序列的任务。在生活中会有很多符合这样特性的例子：前面的语言模型、语音识别，都可以理解成一个 Seq2Seq 的例子，类似的应用还有机器翻译、词性标注、智能对话等。

Sequence 可以理解为一个字符串序列，在给定一个字符串序列后，希望得到与之对应的另一个字符串序列（如翻译后的、语义上对应的）。Seq2Seq 不关心输入和输出的序列是否长度对应。

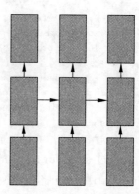

图 10-16　多对多 RNN

Seq2Seq 如果再细分，可以分成输入、输出序列不一一对应和一一对应两种。前面的语言模型就是一一对应的，类似的还有词性标注，可以用如图 10-16 所示的网络结构来理解。如果给定的每个输入都会有对应的输出，这种情况使用简单的 RNN 模型就可以解决。而输入输出序列不对应时会比较复杂一些，除了像前面语音识别模型中双向 RNN＋TensorFlow 中的 ctc_loss 组合方式之外，还有一种相对比较主流的解决方法——Encoder-Decoder 框架。

### 10.5.2 Encoder-Decoder 框架

Encoder-Decoder(编码-解码)是深度学习中非常常见的一个模型框架。例如，无监督算法的 auto-encoding 就是用编码-解码的结构设计并训练的；再如，这两年比较热门的 image caption 应用就是 CNN-RNN 的编码-解码框架；又如，神经网络机器翻译 NMT 模型就是 LSTM-LSTM 的编码-解码框架。因此准确地说，Encoder-Decoder 并不是一个具体的模型，而是一类框架。Encoder 和 Decoder 部分可以是任意的文字、语音、图像、视频数据，模型可以采用 CNN、RNN、BiRNN、LSTM、GRU 等。所以基于 Encoder-Decoder 可以设计出各种各样的应用算法。

Encoder-Decoder 框架有一个最显著的特征就是它是一个 End-to-End 学习的算法；本节将以文本-文本为例进行介绍，这样的模型往往用在机器翻译中，如将法语翻译成英语。这样的模型也被叫作 Sequence to Sequence learning。所谓编码，就是将输入序列转换成一个固定长度的向量；解码，就是将之前生成的固定向量再转换成输出序列，如图 10-17 所示。

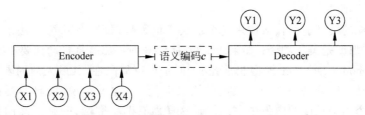

图 10-17　Encoder-Decoder 框架示意图

此处为了方便阐述，选取了编码和解码都是 RNN 的组合。在 RNN 中，当前时刻隐藏层状态是由上一时刻的隐藏层状态和当前时刻的输入决定的，也就是：

$$h_t = f(h_t - 1, x_t)$$

获得了各个时刻的隐藏层状态后，再将信息汇总，生成最后的语义编码 $c$：

$$c = q(\{f_{h_1}, f_{h_2}, \cdots, f_{T_z}\})$$

其中，$q$ 表示某种非线性函数。在 LSTM 或基本的 RNN 网络中，当前时刻计算完后是看不见前面时刻的隐藏层状态的，所以就是用最后一个时刻的隐藏层状态作为语义编码 $c$，即：

$$c = h_{T_z}$$

解码过程要根据给定的语义编码 $c$ 和已经生成的输出序列 $y_1, y_2, \cdots, y_{t-1}$ 来预测下一个输出单词 $y_t$，实际上就是把生成句子 $y = \{y_1, y_2, \cdots, y_t\}$ 的联合概率分解成按顺序的条件概率：

$$p(y) = \prod_{t=1}^{T} p(y_t \mid \{y_1, y_2, \cdots, y_{t-1}\}, c)$$

而每一个条件概率又可以写成为：

$$p(y_t \mid \{y_1, y_2, \cdots, y_{t-1}\}, c) = g(y_{t-1}, s_t, c)$$

其中，$h_t$ 是输出 RNN 中的隐藏层，$c$ 代表之前提过的语义向量，$y_{t-1}$ 表示上个时刻的输出。$g$ 表示一种非线性变换，往往是指一种多层的函数，可以输出 $y_t$ 的概率（如多层 RNN 后接 softmax）。

所以，在文本序列的 Encoder-Decoder 模型中，原本 RNN(LSTM) 语言模型是要估计 $p(y_1, y_2, \cdots, y_T \mid x_1, x_2, \cdots, x'_T)$，给定一串输入 $x$，得到一串输出 $y$（不需要等长），但是因为 Encoder-Decoder 中间用语义编码 $c$ 把前后两部分隔开了，所以输出句子 $y$ 只需要和 $c$ 相关即可，如图 10-18 所示。

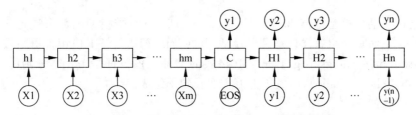

图 10-18　Encoder-Decoder 模型输入-输出序列图

只要有端到端训练 RNN(LSTM) 网络就可以了，在每一个句子末尾打上一个 EOS 符号 (End-Of-Sentence symbol)，用输入句子来预测输出句子，这样的模型就可以完成基本的英语-法语的翻译任务。

实际上这样的模型能做什么应用完全取决于训练数据,如果用英语-法语对应句子作为输入输出训练,那就是英法翻译;如果用文章-摘要来训练那就是自动摘要机了。

基本的 Encoder-Decoder 模型非常经典,但是也有局限性,其最大的局限性就在于编码和解码之间的唯一联系是一个固定长度的语义向量 $c$。也就是说,编码器要将整个序列的信息压缩进一个固定长度的向量中去。但是这样做有两个弊端,一是语义向量无法完全表示整个序列的信息,还有就是先输入的内容携带的信息会被后输入的信息稀释掉,或者说被覆盖了。输入序列越长,这个现象就越严重。这就使得在解码的一开始就没有获取足够的输入序列的信息,那么解码的准确度自然也就要打个折扣了。

为了弥补上述基本 Encoder-Decoder 模型的不足,近两年 NLP 领域提出了 Attention Model(注意力模型),典型的例子就是在机器翻译的时候,让生成词不能只关注全局的语义编码向量 $c$,而是增加了一个"注意力范围",表示接下来在输出词的时候要重点关注输入序列中的哪些部分,然后根据关注的区域来产生下一个输出,如图 10-19 所示。

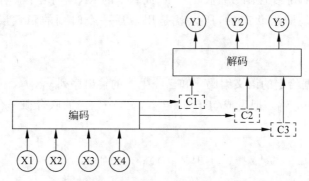

图 10-19 增加"注意力范围"示意图

相比于之前的 Encoder-Decoder 模型,Attention 模型最大的区别就在于它不再要求编码器将所有输入信息都编码进一个固定长度的向量之中。相反,此时编码器需要将输入编码成一个向量的序列,而在解码的时候,每一步都会选择性地从向量序列中挑选一个子集进行进一步处理。这样,在产生每一个输出的时候,都能够做到充分利用输入序列携带的信息。而且这种方法在翻译任务中取得了非常不错的效果。很显然,每一个输出单词在计算的时候,参考的语义编码向量 $c$ 都是不一样的,也就是它们的注意力焦点是不一样的。

### 10.5.3 实例:TensorFlow 实现 Seq2Seq 翻译

本节会构建翻译模型将英语译为德语。TensorFlow 自带模型函数来进行 Seq2Seq 翻译模型训练。下面将介绍怎样训练翻译模型,并在英语-德语句子上应用。语料数据来自网站(http://www.manythings.org/),是 ZIP 格式的文件。该数据是 tab 键分割的英语-德语句子翻译(如,hello./t hallo),由成千上万个变长句子组成。

其实现步骤如下。

(1) 导入必要的编辑库,创建一个计算图会话,代码为:

```
import os
import string
```

```
import requests
import io
import numpy as np
import matplotlib.pyplot as plt
import tensorflow as tf
from zipfile import ZipFile
from collections import Counter
from tensorflow.models.rnn.translate import data_utils
from tensorflow.models.rnn.translate import seq2seq_model
# 创建计算图会话
sess = tf.Session()
```

(2) 设置模型参数。学习率设为 0.1,实例也会每迭代 100 次衰减 1% 的学习率,这会在迭代过程中微调算法模型。设置截止最大梯度。RNN 大小为 500。英语和德语词汇的词频设为 10000。将所有的词汇转换为小写,并移除标点符号。将德语 umlaut 和 eszett 转换为字母数字,归一化德语词汇。具体代码为:

```
# 模型参数
learning_rate = 0.1
lr_decay_rate = 0.99
lr_decay_every = 100
max_gradient = 5.0
batch_size = 50
num_layers = 3
rnn_size = 500
layer_size = 512
generations = 10000
vocab_size = 10000
save_every = 1000
eval_every = 500
output_every = 50
punct = string.punctuation
# 数据参数
data_dir = 'temp'
data_file = 'eng_ger.txt'
model_path = 'seq2seq_model'
full_model_dir = os.path.join(data_dir, model_path)
```

(3) 准备三个英文句子测试翻译模型,看下训练的模型效果,代码为:

```
# 测试英文翻译(小写,无标点符号)
test_english = ['hello where is my computer',
                'the quick brown fox jumped over the lazy dog',
                'is it going to rain tomorrow']
```

(4) 创建模型文件夹。检查语料文件是否已下载,如果已经下载过语料文件,则直接读取文件;如果没有下载,则下载并保存到指定文件夹,代码为:

```
# 创建模型目录
if not os.path.exists(full_model_dir):
```

```python
    os.makedirs(full_model_dir)
# 创建数据目录
if not os.path.exists(data_dir):
    os.makedirs(data_dir)
print('Loading English-German Data')
# 检查数据,如果不存在,请下载并保存
if not os.path.isfile(os.path.join(data_dir, data_file)):
    print('Data not found, downloading Eng-Ger sentences from www.manythings.org')
    sentence_url = 'http://www.manythings.org/anki/deu-eng.zip'
    r = requests.get(sentence_url)
    z = ZipFile(io.BytesIO(r.content))
    file = z.read('deu.txt')
    # 格式化数据
    eng_ger_data = file.decode()
    eng_ger_data = eng_ger_data.encode('ascii',errors = 'ignore')
    eng_ger_data = eng_ger_data.decode().split('\n')
    # 写入文件
    with open(os.path.join(data_dir, data_file), 'w') as out_conn:
        for sentence in eng_ger_data:
            out_conn.write(sentence + '\n')else:
    eng_ger_data = []
    with open(os.path.join(data_dir, data_file), 'r') as in_conn:
        for row in in_conn:
            eng_ger_data.append(row[:-1])
```

（5）清洗语料数据集,移除标点符号,分割句子中的英语和德语,并全部转换为小写,代码为：

```python
# 删除标点符号
eng_ger_data = [''.join(char for char in sent if char not in punct) for sent in eng_ger_data]
# 按制表符分隔每个句子
eng_ger_data = [x.split('\t') for x in eng_ger_data if len(x)>=1]
[english_sentence, german_sentence] = [list(x) for x in zip(*eng_ger_data)]
english_sentence = [x.lower().split() for x in english_sentence]
german_sentence = [x.lower().split() for x in german_sentence]
print('Processing the vocabularies.')
```

（6）创建英语词汇表和德语词汇表,其中词频都要求至少10 000。不符合词频要求的单词标为(未知)。大部分低频词为代词(名字或地名)。代码为：

```python
# 处理英语词汇
all_english_words = [word for sentence in english_sentence for word in sentence]
all_english_counts = Counter(all_english_words)
eng_word_keys = [x[0] for x in all_english_counts.most_common(vocab_size-1)] # -1 because
0 = unknown is also in there
eng_vocab2ix = dict(zip(eng_word_keys, range(1,vocab_size)))
eng_ix2vocab = {val:key for key, val in eng_vocab2ix.items()}
english_processed = []
```

```
for sent in english_sentence:
    temp_sentence = []
    for word in sent:
        try:
            temp_sentence.append(eng_vocab2ix[word])
        except:
            temp_sentence.append(0)
    english_processed.append(temp_sentence)
# 处理德语词汇
all_german_words = [word for sentence in german_sentence for word in sentence]
all_german_counts = Counter(all_german_words)
ger_word_keys = [x[0] for x in all_german_counts.most_common(vocab_size - 1)]
ger_vocab2ix = dict(zip(ger_word_keys, range(1, vocab_size)))
ger_ix2vocab = {val:key for key, val in ger_vocab2ix.items()}
german_processed = []
for sent in german_sentence:
    temp_sentence = []
    for word in sent:
        try:
            temp_sentence.append(ger_vocab2ix[word])
        except:
            temp_sentence.append(0)
    german_processed.append(temp_sentence)
```

(7) 预处理测试词汇，将其写入词汇索引中，代码为：

```
# 处理测试英语句子,如果单词不在我们的词汇中,则使用'0'
test_data = []
for sentence in test_english:
    temp_sentence = []
    for word in sentence.split(' '):
        try:
            temp_sentence.append(eng_vocab2ix[word])
        except:
            # 如果单词不在我们的词汇表中,请使用'0'
            temp_sentence.append(0)
    test_data.append(temp_sentence)
```

(8) 因为某些句子太长或太短，所以可为不同长度的句子创建单独的模型。做这些的原因之一是最小化短句子中填充字符的影响。解决该问题的方法之一是将相似长度的句子分桶处理。为每个分桶设置长度范围，这样相似长度的句子就会进入同一个分桶，代码为：

```
x_maxs = [5, 7, 11, 50]
y_maxs = [10, 12, 17, 60]
buckets = [x for x in zip(x_maxs, y_maxs)]
bucketed_data = [[] for _ in range(len(x_maxs))]
for eng, ger in zip(english_processed, german_processed):
    for ix, (x_max, y_max) in enumerate(zip(x_maxs, y_maxs)):
        if (len(eng) <= x_max) and (len(ger) <= y_max):
            bucketed_data[ix].append([eng, ger])
            break
```

（9）将上述参数传入 TensorFlow 内建的 Seq2Seq 模型。创建 translation_model() 函数保证训练模型和测试模型可以共享相同的变量，代码为：

```
# 创建序列到序列模型
def translation_model(sess, input_vocab_size, output_vocab_size,
                     buckets, rnn_size, num_layers, max_gradient,
                     learning_rate, lr_decay_rate, forward_only):
    model = seq2seq_model.Seq2SeqModel(
        input_vocab_size,
        output_vocab_size,
        buckets,
        rnn_size,
        num_layers,
        max_gradient,
        batch_size,
        learning_rate,
        lr_decay_rate,
        forward_only = forward_only,
        dtype = tf.float32)
    return(model)
```

（10）创建训练模型，使用 tf.variable_scope 管理模型变量，声明训练模型的变量在 scope 范围内可重用。创建测试模型，其批量大小为 1，代码为：

```
input_vocab_size = vocab_size
output_vocab_size = vocab_size
with tf.variable_scope('translate_model') as scope:
    translate_model = translation_model(sess, vocab_size, vocab_size,
                                        buckets, rnn_size, num_layers,
                                        max_gradient, learning_rate,
                                        lr_decay_rate, False)
    # 重新使用测试模型的变量
    scope.reuse_variables()
    test_model = translation_model(sess, vocab_size, vocab_size,
                                   buckets, rnn_size, num_layers,
                                   max_gradient, learning_rate,
                                   lr_decay_rate, True)
    test_model.batch_size = 1
```

（11）初始化模型变量，代码为：

```
init = tf.initialize_all_variables()
sess.run(init)
```

（12）调用 step() 函数迭代训练 Seq2Seq 模型。TensorFlow 的 Seq2Seq 模型有 get_batch() 函数，该函数可以从分桶索引（在分区数量过于庞大以至于可能导致文件系统崩溃时，我们就需要使用分桶来解决问题了）迭代批量句子。衰减学习率，保存 Seq2Seq 训练模型，并利用测试句子进行模型评估，代码为：

```
train_loss = []
for i in range(generations):
    rand_bucket_ix = np.random.choice(len(bucketed_data))
    model_outputs = translate_model.get_batch(bucketed_data, rand_bucket_ix)
    encoder_inputs, decoder_inputs, target_weights = model_outputs
    # 获取(梯度标准、损失和输出)
    _, step_loss, _ = translate_model.step(sess, encoder_inputs, decoder_inputs,
                                            target_weights, rand_bucket_ix, False)
    # 输出状态
    if (i + 1) % output_every == 0:
        train_loss.append(step_loss)
        print('Gen #{} out of {}. Loss: {:.4}'.format(i + 1, generations, step_loss))
    # 检查是否应该降低学习速度
    if (i + 1) % lr_decay_every == 0:
        sess.run(translate_model.learning_rate_decay_op)
    # 保存模型
    if (i + 1) % save_every == 0:
        print('Saving model to {}.'.format(full_model_dir))
        model_save_path = os.path.join(full_model_dir, "eng_ger_translation.ckpt")
        translate_model.saver.save(sess, model_save_path, global_step = i)
    # 评估测试集
    if (i + 1) % eval_every == 0:
        for ix, sentence in enumerate(test_data):
            # 查找哪个桶句子进入
            bucket_id = next(index for index, val in enumerate(x_maxs) if val >= len(sentence))
            # 获取 RNN 模型输出
            encoder_inputs, decoder_inputs, target_weights = test_model.get_batch(
                {bucket_id: [(sentence, [])]}, bucket_id)
            # 获取 logits
            _, test_loss, output_logits = test_model.step(sess, encoder_inputs, decoder_inputs,
                                                          target_weights, bucket_id, True)
            ix_output = [int(np.argmax(logit, axis = 1)) for logit in output_logits]
            # 如果输出中有一个 0 符号,那么输出结束
            ix_output = ix_output[0:[ix for ix, x in enumerate(ix_output + [0]) if x == 0][0]]
            # 从索引中获取德语单词
            test_german = [ger_ix2vocab[x] for x in ix_output]
            print('English: {}'.format(test_english[ix]))
            print('German: {}'.format(test_german))
```

运行程序,输出如下:

```
Gen #0 out of 10000. Loss:7.481
Gen #9800 out of 10000. Loss:3.758
Gen #9850 out of 10000. Loss:3.700
Gen #9900 out of 10000. Loss:3.615
Gen #9950 out of 10000. Loss:3.889
Gen #10000 out of 10000. Loss:3.107
Saving model to temp/seq2seq_modl.
English:hello where is my computer
German: ['wo', 'ist', 'mein', 'ist']
English: the quick brown fox jumped over the lazy dog
German: ['die', 'ale', 'ist', 'von', 'mit', 'hund', 'zu']
English: is it going to rain tomorrow
German: ['ist', 'es', 'morgen', 'kommen']
```

运行程序,得到训练损失图如图 10-20 所示。

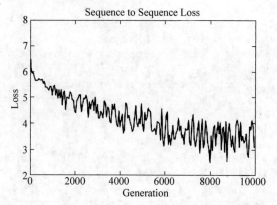

图 10-20    Seq2Seq 翻译模型迭代 10 000 次的损失趋势图

在实例中,虽然测试句子并没有得到很好的翻译效果,但是仍有提升的空间。如果模型训练时间加长,改变分桶策略,就可以提高翻译水平。

### 10.5.4　实例:比特币市场的分析与预测

比特币是一种用区块链作为支付系统的加密货币。由中本聪在 2009 年基于无国界的对等网络,用共识主动性开源软件发明创立,通过加密数字签名,不需通过任何第三方信用机构,解决了电子货币的一币多付和交易安全问题,从而演化成为一个超主权货币体系(以上内容根据维基百科)。2017 年,比特币的价格持续上涨,比特币的价格从 2017 年年初的约 1000 美元,涨到了约 3000 美元,目前在 2500 美元附近波动。图 10-21 展示了 2017 年部分月份比特币的价格波动情况。

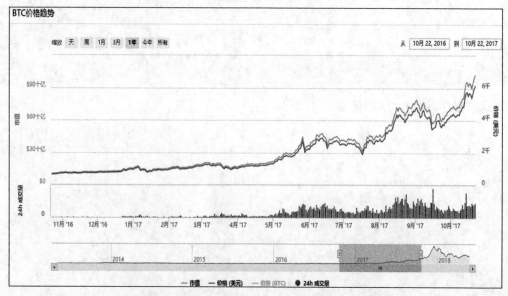

图 10-21    2017 年部分月份比特币的价格波动情况图

我们非常希望能准确把握其价格的波动情况,此处利用 LSTM 来预测:
(1) 当日比特币价格;
(2) 2017 年其中的某一周内的波动率(Volatility),它反映了进行比特币投资时可能遇到的风险。

**注意**:
(1) 之所以选择价格和波动率这两个量来进行预测,是因为当我们进行投资时,不仅需要知道预期的收益,也需要知道相应的风险,只有同时了解这两方面的信息,我们才能更理性地进行投资。
(2) 在实例中 TensorFlow 程序直接预测的是股票的"价格",然而这并不是金融领域的标准做法。在金融理论中,有效市场假说可以导出下面的结论:如果股市具有弱形式有效性,那么股票价格的变化服从随机行走。股票价格的"随机行走"并非是指股票价格完全随机,而是指股票价格的波动服从随机行走。用一个例子来简要说明数据的预处理方法,假设四天内股票的收盘价格 $y$ 为 $[100, 101, 103, 97]$,那么我们通常将价格数据 $x$ 预处理为 $[0.01, 0.0198, 0.235, -0.0583]$,即通常所说的金融市场上的"随机行走"指的是价格波动情况 $x$ 的随机行走;而波动率通常被用来衡量资产价格或投影回报率波动的剧烈程度。简单来说,波动率 Vol 被定义为一段时间内 $x$ 的标准差 $\text{Vol} = \text{std}(x)$。我们在用 RNN 进行价格预测时,建议先对数据进行上述的预处理,以便于以后进行更为系统的计量经济学或金融物理学研究。

**1. 数据处理**

关于比特币的数据做以下两点处理:
(1) 选最高价格 High,用 20 天的数据预测未来一天的价格;
(2) 将 High 价格提取出来作预处理,计算上面说的收益率 $x$,某一周波动率 Vol,选 $x$ 为特征,预测对象为 Vol。

网站上(https://www.feixiaohao.com/currencies/bitcoin/)下载的原始数据如图 10-22(a) 所示,提取后的数据如图 10-22(b) 所示。

| Date | Open | High | Low | Close | Volume |
|---|---|---|---|---|---|
| 10-Jul-17 | 2525.25 | 2537.16 | 2321.13 | 2372.56 | 1,111,200,0 |
| 9-Jul-17 | 2572.61 | 2635.49 | 2517.59 | 2518.44 | 527,856,0 |
| 8-Jul-17 | 2520.27 | 2571.34 | 2492.31 | 2571.34 | 733,330,0 |
| 7-Jul-17 | 2608.59 | 2916.14 | 2498.87 | 2518.66 | 917,412,0 |
| 6-Jul-17 | 2608.1 | 2616.72 | 2581.69 | 2608.56 | 761,957,0 |
| 5-Jul-17 | 2602.87 | 2622.65 | 2538.55 | 2601.99 | 941,566,0 |
| 4-Jul-17 | 2561 | 2631.59 | 2559.35 | 2601.64 | 985,516,0 |
| 3-Jul-17 | 2498.56 | 2595 | 2480.47 | 2564.06 | 964,112,0 |
| 2-Jul-17 | 2436. | 2514.28 | 2394.84 | 2506.47 | 803,747,0 |
| 1-Jul-17 | 2492.6 | 2515.27 | 2419.23 | 2434.55 | 779,914,0 |
| 30-Jun-17 | 2539.24 | 2559.25 | 2478.43 | 2480.84 | 860,273,0 |
| 29-Jun-17 | 2567.56 | 2588.83 | 2510.48 | 2539.32 | 949,979,0 |
| 28-Jun-17 | 2553.03 | 2603.98 | 2484.42 | 2574.79 | 1,183,870,0 |

| Profit | Volatility |
|---|---|
| 0.084644801 | 0.071639179 |
| -0.003796868 | 0.077694684 |
| -0.047913973 | 0.081362096 |
| -0.102151691 | 0.076138352 |
| 0.139092357 | 0.051571435 |
| 0.063534634 | 0.053762628 |
| 0.033043478 | 0.054400322 |
| 0.049326599 | 0.04999227 |
| -0.090004813 | 0.034289753 |
| 0.020627645 | 0.033859662 |
| -0.020038003 | 0.035877994 |
| 0.075268817 | 0.021200856 |

(a) 下载的原始数据      (b) 提取后的数据

图 10-22 原始数据与提取后的数据

**2. LSTM 代码和预测结果**

训练目标和测试目标的代码基本一致,只有输入数据有些不同。
(1) 用一段时间内(20 天)的最高价格数据预测未来一天(第 21 天)的价格,实现代码为(stock1.py):

```python
import pandas as pd
import numpy as np
import matplotlib.pyplot as plt
import tensorflow as tf
time_step = 50              # 时间步
rnn_unit = 30               # hidden layer units
batch_size = 60             # 每一批次训练多少个样例
input_size = 1              # 输入层维度
output_size = 1             # 输出层维度
lr = 0.0006                 # 学习率 FLAG = 'train'
## 导入数据
f = open('.\dataset\Bitcoin_rev_high.csv')
df = pd.read_csv(f)
data = df.iloc[:,0].values
normalize_data = (data - np.mean(data))/np.std(data)   # 标准化
normalize_data = normalize_data[:,np.newaxis]          # 增加维度
data_x,data_y = [],[]
for i in range(len(normalize_data) - time_step - 1):
    x = normalize_data[i:i + time_step]
    y = normalize_data[i + time_step]    # 用前 20 天预测未来 1 天,短期预测
    data_x.append(x.tolist())
    data_y.append(y.tolist())
data_y = np.reshape(data_y,( - 1,1,1))
# 分训练集和测试集
train_num = 1300
train_x = data_x[0:train_num]
train_y = data_y[0:train_num]
test_x = data_x[train_num:]
test_y = data_y[train_num:]
## 定义神经网络变量
X = tf.placeholder(tf.float32, [None,time_step,input_size])
Y = tf.placeholder(tf.float32, [None,1,output_size])
# 输入层、输出层权重、偏置
weights = {
        'in':tf.Variable(tf.random_normal([input_size,rnn_unit])),
        'out':tf.Variable(tf.random_normal([rnn_unit,1]))
        }
biases = {
        'in':tf.Variable(tf.constant(1.0,shape = [rnn_unit,])),
        'out':tf.Variable(tf.constant(1.0,shape = [1,]))
        }
## 定义神经网络
def lstm(batch):
    w_in = weights['in']
    b_in = biases['in']
    X_in = tf.reshape(X,[ - 1,input_size])       # 将 X 转换成二维,为了输入层'in'的输入
    input_rnn = tf.matmul(X_in,w_in) + b_in
    input_rnn = tf.reshape(input_rnn,[ - 1,time_step,rnn_unit])  # 将 tensor 转换回三维,
                                                                  # 作为 lstm cell 的输入
    cell = tf.nn.rnn_cell.BasicLSTMCell(rnn_unit)
```

```python
        init_state = cell.zero_state(batch, dtype = tf.float32)
        # output_rnn是记录lstm每个输出节点的结果，final_states是最后一个cell的结果
        output_rnn, final_states = tf.nn.dynamic_rnn(cell, input_rnn, initial_state = init_state, dtype = tf.float32)
        outputs = tf.unstack(tf.transpose(output_rnn, [1,0,2])) #作为输出层'out'的输入
        w_out = weights['out']
        b_out = biases['out']
        pred = tf.matmul(outputs[-1], w_out) + b_out  # time_step只取最后一项
        return pred, final_states
## 训练模型
def train_lstm():
    global batch_size
    pred, _ = lstm(batch_size)
    print('train pred', pred.get_shape())
    #损失函数
    loss = tf.reduce_mean(tf.square(tf.reshape(pred,[-1,1]) - tf.reshape(Y,[-1,1])))
    train_op = tf.train.AdamOptimizer(lr).minimize(loss)
    saver = tf.train.Saver()
    with tf.Session() as sess:
        sess.run(tf.global_variables_initializer())
        start = 0
        end = start + batch_size
        for i in range(1000):
            _, loss_ = sess.run([train_op, loss], feed_dict = {X:train_x[start:end], Y:train_y[start:end]})
            start += batch_size
            end = start + batch_size
            print(i, loss_)
            if i % 30 == 0:
                print("保存模型：", saver.save(sess, './savemodel_1/bitcoin.ckpt'))
            if end < len(train_x):
                start = 0
                end = start + batch_size
## 预测模型
def prediction():
    global test_y
    pred, _ = lstm(len(test_x))   #预测时只输入[test_batch, time_step, input_size]的测试数据
    print('test pred', pred.get_shape())
    saver = tf.train.Saver()
    with tf.Session() as sess:
        #参数恢复
        module_file = './savemodel_1/bitcoin.ckpt'
        saver.restore(sess, module_file)
        #取测试样本，shape = [test_batch, time_step, input_size]
        test_pred = sess.run(pred, feed_dict = {X:test_x})
        test_pred = np.reshape(test_pred, (-1))
        test_y = np.reshape(test_y, (-1))
        #以折线图表示结果
        plt.figure()
        plt.plot(range(len(test_y)), test_y, 'r-', label = 'real')
```

```
            plt.plot(range(len(test_pred)), (test_pred), 'b-', label = 'pred')
            plt.legend(loc = 0)
            plt.title('prediction')
            plt.show()
if __name__ == '__main__':
    if FLAG == 'train':
        train_lstm()
    elif FLAG == 'test':
        prediction()
```

运行程序,得到训练的损失函数如图 10-23(a)所示,预测的价格曲线如图 10-23(b)所示。

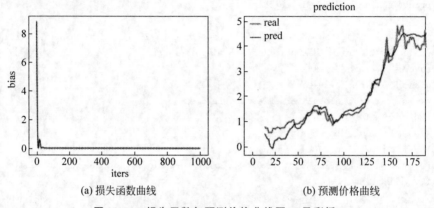

(a) 损失函数曲线　　　　　　(b) 预测价格曲线

图 10-23　损失函数与预测价格曲线图 1(见彩插)

(2) 用第 $t$ 天的收益率 $x$,预测第 $t$ 天的未来一周波动率 Vol。代码为(stock2.py):

```
import pandas as pd
import numpy as np
import matplotlib.pyplot as plt
import tensorflow as tf
#定义常量
rnn_unit = 10
input_size = 1
output_size = 1
lr = 0.0006
FLAG = 'train'
## 导入数据
f = open('.\dataset\Bitcoin_proc_rev_x.csv')
df = pd.read_csv(f)
data = df.iloc[:,0:2].values   #取第 3~10 列
#获取训练集
def get_train_data(batch_size = 40, time_step = 15, train_begin = 0, train_end = 1300):
    batch_index = []
    data_train = data[train_begin:train_end,]
    data_train = (data_train - np.mean(data_train,axis = 0))/np.std(data_train,axis = 0)   #标准化
```

```python
        train_x, train_y = [], []
        for i in range(len(data_train) - time_step):
            if i % batch_size == 0:
                batch_index.append(i)
            x = data_train[i:i + time_step, 0:1]
            y = data_train[i:i + time_step, 1]
            train_x.append(x.tolist())
            train_y.append(y.tolist())
        batch_index.append((len(data_train) - time_step))
        return batch_index, train_x, train_y
#获取测试集
def get_test_data(time_step = 15, test_begin = 1300):
    data_test = data[test_begin:]
    mean = np.mean(data_test, axis = 0)
    std = np.std(data_test, axis = 0)
    data_test = (data_test - mean)/std  #标准化
    size = (len(data_test) + time_step - 1)//time_step
    test_x, test_y = [], []
    for i in range(size - 1):
        x = data_test[i * time_step:(i + 1) * time_step, 0:1]
        y = data_test[i * time_step:(i + 1) * time_step, 1]
        test_x.append(x.tolist())
        test_y.extend(y)
    test_x.append((data_test[(i + 1) * time_step:, 0:1]).tolist())
    test_y.extend((data_test[(i + 1) * time_step:, 1]).tolist())
    return mean, std, test_x, test_y
##定义网络变量
#输入层、输出层权重、偏置
weights = {
          'in':tf.Variable(tf.random_normal([input_size, rnn_unit])),
          'out':tf.Variable(tf.random_normal([rnn_unit, 1]))
          }
biases = {
         'in':tf.Variable(tf.constant(0.1, shape = [rnn_unit, ])),
         'out':tf.Variable(tf.constant(0.1, shape = [1, ]))
         }
## 定义神经网络
def lstm(X):
    batch_size = tf.shape(X)[0]
    time_step = tf.shape(X)[1]
    w_in = weights['in']
    b_in = biases['in']
    input = tf.reshape(X, [-1, input_size])
    input_rnn = tf.matmul(input, w_in) + b_in
    input_rnn = tf.reshape(input_rnn, [-1, time_step, rnn_unit])  #将tensor转成三维,作为
                                                                 #lstm cell 的输入
    cell = tf.nn.rnn_cell.BasicLSTMCell(rnn_unit)
    init_state = cell.zero_state(batch_size, dtype = tf.float32)
    #output_rnn 是记录 lstm 每个输出节点的结果, final_states 是最后一个 cell 的结果
```

```python
    output_rnn, final_states = tf.nn.dynamic_rnn(cell, input_rnn, initial_state = init_state,
dtype = tf.float32)
    output = tf.reshape(output_rnn, [-1, rnn_unit])   #作为输出层的输入
    w_out = weights['out']
    b_out = biases['out']
    pred = tf.matmul(output, w_out) + b_out
    return pred, final_states
## 训练模型
def train_lstm(batch_size = 40, time_step = 15, train_begin = 0, train_end = 1300):   #共1526
    X = tf.placeholder(tf.float32, shape = [None, time_step, input_size])
    Y = tf.placeholder(tf.float32, shape = [None, time_step, output_size])
    batch_index, train_x, train_y = get_train_data(batch_size, time_step,
                                    train_begin, train_end)
    train_x = np.reshape(train_x, (-1, time_step, input_size))
    train_y = np.reshape(train_y, (-1, time_step, output_size))
    pred, _ = lstm(X)
    #损失函数
    loss = tf.reduce_mean(tf.square(tf.reshape(pred, [-1]) - tf.reshape(Y, [-1])))
    train_op = tf.train.AdamOptimizer(lr).minimize(loss)
    saver = tf.train.Saver()
    with tf.Session() as sess:
        sess.run(tf.global_variables_initializer())
        for i in range(1500):
            for step in range(len(batch_index) - 1):
_, loss_ = sess.run([train_op, loss], feed_dict = {X:train_x[batch_index[step]:batch_index
[step + 1]], Y:train_y[batch_index[step]:batch_index[step + 1]]})
            if i % 50 == 0:
                print("保存模型: ", saver.save(sess, './savemodel/bitcoin.ckpt'))
## 预测模型
def prediction(time_step = 15):
    X = tf.placeholder(tf.float32, shape = [None, time_step, input_size])
    #Y = tf.placeholder(tf.float32, shape = [None, time_step, output_size])
    mean, std, test_x, test_y = get_test_data(time_step)
    pred, _ = lstm(X)
    saver = tf.train.Saver()
    with tf.Session() as sess:
        #参数恢复
        module_file = './savemodel/bitcoin.ckpt'
        saver.restore(sess, module_file)
        test_predict = []
        for step in range(len(test_x) - 1):
          prob = sess.run(pred, feed_dict = {X:[test_x[step]]})
          predict = prob.reshape((-1))
          test_predict.extend(predict)
        test_y = np.array(test_y) * std[0] + mean[0]
        test_predict = np.array(test_predict) * std[0] + mean[0]
        #以折线图表示结果
        plt.figure()
        plt.plot(list(range(len(test_predict))), test_predict, color = 'b')
```

```
            plt.plot(list(range(len(test_y))), test_y, color = 'r')
            plt.title('prediction')
            plt.show()
if __name__ == '__main__':
    if FLAG == 'train':
        train_lstm()
    elif FLAG == 'test':
        prediction()
```

运行程序,得到训练的损失函数如图 10-24(a)所示,得到预测价格曲线如图 10-24(b)所示。

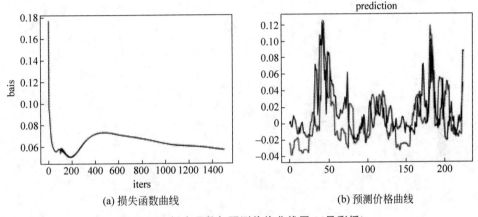

(a) 损失函数曲线　　　　　　　　　(b) 预测价格曲线

**图 10-24　损失函数与预测价格曲线图 2(见彩插)**

由图 10-23 及图 10-24 可知:价格单因素预测比较准,说明 LSTM 的短期预测有效,长期的目前没试过;而波动率预测差异较大,但因为对象是一周波动的量化,这个波动率值本身就小,所以差距也在可以理解的范围内。

## 10.6　小结

本章我们学习了最新的神经网络架构——循环神经网络。循环神经网络是具有记忆功能的网络,利用它可可完成对主流机器学习方法的探索。

本章首先从概念、结构、实现等方面介绍循环神经网络;接着分别从长短时记忆网络、自然语言建模、BiRNN 实现语音识别、Seq2Seq 任务等方面利用循环神经网络实现典型应用,让读者充分了解循环神经网络的功能,有利于进一步探索循环神经网络。

## 10.7　习题

1. 循环神经网络不同于传统的_____,循环神经网络在网络中引入了_____,使信号从一个_____传递到另一个_____并不会马上_____,而是继续_____。

2. 传统的语音识别方法,是基于_____的方法,它们通常包含_____、_____和_____等单独组件。

3. 门实际上就是一层_____层,它的输入是一个_____,输出是一个_____之间的_____。

4. Encoder 和 Decoder 部分可以是任意的_____、_____、_____、_____,模型可以采用_____、_____、_____、_____、_____等。

5. 利用 TensorFlow 实现简单的 RNN。

# 第 11 章  TensorFlow 实现深度神经网络

CHAPTER 11

深度神经网络领域正面临着快速的变化,每天都能听到 DNN 被用于解决新的问题,如计算机视觉、自动驾驶、语音识别和文本理解等。

出于实践的角度,在此所说的深度学习和深度神经网络是指深度超过几个相似层的神经网络结构,一般能够达到几十层,或者是由一些复杂的模块组合而成。

## 11.1 深度神经网络的起源

深度学习的兴起源于神经网络的崛起。2012 年,由 Alex Krizhevsky 开发的一个深度学习模型 AlexNet,赢得了视觉领域竞赛 ILSVRC 2012 的冠军,并且效果大大超过了传统的方法。在百万级的 ImageNet 数据集合上,识别率从传统的 70% 多提升到 80% 多,将深度学习正式推上舞台。之后 ILSVRC 每年都被深度学习刷榜,并且模型变得越来越深,错误率也越来越低,目前已经降到了 3.5% 左右,而在同样的 ImageNet 数据集合上,人眼的辨识错误率大概在 5.1%,也就是说目前的深度学习模型的识别能力已经超过了人眼。

2012 年之后在 ILSVRC 竞赛中获得冠军的模型如下。
- 2012 年:AlexNet;
- 2013 年:VGG;
- 2014 年:GoogLeNet;
- 2015 年:ResNet;
- 2016 年:Inception-ResNet-v2。

随着深度神经网络学科的发展,使用神经网络征服 ImageNet 的门槛已经越来越低,于是,2017 年 ILSVRC 竞赛举办完最后一届后,宣布了停办。与此同时,2017 年的 ICCV 竞赛中,在物体检测、物体分割等细分领域的冠军中出现了多家中国企业的名字,这表明中国的人工智能技术正在逐步引领全球。

下面具体介绍各界冠军模型的特点。

### 1. VGG

VGG 又分为 VGG16 和 VGG19,分别在 AlexNet 的基础上将层数增加到 16 和 19 层,它除了在识别方面很优秀外,对图像的目标检测也有很好的识别效果,是目标检测领域的较早期模型。

## 2. GoogLeNet

GoogLeNet 除了层数加深到 22 层外,主要的创新在于它的 Inception,这是一种网中网(Network In Network)的结构,即原来的节点也是一个网络。用了 Inception 之后整个网络结构的宽度和深度都可以扩大,能够带来 2~3 倍的性能提升。

## 3. ResNet

ResNet 直接将深度拉到 152 层,其主要的创新在于残差网络,其实这个网络的提出本质上是要解决层次比较深时无法训练的问题。这种借鉴了 Highway Network 思想的网络,相当于旁边专门开个通道使得输入可以直达输出,而优化的目标由原来的拟合输出 $H(x)$ 变成输出和输入的差 $H(x)-x$,其中 $H(x)$ 是某一层原始的期望映射输出,$x$ 为输入。

## 4. Inception-ResNet-v2

Inception-ResNet-v2 是目前比较新的经典模型,将深度和宽带融合到一起,在当下 ILSVRC 图像分类基准测试中实现了最好的成绩,是将 Inception v3 与 ResNet 结合而成的。

## 11.2 模型介绍

在深度神经网络中,有几种常用的模型,下面分别进行介绍。

### 11.2.1 AlexNet 模型

经过多年的中断(尽管在此期间,LeCun 继续将他的神经网络模型延伸到其他任务,如人脸和对象检测),神经网络终于迎来了复苏。结构化数据和计算机处理能力的爆炸性增长使得深度学习成为可能。过去要训练数月的网络,现在能够在比较短的时间内训练完成。

来自多家公司和大学的多个团队开始用深度神经网络处理各种问题,包括图像识别。其中,一个著名的比赛叫作 ImageNet 图像分类,AlexNet 就是为了这个测试而开发的,如图 11-1 所示。

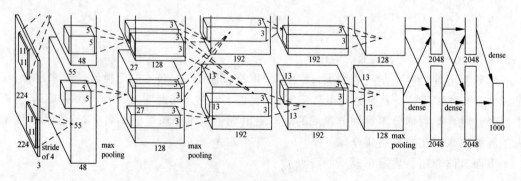

图 11-1 AlexNet 结构

AlexNet 可以被看作 LeNet5 的扩展,也就是说第一层用的卷积神经网络,然后连接上一个不常用的最大池化层,然后是几个全连接层,在最后一层输出概率。

## 11.2.2 VGG 模型

图像分类挑战的另一个主要的竞争者是牛津大学的 VGG 团队。

VGG(Visual Geometry Group,可视化几何团队)网络结构的主要特点,就是减小了卷积滤波的大小,只用一个 3×3 的滤波器,并将它们不断组合,如图 11-2 所示。

| ConvNet Configuration | | | | | |
|---|---|---|---|---|---|
| A | A-LRN | B | C | D | E |
| 11 weight layers | 11 weight layers | 13 weight layers | 16 weight layers | 16 weight layers | 19 weight layers |
| input (224 × 224 RGB image) | | | | | |
| conv3-64 | conv3-64 LRN | conv3-64 conv3-64 | conv3-64 conv3-64 | conv3-64 conv3-64 | conv3-64 conv3-64 |
| maxpool | | | | | |
| conv3-128 | conv3-128 | conv3-128 conv3-128 | conv3-128 conv3-128 | conv3-128 conv3-128 | conv3-128 conv3-128 |
| maxpool | | | | | |
| conv3-256 conv3-256 | conv3-256 conv3-256 | conv3-256 conv3-256 | conv3-256 conv3-256 conv1-256 | conv3-256 conv3-256 conv3-256 | conv3-256 conv3-256 conv3-256 conv3-256 |
| maxpool | | | | | |
| conv3-512 conv3-512 | conv3-512 conv3-512 | conv3-512 conv3-512 | conv3-512 conv3-512 conv1-512 | conv3-512 conv3-512 conv3-512 | conv3-512 conv3-512 conv3-512 conv3-512 |
| maxpool | | | | | |
| conv3-512 conv3-512 | conv3-512 conv3-512 | conv3-512 conv3-512 | conv3-512 conv3-512 conv1-512 | conv3-512 conv3-512 conv3-512 | conv3-512 conv3-512 conv3-512 conv3-512 |
| maxpool | | | | | |
| FC-4096 | | | | | |
| FC-4096 | | | | | |
| FC-1000 | | | | | |
| soft-max | | | | | |

Table 2: **Number of parameters** (in millions).

| Network | A,A-LRN | B | C | D | E |
|---|---|---|---|---|---|
| Number of parameters | 133 | 133 | 134 | 138 | 144 |

图 11-2 VGG 的参数数目

这种小型化的滤波器是对 LeNet 以及其继任者 AlexNet 的一个突破,这两个的网络滤波器都是设为 11×11。小型化滤波器的操作引领了一个新的潮流,并且一直延续到现在。

尽管其滤波器变小了,但总体参数依然非常大(通常有几百万个参数),所以还需要改进。

## 11.2.3 GoogleNet 模型

GoogleNet 网络最大的特点就是去除了最后的全连接层,用全局平均池化层(即使用与图片尺寸相同的过滤器来做平均池化)来取代它。

这么做的原因是:在以往的 AlexNet 和 VGGNet 网络中,全连接层几乎占据 90% 的参数量,占用了过多的运算量内存使用率,而且还会引起过拟合。

GoogleNet 的做法是去除全连接层,使得模型训练更快并且减轻了过拟合。

之后 GoogleNet 的 Inception 还在继续发展,目前已经有 v2、v3 和 v4 版本,主要针对深层网络以下的 3 个问题。

- 参数太多，容易过拟合，训练数据集有限。
- 网络越大计算复杂度越大，难以应用。
- 网络越深，梯度越往后传越容易消失（梯度弥散），难以优化模型。

Inception 的核心思想是在增加网络深度和宽度的同时，通过减少参数的方法来解决问题。Inception v1 有 22 层深，比 AlexNet 的 8 层或 VGGNet 的 19 层更深。但其计算量只有 15 亿次浮点运算，同时只有 500 万的参数量，仅为 AlexNet 参数量（6000 万）的 1/12，却有着更高的准确率。

下面沿着 Inception 的进化来进一步了解 Inception 网络。Inception 是在一些突破性的研究成果之上推出的，所以有必要从 Inception 的前身理论开始介绍。

### 1．MLP 卷积层

MLP 卷积层（Mlpconv）源于 2014 年 ICLR 的一篇论文"Network In Network"。它改进了传统的 CNN 网络，在效果等同的情况下，参数只是原有的 AlexNet 网络参数的 1/10。

卷积层要提升表达能力，主要依靠增加输出通道数，每一个输出通道对应一个滤波器，同一个滤波器共享参数只能提取一类特征，因此一个输出通道只能做一种特征处理。所以在传统的 CNN 中会使用尽量多的滤波器，把原样本中尽可能多的潜在的特征提取出来，然后再通过池化和大量的线性变化在其中筛选出需要的特征。这样的代价就是参数太多，运算太慢，而且很容易引起过拟合。

MLP 卷积层的思想是将 CNN 高维度特征转换成低维度特征，将神经网络的思想融合在具体的卷积操作当中。直白的理解就是在网络中再做一个网络，使每个卷积的通道中包含一个微型的多层网络，用一个网络来代替原来具体的卷积运算过程（卷积核的每个值与样本对应的像素点相乘，再将相乘后的所有结果加在一起生成新的像素点的过程）。其结构如图 11-3 所示。

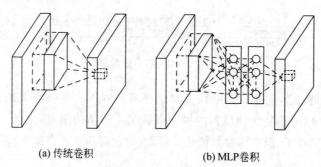

(a) 传统卷积　　　　　　(b) MLP 卷积

图 11-3　MLP 结构

图 11-3(a) 为传统的结构，图 11-3(b) 为 MLP 结构。相比而言，利用多层 MLP 的微型网络，对每个局部感受野的神经网络进行更加复杂的运算，而以前的卷积层，局部感受野的运算仅仅只是一个单层的神经网络。在 MLP 网络中比较常见的是使用一个三层的全连接网络结构，这等效于普通卷积层后再连接 1∶1 的卷积和 relu 激活函数。

### 2．全局均值池化

全局均值池化就是在平均池化层中使用同等大小的过滤器将其特征保存下来。这种结构用来代替深层网络结构最后的全连接输出层。这个方法也是 *Network In Network* 论文中所论述的。

全局均值池化的具体用法是在卷积处理后,对每个特征图的整张图片进行全局均值池化,生成一个值,即每张特征图相当于一个输出特征,这个特征就表示了输出类的特征。例如,在做 1000 个分类任务时,最后一层的特征图个数选择 1000 就可以直接得出分类了。

在 *Network In Network* 论文中作者利用其进行 1000 种物体分类,最后设计了一个 4 层的 NIN＋全局值池化网络,如图 11-4 所示。

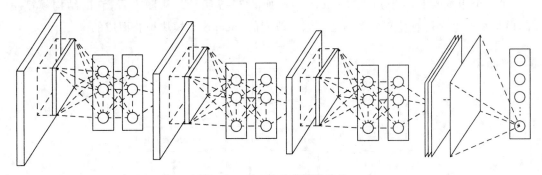

图 11-4　NIN＋全局均值池化

### 3. Inception 原始模型

Inception 的原始模型相对于 MLP 卷积层更为稀疏,它采用了 MLP 卷积层的思想,将中间的全连接层换成了多通道卷积层。Inception 与 MLP 卷积在网络中的作用一样,把封装好的 Inception 作为一个卷积单元,堆积起来就形成了原始的 GoogLeNet 网络。

Inception 的结构是将 1×1、3×3、5×5 的卷积核对应的卷积操作和 3×3 的滤波器对应的池化操作堆叠在一起,一方面增加了网络的宽度,另一方面增加了网络对尺度的适应性,如图 11-5 所示。

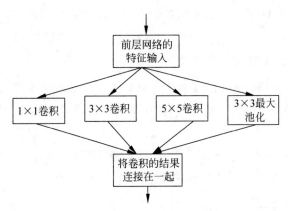

图 11-5　原始 Inception 模型

Inception 模型中包含了 3 种不同尺寸的卷积和一个最大池化,增加了网络对不同尺度的适应性,这和 Multi-Scale 的思想类似。早期计算机视觉的研究中,受灵长类神经视觉系统的启发,Serre 使用不同尺寸的 Gabor 滤波器处理不同尺寸的图片,Inception v1 借鉴了这种思想。Inception v1 的论文中指出,Inception 模型可以让网络的深度和宽度高效率地扩充,提升了准确率且不至于过拟合。

形象的解释就是Inception模型本身如同大网络中的一个小网络,其结构可以反复堆叠在一起形成更大的网络。

**4. Inception v1 模型**

在AlexNet和VGG统治了深度学习一两年后,谷歌公司发布了他们的深度学习模型Inception。到现在为止,Inception已经发布了好几个版本。

第一个版本的Inception是GoogLeNet,如图11-6所示。从图上看,它的结构模型很深,但是本质上它是通过9个基本上没怎么改变的Inception模块堆叠而成的。

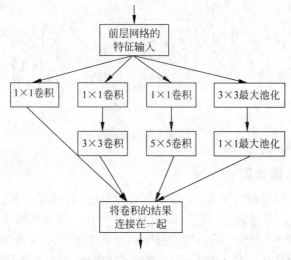

图11-6　Inception v1 模型

尽管如此,但是相比于AlexNet,Inception减少了参数的数量,增加了准确率。

Inception的可解释性和可扩展性相对于AlexNet也有所增加,因为事实上该模型结构就是堆叠相似的结构。

**5. Inception v2 模型**

Inception v2模型在Inception v1模型的基础上应用当前的主流技术,在卷积之后加入了BN层,使每一层的输出都归一化处理,减少了内部协变量的移动问题;同时还使用了梯度截断技术,增加了训练的稳定性。

另外,Inception学习了VGG,用2个3×3的卷积替代Inception模块中的5×5卷积,这既降低了参数数量,也提升了计算速度,其结构如图11-7所示。

**6. Inception v3 模型**

Inception v3模型没有再加入其他的技术,只是将原有的结构进行了调整,其最重要的一个改进是分解,将图11-7中的卷积核变得更小。具体的计算方法是:将5×5的卷积分解成两个一维的卷积(1×5,5×1),3×3的卷积也一样(1×3,3×1)。这种做法是基于线性代数的原理,即一个$[n,n]$的矩阵,可以分解成矩阵$[n,1]$×矩阵$[1,n]$,得出的结构如图11-8所示。

这么做会有什么效果呢?举一个例子进行说明。

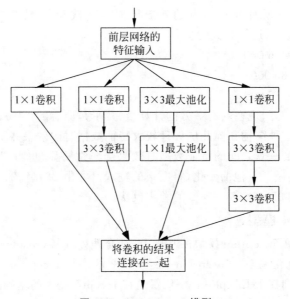

图 11-7　Inception v2 模型

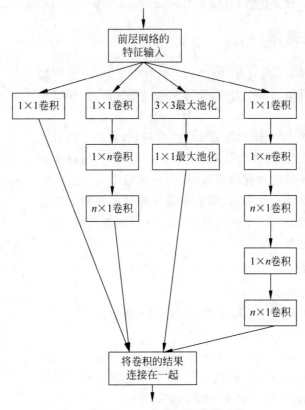

图 11-8　Inception v3 模型

假设有 256 个特征输入,256 个特征输出,如果 Inception 层只能执行 3×3 的卷积,即总共要完成 256×256×3×3 的卷积(即近 589 000 次乘积累加运算)。

如果需要减少卷积运算的特征数量,将其变为 64(即 256/4)个,则需要先进行 256→64

的 1×1 的卷积,然后在所有 Inception 的分支上进行 64 次卷积,接着再使用一个来自 64×256 的特征的 1×1 卷积,运算公式为:

256×64×1×1＝16 000
64×64×3×3＝36 000
64×256×1×1＝16 000

相比于之前的 60 万,现在共有 7 万的计算量,几乎是原有的 1/10。

在实际测试中,这种结构在前几层处理较大特征数据时的效果并不太好,但在处理中间状态生成的大小在 12～20 之间的特征数据时效果会非常明显,也可以大大提升运算速度。另外,Inception v3 还做了其他的变化,将网络的输入尺寸由 224×224 变为了 299×299,并增加了卷积核为 35×35/17×17/8×8 的卷积模块。

#### 7. Inception v4 模型

Inception v4 是在 Inception 模块的基础上,结合残差连接(residual connection)技术的特点进行了结构的优化调整。Inception-ResNet-v2 网络与 Inception v4 网络,二者性能差别不大,结构上的区别在于 Inception v4 仅仅是在 Inception v3 的基础上做了更复杂的结构变化(从 Inception v3 到 4 个卷积模型变为 6 个卷积模块等),但没有使用残差连接。

在此提到了一个残差连接,它属于 ResNet 网络模型中的核心技术。

### 11.2.4 残差网络

残差网络(ResNet),在 ILSVRC 2015 中取得了冠军,该框架能够大大简化模型网络的训练时间,使得在可接受时间内,模型能够更深。

在深度学习领域中,网络越深意味着拟合越强,出现过拟合问题是正常的,训练误差越来越大却是不正常的。但是,网络逐渐加深会对网络的后向传播能力提出挑战,在后向传播中每一层的梯度都是在上一层的基础上计算的,层数多会导致梯度在多层传播时越来越小,直到梯度消失,于是表现的结果就是随着层数变多,训练的误差会越来越大。

#### 1. 残差网络结构

残差网络的结构如图 11-9 所示。

假设经过两个神经层之后输出的 $H(x)$ 如下所示:

$$f(x)=\mathrm{relu}(xw+b)$$
$$H(x)=\mathrm{relu}(f(x)w+b)$$

$H(x)$ 和 $x$ 之间存在一个函数的关系,如果这两个神经层构成的是 $H(x)=2x$ 的关系,则残差网络的定义为:

$$H(x)=\mathrm{relu}(f(x)w+b)+x$$

#### 2. 残差网络原理

如图 11-9 所示,ResNet 中输入层与 Addition 之间存在着两个连接,左侧的连接是输入层通过若干神经层之后连接到 Addition,右

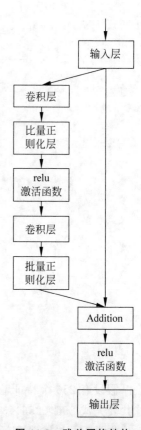

图 11-9 残差网络结构

侧的连接是输入层直接传给 Addition，在后向传播的过程中误差传到 Input 时会得到两个误差的相加和，一个是左侧一堆网络的误差，一个是右侧直接的原始误差。左侧的误差会随着层数变深而梯度越来越小，右侧则是由 Addition 直接连到 Input，所以还会保留着 Addition 的梯度。这样 Input 得到的相加和后的梯度就没有那么小了，可以保证接着将误差往下传。

这种方式看似解决了梯度越传越小的问题，但是残差连接正向同样也发挥了作用。由于正向的作用，导致网络结构已经不再是深层了，而是一个并行的模型，即残差连接的作用是将网络串行改成了并行。这也可解释了为什么 Inception v4 结合了残差网络的原理后，即便没有使用残差连接，也做出了与 Inception-ResNet-v2 等同的效果。

### 11.2.5　Inception-ResNet-v2 结构

Inception-ResNet-v2 网络是在 Inception v3 的基础上，加入了 ResNet 的残差连接而成的。其原理与 Inception v4 一样，都是进行了细微的结构调整，并且二者的结构复杂度也不相上下。

通过有关论文实验表明：在网络复杂度相近的情况下，Inception-ResNet-v2 略优于 Inception v4。并且实验结论有：残差连接在 Inception 结构中具有提高网络准确率且不会提升计算量的作用，通过将 3 个带有残差连接的 Inception 模型和一个 Inception v4 相组合，就可以在 ImageNet 上得到 3.08% 的错误率。

### 11.2.6　其他的深度神经网络结构

深度神经网络领域每天的变化是如此之快，几乎每天都有几个优秀的结构产生出来。下面是几个最有前途的网络结构。

(1) SqueezeNet：该网络为了简化 AlexNet 的参数数量，宣称可以达到 50× 参数数量的降低。

(2) 高效神经网络(Efficient Neural Network，Enet)：用于减少浮点操作，实现实时的神经网络。

(3) Fractalnet：用于实现非常深的深度神经网络。该网络不使用残差结构，而是使用一种分形(fractal)结构。

## 11.3　实例：VGG 艺术风格转移

本实例中的源代码来自：https://blog.csdn.net/qq_30611601/article/details/79007202。
TensorFlow 版本的源码主要包含了三个文件：neural_style.py、stylize.py 和 vgg.py。

(1) neural_style.py：外部接口函数，定义了函数的主要参数以及部分参数的默认值，包含对图像的读取和存储，对输入图像进行 resize、权值分配等操作，并将参数以及 resize 的图片传入 stylize.py 中。

(2) stylize.py：核心代码，包含了训练、优化等过程。

(3) vgg.py：定义了网络模型以及相关的运算。

可以使用下面的代码 vgg.py 读取 VGG-19 神经网络，用于构造 Neural Style 模型。

```python
import tensorflow as tf
import numpy as np
import scipy.io
#需要使用神经网络层
VGG19_LAYERS = (
    'conv1_1', 'relu1_1', 'conv1_2', 'relu1_2', 'pool1',
    'conv2_1', 'relu2_1', 'conv2_2', 'relu2_2', 'pool2',
    'conv3_1', 'relu3_1', 'conv3_2', 'relu3_2', 'conv3_3',
    'relu3_3', 'conv3_4', 'relu3_4', 'pool3',
    'conv4_1', 'relu4_1', 'conv4_2', 'relu4_2', 'conv4_3',
    'relu4_3', 'conv4_4', 'relu4_4', 'pool4',
    'conv5_1', 'relu5_1', 'conv5_2', 'relu5_2', 'conv5_3',
    'relu5_3', 'conv5_4', 'relu5_4'
)
##我们需要的信息是每层神经网络的 kernels 和 bias
def load_net(data_path):
    data = scipy.io.loadmat(data_path)
    if not all(i in data for i in ('layers', 'classes', 'normalization')):
        raise ValueError("You're using the wrong VGG19 data. Please follow the instructions in the README to download the correct data.")
    mean = data['normalization'][0][0][0]
    mean_pixel = np.mean(mean, axis = (0, 1))
    weights = data['layers'][0]
    return weights, mean_pixel
def net_preloaded(weights, input_image, pooling):
    net = {}
    current = input_image
    for i, name in enumerate(VGG19_LAYERS):
        kind = name[:4]
        if kind == 'conv':
            kernels, bias = weights[i][0][0][0][0]
            kernels = np.transpose(kernels, (1, 0, 2, 3))
            bias = bias.reshape(-1)
            current = _conv_layer(current, kernels, bias)
        elif kind == 'relu':
            current = tf.nn.relu(current)
        elif kind == 'pool':
            current = _pool_layer(current, pooling)
        net[name] = current
    assert len(net) == len(VGG19_LAYERS)
    return net
def _conv_layer(input, weights, bias):
    conv = tf.nn.conv2d(input, tf.constant(weights), strides = (1, 1, 1, 1),
            padding = 'SAME')
    return tf.nn.bias_add(conv, bias)
def _pool_layer(input, pooling):
    if pooling == 'avg':
        return tf.nn.avg_pool(input, ksize = (1, 2, 2, 1), strides = (1, 2, 2, 1),
```

```
                    padding = 'SAME')
        else:
            return tf.nn.max_pool(input, ksize = (1, 2, 2, 1), strides = (1, 2, 2, 1),
                    padding = 'SAME')
def preprocess(image, mean_pixel):
    return image - mean_pixel
def unprocess(image, mean_pixel):
    return image + mean_pixel
```

在 neural_style.py 中我们可以看到,定义了非常多的参数和外部接口,代码为:

```
import os
import numpy as np
import scipy.misc
from stylize import stylize
import math
from argparse import ArgumentParser
from PIL import Image

# 默认参数
CONTENT_WEIGHT = 5e0
CONTENT_WEIGHT_BLEND = 1
STYLE_WEIGHT = 5e2
TV_WEIGHT = 1e2
STYLE_LAYER_WEIGHT_EXP = 1
LEARNING_RATE = 1e1
BETA1 = 0.9
BETA2 = 0.999
EPSILON = 1e-08
STYLE_SCALE = 1.0
ITERATIONS = 1000
VGG_PATH = 'imagenet-vgg-verydeep-19.mat'
POOLING = 'max'
def build_parser():
    parser = ArgumentParser()
    parser.add_argument('--content',
            dest = 'content', help = 'content image',
            metavar = 'CONTENT', required = True)
    parser.add_argument('--styles',
            dest = 'styles',
            nargs = '+', help = 'one or more style images',
            metavar = 'STYLE', required = True)
    parser.add_argument('--output',
            dest = 'output', help = 'output path',
            metavar = 'OUTPUT', required = True)
    parser.add_argument('--iterations', type = int,
            dest = 'iterations', help = 'iterations (default %(default)s)',
            metavar = 'ITERATIONS', default = ITERATIONS)
    parser.add_argument('--print-iterations', type = int,
```

```python
                    dest='print_iterations', help='statistics printing frequency',
                    metavar='PRINT_ITERATIONS')
    parser.add_argument('--checkpoint-output',
            dest='checkpoint_output', help='checkpoint output format, e.g. output%%s.jpg',
                    metavar='OUTPUT')
    parser.add_argument('--checkpoint-iterations', type=int,
                    dest='checkpoint_iterations', help='checkpoint frequency',
                    metavar='CHECKPOINT_ITERATIONS')
    parser.add_argument('--width', type=int,
                    dest='width', help='output width',
                    metavar='WIDTH')
    parser.add_argument('--style-scales', type=float,
                    dest='style_scales',
                    nargs='+', help='one or more style scales',
                    metavar='STYLE_SCALE')
    parser.add_argument('--network',
                    dest='network', help='path to network parameters (default %(default)s)',
                    metavar='VGG_PATH', default=VGG_PATH)
    parser.add_argument('--content-weight-blend', type=float,
                    dest='content_weight_blend', help='content weight blend, conv4_2 * blend + conv5_2 * (1-blend) (default %(default)s)',
                    metavar='CONTENT_WEIGHT_BLEND', default=CONTENT_WEIGHT_BLEND)
    parser.add_argument('--content-weight', type=float,
                    dest='content_weight', help='content weight (default %(default)s)',
                    metavar='CONTENT_WEIGHT', default=CONTENT_WEIGHT)
    parser.add_argument('--style-weight', type=float,
                    dest='style_weight', help='style weight (default %(default)s)',
                    metavar='STYLE_WEIGHT', default=STYLE_WEIGHT)
    parser.add_argument('--style-layer-weight-exp', type=float,
                    dest='style_layer_weight_exp', help='style layer weight exponentional increase - weight(layer<n+1>) = weight_exp*weight(layer<n>) (default %(default)s)',
                    metavar='STYLE_LAYER_WEIGHT_EXP', default=STYLE_LAYER_WEIGHT_EXP)
    parser.add_argument('--style-blend-weights', type=float,
                    dest='style_blend_weights', help='style blending weights',
                    nargs='+', metavar='STYLE_BLEND_WEIGHT')
    parser.add_argument('--tv-weight', type=float,
            dest='tv_weight', help='total variation regularization weight (default %(default)s)',
                    metavar='TV_WEIGHT', default=TV_WEIGHT)
    parser.add_argument('--learning-rate', type=float,
                    dest='learning_rate', help='learning rate (default %(default)s)',
                    metavar='LEARNING_RATE', default=LEARNING_RATE)
    parser.add_argument('--beta1', type=float,
                    dest='beta1', help='Adam: beta1 parameter (default %(default)s)',
                    metavar='BETA1', default=BETA1)
    parser.add_argument('--beta2', type=float,
                    dest='beta2', help='Adam: beta2 parameter (default %(default)s)',
                    metavar='BETA2', default=BETA2)
    parser.add_argument('--eps', type=float,
                    dest='epsilon', help='Adam: epsilon parameter (default %(default)s)',
```

```python
            metavar='EPSILON', default=EPSILON)
    parser.add_argument('--initial',
            dest='initial', help='initial image',
            metavar='INITIAL')
    parser.add_argument('--initial-noiseblend', type=float,
            dest='initial_noiseblend', help='ratio of blending initial image with normalized '
            'noise (if no initial image specified, content image is used) (default %(default)s)',
            metavar='INITIAL_NOISEBLEND')
    parser.add_argument('--preserve-colors', action='store_true',
            dest='preserve_colors', help='style-only transfer (preserving colors) - if '
            'color transfer is not needed')
    parser.add_argument('--pooling',
        dest='pooling', help='pooling layer configuration: max or avg (default %(default)s)',
            metavar='POOLING', default=POOLING)
    return parser

def main():
    parser = build_parser()
    options = parser.parse_args()
    if not os.path.isfile(options.network):
        parser.error("Network %s does not exist. (Did you forget to download it?)" %
            options.network)
    content_image = imread(options.content)
    style_images = [imread(style) for style in options.styles]
    width = options.width
    if width is not None:
        new_shape = (int(math.floor(float(content_image.shape[0]) /
                content_image.shape[1] * width)), width)
        content_image = scipy.misc.imresize(content_image, new_shape)
    target_shape = content_image.shape
    for i in range(len(style_images)):
        style_scale = STYLE_SCALE
        if options.style_scales is not None:
            style_scale = options.style_scales[i]
        style_images[i] = scipy.misc.imresize(style_images[i], style_scale *
                target_shape[1] / style_images[i].shape[1])

    style_blend_weights = options.style_blend_weights
    if style_blend_weights is None:
        # 默认等于权重
        style_blend_weights = [1.0/len(style_images) for _ in style_images]
    else:
        total_blend_weight = sum(style_blend_weights)
        style_blend_weights = [weight/total_blend_weight
                               for weight in style_blend_weights]
    initial = options.initial
    if initial is not None:
        initial = scipy.misc.imresize(imread(initial), content_image.shape[:2])
        # 初始猜测是指定的,但不是杂音混合,不应混合噪声
        if options.initial_noiseblend is None:
```

```python
            options.initial_noiseblend = 0.0
    else:
        # 无论是初始的,还是带噪声混合的,都不会回到随机产生的初始猜测
        if options.initial_noiseblend is None:
            options.initial_noiseblend = 1.0
        if options.initial_noiseblend < 1.0:
            initial = content_image
if options.checkpoint_output and "%s" not in options.checkpoint_output:
    parser.error("To save intermediate images, the checkpoint output "
                 "parameter must contain `%s` (e.g. `foo%s.jpg`)")

for iteration, image in stylize(
    network = options.network,
    initial = initial,
    initial_noiseblend = options.initial_noiseblend,
    content = content_image,
    styles = style_images,
    preserve_colors = options.preserve_colors,
    iterations = options.iterations,
    content_weight = options.content_weight,
    content_weight_blend = options.content_weight_blend,
    style_weight = options.style_weight,
    style_layer_weight_exp = options.style_layer_weight_exp,
    style_blend_weights = style_blend_weights,
    tv_weight = options.tv_weight,
    learning_rate = options.learning_rate,
    beta1 = options.beta1,
    beta2 = options.beta2,
    epsilon = options.epsilon,
    pooling = options.pooling,
    print_iterations = options.print_iterations,
    checkpoint_iterations = options.checkpoint_iterations ):
    output_file = None
    combined_rgb = image
    if iteration is not None:
        if options.checkpoint_output:
            output_file = options.checkpoint_output % iteration
        else:
            output_file = options.output
    if output_file:
        imsave(output_file, combined_rgb)
def imread(path):
    img = scipy.misc.imread(path).astype(np.float)
    if len(img.shape) == 2:
        # grayscale
        img = np.dstack((img,img,img))
    elif img.shape[2] == 4:
        # PNG with alpha channel
        img = img[:,:,:3]
    return img
```

```python
def imsave(path, img):
    img = np.clip(img, 0, 255).astype(np.uint8)
    Image.fromarray(img).save(path, quality=95)
if __name__ == '__main__':
    main()
```

核心代码 stylize.py，详解如下：

```python
import vgg
import tensorflow as tf
import numpy as np
from sys import stderr
from PIL import Image
CONTENT_LAYERS = ('relu4_2', 'relu5_2')
STYLE_LAYERS = ('relu1_1', 'relu2_1', 'relu3_1', 'relu4_1', 'relu5_1')
try:
    reduce
except NameError:
    from functools import reduce
def stylize(network, initial, initial_noiseblend, content, styles, preserve_colors,
iterations,
        content_weight, content_weight_blend, style_weight, style_layer_weight_exp, style_
blend_weights, tv_weight,
        learning_rate, beta1, beta2, epsilon, pooling,
        print_iterations=None, checkpoint_iterations=None):
    """
    Stylize images.
    This function yields tuples (iteration, image); `iteration` is None
    if this is the final image (the last iteration). Other tuples are yielded
    every 'checkpoint_iterations' iterations.
    :rtype: iterator[tuple[int|None,image]]
    """
    # content.shape 是三维(height, width, channel),这里将维度变成(1, height, width, channel)是
    # 为了与后面保持一致
    shape = (1,) + content.shape
    style_shapes = [(1,) + style.shape for style in styles]
    content_features = {}
    style_features = [{} for _ in styles]

    vgg_weights, vgg_mean_pixel = vgg.load_net(network)
    layer_weight = 1.0
    style_layers_weights = {}
    for style_layer in STYLE_LAYERS:
        style_layers_weights[style_layer] = layer_weight
        layer_weight *= style_layer_weight_exp

    # 范化样式图层权重
    layer_weights_sum = 0
    for style_layer in STYLE_LAYERS:
```

```python
            layer_weights_sum += style_layers_weights[style_layer]
        for style_layer in STYLE_LAYERS:
            style_layers_weights[style_layer] /= layer_weights_sum
    # 首先创建一个 image 的占位符,然后通过 eval()的 feed_dict 将 content_pre 传给 image,
    # 启动 net 的运算过程,得到了 content 的 feature maps
    # 计算前馈模式下的内容特征
    g = tf.Graph()
    with g.as_default(), g.device('/cpu:0'), tf.Session() as sess:
        image = tf.placeholder('float', shape=shape)
        net = vgg.net_preloaded(vgg_weights, image, pooling)
        content_pre = np.array([vgg.preprocess(content, vgg_mean_pixel)])
        for layer in CONTENT_LAYERS:
            content_features[layer] = net[layer].eval(feed_dict={image: content_pre})
    # 计算前馈模式中的样式特征
    for i in range(len(styles)):
        g = tf.Graph()
        with g.as_default(), g.device('/cpu:0'), tf.Session() as sess:
            image = tf.placeholder('float', shape=style_shapes[i])
            net = vgg.net_preloaded(vgg_weights, image, pooling)
            style_pre = np.array([vgg.preprocess(styles[i], vgg_mean_pixel)])
            for layer in STYLE_LAYERS:
                features = net[layer].eval(feed_dict={image: style_pre})
                features = np.reshape(features, (-1, features.shape[3]))
                gram = np.matmul(features.T, features) / features.size
                style_features[i][layer] = gram
    initial_content_noise_coeff = 1.0 - initial_noiseblend

    # 使用后向传播来制作风格化的图像
    with tf.Graph().as_default():
        if initial is None:
            noise = np.random.normal(size=shape, scale=np.std(content) * 0.1)
            initial = tf.random_normal(shape) * 0.256
        else:
            initial = np.array([vgg.preprocess(initial, vgg_mean_pixel)])
            initial = initial.astype('float32')
            noise = np.random.normal(size=shape, scale=np.std(content) * 0.1)
            initial = (initial) * initial_content_noise_coeff + (tf.random_normal(shape) *
0.256) * (1.0 - initial_content_noise_coeff)
        '''
        image = tf.Variable(initial)初始化了一个 TensorFlow 的变量,即我们需要训练的对象,
        注意这里训练的对象是一张图像,而不是 weight 和 bias
        '''
        image = tf.Variable(initial)
        net = vgg.net_preloaded(vgg_weights, image, pooling)
        # 内容损失
        content_layers_weights = {}
        content_layers_weights['relu4_2'] = content_weight_blend
        content_layers_weights['relu5_2'] = 1.0 - content_weight_blend
        content_loss = 0
        content_losses = []
```

```python
        for content_layer in CONTENT_LAYERS:
            content_losses.append(content_layers_weights[content_layer] * content_weight * (2 * tf.nn.l2_loss(
                    net[content_layer] - content_features[content_layer]) /
                    content_features[content_layer].size))
        content_loss += reduce(tf.add, content_losses)
        # 样式损失
        style_loss = 0
        '''
        由于style图像可以输入多幅,这里使用for循环.同样的,将style_pre传给image占位
        符,启动net运算,得到了style的feature maps,由于style为不同filter响应的内积,因
        此在这里增加了一步: gram = np.matmul(features.T, features) / features.size,即为
        style的feature
        '''
        for i in range(len(styles)):
            style_losses = []
            for style_layer in STYLE_LAYERS:
                layer = net[style_layer]
                _, height, width, number = map(lambda i: i.value, layer.get_shape())
                size = height * width * number
                feats = tf.reshape(layer, (-1, number))
                gram = tf.matmul(tf.transpose(feats), feats) / size
                style_gram = style_features[i][style_layer]
                style_losses.append(style_layers_weights[style_layer] * 2 * tf.nn.l2_loss(gram - style_gram) / style_gram.size)
            style_loss += style_weight * style_blend_weights[i] * reduce(tf.add, style_losses)
        # 总变差去噪
        tv_y_size = _tensor_size(image[:,1:,:,:])
        tv_x_size = _tensor_size(image[:,:,1:,:])
        tv_loss = tv_weight * 2 * (
                (tf.nn.l2_loss(image[:,1:,:,:] - image[:,:shape[1]-1,:,:]) /
                    tv_y_size) +
                (tf.nn.l2_loss(image[:,:,1:,:] - image[:,:,:shape[2]-1,:]) /
                    tv_x_size))
        # 整体损失
        '''
        接下来定义了Content Loss 和Style Loss,结合文中的公式很容易看懂,在代码中,还增加
        了total variation denoising,因此总的loss = content_loss + style_loss + tv_loss
        '''
        loss = content_loss + style_loss + tv_loss
        # 优化器设置
        '''
        创建train_step,使用Adam优化器,优化对象是上面的loss优化过程,通过迭代使用train_
        step来最小化loss,最终得到一个best,即为训练优化的结果
        '''
    train_step = tf.train.AdamOptimizer(learning_rate, beta1, beta2, epsilon).minimize(loss)
        def print_progress():
            stderr.write('  content loss: %g\n' % content_loss.eval())
            stderr.write('    style loss: %g\n' % style_loss.eval())
            stderr.write('       tv loss: %g\n' % tv_loss.eval())
```

```python
            stderr.write('total loss: %g\n' % loss.eval())
        # 优化
        best_loss = float('inf')
        best = None
        with tf.Session() as sess:
            sess.run(tf.global_variables_initializer())
            stderr.write('Optimization started...\n')
            if (print_iterations and print_iterations != 0):
                print_progress()
            for i in range(iterations):
                stderr.write('Iteration %4d/%4d\n' % (i + 1, iterations))
                train_step.run()
                last_step = (i == iterations - 1)
                if last_step or (print_iterations and i % print_iterations == 0):
                    print_progress()
                if (checkpoint_iterations and i % checkpoint_iterations == 0) or last_step:
                    this_loss = loss.eval()
                    if this_loss < best_loss:
                        best_loss = this_loss
                        best = image.eval()
                    img_out = vgg.unprocess(best.reshape(shape[1:]), vgg_mean_pixel)
                    if preserve_colors and preserve_colors == True:
                        original_image = np.clip(content, 0, 255)
                        styled_image = np.clip(img_out, 0, 255)
                        ## 亮度转移步骤:
                        #1.根据 Rec.601 亮度(0.299,0.587,0.114)转换程式化 RGB->灰度
                        styled_grayscale = rgb2gray(styled_image)
                        styled_grayscale_rgb = gray2rgb(styled_grayscale)
                        #2.将风格化的灰度转换为 YUV(YCbCr)
                        styled_grayscale_yuv = np.array(Image.fromarray(styled_grayscale_rgb.astype(np.uint8)).convert('YCbCr'))
                        #3.将原始图像转换为 YUV(YCbCr)
                        original_yuv = np.array(Image.fromarray(original_image.astype(np.uint8)).convert('YCbCr'))
                        #4.重组(风格化 YUV.Y,原创 YUV.U,原创 YUV.V)
                        w, h, _ = original_image.shape
                        combined_yuv = np.empty((w, h, 3), dtype=np.uint8)
                        combined_yuv[..., 0] = styled_grayscale_yuv[..., 0]
                        combined_yuv[..., 1] = original_yuv[..., 1]
                        combined_yuv[..., 2] = original_yuv[..., 2]
                        #5.将来自 YUV 的重组图像转换回 RGB
                        img_out = np.array(Image.fromarray(combined_yuv, 'YCbCr').convert('RGB'))
                    yield (
                        (None if last_step else i),
                        img_out
                    )
def _tensor_size(tensor):
    from operator import mul
    return reduce(mul, (d.value for d in tensor.get_shape()), 1)
def rgb2gray(rgb):
    return np.dot(rgb[..., :3], [0.299, 0.587, 0.114])
```

```
def gray2rgb(gray):
    w, h = gray.shape
    rgb = np.empty((w, h, 3), dtype = np.float32)
    rgb[:, :, 2] = rgb[:, :, 1] = rgb[:, :, 0] = gray
    return rgb
```

运行程序,效果如图 11-10 所示。

(a) 原始图像　　　　　　　(b) 风格图像　　　　　(c) 风格转移后的图像

图 11-10　风格转移效果图(见彩插)

Neural Style 很有趣,我们可以通过改变参数去做很多风格的测试,会有不一样的效果。

## 11.4　生成式对抗网络

生成式对抗网络(Generative Adversarial Network,GAN)是谷歌公司于 2014 年提出的一个网络模型,主要灵感来自二人博弈中的零和博弈,也是目前最火热的非监督深度学习的代表。GAN 之父 Ian J. Goodfellow 也被公认为是人工智能的顶级专家。

Yann Lecun 在 Quora 上答题时曾说,他最激动的事是深度学习进展成生成式对抗网络。

### 11.4.1　GAN 的理论知识

GAN 由 generator(生成式模型)和 discriminator(判别式模型)两部分构成。

(1) generator:主要是从训练数据中产生相同分布的 samples,对于输入 $x$,类别标签 $y$,在生成式模型中估计其联合概率分布(两个及以上随机变量组成的随机向量的概率分布)。

(2) discriminator:判断输入是真实数据还是 generator 生成的数据,即估计样本属于某类的条件概率分布。它采用传统的监督学习的方法。

二者结合后,经过大量次数的迭代训练会使 generator 尽可能模拟出以假乱真的样本,而 discriminator 会有更精确的鉴别真伪数据的能力,最终整个 GAN 会达到所谓的纳什均衡,即 discriminator 对 generator 的数据鉴别结果为正确率和错误率各占 $50\%$。

GAN 的网络结构如图 11-11 所示。

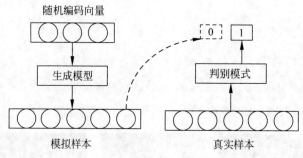

图 11-11　GAN 网络

### 1. 生成器

生成式模型又叫生成器。它先用一个随机编码向量来输出一个模拟样本（如图 11-11 右侧所示）。

在训练的过程中，对于真实数据，判别器尝试向其分配一个接近 1 的概率（为更好泛化，一般会使用 smooth 参数将 labels 设为略小于 1 的值，如 0.9）；而对于生成器生成的"赝品"，判别器尝试向其分配一个接近 0 的概率。

也就是说，对于真实数据，使用 label=1 计算代价函数来训练判别器，其代价函数的计算方法为：

```
d_loss_real = tf.reduce_mean(tf.nn.sigmoid_cross_entropy_with_logits(logits=d_logits_real, labels=tf.ones_like(d_logits_real) * (1 - smooth)))
```

对于生成器，我们使用 label=0 计算代价函数来训练判别器，其代价函数的计算方法为：

```
d_loss_fake = tf.reduce_mean(tf.nn.sigmoid_cross_entropy_with_logits(logits=d_logits_fake, labels=tf.zeros_like(d_logits_fake)))
```

所以判别器的代价函数为：

$$d\_loss = d\_loss\_real + d\_loss\_fake$$

### 2. 判别器

判别式模型又叫判别器。它的输入是一个样本（可以是真实样本也可以是模拟样本），输出一个判断该样本是真实样本还是模拟样本（假样本）的结果，如图 11-11 右侧所示。

判别器经训练尝试输出能使辨别器分配接近概率 1 的样本。生成器的代价函数为：

```
g_loss = tf.reduce_mean(tf.nn.sigmoid_cross_entropy_with_logits(logits=d_logits_fake, labels=tf.ones_like(d_logits_fake)))
```

随着以上训练的进行，判别器"被迫"增强自身的判别能力，而生成器"被迫"生成越来越逼真的输出，以欺骗判别器。理论上，最终生成器和判别器会达到一种均衡——纳什均衡。

判别器的目标是区分真假样本，生成器的目标是让判别器区分不出真假样本，两者目标相反，存在对抗。

## 11.4.2 生成式模型的应用

generator 的特性主要包括以下几个方面：
- 在应用数学和工程方面，能够有效地表征高维数据分布。
- 在强化学习方面，作为一种技术手段，可以有效表征强化学习模型中的 state 状态。
- 在半监督学习方面，能够在数据缺失的情况下训练模型，并给出相应的输出。

generator 还适用于一个输入伴随多个输出的场景，如在视频中通过场景预测下一帧的场景，而 discriminator 是最小化模型输出和期望输出的某个预测值，无法训练单输入多输出的模型。

图 11-12 给出的是训练好的 GAN 的生成模型产生出来的一些样本（图片来自 https://arxiv.org/pdf/1610.09585.pdf）。

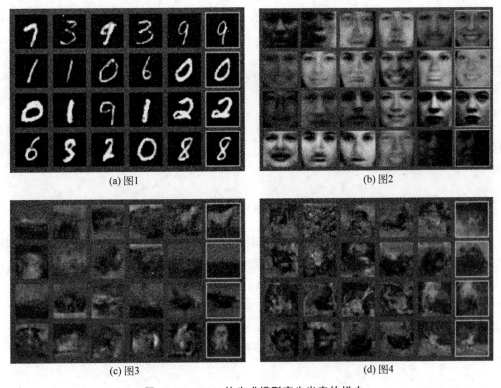

图 11-12　GAN 的生成模型产生出来的样本

## 11.4.3　discriminator 和 generator 损失计算

GAN 和很多其他模型不同，其在训练时需要同时运行两个优化算法，我们需要为 discriminator 和 generator 分别定义一个优化器，一个用来最小化 discriminator 的损失，另一个用来最小化 generator 的损失，即 loss = d_loss + g_loss。

**1. d_loss 计算方法**

对于辨别器 discriminator，其损失等于真实图片和生成图片的损失之和，即 d_loss = d_

loss_real + d_loss_fake。在 TensorFlow 中可使用以下函数：

```
tf.nn.sigmoid_cross_entropy_with_logits(logits = logits, labels = labels)
```

在计算真实数据产生的损失 d_loss_real 时，我们希望辨别器 discriminator 输出 1；而在计算生成器生成的"假"数据所产生的损失 d_loss_fake 时，我们希望 discriminator 输出 0。

因此，对于真实数据，在计算其损失时，将上式中的 labels 全部都设为 1，因为它们都是真实的。为了增强辨别器 discriminator 的泛化能力，可以将 labels 设为 0.9，而不是 1.0。

对于生成器生成的"假"数据，在计算其损失 d_loss_fake 时，将上式中的 labels 全部设为 0。

**2. g_loss 计算方法**

与此同时，生成器尝试做相反的事情，它经训练尝试输出能使辨别器分配接近概率 1 的样本。生成器的代价函数为：

```
g_loss = tf.reduce_mean(tf.nn.sigmoid_cross_entropy_with_logits(logits = d_logits_fake,
    labels = tf.ones_like(d_logits_fake)))
```

随着以上训练的进行，判别器"被迫"增强自身的判别能力，而生成器"被迫"生成越来越逼真的输出，以欺骗判别器。理论上，最终生成器和判别器会达到一种均衡。即"纳什均衡"。

### 11.4.4 基于深度卷积的 GAN

DCGAN 即使用卷积网络的对抗网络，其原理和 GAN 一样，只是把 CNN 卷积技术用于 GAN 模式的网络中，G（生成器）网在生成数据时，使用反卷积的重构技术来重构原始图片。D（判别器）网用卷积技术来识别图片特征，进而作出判别。

同时，DCGAN 中的卷积神经网络也做了一些结构的改变，以提高样本的质量和收敛速度：

- G 网中取消所有池化层，使用转置卷积层（transposed convolutional layer）且步长大于等于 2 进行上采样。
- D 网中也用加入 stride 的卷积代替 pooling。
- 在 D 网和 G 网中均使用批量化归一（batch normalization），而在最后一层时通常不会使用 batch normalization，这是为了保证模型能够学习到数据的正确均值和方差。
- 去掉了 FC 层，使用网络变为全卷积网络。
- G 网中使用 relu 作为激活函数，最后一层使用 tanh 作为激活函数。
- G 网中使用 Leakyrelu 作为激活函数。

DCGAN 中换成了两个卷积神经网络（CNN）的 G 和 D，可以更好地学到对输入图像层次化的表示，尤其在生成器部分会有更好的模拟效果。DCGAN 在训练中会使用 Adam 优化算法。

## 11.4.5 指定类别生成模拟样本的 GAN

InfoGAN 是一种把信息论与 GAN 融合的神经网络,能够使网络具有信息解读功能。

### 1. 带有隐含信息的 GAN

GAN 的生成器在构建样本时使用了任意的噪声向量 $z$,并从低维的噪声数据 $z$ 中还原出来高维的样本数据。这说明数据 $z$ 中含有与样本相同的特征。

由于随意使用的噪声都能还原出高维样本数据,表明噪声中的特征数据部分是与无用的数据部分高度地纠缠在一起,即我们能够知道噪声中含有有用特征,但无法知道哪些是有用特征。

InfoGAN 是 GAN 模型的一种改进,是一种能够学习样本中的关键维度信息的 GAN,即对生成样本的噪声进行了细化。先来看它的结构,相比对抗自编码,InfoGAN 的思路正好相反,InfoGAN 是先固定标准高斯分布作为网络输入,再慢慢调整网络输出去匹配复杂样本分布。

如图 11-13 所示,InfoGAN 生成器是从标准高斯分布中随机采样来作为输入,生成模拟样本,解码器是将生成器输出的模拟样本还原回生成器输入的随机数中的一部分,判别器是将样本作为输入来区分真假样本。

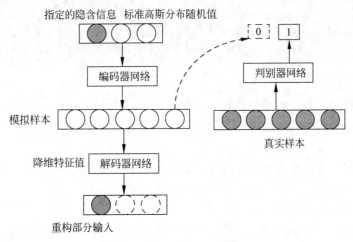

图 11-13  InfoGAN 模型

InfoGAN 的理论思想是将输入的随机标准高斯分布当成噪声数据,并将噪声分为两类,第一类是不可压缩的噪声 $Z$,第二类是可解释性的信息 $C$。假设在一个样本中,决定其本身的只有少量重要的维度,那么大多数的维度是可忽略的。而这里的解码器可以更形象地称为重构器,即通过重构一部分输入的特征来确定与样本互信息的那些维度。最终被找到的维度可以代替原始样本的特征(类似 PCA 算法中的主成分),实现降维、解耦的效果。

### 2. 带有辅助分类信息的 GAN

AC-GAN(Auxiliary Classifier GAN),即在判别器 discriminator 中再输入相应的分类概率,然后增加输出的分类与真实分类的损失计算,使生成的模拟数据与其所属的 class 一一对应。

一般来讲，AC-GAN 属于 InfoGAN 的一部分，class 信息可以作为 InfoGAN 中的潜在信息，只不过这部分信息可以使用半监督方式来学习。

## 11.5 实例：构建 InfoGAN 生成 MNIST 模拟数据

实例演示在 MNIST 数据集上使用 InfoGAN 网络模型生成模拟数据，并且加入标签信息的 loss 函数同时实现 AC-GAN 网络，其中的 D 和 G 都是用卷积网络来实现的。

本实例的目的在于：通过使用 InfoGAN 网络学习 MNIST 数据特征，生成以假乱真的 MNIST 模拟样本，并发现内部潜在的特征信息。其具体实现步骤如下。

（1）引入编程库，并加载 MNIST 数据。

假设 MNIST 数据放在本地磁盘根目录的 data 下。实例中将使用 slim 模块构建网络结构，需引入 slim。当然也可以不用 slim，引入 slim 的目的是为了编写代码比较方便，不用考虑输入维度相关权重的定义，最主要的是 slim 对反卷积有封装。

```
import numpy as np
import tensorflow as tf
import matplotlib.pyplot as plt
from scipy.stats import norm
import tensorflow.contrib.slim as slim
from tensorflow.examples.tutorials.mnist import input_data
mnist = input_data.read_data_sets("/data/") #, one_hot = True)
```

（2）构建网络结构。

建立两个噪声数据（一般噪声和隐含信息）与 label 结合放到生成器中，生成模拟样本，然后将模拟样本和真实样本分别输入判别器中，生成判别结果、重构造的隐含信息以及样本标签。

在优化时，对判别器让真实样本的判别结果为 1、模拟数据的判别结果为 0 来做损失值计算（loss）；对生成器让判别结果为 1 来做损失值计算（loss）。

（3）定义生成器与判别器。

由于先从模拟噪声数据来恢复样本，所以在生成器中要使用反卷积函数。在此通过"两个全连接＋两个反卷积"模拟样本的生成，并且每一层都有 BN（批量归一化）处理。

```
tf.reset_default_graph()
#生成器函数
def generator(x):
    reuse = len([t for t in tf.global_variables() if t.name.startswith('generator')]) > 0
    with tf.variable_scope('generator', reuse = reuse):
        x = slim.fully_connected(x, 1024)
        x = slim.batch_norm(x, activation_fn = tf.nn.relu)
        x = slim.fully_connected(x, 7 * 7 * 128)
        x = slim.batch_norm(x, activation_fn = tf.nn.relu)
        x = tf.reshape(x, [-1, 7, 7, 128])
        x = slim.conv2d_transpose(x, 64, kernel_size = [4,4], stride = 2, activation_fn = None)
```

```
            x = slim.batch_norm(x, activation_fn = tf.nn.relu)
            z = slim.conv2d_transpose(x, 1, kernel_size = [4, 4], stride = 2, activation_fn = tf.nn.sigmoid)
    return z

def leaky_relu(x):
    return tf.where(tf.greater(x, 0), x, 0.01 * x)
def discriminator(x, num_classes = 10, num_cont = 2):
    reuse = len([t for t in tf.global_variables() if t.name.startswith('discriminator')]) > 0
    with tf.variable_scope('discriminator', reuse = reuse):
        x = tf.reshape(x, shape = [-1, 28, 28, 1])
x = slim.conv2d(x, num_outputs = 64, kernel_size = [4,4], stride = 2, activation_fn = leaky_relu)
x = slim.conv2d(x, num_outputs = 128, kernel_size = [4,4], stride = 2, activation_fn = leaky_relu)
x = slim.flatten(x)
shared_tensor = slim.fully_connected(x, num_outputs = 1024, activation_fn = leaky_relu)
recog_shared = slim.fully_connected(shared_tensor, num_outputs = 128, activation_fn = leaky_relu)
        disc = slim.fully_connected(shared_tensor, num_outputs = 1, activation_fn = None)
        disc = tf.squeeze(disc, -1)
        recog_cat = slim.fully_connected(recog_shared, num_outputs = num_classes, activation_fn = None)
        recog_cont = slim.fully_connected(recog_shared, num_outputs = num_cont, activation_fn = tf.nn.sigmoid)
    return disc, recog_cat, recog_cont
```

即使判别器输入的是真实的样本,也要经过两次卷积,再进行两次全连接,生成的数据可以分别连接不同的输出层产生不同的结果,其中一维的输入层产生判别结果1或0,一维的输出层产生分类结果,二维的输出层产生隐含维度信息。

**注意**:在生成器与判别器中都会使用各自的命名空间,这是在多网络模型中定义变量的一个好习惯。在指定训练参数、获取及显示训练参数时,都可以通过指定的命名空间来拿到对应的变量,不至于混乱。

(4) 定义网络模型。

令一般噪声的维度为38,应节点为z_rand;隐含信息维度为2,应节点为z_con,二者都是符合标准高斯分布的随机数。将它们与 one_hot 转换后的标签连接在一起放到生成器中。

```
batch_size = 10  # 获取样本的批次大小
classes_dim = 10  # 10 classes
con_dim = 2  # total continuous factor
rand_dim = 38
n_input = 784
x = tf.placeholder(tf.float32, [None, n_input])
y = tf.placeholder(tf.int32, [None])
z_con = tf.random_normal((batch_size, con_dim))      #2 列
z_rand = tf.random_normal((batch_size, rand_dim))    #38 列
z = tf.concat(axis = 1, values = [tf.one_hot(y, depth = classes_dim), z_con, z_rand])   #50 列
```

```
gen = generator(z)
genout = tf.squeeze(gen, -1)
# labels for discriminator
y_real = tf.ones(batch_size)          # 真
y_fake = tf.zeros(batch_size)         # 假
# 判别器
disc_real, class_real, _ = discriminator(x)
disc_fake, class_fake, con_fake = discriminator(gen)
pred_class = tf.argmax(class_fake, dimension = 1)
```

对应判别器的结果，定义了一个值全为 0 的数组 y_fake 和一个值全为 1 的数组 y_real，并且将 $x$ 与生成的模拟数据 gen 放到判别器中，得到对应的输出。

（5）定义损失函数与优化器。

判别器中，判别结果的 loss 有两个：真实输入的结果与模拟输入的结果。将二者结合在一起生成 loss_d。生成器的 loss 为自己输出的模拟数据，让它在判别器中为真，定义为 loss_g。

然后还要定义网络中共有的 loss 值：真实的标签与输入真实样本判别出的标签、真实的标签与输入模拟样本判别出的标签、隐含信息的重构误差。然后创建两个优化器，将它们放到对应的优化器中。

将判别器的学习率设小一些，将生成器的学习率设大一些，这么做是为了让生成器有更快的进化速度来模拟真实数据。优化同样是用 AdamOptimizer 方法。实现代码为：

```
# 判别器 loss
loss_d_r = tf.reduce_mean(tf.nn.sigmoid_cross_entropy_with_logits(logits = disc_real,
    labels = y_real))
loss_d_f = tf.reduce_mean(tf.nn.sigmoid_cross_entropy_with_logits(logits = disc_fake,
    labels = y_fake))
loss_d = (loss_d_r + loss_d_f) / 2
# 判别器的 loss
loss_g = tf.reduce_mean(tf.nn.sigmoid_cross_entropy_with_logits(logits = disc_fake, labels
    = y_real))
# 生成器的 loss
loss_cf = tf.reduce_mean(tf.nn.sparse_softmax_cross_entropy_with_logits
    (logits = class_fake, labels = y))        # 分类正确，但生成的样本错了
loss_cr = tf.reduce_mean(tf.nn.sparse_softmax_cross_entropy_with_logits(logits = class_
    real, labels = y))# 生成的样本与分类都正确，但是与输入的分类对不上
loss_c = (loss_cf + loss_cr) / 2
# 隐含信息变量的 loss
loss_con = tf.reduce_mean(tf.square(con_fake - z_con))
# 获得各个网络中各自的训练参数
t_vars = tf.trainable_variables()
d_vars = [var for var in t_vars if 'discriminator' in var.name]
g_vars = [var for var in t_vars if 'generator' in var.name]
disc_global_step = tf.Variable(0, trainable = False)
gen_global_step = tf.Variable(0, trainable = False)
train_disc = tf.train.AdamOptimizer(0.0001).minimize(loss_d + loss_c + loss_con, var_list =
    d_vars, global_step = disc_global_step)
train_gen = tf.train.AdamOptimizer(0.001).minimize(loss_g + loss_c + loss_con, var_list = g_
    vars, global_step = gen_global_step)
```

所谓的 AC-GAN 就是将 loss_cr 加入 loss_c 中。如果没有 loss_cr，令 loss_c＝loss_cf，对于网络生成模拟数据是不影响的，但是却会损失真实分类与模拟数据间的对应关系。

(6) 开始训练与测试。

建立 seesion，在循环中使用 run 来运行前面构建的两个优化器，代码为：

```
training_epochs = 3
display_step = 1
with tf.Session() as sess:
    sess.run(tf.global_variables_initializer())
    for epoch in range(training_epochs):
        avg_cost = 0.
        total_batch = int(mnist.train.num_examples/batch_size)
        # 遍历全部数据集
        for i in range(total_batch):
            batch_xs, batch_ys = mnist.train.next_batch(batch_size)    # 取数据
            feeds = {x: batch_xs, y: batch_ys}
            # Fit training using batch data
            l_disc, _, l_d_step = sess.run([loss_d, train_disc, disc_global_step],feeds)
            l_gen, _, l_g_step = sess.run([loss_g, train_gen, gen_global_step],feeds)
        # 显示训练中的详细信息
        if epoch % display_step == 0:
            print("Epoch:", '%04d' % (epoch + 1), "cost = ", "{:.9f}".format(l_disc),l_gen)
    print("完成!")
    # 测试
    print ("Result:", loss_d.eval({x: mnist.test.images[:batch_size],
y:mnist.test.labels[:batch_size]}), loss_g.eval({x: mnist.test.images[:batch_size],
y:mnist.test.labels[:batch_size]}))
```

测试部分分别使用 loss_d 和 loss_g 的 eval 来完成。运行代码，输出如下：

```
Extracting /data/train-image-idx3-ubyte.gz
Extracting /data/train-image-idx1ubyte.gz
Extracting /data/t10k-image-idx3-ubyte.gz
Extracting /data/t10k-image-idx1-ubyte.gz
Epoch: 0001 cost = 0.543155478 0.795812
Epoch: 0001 cost = 0.641287921 0.915673
Epoch: 0001 cost = 0.683248754 1.009511
完成!
Result: 0.56911 1.00775
```

整个数据集运行 3 次后，通过模型的测试结果可以看出，判别的误差在 0.57 左右，基本可以认为无法分辨真假数据。

(7) 可视化。

可视化部分会生成两个图片：原样本与对应的模拟数据图片、利用隐含信息生成的模拟样本图片。

- 原样本与对应的模拟数据图片会将对应的分类、预测分类、隐含信息一起打印出来。
- 利用隐含信息生成的模拟样本图片会在整个[0,1]空间中均匀抽样，与样本的标签混合在一起，生成模拟数据。

```python
# 根据图片模拟生成图片
show_num = 10
gensimple,d_class,inputx,inputy,con_out = sess.run(
    [genout,pred_class,x,y,con_fake], feed_dict = {x: mnist.test.images[:batch_size],y: mnist.test.labels[:batch_size]})
f, a = plt.subplots(2, 10, figsize = (10, 2))
for i in range(show_num):
    a[0][i].imshow(np.reshape(inputx[i], (28, 28)))
    a[1][i].imshow(np.reshape(gensimple[i], (28, 28)))
    print("d_class",d_class[i],"inputy",inputy[i],"con_out",con_out[i])
plt.draw()
plt.show()
my_con = tf.placeholder(tf.float32, [batch_size,2])
myz = tf.concat(axis = 1, values = [tf.one_hot(y, depth = classes_dim), my_con, z_rand])
mygen = generator(myz)
mygenout = tf.squeeze(mygen, -1)
my_con1 = np.ones([10,2])
a = np.linspace(0.0001, 0.99999, 10)
y_input = np.ones([10])
figure = np.zeros((28 * 10, 28 * 10))
my_rand = tf.random_normal((10, rand_dim))
for i in range(10):
    for j in range(10):
        my_con1[j][0] = a[i]
        my_con1[j][1] = a[j]
        y_input[j] = j
    mygenoutv = sess.run(mygenout,feed_dict = {y:y_input,my_con:my_con1})
    for jj in range(10):
        digit = mygenoutv[jj].reshape(28, 28)
        figure[i * 28: (i + 1) * 28,
               jj * 28: (jj + 1) * 28] = digit
plt.figure(figsize = (10, 10))
plt.imshow(figure, cmap = 'Greys_r')
plt.show()
```

运行程序,输出图片如图 11-14 所示。

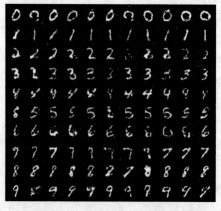

图 11-14  InfoGAN 实例结果

## 11.6 小结

本章介绍不同的深度神经网络结构。我们学习了近几年来知名的结构 VGG，并学会了如何使用该结构进行艺术风格转移。还从理论上、应用上、GAN 等方面介绍了生成式对抗网络，最后用一个实例构建 infoGAN 生成 MNIST 模拟数据。

## 11.7 习题

1. VGG 分为 _____ 和 _____，分别在 AlexNet 的基础上将层数增加到 ____ 和 ____ 层，它除了在识别方面很优秀外，对图像的目标检测也有很好的识别效果，是目标检测领域的较早期模型。

2. Inception 的结构是将 _____、_____、_____ 的卷积核对应的卷积操作和 _____ 的滤波器对应的池化操作堆叠在一起，一方面增加了网络的 _____，另一方面增加了网络对 _____ 的适应性。

3. GAN 由 _____ 和 _____ 两部分构成。

4. generator 的特性主要包括哪几个方面？

5. 在前面的例子中找到如下代码，并修改：

```
loss_cf = tf.reduce_mean(tf.nn.sparse_softmax_cross_entropy_with_logits
    (logits=class_fake, labels=y))    #分类正确,但生成的样本错了
loss_cr = tf.reduce_mean(tf.nn.sparse_softmax_cross_entropy_with_logits(logits=class_
real, labels=y))    #生成的样本与分类都正确,但是与输入的分类对不上
loss_c = (loss_cf + loss_cr) / 2
```

令 loss_c 分别等于 loss_cr 和 loss_cf，运行代码观察结果，体验 loss_cr 和 loss_cf 两个 loss 值的作用。

# 参 考 文 献

[1] 李嘉璇. TensorFlow 技术解析与实战[M]. 北京：人民邮电出版社，2017.
[2] Rodolfo Bonnin. TensorFlow 计算机学习项目实战[M]. 姚鹏鹏，译. 北京：人民邮电出版社，2017.
[3] 李金洪. 深度学习之 TensorFlow 入门、原理与进阶实战[M]. 北京：机械工业出版社，2018.
[4] Nick McClure. TensorFlow 计算机学习实战指南[M]. 曾益强，译. 北京：机械工业出版社，2017.
[5] 罗冬日. TensorFlow 入门与实战[M]. 北京：人民邮电出版社，2018.
[6] 郑泽宇，梁博文，顾思宇. TensorFlow 实战 Google 深度学习框架[M]. 2 版. 北京：电子工业出版社，2018.

# 图书资源支持

感谢您一直以来对清华大学出版社图书的支持和爱护。为了配合本书的使用，本书提供配套的资源，有需求的读者请扫描下方的"书圈"微信公众号二维码，在图书专区下载，也可以拨打电话或发送电子邮件咨询。

如果您在使用本书的过程中遇到了什么问题，或者有相关图书出版计划，也请您发邮件告诉我们，以便我们更好地为您服务。

**我们的联系方式：**

地　　址：北京市海淀区双清路学研大厦 A 座 701

邮　　编：100084

电　　话：010-83470236　010-83470237

资源下载：http://www.tup.com.cn

客服邮箱：2301891038@qq.com

QQ：2301891038（请写明您的单位和姓名）

用微信扫一扫右边的二维码，即可关注清华大学出版社公众号。

科技传播·新书资讯

电子电气科技荟

资料下载·样书申请

书圈